Reinhold Remmert

Funktionentheorie I

Mit 65 Abbildungen

Springer-Verlag
Berlin Heidelberg NewYork Tokyo
1984

Reinhold Remmert
Mathematisches Institut
Universität Münster
Einsteinstraße 62
D-4400 Münster

ISBN 3-540-12782-8 Springer-Verlag Berlin Heidelberg New York Tokyo
ISBN 0-387-12782-8 Springer-Verlag New York Heidelberg Berlin Tokyo

CIP-Kurztitelaufnahme der Deutschen Bibliothek
Remmert, Reinhold:
Funktionentheorie / Reinhold Remmert. — Berlin; Heidelberg; New York;
Tokyo: Springer, 1984.
(Grundwissen Mathematik; 5)
ISBN 3-540-12782-8 (Berlin...)
ISBN 0-387-12782-8 (New York...)
NE: GT

Satz-, Druck- und Bindearbeiten: Universitätsdruckerei H. Stürtz AG, Würzburg
2141/3140-54321

Vorwort

Wir möchten gern dem Kritikus gefallen:
Nur nicht dem Kritikus vor allen
(G. E. LESSING).

Autoren und Herausgeber der Lehrbuchreihe „Grundwissen Mathematik" haben sich das Ziel gesetzt, mathematische Theorien im Zusammenhang mit ihrer historischen Entwicklung darzustellen. Für die Funktionentheorie mit ihrer Fülle von klassischen Sätzen ist dieses Programm besonders reizvoll. Dies mag trotz der umfangreichen Literatur zur Funktionentheorie ein weiteres Lehrbuch rechtfertigen. Denn auch heute gilt, was man bereits 1900 in der Ankündigung der Nr. 112 der Reihe „Ostwald's Klassiker Der Exakten Wissenschaften" liest, wo Cauchys klassische „Abhandlung über bestimmte Integrale zwischen imaginären Grenzen" übersetzt und nachgedruckt ist: „Während aber durch die vorhandenen Einrichtungen zwar die Kenntnis des gegenwärtigen Inhaltes der Wissenschaft auf das erfolgreichste vermittelt wird, haben hochstehende und weitblickende Männer wiederholt auf einen Mangel hinweisen müssen, welcher der gegenwärtigen wissenschaftlichen Ausbildung jüngerer Kräfte nur zu oft anhaftet. *Es ist dies das Fehlen des historischen Sinnes und der Mangel an Kenntnis jener großen Arbeiten, auf welchen das Gebäude der Wissenschaft ruht.*"

Das vorliegende Buch enthält viele historische Erläuterungen und Originalzitate der Klassiker. Sie mögen den Leser anregen, in Originalarbeiten wenigstens zu blättern. „Personalnotizen" sind eingestreut, „um das Verhältnis zur Wissenschaft etwas menschlicher und persönlicher zu gestalten" (so F. KLEIN auf S. 274 seiner „Vorlesungen über die Entwicklung der Mathematik im 19. Jahrhundert"). Das Buch ist aber keine Geschichte der Funktionentheorie, historische Bemerkungen reflektieren fast immer Ansichten der Gegenwart.

Vorrangig bleibt die Mathematik. Behandelt wird der Stoff einer einsemestrigen vierstündigen Vorlesung; im Mittelpunkt stehen die Cauchyschen Integraltheoreme. Neben herkömmlichen Themen, die in keinem Text zur Funktionentheorie fehlen dürfen, findet man

- RITTS Satz über asymptotische Potenzreihenentwicklungen, der eine funktionentheoretische Interpretation des berühmten Satzes von E. BOREL über die Willkür der Ableitungen reeller differenzierbarer Funktionen gibt,
- EISENSTEINS frappierenden Zugang zu den Kreisfunktionen mittels Partialbruchreihen,
- MORDELLS residuentheoretische Berechnung Gaußscher Summen.

Kenner werden darüber hinaus vielleicht hier und da etwas Neues oder lange Vergessenes entdecken.

Manchen Lesern mag die vorliegende Darstellung zu ausführlich, anderen vielleicht zu knapp erscheinen. Hierzu sei J. KEPLER bemüht, der in seiner

Astronomia Nova im Jahre 1609 schreibt: „Durissima est hodie conditio scribendi libros Mathematicos. Nisi enim servaveris genuinam subtilitatem propositionum, instructionum, demonstrationum, conclusionum; liber non erit Mathematicus: sin autem servaveris; lectio efficitur morosissima" (Es ist heute sehr schwer, mathematische Bücher zu schreiben. Wenn man sich nicht um die Feinheiten bei Sätzen, Erläuterungen, Beweisen und Folgerungen kümmert, so wird es kein mathematisches Buch; wenn man es aber tut, so wird die Lektüre äußerst langweilig). Und an anderer Stelle heißt es: „Et habet ipsa etiam prolixitas phrasium suam obscuritatem, non minorem quam concisa brevitas" (Und es hat selbst die ausführliche Darlegung ihre Dunkelheit, keine geringere als die lakonische Kürze).

K. PETERS (Boston) hat mich ermutigt, dieses Buch zu schreiben. Die Stiftung Volkswagenwerk hat durch ein Akademie-Stipendium in den Wintersemestern 1980/81 und 1982/83 die Arbeiten wesentlich gefördert; für diese Unterstützung darf ich mich ganz besonders bedanken. Mein Dank gebührt auch dem Mathematischen Forschungsinstitut in Oberwolfach für häufig gewährte Gastfreundschaft. Es ist nicht möglich, alle diejenigen hier namentlich anzuführen, die mir während der Niederschrift wertvolle Hinweise gaben. Nennen möchte ich aber die Herren M. KOECHER und K. LAMOTKE, die den Text kritisch prüften und Verbesserungsvorschläge machten. Von Herrn H. GERICKE lernte ich viel Geschichte. Ich bitte um Nachsicht und Nachricht, wenn meine historischen Angaben revisionsbedürftig sind.

Meine Mitarbeiter, vor allem die Herren P. ULLRICH und M. STEINSIEK, haben unermüdlich bei der Literatursuche geholfen und manche Mängel im Manuskript behoben. Herr ULLRICH hat Symbol-, Namen- und Sachverzeichnis erstellt; Frau E. KLEINHANS hat mit größter Sorgfalt die letzte Fassung des Manuskriptes kritisch durchgesehen. Dem Verlag danke ich für sein Entgegenkommen.

Lengerich (Westfalen), den 22. Juni 1983   Reinhold Remmert

Lesehinweise: Die Lektüre sollte mit Kapitel 1 begonnen werden. Das Kapitel 0 ist ein Kurzrepetitorium wichtiger Begriffe und Sätze, die der Leser weitgehend aus der Infinitesimalrechnung kennt; es sind hier nur solche Dinge aufgenommen, die für die Funktionentheorie wichtig sind.

Ein Zitat 3.4.2 bedeutet Abschnitt 2 im Paragraphen 4 des Kapitels 3. Innerhalb eines Kapitels wird die Kapitelnummer, innerhalb eines Paragraphen auch die Paragraphennummer weggelassen. Auf in Kleindruck gesetzte Zeilen wird später kein Bezug genommen. Die mit * gekennzeichneten Paragraphen bzw. Abschnitte können bei der ersten Lektüre übergangen werden. Historisches findet man in der Regel in einem besonderen Abschnitt im gleichen Paragraphen, wo die entsprechenden mathematischen Überlegungen durchgeführt werden.

Inhaltsverzeichnis

Historische Einführung

1. ... „Zuvörderst würde ich jemand, der eine neue Function in die Analyse einführen will, um eine Erklärung bitten, ob er sie schlechterdings bloss auf reelle Grössen (reelle Werthe des Arguments der Function) angewandt wissen will, und die imaginären Werthe des Arguments gleichsam nur als ein Überbein ansieht – oder ob er meinem Grundsatz beitrete, dass man in dem Reiche der Grössen die imaginären $a+b\sqrt{-1}=a+bi$ als gleiche Rechte mit den reellen geniessend ansehen müsse. Es ist hier nicht von praktischem Nutzen die Rede, sondern die Analyse ist mir eine selbständige Wissenschaft, die durch Zurücksetzung jener fingirten Grössen ausserordentlich an Schönheit und Rundung verlieren und alle Augenblick Wahrheiten, die sonst allgemein gelten, höchst lästige Beschränkungen beizufügen genöthigt sein würde ...".

Diese denkwürdigen Zeilen schrieb C.F. GAUSS (1777–1855) am 18. Dezember 1811 an BESSEL; sie markieren die Geburtsstunde der Funktionentheorie. Der Brief von GAUSS wurde erst 1880 veröffentlicht (Werke 8, 90–92); es ist wahrscheinlich, daß die hier entwickelte Auffassung GAUSS schon lange vor Abfassung seines Briefes geläufig war. GAUSS kennt, wie sein Schreiben im einzelnen zeigt, bereits 1811 den Cauchyschen Integralsatz. Am eigentlichen Aufbau der Funktionentheorie beteiligte sich GAUSS aber nicht; allerdings waren ihm die Prinzipien der Theorie wohl vertraut, so schreibt er z.B. an anderer Stelle (Werke 10, 1, S. 405; keine Jahresangabe, aber nach 1831): Die

vollständige Erkenntniß der Natur einer analytischen Function muß auch die Einsicht in ihr Verhalten bei den imaginären Werthen des Arguments in sich schließen, und oft ist sogar letztere unentbehrlich zu einer richtigen Beurtheilung der Gebarung der Function im Gebiete der reellen Argumente. Unerläßlich ist es daher auch, daß die ursprüngliche Festsetzung des Begriffs der Function sich mit gleicher Bündigkeit über das ganze Größengebiet erstrecke, welches die reellen und die imaginären Größen unter dem gemeinschaftlichen Namen der complexen Größen in sich begreift.

L. Euler 1707–1783

A.L. Cauchy 1789–1857

B. Riemann 1826–1866

K. Weierstrass 1815–1897

Federzeichnungen von Martina Koecher

2. Erste Ansätze zur Funktionentheorie finden sich im 18. Jahrhundert bei L. Euler (1707–1783). Er hatte „eine für die meisten seiner Zeitgenossen unbegreifliche Vorliebe für die komplexen Größen, mit deren Hilfe es ihm gelungen war, den Zusammenhang zwischen den Kreisfunktionen und der Exponentialfunktion herzustellen. … In der Theorie der elliptischen Integrale entdeckte er das Additionstheorem, machte er auf die Analogie dieser Integrale mit den Logarithmen und den zyklometrischen Funktionen aufmerksam. So hatte er alle Fäden in der Hand, daraus später das wunderbare Gewebe der Funktionentheorie gewirkt wurde" (G. Frobenius: *Rede auf L. Euler* anläßlich Eulers 200. Geburtstags 1907, Ges. Abhandl. 3, S. 733).

Die moderne Funktionentheorie wurde im 19. Jahrhundert entwickelt. Die Pioniere der Gründerjahre sind:

A.L. Cauchy (1789–1857), B. Riemann (1826–1866),
K. Weierstrass (1815–1897).

Jeder von ihnen prägte die Theorie auf seine Art, so sprechen wir noch heute vom Cauchyschen bzw. Riemannschen bzw. Weierstrassschen Standpunkt.

Cauchy hat seine ersten Arbeiten zur Funktionentheorie in den Jahren 1814–1825 geschrieben. Der Funktionsbegriff ist wie bei seinen Vorgängern aus der Eulerzeit noch recht unbestimmt. Eine holomorphe Funktion ist für Cauchy im wesentlichen eine komplex-differenzierbare Funktion, die eine stetige Ableitung hat. Die Cauchysche Funktionentheorie basiert auf seinem berühmten Integralsatz und auf dem Begriff des Residuums. *Jede* holomorphe Funktion hat eine natürliche Integraldarstellung und wird so den Methoden der Analysis zugänglich. Die Cauchysche Theorie wurde durch J. Liouville (1809–1882) vervollständigt, [Liou]; das Buch [BB] von Ch. Briot und J-C. Bouquet (1859) vermittelt einen sehr guten Eindruck vom damaligen Stand der Theorie.

Riemanns epochemachende Göttinger Inauguraldissertation *Grundlagen für eine allgemeine Theorie der Functionen einer veränderlichen complexen Grösse* [R] erschien 1851. Bei Riemann steht die geometrische Auffassung im Mittelpunkt: holomorphe Funktionen sind Abbildungen zwischen Bereichen in der Zahlenebene $\mathbb{C}$, allgemeiner zwischen Riemannschen Flächen, die in ihren „entsprechenden kleinsten Theilen ähnlich sind". Riemann schöpfte seine Ideen u.a. aus der Anschauung und den Erfahrungen in der mathematischen Physik: die Existenz von Strömungen ist ihm Beweis genug, daß holomorphe (= konforme) Abbildungen existieren. Nicht durch Formeln, sondern durch „innerliche charakteristische" Eigenschaften, aus welchen die äußerlichen Darstellungsformen mit Notwendigkeit entspringen, sucht er – mit einem Minimum an Rechnung – seine Funktionen zu verstehen.

Für Weierstrass ist der Ausgangspunkt die Potenzreihe; holomorphe Funktionen sind solche Funktionen, die lokal in konvergente Potenzreihen entwickelbar sind. Funktionentheorie ist die Theorie dieser Reihen und wird ganz einfach und weitgehend algebraisch begründet. Die Anfänge dieser Auffassung gehen auf J.L. Lagrange zurück, der 1797 in seiner *Théorie des fonctions analytiques* (2. Aufl. Courcier, Paris 1813) den Satz beweisen wollte, daß jede stetige Funktion in eine Potenzreihe entwickelbar ist. Seit Lagrange spricht man von *analytischen* Funktionen; man hat vermutet, daß damit solche Funktionen herausgestellt werden sollten, die in der Analysis brauchbar sind. F. Klein schreibt: „Die große Leistung von Weierstraß ist es, die im Formalen stecken gebliebene Idee von Lagrange ausgebaut und vergeistigt zu haben" (vgl. [G5], S. 254). Und Carathéodory sagt 1960 ([5], S. 5): Weierstrass konnte „die Funktionentheorie arithmetisieren und ein System entwickeln, das an Strenge und Schönheit nicht übertroffen werden kann".

3. Die drei methodisch völlig verschiedenen und doch äquivalenten Zugänge zur Funktionentheorie machen einen besonderen Reiz dieser Theorie aus. Es entsteht gelegentlich der Eindruck, daß Cauchy, Riemann und Weierstrass ihre Auffassungen beinahe „ideologisch" vertreten hätten. Dem ist nicht so. Cauchy entwickelte bereits 1831 seine holomorphen Funktionen in Potenzreihen und arbeitete mit diesen. Riemann lag jede starre Einseitigkeit fern: er machte für sich nutzbar, was er vorfand; so hat er auch Potenzreihen in seiner Funktionentheorie verwendet. Und Weierstrass wiederum hat Integrale keineswegs prinzipiell abgelehnt: bereits 1841 – zwei Jahre vor Laurent – entwickelte er holomorphe Funktionen in Kreisringen mittels Integralformeln in Laurentreihen, [W$_1$].

H. Poincaré urteilt 1898 in seinem Artikel *L'œuvre mathématique de Weierstrass*, Acta Math. 22, 1–18 (vgl. S. 6/7): „La théorie de Cauchy contenait en germe à la fois la conception géométrique de Riemann et la conception arithmétique de Weierstraß, et il est aisé de comprendre comment elle pouvait, en se développant dans deux sens différents, donner naissance à l'une et à l'autre. … La méthode de Riemann est avant tout une méthode de découverte, celle de Weierstraß est avant tout une méthode de démonstration."

Seit langem sind die Cauchysche, die Riemannsche und die Weierstrasssche Gedankenwelt untrennbar miteinander verwoben; dadurch wurden nicht nur viele Vereinfachungen in der Darstellung möglich, sondern es konnten auch große neue Resultate entdeckt werden.

Die Funktionentheorie feierte im vergangenen Jahrhundert in kürzester Zeit größte mathematische Triumphe. In wenigen Jahrzehnten wurde ein Lehrgebäude geschaffen, das sofort höchste Wertschätzung in der mathematischen Welt fand. So kann man etwa frei nach R. Dedekind sagen (vgl. Math. Werke 1, S. 105/106): „Die erhabenen Schöpfungen dieser Theorie haben die Bewunderung der Mathematiker vor allem deshalb erregt, weil sie in fast beispielloser Weise die Wissenschaft mit einer außerordentlichen Fülle ganz neuer Gedanken befruchtet und vorher gänzlich unbekannte Felder zum ersten Male der Forschung erschlossen haben. Mit der Cauchyschen Integralformel, dem Riemannschen Abbildungssatz und dem Weierstraßschen Potenzreihenkalkül wird nicht bloß der Grund zu einem neuen Teile der Mathematik gelegt, sondern es wird zugleich auch das erste und bis jetzt noch immer fruchtbarste Beispiel des innigen Zusammenhangs zwischen Analysis und Algebra geliefert. Aber es ist nicht bloß der wunderbare Reichtum an neuen Ideen und großen Entdeckungen, welche die neue Theorie liefert; vollständig ebenbürtig stehen dem die Kühnheit und Tiefe der Methoden gegenüber, durch welche die größten Schwierigkeiten überwunden und die verborgensten Wahrheiten, die mysteria functiorum, in das hellste Licht gesetzt werden."

Solchen schwärmerischen Sätzen ist auch aus heutiger Sicht nichts hinzuzu-
fügen. Die Funktionentheorie mit ihrem schier unerschöpflichen Reichtum an
schönen und tiefen Sätzen ist, wie C.L. Siegel es gelegentlich in seinen Vorlesungen ausdrückte, ein einmaliges Geschenk an die Mathematiker.

Zeittafel

LEIBNIZ 1646–1716

JAC. BERNOULLI 1654–1705

JOH. BERNOULLI 1667–1748

MOIVRE 1667–1754

EULER 1707–1783

D'ALEMBERT 1717–1783

LAGRANGE 1736–1813

GAUSS 1777–1855

CAUCHY 1789–1857

ABEL 1802–1829

LIOUVILLE 1809–1882

WEIERSTRASS 1815–1897

HERMITE 1822–1901

EISENSTEIN 1823–1852

RIEMANN 1826–1866

ROUCHÉ 1832–1910

CASORATI 1835–1890

SCHWARZ 1843–1921

MITTAG-LEFFLER 1846–1927

KLEIN 1849–1925

MORERA 1856–1909

PICARD 1856–1941

GOURSAT 1858–1936

WIRTINGER 1865–1945

MONTEL 1876–1975

1650   1700   1750   1800   1850   1900   1950

Kapitel 0. Komplexe Zahlen und stetige Funktionen

> Nicht einer mystischen Verwendung von $\sqrt{-1}$ hat die Analysis ihre wirklich bedeutenden Erfolge des letzten Jahrhunderts zu verdanken, sondern dem ganz natürlichen Umstande, dass man unendlich viel freier in der mathematischen Bewegung ist, wenn man die Grössen in einer Ebene statt nur in einer Linie variiren läßt (Leopold KRONECKER 1894).

Eine Darstellung der Funktionentheorie muß notwendig mit einer Beschreibung der komplexen Zahlen beginnen. Wir erinnern zunächst an ihre wichtigen Eigenschaften; eine ausführliche Darstellung findet man im Band [Zahlen] dieser Lehrbuchreihe, wo auch die historische Entwicklung ausführlich behandelt wird.

Funktionentheorie ist die Theorie der komplex-differenzierbaren Funktionen. X Solche Funktionen sind insbesondere stetig. Wir besprechen daher auch den allgemeinen Stetigkeitsbegriff. Ferner werden Begriffe aus der Topologie eingeführt, die immer wieder benutzt werden. „Die Grundbegriffe und die einfachsten Tatsachen aus der mengentheoretischen Topologie braucht man in sehr verschiedenen Gebieten der Mathematik; die Begriffe des topologischen und des metrischen Raumes, der Kompaktheit, die Eigenschaften stetiger Abbildungen u. dgl. sind oft unentbehrlich...." Dieser 1935 von P. ALEXANDROFF und H. HOPF in ihrem Werk *Topologie* I (Julius Springer, Berlin, S. 23) geschriebene Satz gilt für viele mathematische Disziplinen, ganz besonders für die Funktionentheorie.

§ 1. Der Körper $\mathbb{C}$ der komplexen Zahlen

Mit $\mathbb{R}$ wird stets der Körper der reellen Zahlen bezeichnet. Die Theorie der reellen Zahlen ist bekannt.

1. Der Körper $\mathbb{C}$. Im 2-dimensionalen $\mathbb{R}$-Vektorraum $\mathbb{R}^2$ der geordneten reellen Zahlenpaare $z := (x, y)$ wird eine Multiplikation eingeführt vermöge

$$(x_1, y_1)(x_2, y_2) := (x_1 x_2 - y_1 y_2, x_1 y_2 + x_2 y_1).$$

Dadurch wird $\mathbb{R}^2$, zusammen mit der Vektoraddition $(x_1, y_1) + (x_2, y_2) = (x_1 + x_2, y_1 + y_2)$, zu einem (kommutativen) *Körper* mit dem Element $(1, 0)$ als Einselement; das Inverse von $z = (x, y) \neq 0$ ist $z^{-1} := \left(\dfrac{x}{x^2 + y^2}, \dfrac{-y}{x^2 + y^2} \right)$. Dieser Körper heißt *der Körper $\mathbb{C}$ der komplexen Zahlen*.

Die Abbildung $\mathbb{R} \to \mathbb{C}$, $x \mapsto (x, 0)$ ist eine *Körpereinbettung* (da z.B. $(x_1, 0)(x_2, 0) = (x_1 x_2, 0)$). Wir identifizieren die reelle Zahl x mit der komplexen Zahl $(x, 0)$. Dadurch wird $\mathbb{C}$ zu einem *Oberkörper* von $\mathbb{R}$ mit dem Einselement

$1 := (1, 0) \in \mathbb{C}$. Man definiert weiter

$$i := (0, 1) \in \mathbb{C};$$

diese Bezeichnung wurde 1777 von EULER eingeführt: „... formulam $\sqrt{-1}$ littera i in posterum designabo" (Opera Omnia 19, 1. Ser., S. 130). Offensichtlich gilt $i^2 = -1$, man nennt i die *imaginäre Einheit* von $\mathbb{C}$. Für jede Zahl $z = (x, y) \in \mathbb{C}$ besteht die *eindeutige* Darstellung

$$(x, y) = (x, 0) + (0, 1)(y, 0), \quad \text{d.h.} \quad z = x + iy \quad \text{mit} \quad x, y \in \mathbb{R};$$

dies ist die übliche Schreibweise für komplexe Zahlen. Man setzt

$$\operatorname{Re} z := x, \quad \operatorname{Im} z := y$$

und nennt x bzw. y *Realteil* bzw. *Imaginärteil* von z. Die Zahl z heißt *reell* bzw. *rein imaginär*, wenn $\operatorname{Im} z = 0$ bzw. $\operatorname{Re} z = 0$, letzteres bedeutet $z = iy$.

Man veranschaulicht sich seit GAUSS die komplexen Zahlen geometrisch als Punkte in der *Gaußschen Zahlenebene* mit rechtwinkligen Koordinaten, die Addition ist dann die Vektoraddition (vgl. Figur links).

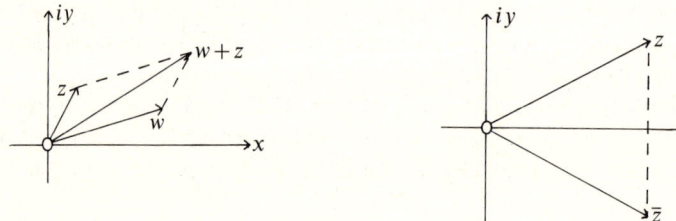

Die Multiplikation komplexer Zahlen geschieht wegen $i^2 = -1$ wie folgt:

$$(x_1 + iy_1)(x_2 + iy_2) = (x_1 x_2 - y_1 y_2) + i(x_1 y_2 + y_1 x_2);$$

zur geometrischen Deutung der Multiplikation mittels Polarkoordinaten vgl. 5.3.1 sowie [Zahlen], 3.6.2.

Wir identifizieren $\mathbb{C}$ durchweg mit $\mathbb{R}^2$, indem wir $z = x + iy$ als Zeilenvektor (x, y) oder, was manchmal bequemer ist, als Spaltenvektor $\begin{pmatrix} x \\ y \end{pmatrix}$ schreiben. Die in 0 *punktierte Ebene* $\mathbb{C} \setminus \{0\}$ wird mit $\mathbb{C}^\times$ bezeichnet; bez. der Multiplikation in $\mathbb{C}$ ist $\mathbb{C}^\times$ eine Gruppe (*multiplikative Gruppe des Körpers $\mathbb{C}$*).

Für jede Zahl $z = x + iy \in \mathbb{C}$ heißt $\bar{z} := x - iy \in \mathbb{C}$ die *zu z konjugierte Zahl*. Die Abbildung $z \mapsto \bar{z}$ ist die *Spiegelung* an der reellen Achse (vgl. Figur rechts), es gelten die Rechenregeln:

$$\overline{z + w} = \bar{z} + \bar{w}, \quad \overline{zw} = \bar{z}\,\bar{w}, \quad \bar{\bar{z}} = z, \quad \operatorname{Re} z = \tfrac{1}{2}(z + \bar{z}),$$

$$\operatorname{Im} z = \tfrac{1}{2i}(z - \bar{z}), \quad z \in \mathbb{R} \Leftrightarrow z = \bar{z}, \quad z \in i\mathbb{R} \Leftrightarrow z = -\bar{z}.$$

Die Konjugierungsabbildung ist ein Körperautomorphismus $\mathbb{C} \to \mathbb{C}$, der $\mathbb{R}$ elementweise festhält.

2. $\mathbb{R}$-lineare und $\mathbb{C}$-lineare Abbildungen $\mathbb{C} \to \mathbb{C}$. Da $\mathbb{C}$ sowohl ein $\mathbb{R}$-Vektorraum als auch ein $\mathbb{C}$-Vektorraum ist, so muß man zwischen $\mathbb{R}$-linearen und $\mathbb{C}$-linearen Abbildungen $\mathbb{C} \to \mathbb{C}$ unterscheiden. Jede $\mathbb{C}$-lineare Abbildung hat die Form $z \mapsto \lambda z$ mit $\lambda \in \mathbb{C}$ und ist $\mathbb{R}$-linear. Die Konjugierung $z \mapsto \bar{z}$ ist $\mathbb{R}$-linear, aber nicht $\mathbb{C}$-linear. Allgemein gilt:

Eine Abbildung $T\colon \mathbb{C} \to \mathbb{C}$ ist genau dann $\mathbb{R}$-linear, wenn gilt

$$T(z) = T(1)\,x + T(i)\,y = \lambda z + \mu \bar{z}$$

mit

$$\lambda := \tfrac{1}{2}(T(1) - i\,T(i)), \qquad \mu := \tfrac{1}{2}(T(1) + i\,T(i)).$$

Eine $\mathbb{R}$-lineare Abbildung $T\colon \mathbb{C} \to \mathbb{C}$ ist genau dann $\mathbb{C}$-linear, wenn gilt $T(i) = i\,T(1)$; alsdann hat T die Form $T(z) = T(1)\,z$.

Beweis. $\mathbb{R}$-Linearität bedeutet, daß für $z = x + iy$ gilt $T(z) = x\,T(1) + y\,T(i)$. Schreibt man $\tfrac{1}{2}(z + \bar{z})$ bzw. $\tfrac{1}{2i}(z - \bar{z})$ statt x bzw. y, so folgt die 1. Behauptung. Die 2. Behauptung folgt nun unmittelbar. □

Identifiziert man $\mathbb{C}$ mit $\mathbb{R}^2$ vermöge $z = x + iy = \begin{pmatrix} x \\ y \end{pmatrix}$, so *induziert* jede *reelle* 2×2 *Matrix* $A = \begin{pmatrix} a & b \\ c & d \end{pmatrix}$ durch *Rechtsmultiplikation*

$$\begin{pmatrix} x \\ y \end{pmatrix} \mapsto \begin{pmatrix} a & b \\ c & d \end{pmatrix} \begin{pmatrix} x \\ y \end{pmatrix} = \begin{pmatrix} a x + b y \\ c x + d y \end{pmatrix}$$

eine $\mathbb{R}$-lineare Abbildung $T\colon \mathbb{C} \to \mathbb{C}$; es gilt:

(∗) $\qquad\qquad\qquad T(1) = a + ic, \qquad T(i) = b + id.$

Jede $\mathbb{R}$-lineare Abbildung $T\colon \mathbb{C} \to \mathbb{C}$ wird nach Sätzen der Linearen Algebra so erhalten; Abbildung T und Matrix A bestimmen sich gegenseitig auf Grund von (∗). Wir behaupten:

Satz. *Folgende Aussagen über eine reelle Matrix $A = \begin{pmatrix} a & b \\ c & d \end{pmatrix}$ sind äquivalent:*

i) *Die von A induzierte Abbildung $T\colon \mathbb{C} \to \mathbb{C}$ ist $\mathbb{C}$-linear.*

ii) *Es gilt $c = -b$ und $d = a$, d.h. $A = \begin{pmatrix} a & -c \\ c & a \end{pmatrix}$ und $T(z) = (a + ic)\,z$.*

Beweis. Die entscheidende Gleichung $b + id = T(i) = i\,T(1) = i(a + ic)$ besteht genau dann, wenn $c = -b$ und $d = a$. □

Wir sehen, daß sich eine $\mathbb{R}$-lineare Abbildung $T\colon \mathbb{C} \to \mathbb{C}$ auf dreierlei Weise beschreiben läßt: durch eine reelle 2×2 Matrix oder in der Form $T(z) = T(1)\,x + T(i)\,y$ oder in der Form $T(z) = \lambda z + \mu \bar{z}$. Diese drei Möglichkeiten finden später in der Theorie der differenzierbaren Funktionen $f = u + iv$ ihren Ausdruck darin, daß man sowohl reelle partielle Ableitungen u_x, u_y, v_x, v_y (sie entsprechen den Matrixelementen a, b, c, d) als auch komplexe partielle Ableitungen f_x, f_y (sie entsprechen den Zahlen $T(1)$, $T(i)$) und $f_z, f_{\bar z}$ (sie entsprechen λ, μ) betrachtet. Die Bedingungen $a = d$, $b = -c$ des Satzes beinhalten gerade die Cauchy-Riemannschen Differentialgleichungen $u_x = v_y$, $u_y = -v_x$; vgl. hierzu Theorem 1.2.1.

Aufgabe. Man zeige, daß die Abbildung $T(z) = \lambda z + \mu \bar z$ genau dann bijektiv ist, wenn gilt $\lambda \bar\lambda \neq \mu \bar\mu$. (Sie brauchen nicht unbedingt zu zeigen, daß T die Determinante $\lambda \bar\lambda - \mu \bar\mu$ hat.)

3. Skalarprodukt und absoluter Betrag. Für $w = u + iv$, $z = x + iy \in \mathbb{C}$ ist

$$\langle w, z \rangle := \operatorname{Re}(w \bar z) = ux + vy = \operatorname{Re}(\bar w z) = \langle z, w \rangle$$

das *euklidische Skalarprodukt* im reellen Vektorraum $\mathbb{C} = \mathbb{R}^2$ bez. der Basis $1, i$. Die nicht negative reelle Zahl

$$|z| := +\sqrt{\langle z, z \rangle} = +\sqrt{z \bar z} = \sqrt{x^2 + y^2}$$

mißt die *euklidische Länge von* z, sie heißt der *absolute Betrag von* z. Es gilt:

$$|\bar z| = |z|, \quad |\operatorname{Re} z| \leq |z|, \quad |\operatorname{Im} z| \leq |z|; \quad z^{-1} = \frac{\bar z}{|z|^2} \quad \text{für} \quad z \neq 0.$$

Durch Nachrechnen verifiziert man sofort die Identität

$$\langle w, z \rangle^2 + \langle iw, z \rangle^2 = |w|^2 |z|^2, \quad w, z \in \mathbb{C};$$

hierin ist speziell enthalten die
Cauchy-Schwarzsche Ungleichung:

$$|\langle w, z \rangle| \leq |w| \, |z|, \quad w, z \in \mathbb{C}.$$

Ebenfalls durch direktes Nachrechnen ergibt sich der
Cosinussatz:

$$|w + z|^2 = |w|^2 + |z|^2 + 2 \langle w, z \rangle, \quad w, z \in \mathbb{C}.$$

Zwei Vektoren w, z heißen *orthogonal (stehen senkrecht aufeinander)*, wenn $\langle w, z \rangle = 0$. Wegen $\langle z, c z \rangle = \operatorname{Re}(\bar z c z) = |z|^2 \operatorname{Re} c$ sind $z, c z \in \mathbb{C}^\times$ genau dann orthogonal, wenn c rein imaginär ist. Fundamental für das Rechnen mit dem Absolutbetrag sind folgende *Regeln*:
1) $|z| \geq 0$, $|z| = 0 \Leftrightarrow z = 0$
2) $|w z| = |w| \cdot |z|$ (*Produktregel*)
3) $|w + z| \leq |w| + |z|$ (*Dreiecksungleichung*).
Hier folgen 1) und 2) direkt, während 3) mittels Cosinussatz und Cauchy-Schwarzscher Ungleichung folgt (vgl. auch [Zahlen], 3.4.2):

$$|w + z|^2 = |w|^2 + |z|^2 + 2 \langle w, z \rangle \leq |w|^2 + |z|^2 + 2 |w| \, |z| = (|w| + |z|)^2. \qquad \Box$$

Die Produktregel impliziert die
Divisionsregel:

$$\left| \frac{w}{z} \right| = \frac{|w|}{|z|} \quad \textit{für alle } w, z \in \mathbb{C}, \ z \neq 0.$$

Folgende Varianten der Dreiecksungleichung werden oft benutzt:

$$|w| \geq |z| - |w - z|, \qquad |w + z| \geq ||w| - |z||, \qquad ||w| - |z|| \leq |w - z|.$$

Die Regeln 1)–3) heißen *Bewertungsregeln*, eine Abbildung $|\ |: K \rightarrow \mathbb{R}$ eines (kommutativen) Körpers K in $\mathbb{R}$, die den Bewertungsregeln genügt, heißt eine *Bewertung* von K; ein Körper zusammen mit einer Bewertung heißt ein *bewerteter Körper*. $\mathbb{R}$ und $\mathbb{C}$ sind also bewertete Körper.

Auf Grund der Cauchy-Schwarzschen Ungleichung gilt

$$-1 \leq \frac{\langle w, z \rangle}{|w|\,|z|} \leq 1 \qquad \text{für alle } w, z \in \mathbb{C}^{\times}.$$

Nach (nicht trivialen) Ergebnissen der Infinitesimalrechnung *existiert* daher zu $w, z \in \mathbb{C}^{\times}$ genau eine reelle Zahl φ, $0 \leq \varphi \leq \pi$, so daß gilt:

$$\cos \varphi = \frac{\langle w, z \rangle}{|w|\,|z|} ;$$

man nennt φ *den Winkel* zwischen $w, z \in \mathbb{C}^{\times}$, in Zeichen $\measuredangle(w, z) = \varphi$.

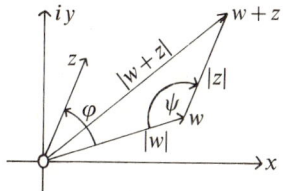

Der Cosinussatz kann nun, da $\langle w, z \rangle = |w|\,|z| \cos \varphi$ und $\cos \varphi = -\cos \psi$ wegen $\psi + \varphi = \pi$ (vgl. Figur), in der aus der Elementargeometrie bekannten Form geschrieben werden:

$$|w + z|^2 = |w|^2 + |z|^2 - 2|w|\,|z| \cos \psi.$$

Mit Hilfe des Betrages komplexer Zahlen und auf Grund der Tatsache, daß jede reelle Zahl $r \geq 0$ eine Quadratwurzel $\sqrt{r} \geq 0$ hat, lassen sich aus *beliebigen* komplexen Zahlen Quadratwurzeln ziehen. Eine direkte Verifikation zeigt: *Sei $c = a + ib \in \mathbb{C}$ mit $a, b \in \mathbb{R}$. Dann gilt $\zeta^2 = c$ für*

$$\zeta := \sqrt{\tfrac{1}{2}(a + |c|)} + i\frac{b}{|b|}\sqrt{\tfrac{1}{2}(-a + |c|)}, \quad \textit{falls } b \neq 0;$$

$$\zeta := \sqrt{|c|}, \quad \textit{falls } b = 0,\ a \geq 0;$$

$$\zeta := i\sqrt{|c|}, \quad \textit{falls } b = 0,\ a < 0.$$

Nullstellen beliebiger quadratischer Polynome $z^2 + cz + d \in \mathbb{C}[z]$ bestimmt man nun durch Übergang zum „reinen" Polynom $(z + \tfrac{1}{2}c)^2 + d - \tfrac{1}{4}c^2$ (quadratische Ergänzung). Erst in 9.1.1 werden wir zeigen, daß jedes nicht konstante komplexe Polynom komplexe Nullstellen hat (Fundamentalsatz der Algebra); zum Problem der Lösbarkeit komplexer Gleichungen vgl. auch [Zahlen], Kap. 3.3.5 und Kap. 4.

4. Winkeltreue Abbildungen. In der RIEMANNschen Funktionentheorie spielen winkeltreue Abbildungen eine wichtige Rolle. Wir treffen hier Vorbereitungen für die Überlegungen in Kap. 2.1 und betrachten $\mathbb{R}$-lineare injektive ($=$ bijektive) Abbildungen $T: \mathbb{C} \to \mathbb{C}$; wir schreiben Tz anstelle von $T(z)$. Wir nennen T *winkeltreu*, wenn gilt

$$|w|\,|z|\langle Tw, Tz\rangle = |Tw|\,|Tz|\langle w, z\rangle \quad \text{für alle } w, z \in \mathbb{C}.$$

Diese Definition wird sofort verständlich, wenn man den Winkel $\not\prec(w, z)$ benutzt: winkeltreu bedeutet dann gerade, daß $\not\prec(Tw, Tz) = \not\prec(w, z)$ für alle $w, z \in \mathbb{C}^{\times}$. – Winkeltreue Abbildungen lassen sich einfach charakterisieren.

Lemma. *Folgende Aussagen sind äquivalent:*
  i) *$T: \mathbb{C} \to \mathbb{C}$ ist winkeltreu.*
  ii) *Es gibt eine Zahl $a \in \mathbb{C}^{\times}$, so daß für alle $z \in \mathbb{C}$ entweder stets $Tz = az$ oder stets $Tz = a\bar{z}$ gilt.*
  iii) *Es gibt eine Zahl $s > 0$, so daß stets gilt: $\langle Tw, Tz\rangle = s\langle w, z\rangle$.*

Beweis. i) $\Rightarrow$ ii): Da T injektiv ist, gilt: $a := T1 \in \mathbb{C}^{\times}$. Für $b := a^{-1}Ti \in \mathbb{C}$ folgt nun:

$$0 = \langle i, 1\rangle = \langle Ti, T1\rangle = \langle ab, a\rangle = |a|^2 \operatorname{Re} b,$$

d.h. b ist *rein-imaginär*: $b = ir$, $r \in \mathbb{R}$. Wir sehen $Tz = T1 \cdot x + Ti \cdot y = a(x + iry)$ und also $\langle T1, Tz\rangle = \langle a, a(x + iry)\rangle = |a|^2 x$. Daher folgt wegen der Winkeltreue von T (mit $w := 1$) für alle $z \in \mathbb{C}$:

$$|x + iy|\,|a|^2 x = |1|\,|z|\langle T1, Tz\rangle = |T1|\,|Tz|\langle 1, z\rangle = |a|\,|a(x + iry)|\,x,$$

d.h. $|x + iry| = |x + iy|$ für alle z mit $x \neq 0$. Dies impliziert $r = \pm 1$. Wir erhalten: $Tz = a(x \pm iy)$, d.h. $Tz = az$ oder $Tz = a\bar{z}$.
  ii) $\Rightarrow$ iii): Wegen $\langle \bar{w}, \bar{z}\rangle = \langle w, z\rangle$ gilt in beiden Fällen

$$\langle Tw, Tz\rangle = s\langle w, z\rangle \quad \text{mit } s := |a|^2 > 0.$$

  iii) $\Rightarrow$ i): Da stets $|Tz| = \sqrt{s}\,|z|$, so ist T injektiv, weiter folgt:

$$|w|\,|z|\langle Tw, Tz\rangle = |w|\,|z|\,s\langle w, z\rangle = |Tw|\,|Tz|\langle w, z\rangle. \qquad \square$$

Das eben bewiesene Lemma wird in 2.1.1 auf das $\mathbb{R}$-lineare Differential reell differenzierbarer Abbildungen angewendet.

In der Theorie der euklidischen Vektorräume nennt man eine lineare Selbstabbildung $T: V \to V$ eines Vektorraumes V mit euklidischem Skalarprodukt $\langle \,, \rangle$ eine *Ähnlichkeitstransformation*, wenn es eine reelle Zahl $r > 0$ gibt, so daß für alle $v \in V$ gilt: $|Tv| = r|v|$; man nennt r die Ähnlichkeitskonstante von T (im Falle $r = 1$ heißt T *längentreu* oder auch *orthogonal*). Auf Grund des Cosinussatzes gilt dann sogar

$$\langle Tv, Tv'\rangle = r^2 \langle v, v'\rangle \quad \text{für alle Elemente } v, v' \in V.$$

Jede Ähnlichkeitstransformation ist *winkeltreu*, d.h. $\not\prec(Tv, Tv') = \not\prec(v, v')$, wenn man $\not\prec(v, v')$ wieder als den Arcuscosinus von $|v|^{-1}|v'|^{-1}\langle v, v'\rangle$ im Intervall $[0, \pi]$ erklärt (das ist möglich, da die Cauchy-Schwarzsche Ungleichung in jedem euklidischen Vektorraum gilt).

Wir haben oben speziell gezeigt, daß für $V = \mathbb{C}$ auch jede winkeltreue (lineare) Abbildung eine Ähnlichkeitstransformation ist. Diese Aussage gilt allgemein für endlichdimensionale euklidische Vektorräume, wie in der Linearen Algebra gezeigt wird.

§ 2. Topologische Grundbegriffe

Wir stellen hier topologische Redeweisen und Eigenschaften zusammen, die für die Funktionentheorie unabdingbar sind (z.B. „offene" bzw. „abgeschlossene" bzw. „kompakte Menge"). *Zu viel Topologie am Anfang ist schädlich; ganz ohne Topologie geht es nicht.* Der von R. DEDEKIND 1880 in seiner Arbeit *Was sind und was sollen Zahlen* (Vieweg Braunschweig, 1888) formulierte Satz „Die größten und fruchtbarsten Fortschritte in der Mathematik und anderen Wissenschaften sind vorzugsweise durch die Schöpfung und Einführung neuer Begriffe gemacht, nachdem die häufige Wiederkehr zusammengesetzter Erscheinungen, welche von den alten Begriffen nur mühselig beherrscht werden, dazu gedrängt hat" gilt auch für die zu Dedekinds Zeit noch nicht vorhandene mengentheoretische Topologie. Da in der Funktionentheorie nur metrische Räume vorkommen, beschränken wir uns auf solche.

1. Metrische Räume. Sind $w = u + iv$, $z = x + iy \in \mathbb{C}$, so mißt

$$|w - z| = \sqrt{(u - x)^2 + (v - y)^2}$$

die *euklidische* Entfernung der Punkte w, z in der Zahlenebene (Figur S. 14). Die Funktion

$$\mathbb{C} \times \mathbb{C} \to \mathbb{R}, \quad (w, z) \mapsto |w - z|$$

hat auf Grund der Bewertungsregeln aus 1.3 die Eigenschaften:

$$|w - z| \geq 0, \quad |w - z| = 0 \Leftrightarrow w = z, \quad |w - z| = |z - w| \quad \text{(Symmetrie)},$$
$$|w - z| \leq |w - w'| + |w' - z| \quad \text{(Dreiecksungleichung)}.$$

Ist X irgendeine Menge, so heißt eine Funktion

$$d: X \times X \to \mathbb{R}, \quad (x, y) \mapsto d(x, y)$$

eine *Metrik auf* X, wenn sie die vorangehenden drei Eigenschaften hat, d.h. wenn für alle $x, y, z \in X$ gilt:

$$d(x, y) \geq 0, \qquad d(x, y) = 0 \Leftrightarrow x = y,$$
$$d(x, y) = d(y, x), \qquad d(x, z) \leq d(x, y) + d(y, z).$$

X zusammen mit einer Metrik heißt ein *metrischer Raum.* Im Fall $X = \mathbb{C}$ nennt man $d(w, z) := |w - z|$ die *euklidische Metrik* von $\mathbb{C}$.

In einem metrischen Raum X mit Metrik d heißt die Menge

$$B_r(c) := \{x \in X : d(x, c) < r\}$$

die *offene Kugel vom Radius* $r > 0$ *mit Mittelpunkt* $c \in X$; im Fall der euklidischen Metrik auf $\mathbb{C}$ heißen die Kugeln

$$B_r(c) = \{ z \in \mathbb{C} : |z - c| < r \}, \qquad r > 0,$$

offene Kreisscheiben um c (Figur), salopp: *Kreise um* c.

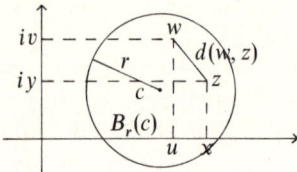

Die „Einheitskreisscheibe" $B_1(0)$ spielt in der Funktionentheorie eine ausgezeichnete Rolle. Wir nennen $B_1(0)$ den *Einheitskreis* und schreiben durchweg

$$\mathbb{E} := B_1(0) = \{ z \in \mathbb{C} : |z| < 1 \}.$$

Die Menge $\mathbb{C} = \mathbb{R}^2$ trägt neben der euklidischen Metrik noch eine zweite natürliche Metrik. Vermöge der gewöhnlichen Metrik $|x - x'|$, $x, x' \in \mathbb{R}$, auf $\mathbb{R}$ definiert man auf $\mathbb{C}$ die *Maximummetrik*

$$\hat{d}(w, z) := \max \{ |\operatorname{Re} w - \operatorname{Re} z|, |\operatorname{Im} w - \operatorname{Im} z| \}, \qquad w, z \in \mathbb{C};$$

man zeigt direkt, daß $\hat{d}$ in der Tat eine Metrik auf $\mathbb{C}$ ist. Die „offenen Kugeln" in dieser Metrik sind die *offenen Quadrate* $Q_r(c)$ *von der Seitenlänge* $2r$ *mit Mittelpunkt* c.

In der Funktionentheorie arbeitet man vorwiegend mit der euklidischen Metrik, in der reellen Analysis verwendet man beim Studium der Funktionen zweier Variabler vorteilhafter die Maximummetrik. – Euklidische Metrik und Maximummetrik lassen sich mutatis mutandis in jedem n-dimensionalen reellen Vektorraum $\mathbb{R}^n$ einführen, $1 \le n < \infty$.

2. Offene und abgeschlossene Mengen. Eine Teilmenge $U \subset X$ eines metrischen Raumes X heißt *offen* (*in* X), wenn es zu jedem Punkt $x \in U$ ein $r > 0$ gibt, so daß gilt: $B_r(x) \subset U$. Die leere Menge und X selbst sind offen. Die *Vereinigung beliebig vieler* und der *Durchschnitt endlich vieler* offener Mengen ist offen (Beweis!). Die „offenen Kugeln" $B_r(c)$ von X sind in der Tat offene Mengen in X.

Verschiedene Metriken können dieselben Systeme offener Mengen haben. Das trifft z.B. zu für die euklidische Metrik und die Maximummetrik in $\mathbb{C} = \mathbb{R}^2$ (allgemeiner in $\mathbb{R}^n$): der Grund ist, daß offene Kreisscheiben offene Quadrate mit gleichem Mittelpunkt enthalten und umgekehrt. $\square$

Eine Menge $A \subset X$ heißt *abgeschlossen* (*in* X), wenn ihr Komplement $X \smallsetminus A$ offen ist. Die Mengen

$$\bar{B}_r(c) := \{ x \in X : d(x, c) \le r \}$$

sind abgeschlossen, wir nennen sie folgerichtig *abgeschlossene Kugeln*, bzw. im Fall $X = \mathbb{C}$ *abgeschlossene Kreisscheiben*.

Die *Vereinigung endlich vieler* und der *Durchschnitt beliebig vieler* abgeschlossener Mengen ist wieder abgeschlossen (Dualisierung der Aussagen für offene Mengen). Insbesondere ist für jede Menge $A \subset X$ der Durchschnitt $\bar{A}$

aller A umfassenden abgeschlossenen Mengen abgeschlossen. Man nennt diese kleinste A enthaltende, abgeschlossene Menge *die abgeschlossene Hülle $\bar{A}$* von A in X, es gilt $\bar{A} = \bar{A}$. $\square$

Eine Menge $W \subset X$ heißt *Umgebung der Menge* $M \subset X$, wenn es eine in X offene Menge V mit $M \subset V \subset W$ gibt. *Man beachte, daß nach dieser Definition Umgebungen nicht notwendig offen sind.* Offene Mengen sind Umgebungen all ihrer Punkte.

Zu verschiedenen Punkten $c, c' \in X$ gibt es stets *punktfremde* Umgebungen:

$$B_\varepsilon(c) \cap B_\varepsilon(c') = \emptyset \quad \text{für} \quad \varepsilon := \tfrac{1}{2} d(c, c') > 0.$$

Dies ist die *hausdorffsche* „Trennungseigenschaft" (nach dem deutschen Mathematiker und Schriftsteller Felix HAUSDORFF; geb. 1868 in Breslau: ab 1902 Professuren in Bonn, Greifswald, Bonn; sein 1914 erschienenes Lehrbuch *Grundzüge der Mengenlehre* (Veit & Comp., Leipzig) enthält die Grundlagen der mengentheoretischen Topologie; gest. 1942 in Bonn durch Freitod wegen rassischer Verfolgung; als Literat publizierte er in jungen Jahren unter dem Pseudonym Paul MONGRÉ u.a. Gedichte und Aphorismen).

3. Konvergente Folgen. Häufungspunkte. Sei $k \in \mathbb{N}$. Eine Abbildung $\{k, k+1, k+2, \ldots\} \to X, n \mapsto c_n$, heißt *Folge* in X, man schreibt kurz (c_n), i.allg. ist $k = 0$. Eine Folge (c_n) heißt *konvergent in X*, wenn es einen Punkt $c \in X$ gibt, so daß *in jeder Umgebung von c fast alle* (d.h. alle bis auf endlich viele) Folgenglieder c_n liegen; der Punkt c heißt *ein Limes* der Folge, in Zeichen

$$c = \lim_{n \to \infty} c_n \quad \text{oder kürzer} \quad c = \lim c_n.$$

Nicht konvergente Folgen heißen *divergent*.

Wegen der Trennungseigenschaft hat jede in X konvergente Folge *genau einen Limes:* Aus $c = \lim c_n$ und $c' = \lim c_n$ folgt: $c = c'$.

Jede Teilfolge (c_{n_l}) einer konvergenten Folge (c_n) ist konvergent; es gilt: $\lim c_{n_l} = \lim c_n$.

Ist d eine Metrik auf X, so gilt $c = \lim c_n$ genau dann, wenn es zu jedem $\varepsilon > 0$ ein $n_0 \in \mathbb{N}$ gibt, so daß gilt: $d(c_n, c) < \varepsilon$ für alle $n \geq n_0$; für $X = \mathbb{C}$ mit der euklidischen Metrik schreibt sich dies in der Form

$$|c_n - c| < \varepsilon \quad \text{für alle } n \geq n_0.$$

Eine Menge $M \subset X$ ist genau dann *abgeschlossen in X*, wenn der Limes jeder konvergenten Folge (c_n), $c_n \in M$, stets zu M gehört.

Ein Punkt $p \in X$ heißt *Häufungspunkt einer Menge* $M \subset X$, wenn für jede Umgebung U von p gilt: $U \cap (M \setminus \{p\}) \neq \emptyset$. In jeder Umgebung eines Häufungspunktes p von M liegen unendlich viele Punkte von M; es gibt stets eine Folge (c_n) in $M \setminus \{p\}$, mit $\lim c_n = p$.

Eine Teilmenge A eines metrischen Raumes X heißt *dicht in X*, wenn jede nichtleere offene Teilmenge von X Punkte von A enthält; das trifft genau dann zu, wenn $\bar{A} = X$. Eine Teilmenge A von X ist sicher dann dicht in X, wenn jeder Punkt von X Häufungspunkt von A ist, es gibt dann sogar zu jedem Punkt $x \in X$ eine Folge (x_n) in A mit $\lim x_n = x$ (Beweis!).

In $\mathbb{C}$ ist die abzählbare Menge $\mathbb{Q} + i\mathbb{Q}$ aller „rationalen" komplexen Zahlen *dicht und abzählbar.*

4. Historisches zum Konvergenzbegriff. Die Präzisierung dieses Begriffes hat bis ins 19. Jahrhundert hinein größte Schwierigkeiten bereitet. Der Grenzwertbegriff hat seinen Ursprung in der *Exhaustionsmethode* der Antike. LEIBNIZ, NEWTON, EULER und viele andere arbeiteten mit unendlichen Reihen und Folgen ohne exakte Definition des Limes; so schreibt EULER unbekümmert $\Big($motiviert durch $\sum_{0}^{\infty} x^v = \dfrac{1}{1-x}\Big)$:

$$1 - 1 + 1 - 1 + - \ldots = \tfrac{1}{2}.$$

Selbst CAUCHY verwendet in seinem *Cours D'Analyse* [C] bei der Definition des Grenzwertes noch Redeweisen wie „sukzessive Werte" oder „nähert sich indefinit" oder „so klein wie man will". Die Präzisierung dieser gewiß suggestiven und bequemen Ausdrucksweisen gibt erst WEIERSTRASS ab 1860 in seinen Vorlesungen zu Berlin in Form der noch heute geläufigen ε-Definition mittels Ungleichungen. Damit beginnt im Zeitalter der Strenge die „Arithmetisierung der Analysis".

Die Weierstraßschen Ideen werden zunächst nur durch nachgeschriebene und abgeschriebene Kolleghefte seiner Hörer der mathematischen Öffentlichkeit zugänglich. Erst ganz allmählich entstehen Lehrbücher, das erste ist wohl *Vorlesungen über Allgemeine Arithmetik. Nach den neueren Ansichten*, bearbeitet von O. STOLZ in Innsbruck, Teubner-Verlag, Leipzig 1885.

5. Kompakte Mengen. Wie in der Infinitesimalrechnung spielen auch in der Funktionentheorie kompakte Mengen eine zentrale Rolle. Wir führen den Begriff des kompakten (metrischen) Raumes ein und beginnen mit dem klassischen

Äquivalenzsatz. *Folgende Aussagen über einen metrischen Raum X sind äquivalent:*

i) *Jede offene Überdeckung $\mathfrak{U} = \{U_i\}_{i \in I}$ von X besitzt eine endliche Teilüberdeckung (Heine-Borel-Eigenschaft).*

ii) *Jede Folge (x_n) in X besitzt eine konvergente Teilfolge (Weierstraß-Bolzano-Eigenschaft).*

Der Beweis dieses Satzes ist aus der Infinitesimalrechnung bekannt. Zur Erläuterung sei gesagt, daß eine offene Überdeckung $\mathfrak{U}$ von X irgendeine Familie $\{U_i\}_{i \in I}$ von in X offenen Mengen U_i ist, so daß gilt: $X = \bigcup_{i \in I} U_i$.[*]

---

[*] In beliebigen topologischen Räumen (die in diesem Buch gar nicht vorkommen) bleiben die Aussagen i) und ii) sinnvoll; sie sind aber nicht mehr äquivalent.

Man nennt X *kompakt*, wenn die Bedingungen i) und ii) erfüllt sind. Eine *Teilmenge K* von X heißt *kompakt* oder auch ein *Kompaktum* (*in X*), wenn K mit der induzierten Metrik ein kompakter Raum ist. Der Leser mache sich klar:

Jedes Kompaktum in X ist abgeschlossen in X. In einem kompakten Raum ist jede abgeschlossene Teilmenge kompakt.

Wir notieren noch eine einfach zu verifizierende

Ausschöpfungseigenschaft offener Mengen in $\mathbb{C}$: Jede offene Menge D in $\mathbb{C}$ ist die Vereinigung von abzählbar unendlich vielen kompakten Teilmengen von D.

§3. Konvergente Folgen komplexer Zahlen

In diesem Paragraphen betrachten wir nur noch den metrischen Raum $X = \mathbb{C}$. Komplexe Folgen lassen sich addieren, multiplizieren, dividieren und konjugieren. Die aus dem Reellen bekannten Limesregeln übertragen sich wörtlich ins Komplexe, da die Betragsfunktion $|\ |$ auf $\mathbb{C}$ dieselben Eigenschaften wie die Betragsfunktion auf $\mathbb{R}$ hat (Bewertung). Der Körper $\mathbb{C}$ erbt vom Körper $\mathbb{R}$ die Vollständigkeit, die durch das CAUCHYSCHE Konvergenzkriterium ausgedrückt wird.

Wenn Mißverständnisse ausgeschlossen sind, bezeichnen wir eine Folge (c_n) kurz mit c_n. Will man andeuten, daß eine Folge erst mit dem Index k beginnt, so schreibt man $(c_n)_{n \geq k}$.

1. Rechenregeln. Konvergiert die Folge c_n gegen $c \in \mathbb{C}$, so liegen in jeder Kreisscheibe $B_\varepsilon(c)$, $\varepsilon > 0$, um c fast alle Folgenglieder c_n. Für jedes $z \in \mathbb{C}$ mit $|z| < 1$ ist die *Potenzfolge* z^n konvergent: $\lim z^n = 0$; für alle z mit $|z| > 1$ ist die Folge z^n divergent.

Eine Folge c_n heißt *beschränkt*, wenn sie eine reelle „Schranke" $M > 0$ besitzt, d.h. wenn $|c_n| \leq M$ für alle n. Wie im Reellen folgt:

Jede konvergente Folge komplexer Zahlen ist beschränkt.   □

Sind c_n, d_n konvergente Folgen, so gelten die *Limesregeln*:

L 1.   *Für alle $a, b \in \mathbb{C}$ ist die Folge $ac_n + bd_n$ konvergent*:

$$\lim(ac_n + bd_n) = a \lim c_n + b \lim d_n \qquad (\mathbb{C}\text{-}Linearität).$$

L 2.   *Die „Produktfolge" $c_n d_n$ ist konvergent*:

$$\lim(c_n d_n) = (\lim c_n)(\lim d_n).$$

L 3.   *Ist $\lim d_n \neq 0$, so gibt es ein $k \in \mathbb{N}$, so daß $d_n \neq 0$ für $n \geq k$; die Quotientenfolge $\left(\dfrac{c_n}{d_n}\right)_{n \geq k}$ konvergiert gegen $\dfrac{\lim c_n}{\lim d_n}$.*

Bemerkung. Die Regeln L 1. und L 2. lassen sich elegant in der Sprache der Algebra formulieren. Für *beliebige* Folgen c_n, d_n komplexer Zahlen definiert man die *Summenfolge* und *Produktfolge*; man setzt

$$a(c_n) + b(d_n) := (ac_n + bd_n) \quad \text{für alle } a, b \in \mathbb{C}; \qquad (c_n)(d_n) := (c_n d_n).$$

Die Limesregeln L 1. und L 2. besagen dann:

Die Gesamtheit aller konvergenten Folgen bildet eine $\mathbb{C}$-Algebra $\mathscr{A}$ (genauer: eine $\mathbb{C}$-Unteralgebra der $\mathbb{C}$-Algebra aller Folgen) mit Nullelement $(0)_n$ und Einselement $(1)_n$. Die Abbildung $\lim : \mathscr{A} \to \mathbb{C}$, $(c_n) \mapsto \lim c_n$ ist ein $\mathbb{C}$-Algebra-Homomorphismus.[*)]

Die Limesregeln L 1.–L 3. werden ergänzt durch folgende Regeln

L 4.   *Die Betragsfolge $|c_n|$ reeller Zahlen ist konvergent:* $\lim |c_n| = |\lim c_n|$.

L 5.   *Die Folge $\bar{c}_n$ konjugiert komplexer Zahlen ist konvergent:* $\lim \bar{c}_n = \overline{\lim c_n}$.

Die Beweise sind klar, da $\big||c_n| - |c|\big| \leq |c_n - c|$ und $|\bar{c}_n - \bar{c}| = |c_n - c|$ für $c :=$ $\lim c_n$.   □

Jede Folge c_n bestimmt ihre *Realteilfolge* $\operatorname{Re} c_n$ und *Imaginärteilfolge* $\operatorname{Im} c_n$. Eine Konvergenzfrage im Komplexen läßt sich grundsätzlich via Realteil- und Imaginärteilfolge auf zwei Konvergenzfragen im Reellen zurückspielen:

Satz. *Folgende Aussagen über eine Folge c_n sind äquivalent:*
  i) *c_n ist konvergent.*
  ii) *Die beiden reellen Folgen $\operatorname{Re} c_n$ und $\operatorname{Im} c_n$ sind konvergent.*
Im Fall der Konvergenz gilt: $\lim c_n = \lim \operatorname{Re} c_n + i \lim \operatorname{Im} c_n$.

Beweis. i) ⇒ ii): Klar auf Grund der Limesregeln L 1. und L 5., da

$$\operatorname{Re} c_n = \tfrac{1}{2}(c_n + \bar{c}_n), \qquad \operatorname{Im} c_n = \tfrac{1}{2i}(c_n - \bar{c}_n).$$

ii) ⇒ i): Klar nach L 1.:

$$\lim c_n = \lim (\operatorname{Re} c_n + i \operatorname{Im} c_n) = \lim \operatorname{Re} c_n + i \lim \operatorname{Im} c_n.   □$$

Aufgabe. Zeigen Sie: $\lim \dfrac{w_0 z_n + w_1 z_{n-1} + \ldots + w_n z_0}{n+1} = wz$, falls $\lim w_n = w$ und $\lim z_n = z$.

2. Cauchysches Konvergenzkriterium. Charakterisierung kompakter Mengen in $\mathbb{C}$.
Eine Folge c_c heißt *Cauchyfolge*, wenn zu jedem $\varepsilon > 0$ ein $k \in \mathbb{N}$ existiert, so daß gilt: $|c_m - c_n| < \varepsilon$ für alle $m, n \geq k$. Wie im Reellen gilt das fundamentale

---

[*)]   Eine *$\mathbb{C}$-Algebra* $\mathscr{A}$ ist ein $\mathbb{C}$-Vektorraum $\mathscr{A}$, für dessen Elemente eine Multiplikation $\mathscr{A} \times \mathscr{A} \to \mathscr{A}$, $(a, a') \mapsto aa'$ definiert ist, so daß die *Distributivgesetze* $(\lambda a + \mu b)a'$ $= \lambda aa' + \mu ba', a'(\lambda a + \mu b) = \lambda a'a + \mu a'b$ gelten. – Einen $\mathbb{C}$-Vektorraum-Homomorphismus $f : \mathscr{A} \to \mathscr{B}$ zwischen $\mathbb{C}$-Algebren $\mathscr{A}, \mathscr{B}$ heißt *$\mathbb{C}$-Algebra-Homomorphismus*, wenn $f(a a') = f(a) f(a')$ für alle $a, a' \in \mathscr{A}$.

Konvergenzkriterium von CAUCHY. *Folgende Aussagen über eine Folge* (c_n) *sind äquivalent:*

   i) (c_n) *ist konvergent.*
  ii) (c_n) *ist eine Cauchyfolge.*

Beweis. i) $\Rightarrow$ ii): Ist $\varepsilon > 0$ vorgegeben, so wähle man $k \in \mathbb{N}$ so, daß für $c := \lim c_n$ gilt: $|c_n - c| < \dfrac{\varepsilon}{2}$ für $n \geq k$. Dann folgt:

$$|c_m - c_n| \leq |c_m - c| + |c - c_n| < \varepsilon \qquad \text{für alle } m, n \geq k.$$

ii) $\Rightarrow$ i): Die für alle $m, n \in \mathbb{N}$ geltenden Ungleichungen

$$|\operatorname{Re} c_m - \operatorname{Re} c_n| \leq |c_m - c_n|, \qquad |\operatorname{Im} c_m - \operatorname{Im} c_n| \leq |c_m - c_n|$$

implizieren, daß mit c_n auch die reellen Folgen $\operatorname{Re} c_n$ und $\operatorname{Im} c_n$ Cauchyfolgen sind. Wegen der Vollständigkeit von $\mathbb{R}$ konvergieren sie in $\mathbb{R}$ gegen Zahlen $a, b \in \mathbb{R}$. Nach L 1. konvergiert dann die Folge c_n in $\mathbb{C}$ gegen $a + bi$. $\square$

Der Begriff der Cauchyfolge kann in jedem metrischen Raum X erklärt werden: Man nennt (c_n), $c_n \in X$, eine *Cauchyfolge in* X, wenn zu jedem $\varepsilon > 0$ ein $k \in \mathbb{N}$ existiert, so daß für alle $n, m \geq k$ gilt: $d(c_m, c_n) < \varepsilon$. *Konvergente Folgen sind stets Cauchyfolgen.* Falls auch die Umkehrung richtig ist, so nennt man den Raum *vollständig.* Dann gilt also: $\mathbb{C}$ *ist* (wie $\mathbb{R}$) *ein vollständig bewerteter Körper.*

Kompakta in $\mathbb{C}$ lassen sich einfach charakterisieren.

Satz. *Folgende Aussagen über eine Menge* $K \subset \mathbb{C}$ *sind äquivalent:*

   i) K *ist kompakt.*
  ii) K *ist beschränkt und abgeschlossen in* $\mathbb{C}$.

Diese Äquivalenz ist, wenn man $\mathbb{C}$ mit $\mathbb{R}^2$ identifiziert, aus der Infinitesimalrechnung wohlbekannt; sie beruht auf der Vollständigkeit von $\mathbb{R}$ bzw. $\mathbb{C}$ und gilt natürlich für Teilmengen jedes $\mathbb{R}^n$, $1 \leq n < \infty$. $\square$

Im vorangehenden Satz ist speziell enthalten der

Satz von WEIERSTRASS-BOLZANO. *Jede beschränkte Folge komplexer Zahlen besitzt eine konvergente Teilfolge.*

§ 4. Konvergente und absolut konvergente Reihen

Konvergente Reihen $\sum a_\nu$ werden wie im Reellen mittels ihrer Partialsummenfolge erklärt. Unter den verschiedenen Formen von Grenzprozessen sind konvergente Reihen die handlichsten: neben den Näherungswerten $s_n := a_0 + \ldots + a_n$ werden sogleich auch die „Korrekturglieder" mitgegeben, die vom Näherungswert s_n zum nächsten $s_{n+1} = s_n + a_{n+1}$ führen. So läßt sich mit Reihen angenehmer arbeiten als mit Folgen. Im 19. Jahrhundert wurden vorwiegend Reihen und kaum Folgen betrachtet; die Einsicht, daß konvergente Folgen die Keimzelle der die ganze Analysis beherrschenden Grenzprozesse sind, setzte sich erst zu Beginn dieses Jahrhunderts durch.

Besonders wichtig in der Reihenlehre sind *absolut konvergente* Reihen $\sum a_\nu$, wo gilt: $\sum |a_\nu| < \infty$. Das wichtigste Konvergenzkriterium für solche Reihen ist das *Majorantenkriterium* (Abschnitt 2). Wie im Reellen gilt für absolut konvergente Reihen der Umordnungssatz (Abschnitt 3) und der Reihenproduktsatz (Abschnitt 6).

1. Konvergente Reihen komplexer Zahlen. Ist $(a_\nu)_{\nu \geq k}$ eine Folge komplexer Zahlen, so heißt die Folge $(s_n)_{n \geq k}$, $s_n := \sum\limits_{\nu = k}^{n} a_\nu$, der *Partialsummen* eine *(unendliche)* Reihe mit den *Gliedern* a_ν. Man schreibt $\sum\limits_{\nu = k}^{\infty} a_\nu$ oder $\sum\limits_{k} a_\nu$ oder einfach $\sum a_\nu$; i. allg. ist $k = 0$ oder $k = 1$.

Eine Reihe $\sum a_\nu$ heißt *konvergent*, wenn die Partialsummenfolge (s_n) konvergiert, andernfalls heißt sie *divergent*. Im Konvergenzfall schreibt man suggestiv:

$$\sum a_\nu := \lim s_n.$$

Das Symbol $\sum a_\nu$ ist also wie im Reellen zweideutig: es bezeichnet sowohl die Partialsummenfolge als auch (gegebenenfalls) deren Limes.

Das Standardbeispiel einer unendlichen Reihe, die immer wieder zu Abschätzungen herangezogen wird, ist *die geometrische Reihe* $\sum\limits_{0} z^\nu$. Für ihre Partialsummen gilt (endliche geometrische Reihe):

$$\sum\limits_{0}^{n} z^\nu = \frac{1 - z^{n+1}}{1 - z} \quad \text{für jedes } z \neq 1.$$

Da z^{n+1} für alle $z \in \mathbb{C}$ mit $|z| < 1$ eine Nullfolge ist, so folgt:

$$\sum\limits_{0} z^\nu = \frac{1}{1 - z} \quad \text{für alle } z \in \mathbb{C} \text{ mit } |z| < 1. \qquad \square$$

Wegen $a_n = s_n - s_{n-1}$ gilt $\lim a_n = 0$ für jede konvergente Reihe. Die Limesregeln L 1. und L 5. übertragen sich sofort auf Reihen:

$$\sum\limits_{k} (a a_\nu + b b_\nu) = a \sum\limits_{k} a_\nu + b \sum\limits_{k} b_\nu, \qquad \overline{\sum\limits_{k} a_\nu} = \sum\limits_{k} \bar{a}_\nu,$$

speziell folgt:

Die komplexe Reihe $\sum\limits_{k} a_\nu$ *ist genau dann konvergent, wenn die beiden reellen Reihen* $\sum\limits_{k} \operatorname{Re} a_\nu$ *und* $\sum\limits_{k} \operatorname{Im} a_\nu$ *konvergieren; alsdann gilt:*

$$\sum\limits_{k} a_\nu = \sum\limits_{k} \operatorname{Re} a_\nu + i \sum\limits_{k} \operatorname{Im} a_\nu.$$

Ferner ist trivial:

$$\sum\limits_{k} a_\nu = \sum\limits_{k}^{l} a_\nu + \sum\limits_{l+1} a_\nu \quad \text{für alle } l \in \mathbb{N}, l \geq k.$$

Für unendliche Reihen gilt ebenfalls das

Konvergenzkriterium von CAUCHY. *Eine Reihe $\sum a_\nu$ konvergiert genau dann, wenn zu jedem $\varepsilon > 0$ ein $n_0 \in \mathbb{N}$ existiert, so daß gilt:*

$$\left| \sum_{m+1}^{n} a_\nu \right| < \varepsilon \quad \text{für alle } m, n \text{ mit } n > m \geq n_0.$$

Das ist klar, denn wegen $\sum_{m+1}^{n} a_\nu = s_n - s_m$ besagt die Bedingung dieses Kriteriums gerade, daß die Partialsummenfolge s_n eine Cauchyfolge ist.

2. Absolut konvergente Reihen. Majorantenkriterium. Konvergente Reihen können bei Umordnung unendlich vieler Glieder den Limes ändern. Auch sind Teilreihen konvergenter Reihen i. allg. nicht mehr konvergent. Solche Manipulationen lassen sich nur mit absolut konvergenten Reihen bedenkenlos durchführen.

Eine Reihe $\sum_{k} a_\nu$ heißt absolut konvergent, wenn die Reihe $\sum_{k} |a_\nu|$ nichtnegativer reeller Zahlen konvergiert.

Die Vollständigkeit von $\mathbb{C}$ ermöglicht es, wie im Falle von $\mathbb{R}$ die Konvergenz einer Reihe $\sum a_\nu$ aus der Konvergenz der Reihe $\sum |a_\nu|$ zu folgern. Da stets $\left| \sum_{m+1}^{n} a_\nu \right| \leq \sum_{m+1}^{n} |a_\nu|$, so folgt aus dem Cauchyschen Konvergenzkriterium für Reihen unmittelbar:

Jede absolut konvergente Reihe $\sum a_\nu$ ist konvergent; es gilt: $|\sum a_\nu| \leq \sum |a_\nu|$.

Weiter ist klar:

Jede Teilreihe $\sum_{l=0} a_{\nu_l}$ einer absolut konvergenten Reihe $\sum_{0} a_\nu$ ist absolut konvergent (es läßt sich sogar zeigen, daß eine Reihe genau dann absolut konvergiert, wenn jede Teilreihe konvergiert).

Fundamental ist das einfache

Majorantenkriterium. *Es sei $\sum_{k} t_\nu$ eine konvergente Reihe mit reellen Gliedern $t_\nu \geq 0$; es sei $(a_\nu)_{\nu \geq k}$ eine komplexe Zahlenfolge, so daß für fast alle ν gilt: $|a_\nu| \leq t_\nu$. Dann ist $\sum_{k} a_\nu$ absolut konvergent.*

Beweis. Es gibt ein $n_1 \geq k$, so daß für alle $n > m \geq n_1$ gilt:

$$\sum_{m+1}^{n} |a_\nu| \leq \sum_{m+1}^{n} t_\nu.$$

Da $\sum t_\nu$ konvergiert, folgt die Behauptung aus dem Cauchyschen Kriterium. $\square$

Die Reihe $\sum t_\nu$ heißt eine *Majorante* von $\sum a_\nu$; in der Regel treten als Majoranten geometrische Reihen $\sum q^\nu$, $0 < q < 1$, auf. $\square$

Das Rechnen mit absolut konvergenten Reihen ist bedeutend einfacher als das Rechnen mit konvergenten Reihen, da Reihen mit positiven Gliedern bequemer zu handhaben sind. Wegen $\max(|\operatorname{Re} a|, |\operatorname{Im} a|) \leq |a| \leq |\operatorname{Re} a| + |\operatorname{Im} a|$ gilt übrigens (nach dem Majorantenkriterium):

Die komplexe Reihe $\sum a_\nu$ ist genau dann absolut konvergent, wenn die reellen Reihen $\sum \operatorname{Re} a_\nu$ und $\sum \operatorname{Im} a_\nu$ beide absolut konvergieren.

3. Umordnungssatz. *Ist $\sum\limits_0 a_\nu$ absolut konvergent, so konvergiert jede „Umordnung" dieser Reihe, genauer gilt:*

$$\sum_0 a_{\tau(\nu)} = \sum_0 a_\nu \quad \textit{für alle Bijektionen } \tau \colon \mathbb{N} \to \mathbb{N}.$$

Beweis. Entweder analog wie im Reellen oder durch Reduktion auf den reellen Fall folgendermaßen: da mit $\sum\limits_0 a_\nu$ auch die Reihen $\sum\limits_0 \operatorname{Re} a_\nu, \sum\limits_0 \operatorname{Im} a_\nu$ absolut konvergieren, so gilt $\sum\limits_0 \operatorname{Re} a_{\tau(\nu)} = \sum\limits_0 \operatorname{Re} a_\nu$, $\sum\limits_0 \operatorname{Im} a_{\tau(\nu)} = \sum\limits_0 \operatorname{Im} a_\nu$ für jede Bijektion $\tau \colon \mathbb{N} \to \mathbb{N}$. Da stets $\sum\limits_0 a_\nu = \sum\limits_0 \operatorname{Re} a_\nu + i \sum\limits_0 \operatorname{Im} a_\nu$ nach 3.1, so folgt die Behauptung. $\square$

In der Literatur nennt man den Umordnungssatz auch manchmal das *Kommutativgesetz für unendliche Reihen*. Verallgemeinerungen dieses Kommutativgesetzes finden sich in dem klassischen Buch *Theorie und Anwendung der unendlichen Reihen* von KNOPP [15].

4. Historisches zur absoluten Konvergenz. CAUCHY hat 1833 bemerkt (Œuvres 10, 2. Ser., 68–70), daß konvergente reelle Reihen, deren Glieder nicht sämtlich positiv sind, divergente Teilreihen haben können. DIRICHLET gibt 1837 in seiner berühmten zahlentheoretischen Arbeit *Beweis des Satzes, daß jede unbegrenzte arithmetische Progression, deren erstes Glied und Differenz ganze Zahlen ohne gemeinschaftlichen Teiler sind, unendlich viele Primzahlen enthält* (Werke 1, S. 319) die konvergenten Reihen

$$1 - \tfrac{1}{2} + \tfrac{1}{3} - \tfrac{1}{4} + - \ldots \quad \text{und} \quad 1 + \tfrac{1}{3} - \tfrac{1}{2} + \tfrac{1}{5} + \tfrac{1}{7} - \tfrac{1}{4} + - \ldots$$

an, die Umordnungen voneinander sind und verschiedene Summen haben, nämlich $\ln 2$ und $\tfrac{3}{2} \ln 2$ (bedingte Konvergenz). DIRICHLET beweist in derselben Arbeit (S. 318) den Umordnungssatz für Reihen mit reellen Gliedern. RIEMANN schreibt 1854 in seiner Habilitationsschrift *Über die Darstellbarkeit einer Function durch eine trigonometrische Reihe* (Werke, S. 235), wo er u.a. sein Integral einführt, daß DIRICHLET bereits 1829 wußte, „daß die unendlichen Reihen in zwei wesentlich verschiedene Klassen zerfallen, je nachdem sie, wenn man sämtliche Glieder positiv macht, convergent bleiben oder nicht. In den ersteren können die Glieder beliebig versetzt werden, der Werth der letzteren dagegen ist von der Ordnung der Glieder abhängig". RIEMANN beweist dann seinen Umordnungssatz: *Eine konvergente, aber nicht absolut konvergente Reihe (mit reellen Gliedern) „kann durch geeignete Anordnung der Glieder einen beliebig gegebenen (reellen) Werth C erhalten"*. Die Entdeckung dieses scheinbaren Paradoxons hat im letzten Jahrhundert wesentlich dazu beigetragen, die Theorie der unendlichen Reihen erneut zu überdenken und streng (mittels Partialsummenfolgen) zu begründen. Am 15. Nov. 1855 notiert RIEMANN (Werke, Nachträge S. 111): „Die Erkenntnis des Umstandes, daß die unendlichen Reihen in zwei Klassen zerfallen (je nachdem der Grenzwert unabhängig von der Anordnung ist oder nicht), bildet einen Wendepunkt in der Auffassung des Unendlichen in der Mathematik."

5. Bemerkungen zum Riemannschen Umordnungssatz. Dieser Satz ist nicht ohne weiteres vom Reellen ins Komplexe übertragbar. Hat man nämlich eine konvergente, nicht absolut konvergente Reihe $\sum_0 a_\nu$, so ist notwendig eine der beiden Reihen $\sum_0 \mathrm{Re}\, a_\nu$, $\sum_0 \mathrm{Im}\, a_\nu$ nicht absolut konvergent: daher läßt sich zwar zu jedem $r \in \mathbb{R}$ nach dem Riemannschen Satz eine Bijektion $\tau: \mathbb{N} \to \mathbb{N}$ angeben, so daß *eine* der beiden Reihen $\sum_0 \mathrm{Re}\, a_{\tau(\nu)}$, $\sum_0 \mathrm{Im}\, a_{\tau(\nu)}$ den Limes r hat; doch weiß man dabei zunächst gar nichts über die Konvergenz der anderen Reihe.

Versteht man unter dem *Limesvorrat* einer unendlichen Reihe $\sum_0 a_\nu$, $a_\nu \in \mathbb{C}$, die Menge L aller Zahlen $c \in \mathbb{C}$, zu denen es eine Bijektion $\tau: \mathbb{N} \to \mathbb{N}$ mit $\sum_0 a_{\tau(\nu)} = c$ gibt, so läßt sich zeigen, daß stets einer der folgenden vier Fälle eintritt:

1) *L ist leer (sog. „eigentliche" Divergenz).*
2) *L ist ein Punkt ($\Leftrightarrow \sum a_\nu$ ist absolut konvergent).*
3) *L ist eine (reelle) Gerade in $\mathbb{C}$.*
4) *$L = \mathbb{C}$.*

Diese vier Fälle sind sämtlich möglich: z.B. gilt $L = \mathbb{R} + i$ für $\sum_1 \left(\dfrac{(-1)^\nu}{\nu} + \dfrac{i}{\nu(\nu+1)} \right)$; hingegen ist $L = \mathbb{C}$ für $\sum_0 a_\nu$ stets dann, wenn alle $a_{2\nu}$ reell und alle $a_{2\nu+1}$ rein-imaginär sind und $\sum_0 a_{2\nu}$ und $\sum_0 a_{2\nu+1}$ konvergent, aber nicht absolut konvergent sind.

Die Verallgemeinerung des Riemannschen Umordnungssatzes wurde 1905 von P. LÉVY ausgesprochen (*Sur les séries semi-convergentes*, Nouv. Annales (4), Bd. 5, S. 506). Eine einwandfreie Darstellung gab 1913/14 E. STEINITZ, der Begründer der abstrakten Körpertheorie, in seiner Arbeit: *Bedingt konvergente Reihen und konvexe Systeme*, Crelles Journ. Bd. 143, S. 128 ff. und Bd. 144, S. 1 ff.[*] STEINITZ beweist:

Ist $\sum v_\nu$ eine Reihe von Vektoren v_ν im (normierten) Zahlenraum $\mathbb{R}^m$, $1 \leq m < \infty$, so ist der Limesvorrat ein affiner (evtl. leerer) Unterraum von $\mathbb{R}^m$.

Lesenswert ist in diesem Zusammenhang die 1917 von W. GROSS publizierte Arbeit *Bedingt konvergente Reihen* in den Monatsheften für Mathematik 28, 221–237. Verallge-

---

[*] Der als Prüfungsfrage gefürchtete Steinitzsche Austauschsatz, der oft in der Linearen Algebra beim Beweis der Invarianz der „Basislänge" von Vektorräumen herangezogen wird, findet sich im ersten Teil dieser Arbeit (S. 133).

meinerungen des Satzes von STEINITZ auf beliebige Banachsche Räume scheinen in der Literatur nicht vorzukommen.   □

In der Analysis nennt man vielfach eine konvergente Reihe $\sum_0 a_\nu$, für die

$$\sum_0 a_{\tau(\nu)} = \sum_0 a_\nu \quad \text{für alle Bijektionen } \tau: \mathbb{N} \to \mathbb{N}$$

gilt, *unbedingt konvergent.* Nach 2) sind im Falle $\mathbb{C}$ die unbedingt konvergenten Reihen genau die absolut konvergenten Reihen. Das ist für beliebige Banachräume nicht mehr richtig, hier gilt vielmehr der überraschende

Satz. *Folgende Aussagen über einen Banachraum V sind äquivalent:*
   i) *Die unbedingt konvergenten Reihen $\sum v_\nu$, $v_\nu \in V$, stimmen mit den absolut konvergenten Reihen überein.*
   ii) *V ist endlich-dimensional.*

Dies wurde 1950 von DVORETZKY und ROGERS bewiesen (Proc. Nat. Acad. Sci. 36, 192–197). Das Problem, alle Vektorräume zu bestimmen, für welche die beiden Konvergenztypen übereinstimmen, wird bereits von S. BANACH in seinem klassischen Buch *Théorie des Opérations Linéaires* (Monografie Matematyczne 1, Warschau 1932) erwähnt (S. 240). Einen einfachen Beweis gibt A. PIETSCH in seinem Buch *Nukleare lokalkonvexe Räume* (Akademie-Verlag, Berlin 1965), wo der Satz aus der Aussage, daß nukleare Abbildungen stets präkompakt sind, gefolgert wird (S. 61).

6. Reihenproduktsatz. Sind $\sum_0 a_\mu$, $\sum_0 b_\nu$ zwei Reihen, so heißt jede Reihe $\sum_0 c_\lambda$, wo $c_0, c_1, \ldots$ genau einmal alle Produkte $a_\mu b_\nu$ durchläuft, *eine Produktreihe* von $\sum_0 a_\mu$ und $\sum_0 b_\nu$. Die wichtigste Produktreihe ist das *Cauchyprodukt* $\sum_0 p_\lambda$ mit $p_\lambda := \sum_{\mu + \nu = \lambda} a_\mu b_\nu$; diese Bildung wird nahegelegt, wenn man Potenzreihen $(\sum_0 a_\mu X^\mu)(\sum_0 b_\nu X^\nu)$ formal ausmultipliziert und nach Potenzen von X sammelt.

Reihenproduktsatz. *Es seien $\sum_0 a_\mu$, $\sum_0 b_\nu$ absolut konvergente Reihen. Dann konvergiert jede Produktreihe $\sum_0 c_\lambda$ absolut; es gilt stets:*

$$(\sum_0 a_\mu)(\sum_0 b_\nu) = \sum_0 c_\lambda.$$

Beweis. Zu jedem $l \in \mathbb{N}$ gibt es ein $m \in \mathbb{N}$, so daß $c_0, \ldots, c_l$ unter den Produkten $a_\mu b_\nu$, $0 \leq \mu, \nu \leq m$, vorkommen. Es folgt

$$\sum_0^l |c_\lambda| \leq \left(\sum_0^m |a_\mu|\right)\left(\sum_0^m |b_\nu|\right) \leq (\sum_0 |a_\mu|)(\sum_0 |b_\nu|) < \infty.$$

Mithin ist $\sum_0 c_\lambda$ absolut konvergent, zur Bestimmung von $c := \sum_0 c_\lambda$ kann man also jede Anordnung der Glieder $a_\mu b_\nu$ benutzen, die sich durch Ausmultiplizieren der Produkte $(a_0+a_1+\ldots+a_n)(b_0+b_1+\ldots+b_n)$ ergibt. Damit folgt:

$$c=\lim_{n\to\infty}\left(\sum_0^n a_\mu\right)\left(\sum_0^n b_\nu\right)=\left(\sum_0 a_\mu\right)\left(\sum_0 b_\nu\right). \qquad \square$$

Die absolute Konvergenz ist wesentlich für die Gültigkeit des Reihenproduktsatzes: Das Cauchyprodukt der konvergenten, aber nicht absolut konvergenten Reihe $\sum \dfrac{(-1)^n}{\sqrt{n+1}}$ mit sich selbst ist divergent! Der Reihenproduktsatz für komplexe Zahlen findet sich 1821 im Cauchyschen *Cours D'Analyse* [C] auf S. 237.

In 7.4.4 werden wir den Produktsatz für konvergente Potenzreihen kennenlernen und daraus einen 1826 von Abel angegebenen Reihenproduktsatz herleiten, der sich in den Voraussetzungen vom Cauchyschen Reihenproduktsatz wesentlich unterscheidet.

§ 5. Stetige Funktionen

Das Hauptanliegen der Analysis ist das Studium von Funktionen. Der Funktionsbegriff wird als bekannt vorausgesetzt; die Wörter *Funktion* und *Abbildung* werden synonym verwendet. Funktionen mit *Argumentbereich* X und *Wertebereich* Y schreiben wir in der Form

$$f\colon X\to Y, \quad x\mapsto f(x) \quad \text{oder} \quad f\colon X\to Y \quad \text{oder} \quad f(x) \quad \text{oder einfach } f.$$

Im folgenden bezeichnen X, Y, Z stets metrische Räume mit Metriken d_X, d_Y.

1. Stetigkeitsbegriff. Eine Abbildung $f\colon X\to Y$ heißt *stetig im Punkt* $a\in X$, wenn das f-Urbild $f^{-1}(V)=\{x\in X\colon f(x)\in V\}$ einer jeden Umgebung V von $f(a)$ in Y eine Umgebung von a in X ist. Es gilt das

(ε,δ)-Kriterium. *Genau dann ist* $f\colon X\to Y$ *stetig in* a, *wenn es zu jedem reellen* $\varepsilon>0$ *ein reelles* $\delta>0$ *gibt, so daß gilt:*

$$d_Y(f(x),f(a))<\varepsilon \quad \text{für alle } x\in X \text{ mit } d_X(x,a)<\delta.$$

Wie in der Infinitesimalrechnung ist es bequem, folgende Redeweise und Bezeichnung zu verwenden: Die Funktion $f\colon X\to Y$ *konvergiert (strebt) bei Annäherung an* $a\in X$ *gegen* $b\in Y$, in Zeichen:

$$\lim_{x\to a} f(x)=b \quad \text{oder} \quad f(x)\to b \quad \text{für } x\to a,$$

wenn es zu jeder Umgebung V von b in Y eine Umgebung U von a in X gibt mit $f(U\setminus\{a\})\subset V$. Man beachte, *daß links die punktierte Umgebung* $U\setminus\{a\}$ *steht*! Es gilt nun offensichtlich:

Genau dann ist f *stetig in* a, *wenn der Limes* $\lim_{x\to a} f(x)\in Y$ *existiert und mit dem Funktionswert* $f(a)$ *übereinstimmt.*

Praktisch ist auch das

Folgenkriterium. *Genau dann ist* $f: X \to Y$ *stetig in* a, *wenn für jede Folge* (x_n) *von Punkten* $x_n \in X$ *mit* $\lim x_n = a$ *gilt:* $\lim f(x_n) = f(a)$.

Zwei Abbildungen $f: X \to Y$ und $g: Y \to Z$ werden zusammengesetzt zu

$$g \circ f: X \to Z, \qquad x \mapsto (g \circ f)(x) := g(f(x)).$$

Bei dieser Komposition von Abbildungen vererbt sich die Stetigkeit:

Ist $f: X \to Y$ *stetig in* $a \in X$, *und ist* $g: Y \to Z$ *stetig in* $f(a) \in Y$, *so ist* $g \circ f: X \to Z$ *stetig in* a.

Eine Funktion $f: X \to Y$ heißt *stetig (schlechthin)*, wenn sie in jedem Punkt von X stetig ist. Die Identität id: $X \to X$ ist stetig. Bekanntlich gilt das

Stetigkeitskriterium. *Folgende Aussagen sind äquivalent:*

    i) f *ist stetig.*
    ii) *Das Urbild* $f^{-1}(V)$ *jeder in* Y *offenen Menge* V *ist offen in* X.
    iii) *Das Urbild* $f^{-1}(A)$ *jeder in* Y *abgeschlossenen Menge* A *ist abgeschlossen in* X.

Speziell ist jede Faser $f^{-1}(f(x))$, $x \in X$, einer stetigen Abbildung $f: X \to Y$ abgeschlossen in X. Stetigkeit und Kompaktheit vertragen sich sehr gut:

Satz. *Es sei* $f: X \to Y$ *stetig und* $K \subset X$ *ein Kompaktum. Dann ist auch* $f(K) \subset Y$ *ein Kompaktum.*

Beweis. Sei (y_n) irgendeine Folge in $f(K)$. Sei $x_n \in f^{-1}(y_n)$. Dann ist (x_n) eine Folge in K. Da K kompakt ist, gibt es nach 2.5 eine konvergente Teilfolge (x'_n) mit $\lim x'_n = a \in K$. Da f stetig ist, folgt (mit $y'_n := f(x'_n)$),

$$\lim y'_n = \lim f(x'_n) = f(a) \in f(K).$$

Mithin ist (y'_n) eine in $f(K)$ konvergente Teilfolge von (y_n).   □

Im Satz ist enthalten, daß reell-wertige stetige Funktionen $f: X \to \mathbb{R}$ auf jedem Kompaktum K in X ihr Maximum und ihr Minimum annehmen; diesen Satz hat erstmals WEIERSTRASS in seinen Vorlesungen in Berlin (von 1860 an) als grundlegend herausgestellt (für $X = \mathbb{R}$).

2. Die $\mathbb{C}$-Algebra $\mathscr{C}(X)$. In diesem Abschnitt wählen wir $Y := \mathbb{C}$. Komplex-wertige Funktionen $f: X \to \mathbb{C}$, $g: X \to \mathbb{C}$ lassen sich *addieren* und *multiplizieren*:

$$(f + g)(x) := f(x) + g(x), \qquad (f \cdot g)(x) := f(x) g(x), \qquad x \in X.$$

Jede komplexe Zahl c bestimmt die *konstante* Funktion $X \to \mathbb{C}$, $x \mapsto c$; man bezeichnet sie wieder mit c. Die *zu* f *konjugierte Funktion* $\bar{f}$ wird durch

$$\bar{f}(x) := \overline{f(x)}, \qquad x \in X,$$

definiert. Die Rechenregeln der Konjugierung $\mathbb{C} \to \mathbb{C}$, $z \mapsto \bar{z}$ (vgl. 1.1), gelten unverändert für $\mathbb{C}$-wertige Funktionen, also:

$$\overline{f+g} = \bar{f} + \bar{g}, \quad \overline{fg} = \bar{f}\,\bar{g}, \quad \overline{\bar{f}} = f.$$

Realteil und *Imaginärteil* von f werden durch

$$(\operatorname{Re} f)(x) := \operatorname{Re} f(x), \quad (\operatorname{Im} f)(x) := \operatorname{Im} f(x), \qquad x \in X,$$

erklärt. Diese Funktionen sind reell-wertig, wir schreiben durchweg

$$u := \operatorname{Re} f, \qquad v := \operatorname{Im} f.$$

Dann gilt:

$$f = u + i\,v, \quad u = \tfrac{1}{2}(f + \bar{f}), \quad v = \tfrac{1}{2i}(f - \bar{f}), \quad f\bar{f} = u^2 + v^2.$$

Die Limesregeln aus 3.1 und das Folgenkriterium implizieren unmittelbar:

Sind $f: X \to \mathbb{C}$ und $g: X \to \mathbb{C}$ stetig in $a \in X$, so sind auch die Summe $f + g$, das Produkt $f\,g$ und die Konjugierte $\bar{f}$ stetig in a.

Hierin ist enthalten:

Eine Funktion f ist genau dann stetig in a, wenn Realteil u und Imaginärteil v von f stetig in a sind.

Wir bezeichnen mit $\mathscr{C}(X)$ die Menge aller in X stetigen Funktionen $f: X \to \mathbb{C}$. Da konstante Funktionen stetig sind, haben wir die natürliche Inklusion $\mathbb{C} \subset \mathscr{C}(X)$. Nach dem bisher Gesagten ist klar (zum Begriff der $\mathbb{C}$-Algebra vgl. Fußnote in 3.1):

$\mathscr{C}(X)$ ist eine kommutative $\mathbb{C}$-Algebra mit Einselement. Es gibt einen $\mathbb{R}$-linearen, involutorischen Automorphismus $\mathscr{C}(X) \to \mathscr{C}(X), f \mapsto \bar{f}$.
Es gilt $f \in \mathscr{C}(X)$ genau dann, wenn $\operatorname{Re} f \in \mathscr{C}(X)$ und $\operatorname{Im} f \in \mathscr{C}(X)$.

Ist g *nullstellenfrei* in X, d.h. gilt $g(x) \neq 0$ für alle $x \in X$, so heißt

$$\frac{f}{g} : X \to \mathbb{C}, \qquad x \mapsto \frac{f}{g}(x) := \frac{f(x)}{g(x)}$$

die Quotientenfunktion von f, g; man schreibt auch oft f/g. Die Limesregeln aus 3.1 implizieren:

Für jede nullstellenfreie Funktion $g \in \mathscr{C}(X)$ gilt: $f/g \in \mathscr{C}(X)$ für alle $f \in \mathscr{C}(X)$.

Die nullstellenfreien Funktionen aus $\mathscr{C}(X)$ sind (im Sinne der Algebra) gerade die *Einheiten des Ringes* $\mathscr{C}(X)$, d.h. diejenigen Elemente $e \in \mathscr{C}(X)$, zu denen (genau) ein $\hat{e} \in \mathscr{C}(X)$ existiert mit $e\hat{e} = 1$.

3. Historisches zum Funktionsbegriff. In der Leibniz- und Eulerzeit hat man vorwiegend reellwertige *Funktionen einer reellen Variablen* studiert und sich dabei langsam an *komplexwertige Funktionen einer komplexen Variablen* herangetastet. So spricht EULER 1748 seine berühmte Formel $e^{iz} = \cos z + i \sin z$ nur für reelle Argumente aus ([E], § 138). Erst GAUSS hat – wie sein Brief an BESSEL zeigt – klar gesehen, daß man viele Eigenschaften von klassischen Funktionen nur dann vollends versteht, wenn man auch komplexe Argumente zuläßt (vgl. Abschnitt 1 der Historischen Einführung).

Das Wort „Funktion" findet sich 1692 bei LEIBNIZ als Bezeichnung für solche Größen (wie Abszisse, Krümmungsradius u.a.), die von den als veränderlich gedachten Punkten einer Kurve abhängen. In einem Brief an LEIBNIZ spricht Joh. BERNOULLI 1698 bereits von „beliebigen Funktionen der Ordinaten", 1718 bezeichnet er als Funktion eine „aus einer Veränderlichen und irgendwelchen Konstanten zusammengesetzte Größe". EULER nennt in seiner Introductio [E] jeden aus einer Veränderlichen und Konstanten bestehenden analytischen Ausdruck eine Funktion.

Die Erweiterung des Funktionsbegriffs wurde durch Untersuchungen von D'ALEMBERT, EULER, Daniel BERNOULLI und LAGRANGE über das Problem der schwingenden Saite notwendig; EULER wurde so dazu geführt, auf die Präexistenz eines einheitlichen analytischen Ausdrucks zu verzichten und sog. willkürliche Funktionen einzuführen. Doch erst durch das Wirken von DIRICHLET setzte sich die heute noch gültige Definition von Funktion als eindeutige Zuordnung, d.h. als Abbildung, durch: 1829 gibt er in seiner Arbeit Sur La Convergence Des Séries Trigonométriques Qui Servent A Représenter Une Fonction Arbitraire … die Funktion $\varphi(x)$ an „égale à une constante déterminée c lorsque la variable x obtient une valeur rationelle, et égale à une autre constante d, lorsque cette variable est irrationelle" (Werke 1, S. 132). Und 1837 sagt er in seiner Arbeit Über Die Darstellung Ganz Willkürlicher Funktionen Durch Sinus- und Cosinusreihen zum Funktionsbegriff: „Es ist gar nicht nöthig, daß $f(x)$ im ganzen Intervalle nach demselben Gesetze von x abhängig sei, ja man braucht nicht einmal an eine durch mathematische Operationen ausdrückbare Abhängigkeit zu denken" (Werke 1, S. 135). RIEMANN hat 1854 in seiner in 4.4 zitierten Habilitationsschrift die historische Entwicklung des Funktionsbegriffes ausführlich erläutert (S. 227 ff.).

4. Historisches zum Stetigkeitsbegriff. LEIBNIZ glaubte, daß alle Naturgesetze einem Stetigkeitsprinzip unterliegen. Die Lex continuitatis „Natura non facit saltus" durchzieht wie ein roter Faden sein gesamtes philosophisches, physikalisches und mathematisches Werk. In den Initia rerum Mathematicarum metaphysica (Math. Schr. VII, 17–29) heißt es: „… Kontinuität aber kommt der Zeit wie der Ausdehnung, den Qualitäten wie den Bewegungen, überhaupt aber jedem Übergange in der Natur zu, da ein solcher niemals sprungweise vor sich geht." LEIBNIZ wendet sein Stetigkeitsprinzip z.B. auch auf die Biologie an und scheint dabei Überlegungen von DARWIN vorwegzunehmen; in einem Brief an VARIGNON schreibt er: „Die zwingende Kraft des Kontinuitätsprinzips steht für mich so fest, daß ich nicht im geringsten über die Entdeckung von Mittelwesen erstaunt wäre, die in manchen Eigenthümlichkeiten, etwa in ihrer Ernährung und Fortpflanzung, mit ebenso großem Rechte als Pflanzen wie als Tiere gelten können …". Das Stetigkeitspostulat wurde später als Leibnizsches Dogma bekannt.

Eine präzise arithmetische Fassung des Stetigkeitsbegriffs gelang erst im 19. Jahrhundert (BOLZANO, CAUCHY, WEIERSTRASS). Noch 1837 gibt DIRICHLET (Werke 1, S. 135) eine Definition, die besagt, daß „sich $f(x)$ mit x ebenfalls allmählich verändert". Im 20. Jahrhundert wurden stetige Abbildungen zwischen topologischen Räumen zu einem selbstverständlichen Begriff, so bereits 1914 bei HAUSDORFF mit seinem Buch *Grundzüge der Mengenlehre* (vgl. S. 359).

§ 6. Zusammenhängende Räume. Gebiete in $\mathbb{C}$

RIEMANN führt 1851 in seiner Dissertation den Zusammenhangsbegriff wie folgt ein ([R], S. 9):
„Wir betrachten zwei Flächentheile als zusammenhängend oder Einem Stücke angehörig, wenn sich von einem Punkt des einen durch das Innere der Fläche eine Linie nach einem Punkte des andern ziehen lässt."
Dies ist in heutiger Sprache der Begriff des Wegzusammenhangs. Seit Entstehung der mengentheoretischen Topologie zu Beginn des 20. Jahrhunderts hat sich ein allgemeinerer Zusammenhangsbegriff herausgebildet, der den Riemannschen Begriff als Spezialfall enthält. Beide Begriffe lassen sich in der Funktionentheorie vorteilhaft verwenden und werden in diesem Paragraphen besprochen.
Mit X, Y werden stets metrische Räume bezeichnet. Sind $a, b \in \mathbb{R}$, $a \leq b$, so bezeichnet $[a, b]$ das kompakte reelle Intervall $\{x \in \mathbb{R} : a \leq x \leq b\}$.

1. Lokal-konstante Funktionen. Zusammenhangsbegriff. Eine Funktion $f : X \to \mathbb{C}$ heißt *lokal-konstant* in X, wenn jeder Punkt $x \in X$ eine Umgebung $U \subset X$ besitzt, so daß $f | U$ konstant ist. Lokal-konstante Funktionen sind i. allg. nicht konstant: z.B. ist in der Vereinigung zweier disjunkter offener Kreisscheiben B_1, B_2 die Funktion f, die in B_j überall den Wert j hat, $j = 1, 2$, lokalkonstant, aber nicht konstant.

Satz. *Folgende Aussagen über einen topologischen Raum X sind äquivalent:*
   i) *Jede lokal-konstante Funktion $f : X \to \mathbb{C}$ ist konstant.*
   ii) *Für jede nichtleere, offene und abgeschlossene Teilmenge A von X gilt* $A = X$.

Beweis. i) $\Rightarrow$ ii): Da A und $X \smallsetminus A$ offen in X sind, ist die durch

$$\chi(x) := 1 \quad \text{für } x \in A, \qquad \chi(x) := 0 \quad \text{für } x \in X \smallsetminus A$$

definierte „charakteristische" Funktion $\chi : X \to \mathbb{C}$ von A lokal-konstant und also konstant. Da χ wegen $A \neq \emptyset$ den Wert 1 wirklich annimmt, folgt $\chi(x) = 1$ für alle $x \in X$, d.h. $A = X$.
   ii) $\Rightarrow$ i): Sei $c \in X$ fixiert. Die Faser $A := f^{-1}(f(c)) \subset X$ ist nicht leer und offen in X, da f lokal-konstant ist. Da f insbesondere stetig ist, so ist A auch abgeschlossen in X. Es folgt $A = X$, d.h. $f(x) = f(c)$ für alle $x \in X$.   □

Die mathematische Erfahrung hat gelehrt, daß die äquivalenten Eigenschaften i) und ii) des vorangehenden Satzes optimal die anschaulich klare und doch vage Vorstellung des Zusammenhangs eines Raumes wiedergeben. Man nennt dementsprechend einen topologischen Raum X *zusammenhängend*, wenn X die Eigenschaften i) und ii) hat. Dann ist klar, daß eine stetige Abbildung $f: X \to Y$ eines zusammenhängenden Raumes X stets einen zusammenhängenden Bildraum $f(X)$ hat. Aus der Infinitesimalrechnung übernehmen wir den wichtigen

Satz. *Jedes abgeschlossene und jedes offene Intervall auf der reellen Zahlengeraden $\mathbb{R}$ ist zusammenhängend.*

2. Wege und Wegzusammenhang. Jede stetige Abbildung $\gamma: [a, b] \to X$ eines abgeschlossenen Intervalls $[a, b] \subset \mathbb{R}$ in einen topologischen Raum X heißt ein *Weg in X* vom *Anfangspunkt* $\gamma(a)$ zum *Endpunkt* $\gamma(b)$; man sagt, daß γ die Punkte $\gamma(a)$ und $\gamma(b)$ *in X verbindet*. Wege heißen auch *Kurven*. Ein Weg heißt *geschlossen*, wenn Anfangs- und Endpunkt gleich sind. Die Bildmenge $|\gamma|$ $:= \gamma([a, b]) \subset X$ heißt der *Träger* der Kurve, wegen der Stetigkeit von γ ist $|\gamma|$ kompakt. Ein Weg ist mehr als nur sein Träger: dieser wird gemäß $\gamma(t)$ durchlaufen ($t := $ Zeitparameter); dessen ungeachtet schreibt man oft γ statt $|\gamma|$.

Sind $\gamma_j: [a_j, b_j] \to X$, $j = 1, 2$, Wege in X und ist der Endpunkt $\gamma_1(b_1)$ von γ_1 der Anfangspunkt $\gamma_2(a_2)$ von γ_2, so wird *der Summenweg $\gamma_1 + \gamma_2$ von γ_1 und γ_2 in X* definiert durch die stetige Abbildung

$$\gamma: [a_1, b_2 - a_2 + b_1] \to X, \quad t \mapsto \begin{cases} \gamma_1(t) & \text{für } t \in [a_1, b_1], \\ \gamma_2(t + a_2 - b_1) & \text{für } t \in [b_1, b_2 - a_2 + b_1]; \end{cases}$$

entsprechend definiert man Summen $\gamma_1 + \gamma_2 + \ldots + \gamma_n$ endlich vieler Wege $\gamma_1, \ldots, \gamma_n$. Man verifiziert unmittelbar, daß die *Wegeaddition assoziativ* ist, so daß man keine Klammern zu setzen braucht. Die Wegeaddition ist natürlich *nicht kommutativ*. ☐

Ein Raum X heißt *wegzusammenhängend*, wenn es zu je zwei Punkten $p, q \in X$ einen Weg γ in X mit Anfangspunkt p und Endpunkt q gibt. Dann gilt:

Jeder wegzusammenhängende Raum X ist zusammenhängend.

Beweis. Es sei $U \neq \emptyset$ eine in X zugleich offene und abgeschlossene Menge. Sei $p \in U$, $q \in X$. Wir wählen einen Weg $\gamma: [a, b] \to X$ von p nach q. Da γ stetig ist, so ist $\gamma^{-1}(U)$ eine nichtleere, offene und abgeschlossene Teilmenge des reellen Intervalls $[a, b]$. Da $[a, b]$ zusammenhängend ist, folgt $\gamma^{-1}(U) = [a, b]$, d.h. $q = \gamma(b) \in U$. Wir sehen: $U = X$. ☐

Die eben bewiesene Aussage ist nicht umkehrbar: z.B. ist in $\mathbb{C}$ der (mit der Relativtopologie versehene) Raum X, der aus der Vereinigung der Mengen $\{iy; |y| \le 1\}$ und $\left\{z = x + iy: 0 < x \le \dfrac{1}{4}, \ y = \sin \dfrac{1}{x}\right\}$ besteht, *zusammenhängend*, aber nicht *wegzusammenhängend*. Der Leser verdeutliche sich dies mittels einer Skizze.

3. Gebiete in $\mathbb{C}$. Der durch $\gamma: [0,1] \to \mathbb{C}$, $t \mapsto (1-t)z_0 + t z_1$ definierte Weg in $\mathbb{C}$ heißt *die Strecke von z_0 nach z_1* und wird mit $[z_0, z_1]$ bezeichnet. Intervalle $[a, b]$ in $\mathbb{R}$ sind Strecken vermöge $t \mapsto (1-t)a + t b$. Ein *Polygon* oder *Streckenzug von $p \in \mathbb{C}$ nach $q \in \mathbb{C}$* ist eine endliche Summe $P = [z_0, z_1] + [z_1, z_2] + \dots + [z_n, z_{n+1}]$ von Strecken mit $z_0 = p$ und $z_{n+1} = q$; man nennt P *achsenparallel*, wenn jede Strecke $[z_\nu, z_{\nu+1}]$ entweder zur x-Achse oder zur y-Achse parallel ist (d.h. wenn $\operatorname{Re} z_\nu = \operatorname{Re} z_{\nu+1}$ oder $\operatorname{Im} z_\nu = \operatorname{Im} z_{\nu+1}$ für alle ν). Jedes Polygon P ist ein Weg.

Nichtleere offene Mengen in $\mathbb{C}$ heißen *Bereiche*, sie werden durchweg mit D bezeichnet.

Satz. *Folgende Aussagen über einen Bereich $D \subset \mathbb{C}$ sind äquivalent:*

  i) *D ist zusammenhängend.*

  ii) *Zu je zwei Punkten $p, q \in D$ gibt es ein achsenparalleles Polygon $P \subset D$ von p nach q.*

  iii) *D ist wegzusammenhängend.*

Beweis. i) $\Rightarrow$ ii): Sei $p \in D$ fest gewählt. Wir erklären eine Funktion $f: D \to \mathbb{C}$ wie folgt: sei $f(w) := 1$, wenn es in D ein achsenparalleles Polygon von p nach w gibt, andernfalls sei $f(w) := 0$. Wir betrachten irgendeine Kreisscheibe $B \subset D$. Zu je zwei Punkten $z, w \in B$ gibt es offensichtlich achsenparallele Polygone P_{zw} in D von z nach w. Gilt daher $f(z_1) = 1$ für wenigstens einen Punkt $z_1 \in B$, so folgt $f(w) = 1$ für alle $w \in B$. Damit ist klar, daß $f|B$ nur den Wert 1 oder nur den Wert 0 annimmt. Mithin ist f lokal-konstant und also, da D zusammenhängend ist, konstant in D. Da $f(p) = 1$, so folgt: $f(w) = 1$ für alle $w \in D$, d.h. zu jedem Punkt $q \in D$ gibt es ein achsenparalleles Polygon in D von p nach q.

ii) $\Rightarrow$ iii): Trivial, da achsenparallele Polygone Wege sind.

iii) $\Rightarrow$ i): Klar nach 2. $\square$

Bemerkung. Die Offenheit von D in $\mathbb{C}$ wurde nur im (nichtkonstruktiven!) Beweis i) $\Rightarrow$ ii) benutzt, und zwar so, daß jeder Punkt eine wegzusammenhängende Umgebung besitzt (nämlich eine Kreisscheibe, wobei man Punkte sogar durch achsenparallele Polygone verbinden kann). Räume mit dieser Eigenschaft heißen *lokal-wegzusammenhängend*. Offensichtlich haben wir mit i) $\Rightarrow$ ii) allgemein bewiesen:

Jeder zusammenhängende, lokal-wegzusammenhängende Raum, z.B. jeder zusammenhängende Bereich in $\mathbb{R}^n$, $1 \le n < \infty$, ist wegzusammenhängend.

Zusammenhängende Bereiche in $\mathbb{C}$ heißen *Gebiete*, sie werden immer mit G bezeichnet. In einem Gebiet $G \subset \mathbb{C}$ lassen sich also je zwei Punkte durch ein

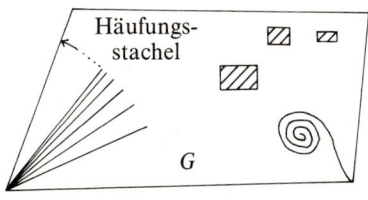

Häufungs-
stachel

G

achsenparalleles Polygon in G verbinden. Gebiete können sehr kompliziert aussehen, z.B. „viele Stacheln" und „viele Spiralen" enthalten (Fig.). *Alle Kreisscheiben $B_r(c)$ sowie $\mathbb{C}$ und $\mathbb{C}^\times$ sind Gebiete.*

Gebiete spielen in der Funktionentheorie eine weitaus größere Rolle als in der reellen Analysis. Es wird sich später, wenn der Identitätssatz zur Verfügung steht, zeigen, daß der *topologische Begriff des Zusammenhangs eines Bereiches* $D \subset \mathbb{C}$ äquivalent ist zum *algebraischen* Begriff der Nullteilerfreiheit des Ringes $\mathcal{O}(D)$ der in D holomorphen Funktion.

4. Zusammenhangskomponenten von Bereichen. Zwei Punkte $p, q \in D$ heißen „Wege-äquivalent", wenn es in D einen Weg von p nach q gibt. Auf diese Weise wird ersichtlich in D eine Äquivalenzrelation erklärt. Die zugehörigen Äquivalenzklassen heißen *Zusammenhangskomponenten von D*. Es gilt:

Jede Zusammenhangskomponente G von D ist ein Gebiet in $\mathbb{C}$. Es gibt höchstens abzählbar unendlich viele Zusammenhangskomponenten von D.

Beweis. a) Sei $c \in G$. Da D offen ist, gibt es ein $r > 0$, so daß $B_r(c) \subset D$. Da alle Punkte in $B_r(c)$ mit c äquivalent sind (!), folgt $B_r(c) \subset G$. Mithin ist G offen und, da per definitionem wegzusammenhängend, ein Gebiet.

b) Jeder Bereich $D \subset \mathbb{C}$ enthält eine abzählbare dichte Menge, z.B. die rationalen komplexen Zahlen aus D, und ist daher speziell die Vereinigung von abzählbar vielen Kreisscheiben $U_0, U_1, \ldots$. Jedes U_j liegt in genau einer Zusammenhangskomponente G_j von D, zu jeder Zusammenhangskomponente G von D gibt es mindestens ein k mit $U_k \subset G$. Die Abbildung $j \mapsto G_j$ bildet also $\mathbb{N}$ *surjektiv* (i.allg. nicht injektiv) auf die Menge aller Zusammenhangskomponenten von D ab.   □

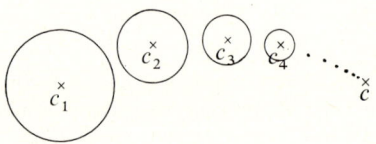

Die Figur zeigt einen *beschränkten Bereich* mit *unendlich vielen* Zusammenhangskomponenten ($\lim c_n = c$; r_n so klein, daß $U(c_j)$ und $U(c_k)$ für $j \neq k$ stets disjunkt sind): die Zusammenhangskomponenten von $D := \bigcup\limits_{v=0}^{\infty} U(c_v)$ sind die Kreisscheiben $U(c_v)$.   □

Die Überlegungen dieses Abschnittes gelten für beliebige Bereiche in $\mathbb{R}^n$, allgemeiner für beliebige *lokal-wegzusammenhängende Räume*, die abzählbare dichte Teilmengen besitzen.

5. Rand und Randabstand. Ist D ein Bereich in $\mathbb{C}$, so heißt die Menge

$$\partial D := \bar{D} \setminus D$$

der Rand von D, die Punkte von ∂D heißen *Randpunkte von D*. Der Rand ∂D ist stets *abgeschlossen* in $\mathbb{C}$. Für Kreisscheiben gilt $\partial B_r(c) = \{z \in \mathbb{C} : |z - c| = r\}$. Ein Punkt $a \in \mathbb{C} \setminus D$ ist genau dann ein Randpunkt von D, wenn es eine Folge

$z_n \in D$ mit $\lim z_n = a$ gibt. Für jeden Punkt $c \in D$ heißt

$$d_c(D) = \inf\{|c - z| : z \in \partial D\} > 0$$

der *Randabstand von* c in D; für $D = \mathbb{C}$ setzen wir $d_c(\mathbb{C}) := \infty$. Die Zahl $d := d_c(D)$ ist der *maximale* Radius, so daß die Kreisscheibe $B_d(c)$ in D enthalten ist; auf $\partial B_d(c)$ liegt mindestens ein Randpunkt p von D (vgl. Figur).

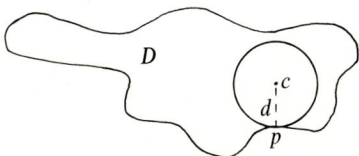

Der Begriff des Randabstandes wird im Kapitel 7.3.1 bei der Entwicklung holomorpher Funktionen in Potenzreihen eine wichtige Rolle spielen.

Kapitel 1. Komplexe Differentialrechnung

> Es ist ein Denkgesetz, daß jede
> Funktion im Unendlichkleinen
> linear wird (Unbekannter
> mathematischer Physiker 1915).

1. Das diesem Kapitel vorangestellte Motto ist der Kern aller Differentialrechnung. Wenngleich das Denkgesetz durch die Riemannsche und Weierstraßsche Entdeckung von (reell-wertigen) überall stetigen, aber nirgends differenzierbaren Funktionen ad absurdum geführt wurde, ist es immer noch ein wertvolles Prinzip für kreative Mathematiker und Physiker.

Der Begriff der Differenzierbarkeit wird im Komplexen genau so wie im Reellen eingeführt, komplex-wertige Funktionen, die in Bereichen von $\mathbb{C}$ überall komplex differenzierbar sind, heißen *holomorph. Funktionentheorie ist die Theorie der holomorphen Funktionen.* Es gibt in den Anfängen der Theorie keine Arbeit, in der holomorphe Funktionen konsequent um ihrer selbst willen studiert werden. Die Theorie ist vielmehr entstanden aus dem gewaltigen Beispielmaterial an Funktionen aus der Eulerzeit. Die ersten Arbeiten, die sich an die Funktionentheorie als eine selbständige mathematische Disziplin herantasten, stammen von CAUCHY, der aber keineswegs den Plan hatte, eine allgemeine Theorie der komplex differenzierbaren Funktionen zu begründen. Seine erste große Abhandlung [C_1] *Mémoire sur les intégrales définies* aus dem Jahre 1814 sowie seine zweite, wesentlich kürzere Schrift [C_2] *Mémoire sur les intégrales définies, prises entre des limites imaginaires* aus dem Jahre 1825 haben vielmehr, wie bereits die Titel zeigen, die Integralrechnung im Komplexen zum Hauptanliegen; zur komplexen Differentialrechnung wird in ihnen – jedenfalls bewußt – kaum etwas gesagt; sie wird einfach ohne Bedenken angewendet. Mit Eulerscher Selbstverständlichkeit differenziert CAUCHY auch im Komplexen nach den bekannten Regeln der Differentialrechnung; er benutzt stillschweigend die Existenz und Stetigkeit der ersten Ableitung (Näheres hierzu in 7.1.3–7.1.5).

2. Der 1821 erschienene *Cours D'Analyse* von CAUCHY (vgl. [C]) bereitete den Weg vor zur Funktionentheorie. Hier erkennt man deutlich das Bestreben, den Begriff Funktion loszulösen von der „wirklichen Darstellung". Es ist heute kaum noch zu verstehen, welche begrifflichen Schwierigkeiten damals zu überwinden waren. Noch 30 Jahre später, 1851, betont RIEMANN in seiner Dissertation mehrfach, daß er komplex differenzierbare „Funktionen einer veränderlichen complexen Grösse unabhängig von einem Ausdruck für dieselben" untersucht; er gibt folgende Definition für holomorphe Funktionen ([R], S. 5): „Eine veränderliche complexe Grösse w heißt eine Function einer anderen veränderlichen complexen Grösse z, wenn sie mit ihr sich so ändert, dass der Werth des Differentialquotienten $\dfrac{dw}{dz}$ unabhängig von dem Werthe des Differentials dz ist."

Es ist seit langem in der reellen und komplexen Analysis üblich, Differential- und Integralrechnung nicht mehr gleichzeitig nebeneinander, sondern nacheinander zu behandeln und (aus ökonomischen bzw. didaktischen(?) Gründen) mit der Differentialrechnung zu beginnen. Wir gehen ebenfalls so vor und diskutieren zunächst ausführlich den grundlegenden Begriff der komplexen Differenzierbarkeit. Die berühmten CAUCHY-RIEMANNschen Differentialgleichungen

$$\frac{\partial u}{\partial x} = \frac{\partial v}{\partial y} \quad \text{und} \quad \frac{\partial u}{\partial y} = -\frac{\partial v}{\partial x}$$

für komplex differenzierbare Funktionen $f = u + iv$ und deren Deutung als $\mathbb{C}$-Linearität des Differentials von f stehen im Mittelpunkt der Überlegungen; damit ordnet sich die Theorie der komplex differenzierbaren Funktionen der Theorie der reellen partiellen Differentialgleichungen unter. Es gilt aber bei vielen Funktionentheoretikern als verpönt, reelle Methoden zu benutzen. Wir werden im vorliegenden Band dieses Reinheitsprinzip weitgehend einhalten, zumal der Weg durchs Reelle meistens beschwerlicher ist (z.B. ist die Herleitung der Differentiationsregeln durch Rückführung aufs Reelle sehr mühsam).

3. In den Paragraphen 1, 2 und 3 dieses Kapitels wird der übliche Stoff der komplexen Differentialrechnung behandelt. Dabei wird besonders herausgestellt, daß *komplex differenzierbare Funktionen* genau die *reell differenzierbaren Funktionen mit einem* $\mathbb{C}$-*linearen* (und nicht nur $\mathbb{R}$-linearen) *Differential* sind; die Cauchy-Riemannschen Differentialgleichungen beschreiben nichts anderes als diese komplexe Linearität (Theorem 2.1). Im Paragraphen 4 definieren und diskutieren wir die partiellen Ableitungen nach z und $\bar{z}$; dies ermöglicht es insbesondere, die *beiden* Cauchy-Riemannschen Gleichungen zu der *einen* Gleichung

$$\frac{\partial f}{\partial \bar{z}} = 0$$

zusammenzufassen; in 4.4 gehen wir näher auf die Technik des Differenzierens nach z und $\bar{z}$ ein.

§ 1. Komplex differenzierbare Funktionen

Komplexe Differenzierbarkeit wird – wie im Reellen – durch eine *Linearisierungsbedingung* auf den Begriff der Stetigkeit zurückgeführt. Wir wollen verstehen, daß komplexe Differenzierbarkeit indessen weitaus mehr ist als nur ein Analogon zur reellen Differenzierbarkeit. Eine einfache Diskussion des Differenzenquotienten führt sofort zu den Cauchy-Riemannschen Gleichungen

$$u_x = v_y \quad \text{und} \quad u_y = -v_x \quad \text{für } f = u + iv,$$

aus denen insbesondere folgt, daß Real- und Imaginärteil komplex differenzierbarer Funktionen der Laplaceschen Potentialgleichung $\Delta u = 0$ genügen und also *harmonische* Funktionen sind.

1. Komplexe Differenzierbarkeit. Eine Funktion $f: D \to \mathbb{C}$ heißt *komplex differenzierbar* in $c \in D$, wenn es eine in c stetige Funktion $f_1: D \to \mathbb{C}$ gibt, so daß gilt:

$$f(z) = f(c) + (z-c) f_1(z) \quad \text{für alle } z \in D \quad (\mathbb{C}\text{-}Linearisierung).$$

Diese Funktion f_1 ist dann *eindeutig* durch f bestimmt:

$$f_1(z) = \frac{f(z) - f(c)}{z - c} \quad \text{für } z \in D \smallsetminus \{c\} \quad (Differenzenquotient);$$

wegen der Stetigkeit von f_1 in c gilt, wenn man $h := z - c$ setzt:

$$\lim_{h \to 0} \frac{f(c+h) - f(c)}{h} = f_1(c) \quad (Differentialquotient).$$

Die Zahl $f_1(c) \in \mathbb{C}$ heißt *die Ableitung (nach z) von f in c*; man schreibt:

$$\frac{df}{dz}(c) := f'(c) := f_1(c).$$

Komplexe Differenzierbarkeit von f in c impliziert die Stetigkeit von f in c, denn $f(c)$, $z - c$ und f_1 sind stetig in c, also auch f. Die formale Übereinstimmung der Definition der Differenzierbarkeit im Reellen und Komplexen wird in 3.1 unmittelbar die bekannten Differentiationsregeln liefern.

Man beweist direkt:

Ist f in c komplex differenzierbar, so gibt es zu jedem $\varepsilon > 0$ ein $\delta > 0$, so daß gilt: $|f(c+h) - f(c) - f'(c)h| \le \varepsilon |h|$ *für alle $h \in \mathbb{C}$ mit $|h| \le \delta$.*

Beispiele. 1) Jede Potenz $z^n, n \in \mathbb{N}$, ist überall in $\mathbb{C}$ komplex differenzierbar:

$$z^n = c^n + (z-c) f_1(z) \quad \text{mit} \quad f_1(z) = z^{n-1} + c z^{n-2} + \ldots + c^{n-2} z + c^{n-1};$$

wir sehen: $(z^n)' = n z^{n-1}$ für alle $z \in \mathbb{C}$. Allgemeiner sind alle Polynome $p(z) \in \mathbb{C}[z]$ überall und rationale Funktionen $g(z) \in \mathbb{C}(z)$ außerhalb der Nullstellen des Nenners komplex differenzierbar (vgl. 3.2).

2) Die *Konjugierungsfunktion* $f(z) := \bar{z}$, $z \in \mathbb{C}$, ist *nirgends* komplex differenzierbar, denn der zu $c \in \mathbb{C}$ gehörende Differenzenquotient

$$\frac{f(c+h) - f(c)}{h} = \frac{\bar{h}}{h}, \quad h \neq 0,$$

hat für $h \in \mathbb{R}$ bzw. $h \in \mathbb{R} i$ den Wert 1 bzw. -1 und also keinen Limes.

3) Die Funktionen $\operatorname{Re} z$, $\operatorname{Im} z$, $|z|$ sind *nirgends* in $\mathbb{C}$ komplex differenzierbar. Das zeigt man analog wie eben im Fall der Funktion $\bar{z}$.

2. Cauchy-Riemannsche Differentialgleichungen. Wir schreiben $c = a + ib = (a, b)$, $z = x + iy = (x, y)$. Ist $f(z) = u(x, y) + iv(x, y)$ komplex differenzierbar in $c \in D$, so gilt

$$f'(c) = \lim_{h \to 0} \frac{f(c+h) - f(c)}{h} = \lim_{h \to 0} \frac{f(c+ih) - f(c)}{ih}.$$

Wählt man h *reell*, so folgt

$$f'(c) = \lim_{h \to 0} \frac{u(a+h, b) - u(a, b)}{h} + i \lim_{h \to 0} \frac{v(a+h, b) - v(a, b)}{h}$$

$$= \lim_{h \to 0} \frac{u(a, b+h) - u(a, b)}{ih} + i \lim_{h \to 0} \frac{v(a, b+h) - v(a, b)}{ih}.$$

Es existieren also in c die *partiellen* Ableitungen der reellen Funktionen u, v nach x und y; und es besteht bei Verwendung der üblichen Bezeichnungen $u_x(c), \ldots, v_y(c)$ für diese Ableitungen die Gleichung

$$f'(c) = u_x(c) + i v_x(c) = \frac{1}{i}(u_y(c) + i v_y(c)).$$

Damit ist bewiesen:

Notwendig für die komplexe Differenzierbarkeit von $f = u + i v$ in c ist, daß Realteil u und Imaginärteil v von f in c partiell differenzierbar sind, und daß die „Cauchy-Riemannschen Differentialgleichungen"

(∗) $u_x(c) = v_y(c), \qquad u_y(c) = -v_x(c)$

bestehen. Alsdann gilt: $f'(c) = u_x(c) + i v_x(c) = v_y(c) - i u_y(c)$.

Die Gleichungen (∗) sind der analytische Ausdruck der geometrischen Einsicht, daß der Differenzenquotient von f bei Annäherung an c parallel zur reellen bzw. imaginären Achse denselben Grenzwert hat. In 2.1 wird dieser *naive*, aber *mnemotechnisch* hilfreiche Zugang zu den Cauchy-Riemannschen Gleichungen wesentlich vertieft.

3. Historisches zu den Cauchy-Riemannschen Differentialgleichungen. CAUCHY gewinnt die Gleichungen 1814 in $[C_1]$ bei der Diskussion eines Vertauschungssatzes für reelle Doppelintegrale (S. 338 oben in allgemeinerer Form, S. 339 unten in der bekannten Form). Er betont (S. 338), daß seine Differentialgleichungen die gesamte Theorie des Überganges vom Reellen ins Komplexe enthalten. „Ces deux équations renferment toute la théorie du passage du réel à l'imaginaire, et il ne nous reste plus qu'à indiquer la manière de s'en servir." Als Grundlage seiner Funktionentheorie hat CAUCHY die Gleichungen aber nicht verwendet.

RIEMANN stellt die Differentialgleichungen an den Anfang und begründet mit ihnen konsequent seine Funktionentheorie. Er erkannte „in der partiellen Differentialgleichung die wesentliche Definition einer [komplex differenzierbaren] Function von einer complexen Veränderlichen.... Wahrscheinlich sind diese, für seine ganze spätere Laufbahn maassgebenden Ideen zuerst in den

Herbstferien 1847 [als 21-jähriger] gründlich von ihm verarbeitet" (Zitat nach R. Dedekind: *Bernhard Riemann's Lebenslauf*; Riemanns Werke, S. 544). Entdeckt haben aber weder Cauchy noch Riemann diese Gleichungen; sie finden sich z.B. schon 1752 bei D'Alembert in seiner Strömungslehre *Essai d'une nouvelle théorie de la résistance des fluides* (David, Paris); auch bei Euler und Lagrange treten diese Differentialgleichungen bereits auf.

Riemann argumentiert 1851 kurz und bündig ([R], S. 6/7):

„Bringt man den Differentialquotienten $\dfrac{du + dvi}{dx + dyi}$ in die Form

$$\frac{\left(\dfrac{\partial u}{\partial x} + \dfrac{\partial v}{\partial x} i\right) dx + \left(\dfrac{\partial v}{\partial y} - \dfrac{\partial u}{\partial y} i\right) dyi}{dx + dyi},$$

so erhellt, dass er und zwar nur dann für je zwei Werthe von dx und dy denselben Werth haben wird, wenn

$$\frac{\partial u}{\partial x} = \frac{\partial v}{\partial y} \quad \text{und} \quad \frac{\partial v}{\partial x} = -\frac{\partial u}{\partial y}$$

ist. Diese Bedingungen sind also hinreichend und nothwendig, damit $w = u + vi$ eine Function von $z = x + yi$ sei. Für die einzelnen Glieder dieser Function fliessen aus ihnen die folgenden:

$$\frac{\partial^2 u}{\partial x^2} + \frac{\partial^2 u}{\partial y^2} = 0, \quad \frac{\partial^2 v}{\partial x^2} + \frac{\partial^2 v}{\partial y^2} = 0,$$

welche für die Untersuchung der Eigenschaften, die Einem Gliede einer solchen Function einzeln betrachtet zukommen, die Grundlage bilden."

§ 2. Komplexe und reelle Differenzierbarkeit

Die aus dem Reellen geläufige anschauliche Deutung der Ableitung als „Anstieg der Tangente" ist im Komplexen nicht mehr möglich, da der Graph einer komplexen Funktion $w = f(z)$ eine „Fläche" im reell vierdimensionalen komplexen (w, z)-Raum $\mathbb{C}^2$ ist. Es gibt aber sehr wohl eine geometrische Interpretation des komplexen Differentialquotienten $f'(c)$. Wir benötigen dazu den Fundamentalbegriff der reellen Differentialrechnung:

Eine Abbildung $f: D \to \mathbb{R}^n$ eines Bereiches $D \subset \mathbb{R}^m$ in einen $\mathbb{R}^n$ heißt im Punkt $c \in D$ reell differenzierbar, wenn es eine $\mathbb{R}$-lineare Abbildung $T: \mathbb{R}^m \to \mathbb{R}^n$ gibt, so daß (bez. fixierter Normen $|\ |$ im $\mathbb{R}^m$ und $\mathbb{R}^n$) gilt:

$$(1) \qquad \lim_{h \to 0} \frac{|f(c+h) - f(c) - T(h)|}{|h|} = 0.$$

Die Abbildung T ist dann bekanntlich *eindeutig bestimmt* und heißt das *Differential $Tf(c)$* oder auch *die Tangentialabbildung* von f in c. Wegen (1) ist klar, daß reelle Differenzierbarkeit in c Stetigkeit in c impliziert.

Wird f bez. Basen in $\mathbb{R}^m, \mathbb{R}^n$ durch n Komponentenfunktionen $f_v(x_1, \ldots, x_m)$, $1 \le v \le n$, beschrieben, so existieren, falls f in c reell differenzierbar ist, alle partiellen Ableitungen $\dfrac{\partial f_v}{\partial x_\mu}(c)$, $1 \le \mu \le m$, $1 \le v \le n$, und das Differential $Tf(c)$ wird gegeben durch Rechtsmultiplikation der Spaltenvektoren des $\mathbb{R}^m$ mit der Jacobischen $n \times m$ Matrix

$$\left(\frac{\partial f_v}{\partial x_\mu}(c) \right)_{\substack{\mu = 1, \ldots, m \\ v = 1, \ldots, n}}.$$

1. Charakterisierung komplex differenzierbarer Funktionen. Wir wenden die soeben skizzierte allgemeine reelle Theorie auf komplex-wertige Funktionen (also $m = n = 2$ und $\mathbb{R}^2 = \mathbb{C}$) an. Ist $f: D \to \mathbb{C}$ komplex differenzierbar in c, so gilt (vgl. 1.1):

$$\lim_{h \to 0} \frac{f(c+h) - f(c) - f'(c)h}{h} = 0.$$

Hieraus folgt wegen (1) sofort, daß komplex differenzierbare Abbildungen reell differenzierbar sind und ein $\mathbb{C}$-*lineares* Differential haben. Diese $\mathbb{C}$-Linearität des Differentials ist signifikant für komplexe Differenzierbarkeit und der tiefere Grund für das Bestehen der Cauchy-Riemannschen Differentialgleichungen; es gilt nämlich, wenn wieder $z = x + iy$ und $f = u + iv$ gesetzt wird:

Theorem. *Folgende Aussagen über eine Funktion $f: D \to \mathbb{C}$ sind äquivalent:*

   i) *f ist komplex differenzierbar in $c \in D$.*
   ii) *f ist reell differenzierbar in c, und das Differential $Tf(c): \mathbb{C} \to \mathbb{C}$ ist komplex linear.*
   iii) *f ist reell differenzierbar in c, und es gelten die Cauchy-Riemannschen Gleichungen $u_x(c) = v_y(c)$, $u_y(c) = -v_x(c)$.*
   Sind i)–iii) erfüllt, so gilt: $f'(c) = u_x(c) + iv_x(c) = v_y(c) - iu_y(c)$.

Beweis. i) $\Leftrightarrow$ ii): Klar auf Grund der Definitionen.
   ii) $\Leftrightarrow$ iii): Das Differential $Tf(c)$ wird durch die 2×2 Matrix

$$\begin{pmatrix} u_x(c) & u_y(c) \\ v_x(c) & v_y(c) \end{pmatrix}$$

gegeben. Nach Satz 0.1.2 ist die zugehörige $\mathbb{R}$-lineare Abbildung $\mathbb{C} \to \mathbb{C}$ genau dann $\mathbb{C}$-linear, wenn $u_x(c) = v_y(c)$ und $u_y(c) = -v_x(c)$.
   Die Gleichung für $f'(c)$ wurde bereits in 1.2 bewiesen.   □

Um das Theorem anwenden zu können, benötigt man ein Kriterium für die reelle Differenzierbarkeit von $f = u + iv$ in c; mit dieser Frage beschäftigen wir uns im nächsten Abschnitt.

2. Ein hinreichendes Kriterium für komplexe Differenzierbarkeit. Mit $f: D \to \mathbb{C}$, $g: D \to \mathbb{C}$ sind alle Abbildungen $af + bg: D \to \mathbb{C}$, $a, b \in \mathbb{C}$, in $c \in D$ reell differenzierbar; aus Gleichung (1) der Einleitung ergibt sich

$$(T(af+bg))(c)=a(Tf)(c)+b(Tg)(c).$$

Mit f ist die konjugiert komplexe Funktion $\bar{f}$ in c reell differenzierbar: es gilt $T\bar{f}(c)(h)=\bar{\mu}h+\bar{\lambda}\bar{h}$, falls $Tf(c)(h)=\lambda h+\mu\bar{h}$. Es folgt:

Die Funktion $f=u+iv\colon D\to\mathbb{C}$ ist genau dann reell differenzierbar in $c\in D$, wenn die Funktionen $u\colon D\to\mathbb{R}$ und $v\colon D\to\mathbb{R}$ in c reell differenzierbar sind.

Zum Beweis beachte man die Gleichungen $u=\frac{1}{2}(f+\bar{f})$, $v=\frac{1}{2i}(f-\bar{f})$ und die Tatsache, daß eine reelle Funktion $D\to\mathbb{R}$ genau dann in c reell differenzierbar ist, wenn die komplexe Funktion $D\to\mathbb{R}\hookrightarrow\mathbb{C}$ es ist.   □

Eine Funktion $u\colon D\to\mathbb{R}$ heißt *(reell) stetig differenzierbar*, wenn die partiellen Ableitungen u_x, u_y in D existieren und dort stetig sind. In der reellen Differentialrechnung zeigt man mit Hilfe des Mittelwertsatzes:

Jede stetig differenzierbare Funktion $u\colon D\to\mathbb{R}$ ist in jedem Punkt von D (reell) differenzierbar.*)

Mittels Theorem 1 folgt nun ein für Anwendungen handliches

Hinreichendes Kriterium für komplexe Differenzierbarkeit. *Sind u, v in D stetig differenzierbare reelle Funktionen, so ist die komplexe Funktion $f:=u+iv$ in jedem Punkt von D reell differenzierbar.*
Gilt zusätzlich $u_x=v_y$ und $u_y=-v_x$ überall in D, so ist f in jedem Punkt von D komplex differenzierbar.

Dieses Kriterium wird immer dann herangezogen, wenn man komplex differenzierbare Funktionen durch Angabe von Real- und Imaginärteil beschreiben will.

3. Beispiele zu den Cauchy-Riemannschen Gleichungen. 1) Die Funktion $f(z):=x^3y^2+ix^2y^3$ ist nach 2 überall reell differenzierbar. In $c=(a,b)$ bestehen die Cauchy-Riemannschen Gleichungen genau dann, wenn $3a^2b^2=3a^2b^2$ und $2a^3b=-2ab^3$, d.h. wenn $ab(a^2+b^2)=0$, d.h. wenn $ab=0$. Somit ist f genau in allen Punkten auf den Koordinatenachsen komplex differenzierbar.

2) Wir unterstellen die Kenntnis der *reellen Exponentialfunktion e^t* und der *reellen trigonometrischen Funktionen* $\cos t$, $\sin t$, $t\in\mathbb{R}$. Die Funktion

$$\tilde{e}(z):=e^x\cos y+ie^x\sin y$$

---

*) Die Stetigkeitsforderung für u_x, u_y ist wesentlich, wie das bekannte Beispiel $u(z):=xy|z|^{-2}$ für $z\neq0$, $u(0):=0$ zeigt: u_x, u_y existieren überall mit $u_x(0)=u_y(0)=0$, indessen ist u nicht einmal stetig in 0.

ist nach 2 in $\mathbb{C}$ reell differenzierbar, und die Cauchy-Riemannschen Gleichungen bestehen offensichtlich überall. Somit ist $\tilde{e}(z)$ in $\mathbb{C}$ komplex differenzierbar, es gilt: $\tilde{e}'(z) = u_x(z) + i v_x(z) = \tilde{e}(z)$. Wir werden in 5.1.1 sehen, daß $\tilde{e}(z)$ die *komplexe Exponentialfunktion* $\exp z = \sum_0^\infty \dfrac{z^\nu}{\nu!}$ ist.

3) Kennt man die *reelle Logarithmusfunktion* $\log t$, $t > 0$, und die *reelle Arcustangensfunktion* $\arctan t$, $t \in \mathbb{R}$ (*Hauptzweig*, also $-\frac{1}{2}\pi < \arctan t < \frac{1}{2}\pi$), so ist

$$\tilde{l}(z) := \tfrac{1}{2} \log(x^2 + y^2) + i \arctan \frac{y}{x}$$

in $\mathbb{C} \smallsetminus \{z \in \mathbb{C}: \operatorname{Re} z = 0\}$ nach 2 reell differenzierbar, und man verifiziert (mit Hilfe von $(\log t)' = t^{-1}$ und $(\arctan t)' = (1 + t^2)^{-1}$) sofort, daß die Cauchy-Riemannschen Gleichungen gelten. Somit ist $\tilde{l}(z)$ rechts und links von der imaginären Achse überall komplex differenzierbar; eine direkte Rechnung zeigt:

$$\tilde{l}'(z) = u_x(z) + i v_x(z) = \frac{1}{z}, \qquad z \in \mathbb{C} \ \text{mit } \operatorname{Re} z \neq 0.$$

Wir werden in 5.4.4 sehen, daß $\tilde{l}(z)$ in der rechten Halbebene mit dem Hauptzweig der *komplexen Logarithmusfunktion* übereinstimmt, und daß gilt

$$\tilde{l}(z) = \log z = \sum_1^\infty \frac{(-1)^{\nu-1}}{\nu} (z-1)^\nu \qquad \text{für } z \in B_1(1).$$

In den vorangehenden beiden Beispielen werden komplex differenzierbare Funktionen aus transzendenten reellen Funktionen unter Heranziehung der Cauchy-Riemannschen Gleichungen gewonnen. In diesem Buch – wie überhaupt in der klassischen Funktionentheorie – wird diese Möglichkeit zur Konstruktion komplex differenzierbarer Funktionen nicht weiter verfolgt.

4) *Ist $f = u + iv$ komplex differenzierbar in D, so gilt in D*:

$$|f'|^2 = \det \begin{pmatrix} u_x & u_y \\ v_x & v_y \end{pmatrix} = u_x^2 + v_x^2 = u_y^2 + v_y^2,$$

was sich sofort aus $|f'|^2 = f' \overline{f'} = u_x^2 + v_x^2$ wegen $u_x = v_y$, $u_y = -v_x$ ergibt. $|f'(z)|^2$ ist also der Wert der *Jacobischen Funktionaldeterminante* der Abbildung $(x, y) \mapsto (u(x,y), v(x,y))$; diese Determinante ist *nie negativ* und in allen Punkten $z \in D$ mit $f'(z) \neq 0$ positiv. – Im Beispiel 2) sieht man:

$$|\tilde{e}'(z)|^2 = e^{2x} \cos^2 y + e^{2x} \sin^2 y = e^{2 \operatorname{Re} z}.$$

4*. Harmonische Funktionen. Nicht alle reell differenzierbaren Funktionen $u(x, y)$ kommen als Realteil komplex differenzierbarer Funktionen vor. Die Cauchy-Riemannschen Gleichungen führen sofort zu einer sehr einschränkenden notwendigen Bedingung.

Satz. *Ist $f = u + iv$ überall in D komplex differenzierbar, und sind u und v zweimal reell stetig differenzierbar*[*) *in D, so gilt:*

$$u_{xx} + u_{yy} = 0, \qquad v_{xx} + v_{yy} = 0 \quad in\ D.$$

Beweis. Da f überall in D komplex differenzierbar ist, gilt: $u_x = v_y$, $u_y = -v_x$ in D. Erneute Differentiation gibt: $u_{xx} = v_{yx}$, $u_{xy} = v_{yy}$, $u_{yy} = -v_{xy}$, $u_{yx} = -v_{xx}$. Es folgt: $u_{xx} + u_{yy} = v_{yx} - v_{xy}$, $v_{xx} + v_{yy} = -u_{yx} + u_{xy}$ in D. Da alle zweiten Ableitungen von u, v stetig in D sind, gilt $u_{xy} = u_{yx}$ und $v_{xy} = v_{yx}$ in D*[*). Damit folgt die Behauptung.   □

Die zusätzliche Annahme der zweimaligen stetigen Differenzierbarkeit von u und v im eben bewiesenen Satz ist in Wahrheit überflüssig, da komplex differenzierbare Funktionen stets beliebig oft komplex differenzierbar sind (vgl. 7.4.1).

In der Literatur nennt man das Differentialpolynom

$$\Delta := \frac{\partial^2}{\partial x^2} + \frac{\partial^2}{\partial y^2}$$

den *Laplaceschen Operator*. Für jede zweimal reell differenzierbare Funktion $u: D \to \mathbb{R}$ ist die Funktion $\Delta u = u_{xx} + u_{yy}$ in D erklärt; man nennt u eine *Potentialfunktion in D*, wenn u in D der *Potentialgleichung* $\Delta u = 0$ genügt (die Redeweisen sind physikalisch motiviert, da Funktionen mit $\Delta u = 0$ in der Physik als Potentiale auftreten). Potentialfunktionen heißen auch *harmonische Funktionen*.

Die Essenz des Satzes ist, daß Real- und Imaginärteile komplex differenzierbarer Funktionen Potentialfunktionen sind. Einfache Beispiele für Potentialfunktionen gewinnt man aus den Beispielen des vorangehenden Abschnitts; so sind z.B. $\operatorname{Im} z^2 = 2xy$, $\operatorname{Re} z^3 = x^3 - 3xy^2$ harmonisch in $\mathbb{C}$. Ferner sind die Funktionen

$$\operatorname{Re} \tilde{e}(z) = e^x \cos y, \quad \operatorname{Im} \tilde{e}(z) = e^x \sin y,$$

$$\operatorname{Re} \tilde{l}(z) = \log|z|, \qquad \operatorname{Im} \tilde{l}(z) = \arctan \frac{y}{x}$$

harmonisch in ihren Definitionsbereichen. Die Funktion $x^2 + y^2 = |z|^2$ ist *nicht harmonisch* und also nicht Realteil einer holomorphen Funktion (beachte: $x^2 - y^2 = \operatorname{Re} z^2$).   □

Für jedes harmonische Polynom $u(x, y) \in \mathbb{R}[x, y]$ läßt sich direkt ein komplexes Polynom $p(z) \in \mathbb{C}[z]$ mit $u = \operatorname{Re} p$ ausschreiben, nämlich: $p(z) := 2u\left(\frac{z}{2}, \frac{z}{2i}\right) - u(0, 0)$. Der Leser mache sich dies an Beispielen klar und gebe einen Beweis.

---

*) Zweimalige stetige (reelle) Differenzierbarkeit von u in D bedeutet, daß die partiellen Ableitungen u_x und u_y differenzierbar und die vier 2. partiellen Ableitungen u_{xx}, u_{xy}, u_{yx}, u_{yy} stetig in D sind. Diese Stetigkeit hat zur Konsequenz: $u_{xy} = u_{yx}$ in D (Vertauschungssatz der reellen Differentialrechnung).

Harmonische Funktionen zweier Veränderlicher spielten in der klassischen Mathematik eine große Rolle und gaben ihr wesentliche Impulse. Es sei in diesem Zusammenhang hier nur erinnert an das berühmte

DIRICHLETsche Randwertproblem. *Gegeben sei eine reell-wertige stetige Funktion g auf dem Rand $\partial \mathbb{E} = \{z \in \mathbb{C} : |z| = 1\}$ des Einheitskreises. Gesucht wird eine in $\mathbb{E} \cup \partial \mathbb{E}$ stetige Funktion u mit $u | \partial \mathbb{E} = g$, so daß $u | \mathbb{E}$ eine Potentialfunktion in $\mathbb{E}$ ist.*

Man kann zeigen, daß es stets genau eine solche Funktion u gibt. □

Die Theorie der holomorphen Funktionen hat wertvolle Anregungen aus der Theorie der harmonischen Funktionen erhalten: Eigenschaften harmonischer Funktionen (Integralformeln, Maximumprinzip, Konvergenzsätze usw.) kommen auch holomorphen Funktionen zu. Heute entwickelt man durchweg zunächst die Theorie der holomorphen Funktionen und leitet hieraus die grundlegenden Eigenschaften der harmonischen Funktionen zweier Veränderlicher her.

§ 3. Holomorphe Funktionen

Wir führen den Fundamentalbegriff der Funktionentheorie ein. Eine Funktion $f : D \to \mathbb{C}$ heißt *holomorph in D*, wenn f in jedem Punkt von D komplex differenzierbar ist; wir nennen f *holomorph in $c \in D$*, wenn es eine offene Umgebung $U \subset D$ von c gibt, so daß die auf U eingeschränkte Funktion $f | U$ holomorph in U ist.

Die Menge aller Punkte, in denen eine Funktion holomorph ist, ist stets *offen* in $\mathbb{C}$. Eine in c holomorphe Funktion ist komplex differenzierbar in c, indessen ist eine in c komplex differenzierbare Funktion nicht notwendig holomorph in c: z.B. ist die Funktion

$$f(z) := x^3 y^2 + i x^2 y^3, \quad \text{wobei } z = x + iy, \ x, y \in \mathbb{R},$$

nach 2.3 überall auf den Koordinatenachsen und sonst nirgends komplex differenzierbar; diese Funktion ist nirgends in $\mathbb{C}$ holomorph.

Mit $\mathcal{O}(D)$ wird stets die Menge aller im Bereich D holomorphen Funktionen bezeichnet. Es bestehen natürliche Inklusionen

$$\mathbb{C} \subset \mathcal{O}(D) \subset \mathscr{C}(D);$$

erstere, da konstante Funktionen überall in $\mathbb{C}$ differenzierbar sind; letztere, da Differenzierbarkeit Stetigkeit impliziert.

1. Differentiationsregeln werden wie im Reellen bewiesen; dies ist ein gutes Beispiel dafür, daß die heute übliche Definition der komplexen Differenzierbarkeit erhebliche Vorteile gegenüber der Riemannschen Definition mittels seiner Differentialgleichungen hat.

Summen- und Produktregel. *Es seien $f : D \to \mathbb{C}$, $g : D \to \mathbb{C}$ holomorph in D. Dann sind alle Funktionen $af + bg$, $a, b \in \mathbb{C}$, und $f \cdot g$ holomorph in D:*

$$(af + bg)' = af' + bg' \quad (Summenregel),$$
$$(f \cdot g)' = f'g + fg' \quad (Produktregel).$$

Wir erinnern an den Beweis der Produktregel. Nach Voraussetzung gibt es in c stetige Funktionen $f_1: D \to \mathbb{C}$, $g_1: D \to \mathbb{C}$, so daß

$$f(z) = f(c) + (z-c) f_1(z), \quad g(z) = g(c) + (z-c) g_1(z), \quad z \in D.$$

Es folgt

$$(f \cdot g)(z) = (f \cdot g)(c) + (z-c) [f_1(z) g(c) + f(c) g_1(z) + (z-c)(f_1 \cdot g_1)(z)].$$

Die rechts in eckigen Klammern stehende Funktion ist stetig in c; man sieht

$$(f \cdot g)'(c) = f_1(c) g(c) + f(c) g_1(c) = f'(c) g(c) + f(c) g'(c).$$

Aus Summenregel und Produktregel folgt wie im Reellen:

Jedes komplexe Polynom $p(z) = a_0 + a_1 z + \ldots + a_n z^n \in \mathbb{C}[z]$ ist holomorph in $\mathbb{C}$; es gilt: $p'(z) = a_1 + 2a_2 z + \ldots + n a_n z^{n-1} \in \mathbb{C}[z]$. □

Wie im Reellen gilt auch die

Quotientenregel. *Es seien f, g holomorph in D; die Funktion g sei nullstellenfrei in D. Dann ist die Quotientenfunktion $\dfrac{f}{g}: D \to \mathbb{C}$ holomorph in D:*

$$\left(\frac{f}{g} \right)' = \frac{f'g - fg'}{g^2} \quad (\text{Quotientenregel}).$$

Die Ableitung zusammengesetzter Funktionen $h \circ g$ bestimmt man nach der

Kettenregel. *Es seien $g \in \mathcal{O}(D)$, $h \in \mathcal{O}(D')$ holomorphe Funktionen mit $g(D) \subset D'$. Dann ist die zusammengesetzte Funktion $h \circ g: D \to \mathbb{C}$ holomorph in D:*

$$(h \circ g)'(z) = h'(g(z)) \cdot g'(z), \quad z \in D \quad (\text{Kettenregel}).$$

Quotienten- und Kettenregel werden wie im Reellen bewiesen.

Auf Grund von Theorem 2.1 ist eine Funktion $f = u + iv$ genau dann holomorph im Bereich $D \subset \mathbb{C}$, wenn f überall in D reell differenzierbar ist und in D den Cauchy-Riemannschen Gleichungen $u_x = v_y$, $u_y = -v_x$ genügt. Die Differenzierbarkeitsvoraussetzungen lassen sich wesentlich abschwächen, so gilt z.B.:

Eine stetige Funktion $f: D \to \mathbb{C}$ ist bereits dann holomorph in D, wenn es durch jeden Punkt $c \in D$ zwei verschiedene Geraden L, L' gibt, so daß die Limiten

$$\lim_{z \in L, z \to c} \frac{f(z) - f(c)}{z - c}, \quad \lim_{z \in L', z \to c} \frac{f(z) - f(c)}{z - c}$$

existieren und gleich sind.

Dieser Satz stammt von D. MENCHOFF: *Sur la généralisation des conditions de Cauchy-Riemann*, Fund. Math. 25, 59–97 (1935).

Ferner läßt sich beweisen:

Eine stetige Funktion $f: D \to \mathbb{C}$ ist bereits dann holomorph in D, wenn überall in D die partiellen Ableitungen u_x, u_y, v_x, v_y der reellen Funktionen $u := \operatorname{Re} f$ und $v := \operatorname{Im} f$ existieren und in ganz D die Cauchy-Riemannschen Gleichungen $u_x = v_y$, $u_y = -v_x$ gelten.

Dies ist der sog. Satz von LOOMAN-MENCHOFF; es ist unbekannt, ob man auf die Voraussetzung der Stetigkeit von f verzichten kann. Elementare Beweise der Sätze von MENCHOFF und LOOMAN-MENCHOFF und Verallgemeinerungen findet man bei K. MEIER: *Zum Satz von Looman-Menchoff*, Comm. Math. Helv. 25, 181–195 (1951).

2. Die $\mathbb{C}$-Algebra $\mathcal{O}(D)$. Aus den Differentiationsregeln ergibt sich direkt:

Für jeden Bereich D in $\mathbb{C}$ ist *die Menge* $\mathcal{O}(D)$ *der in* D *holomorphen Funktionen eine* $\mathbb{C}$-*Unteralgebra der* $\mathbb{C}$-*Algebra* $\mathscr{C}(D)$. Eine Funktion $e \in \mathcal{O}(D)$ ist genau dann eine *Einheit* in $\mathcal{O}(D)$, wenn e *nullstellenfrei in* D *ist*.

Für die Exponentialfunktion $\tilde{e}(z)$ bzw. die Logarithmusfunktion $\tilde{l}(z)$ der Beispiele 2), 3) aus 2.3 gilt: $\tilde{e}(z) \in \mathcal{O}(\mathbb{C})$ und $\tilde{l}(z) \in \mathcal{O}(\mathbb{C} \setminus \text{imaginäre Achse})$.

Die $\mathbb{C}$-Algebra $\mathcal{O}(D)$ enthält im Gegensatz zu $\mathscr{C}(D)$ mit f i.allg. nicht die konjugierte Funktion $\bar{f}$; wir sahen z.B. $z \in \mathcal{O}(\mathbb{C})$, aber $\bar{z} \notin \mathcal{O}(\mathbb{C})$. Mit $f \in \mathcal{O}(D)$ gilt i.allg. auch nicht $\operatorname{Re} f \in \mathcal{O}(D)$ oder $\operatorname{Im} f \in \mathcal{O}(D)$ oder $|f| \in \mathcal{O}(D)$; z.B. sind $\operatorname{Re} z$, $\operatorname{Im} z$ und $|z|$ nirgends in $\mathbb{C}$ komplex differenzierbar.

Jedes *Polynom* in z ist *holomorph in* $\mathbb{C}$; jede rationale Funktion *(=Quotient von Polynomen)* ist in $\mathbb{C}$ *außerhalb der Nullstellen des Nenners holomorph*. Weitere Beispiele holomorpher Funktionen lassen sich *nur durch Limesprozesse* und also nicht mehr elementar gewinnen; wir werden in 4.3.2 sehen, daß Potenzreihen in ihrem Konvergenzkreis ein unerschöpfliches Reservoir für holomorphe Funktionen bilden.

Ist f eine in D holomorphe Funktion, so kann man in D eine neue Funktion

$$f': D \to \mathbb{C}, \quad z \mapsto f'(z)$$

definieren. Man nennt f' die (erste) Ableitung von f in D. Erinnert man sich an reelle Funktionen wie $x|x|$, so ist nicht zu erwarten, daß f' wiederum holomorph in D ist. Ein fundamentaler Satz der Funktionentheorie, den wir erst in 7.4.1 aus der Cauchyschen Integralformel gewinnen werden, besagt jedoch, daß *mit f auch stets f' holomorph in D ist*; insbesondere erweist sich dann jede in D holomorphe Funktion als *unendlich oft differenzierbar in D*, d.h. es existieren alle Ableitungen $f', \ldots, f^{(m)}, \ldots$. Dabei versteht man wie im Reellen unter der *m-ten Ableitung $f^{(m)}$* von f (falls vorhanden) die erste Ableitung von $f^{(m-1)}$, $m = 1, 2, \ldots$; also $f^{(0)} := f$, $f^{(m)} := (f^{(m-1)})'$. Wie im Reellen beweist man die Leibnizsche Produktregel für höhere Ableitungen:

$$(f \cdot g)^{(m)} = \sum_{k+l=m} \frac{m!}{k!\, l!} f^{(k)} g^{(l)}.$$

3. Charakterisierung lokal-konstanter Funktionen. *Folgende Aussagen über eine Funktion $f: D \to \mathbb{C}$ sind äquivalent:*

   i) *f ist lokal-konstant in D.*

   ii) *f ist holomorph in D, und es gilt $f'(z) = 0$ für alle $z \in D$.*

1. Beweis. Es ist nur ii) $\Rightarrow$ i) zu verifizieren. Sei $f = u + iv$. Da $f' = u_x + iv_x$ und $u_x = v_y$, $v_x = -u_y$, so gilt $u_x(z) = u_y(z) = 0$ und $v_x(z) = v_y(z) = 0$ für alle $z \in D$. Nach einem bekannten Satz der reellen Analysis sind dann u und v und damit f lokal-konstant in D.

Der eben benutzte Satz aus dem Reellen wird dort auf die aus dem 1. Mittelwertsatz folgende Aussage zurückgeführt, daß in offenen Mengen von $\mathbb{R}^2$ differenzierbare reelle Funktionen lokal-konstant sind, wenn ihre Ableitungen überall null sind. Man kann ii) $\Rightarrow$ i) auch direkt verifizieren:

2. Beweis. Es sei $B = B_r(b) \subset D$ irgendein Kreis und $z \in B$ beliebig. Bei vorgegebenem $\varepsilon > 0$ gibt es zu jedem Punkt c auf der Strecke L von b nach z einen Kreis $B_\delta(c) \subset D$, $\delta = \delta(c) > 0$, so daß gilt (vgl. 1.1. und beachte $f' \equiv 0$):

$$|f(w) - f(c)| \leq \varepsilon |w - c| \qquad \text{für alle} \ w \in B_\delta(c).$$

Da endlich viele dieser Kreise $B_\delta(c)$ bereits das Kompaktum L überdecken, gibt es aufeinanderfolgende Punkte $z_0 = b, z_1, \ldots, z_n = z$ auf L, so daß

$$|f(z_\nu) - f(z_{\nu-1})| \leq \varepsilon |z_\nu - z_{\nu-1}|, \qquad 1 \leq \nu \leq n.$$

Es folgt

$$|f(z) - f(b)| = \left| \sum_1^n [f(z_\nu) - f(z_{\nu-1})] \right| \leq \sum_1^n |f(z_\nu) - f(z_{\nu-1})|$$

$$\leq \varepsilon \sum_1^n |z_\nu - z_{\nu-1}| = \varepsilon |z - b|.$$

Da $\varepsilon > 0$ beliebig ist, folgt $f(z) = f(b)$ für $z \in B$, d.h. $f | B$ ist konstant.

In der Integralrechnung (vgl. 6.3.1) werden wir mittels Stammfunktionen einen dritten Beweis des soeben hergeleiteten Satzes geben. Unser Resultat läßt sich auf Grund von 0.6 auch so aussprechen:

Ist G ein Gebiet in $\mathbb{C}$, so ist eine Funktion $f: G \to \mathbb{C}$ genau dann konstant in G, wenn f holomorph in G ist und f' überall verschwindet.

Wir illustrieren das Resultat dieses Abschnittes an zwei Beispielen.

1) *Jede in D holomorphe Funktion f, die nur reelle bzw. nur rein imaginäre Werte annimmt, ist lokal-konstant in D.*

Beweis. Falls $u = \operatorname{Re} f = f$, so gilt $v = \operatorname{Im} f = 0$, und es folgt auf Grund der Cauchy-Riemannschen Gleichungen $u_x = v_y = 0$, $v_x = 0$, also $f' = u_x + i v_x = 0$ in D. Mithin ist f lokal-konstant in D. Den Fall $\operatorname{Im} f = f$ führt man durch Übergang zu if auf den Fall $\operatorname{Re} f = f$ zurück.

2) *Jede in D holomorphe Funktion $f = u + iv$, die für alle $z \in D$ der Gleichung $|f(z)| = 1$ genügt, ist lokal-konstant in D.*

Beweis. Aus $u^2 + v^2 = 1$ folgt $u u_y + v v_y = 0$, also $u v_x = v v_y$ wegen $u_y = -v_x$. Da auch $u u_x + v v_x = 0$ und $u_x = v_y$, so folgt

$$0 = u^2 u_x + u v v_x = u^2 u_x + v^2 v_y = (u^2 + v^2) u_x = u_x.$$

Analog zeigt man $v_x = 0$. Man sieht $f' = u_x + i v_x = 0$ in D, so daß f in D lokal-konstant ist. $\qquad\square$

In 8.5.1 werden wir den Offenheitssatz für holomorphe Funktionen beweisen, der beide Beispiele als Trivialfälle enthält.

4. Historisches zur Notation. Die Redeweise „holomorph in D" für „überall komplex differenzierbar in D" hat sich in der deutschen Literatur erst in den letzten Jahrzehnten durchgesetzt. In älteren Lehrbüchern (z.B. KNOPP [16]) spricht man von *regulären* bzw. *analytischen* Funktionen. Das Wort „holomorph" wurde 1875 von BRIOT und BOUQUET eingeführt, [BB], 2. Aufl., S. 14; in ihrer 1. Auflage benutzen BRIOT und BOUQUET die auf CAUCHY zurückgehende Bezeichnung „synectisch" statt „holomorph" (vgl. S. 3, 7 und 11).

CAUCHY hat übrigens noch 1851 keine genaue Definition der Funktionenklasse gegeben, für die seine Theorie Gültigkeit hatte. „La théorie des fonctions de variables imaginaires présente des questions délicates qu'il importait de résoudre...", so beginnt eine CR-Note des Titels *Sur les fonctions de variables imaginaires* vom 10. Februar 1851 (Œuvres 11, 1. Ser., 301–304).

Die Schreibweise $\mathcal{O}(D)$ wird – etwa ab 1952 – von der französischen Schule um Henri CARTAN vor allem in der Funktionentheorie mehrerer Variabler verwendet. Das Symbol wurde der klassischen Algebra entlehnt (vgl. z.B. VAN DER WAERDEN: *Moderne Algebra*, Grundlehren Bd. 33, 2. Aufl. Springer, Berlin 1937; § 16, S. 52).

§ 4. Partielle Differentiation nach x, y, z und $\bar{z}$

Ist $f: D \to \mathbb{C}$ in $c \in D$ reell differenzierbar, so darf man in

$$\lim_{h \to 0} \frac{|f(c+h) - f(c) - T(h)|}{|h|} = 0$$

von den Absolutbeträgen zu den Werten selbst übergehen (in der allgemeinen Theorie ist das nicht möglich, da Vektoren des $\mathbb{R}^m$ nicht durch Vektoren des $\mathbb{R}^n$ dividierbar sind). Damit hat man, wenn man $z = c + h$ setzt, das

Differenzierbarkeitskriterium. *Genau dann ist $f: D \to \mathbb{C}$ reell differenzierbar in c, wenn es eine (eindeutig bestimmte) $\mathbb{R}$-lineare Abbildung $T: \mathbb{C} \to \mathbb{C}$ und eine in c stetige Funktion $\hat{f}: D \to \mathbb{C}$ gibt, so daß gilt:*

$$f(z) = f(c) + T(h) + h\hat{f}(z) \quad mit \; \hat{f}(c) = 0.$$

Schreibt man nun das $\mathbb{R}$-lineare Differential

$$T(h) = \begin{pmatrix} u_x(c) & u_y(c) \\ v_x(c) & v_y(c) \end{pmatrix} \begin{pmatrix} \operatorname{Re} h \\ \operatorname{Im} h \end{pmatrix}$$

von $f = u + iv$ in c in der Form

(1) $$T(h) = T(1) \operatorname{Re} h + T(i) \operatorname{Im} h$$

oder in der Gestalt

(2) $$T(h) = \lambda h + \mu \bar{h},$$

so wird man nahezu automatisch dazu geführt, neben den partiellen Ableitungen von u, v nach x und y noch partielle Ableitungen von f selbst nach x und y und weiter gar nach z und $\bar{z}$ einzuführen (Abschnitt 1). Da zwischen den Größen $u_x(c), \ldots, v_y(c)$, $T(1)$, $T(i)$, λ, μ nach 0.1.2 die Gleichungen

$$(*) \qquad \begin{aligned} T(1) &= u_x(c) + i v_x(c), & T(i) &= u_y(c) + i v_y(c), \\ \lambda &= \tfrac{1}{2}(T(1) - i T(i)), & \mu &= \tfrac{1}{2}(T(1) + i T(i)) \end{aligned}$$

bestehen, so gewinnt man unmittelbar Identitäten zwischen diesen *formal eingeführten* Ableitungen von f und den vertrauten Ableitungen von u und v.

Es sei betont, daß dieser Paragraph weitgehend aus Termumformungen besteht, wodurch vorangehende Resultate lediglich neu interpretiert werden.

1. Die partiellen Ableitungen $f_x, f_y, f_z, f_{\bar{z}}$. Ist f reell differenzierbar in c, und ist $T = Tf(c)$ das Differential von f in c, so heißen die gemäß (1) bzw. (2) gebildeten Zahlen

$$f_x(c) := \frac{\partial f}{\partial x}(c) := T(1), \qquad f_y(c) := \frac{\partial f}{\partial y}(c) := T(i);$$

$$f_z(c) := \frac{\partial f}{\partial z}(c) := \lambda, \qquad f_{\bar{z}}(c) := \frac{\partial f}{\partial \bar{z}}(c) := \mu$$

die *partiellen Ableitungen von f nach x bzw. y bzw. z bzw. $\bar{z}$ in c*; es gilt also:

$$Tf(c)(h) = f_x(c)\,\mathrm{Re}\,h + f_y(c)\,\mathrm{Im}\,h = f_z(c)\,h + f_{\bar{z}}(c)\,\bar{h} = \begin{pmatrix} u_x(c) & u_y(c) \\ v_x(c) & v_y(c) \end{pmatrix} \begin{pmatrix} \mathrm{Re}\,h \\ \mathrm{Im}\,h \end{pmatrix}.$$

Es gibt eine gute Motivation für die gewählten Symbole $f_x, f_y, f_z, f_{\bar{z}}$.

Satz. *Folgende Aussagen über $f: D \to \mathbb{C}$ sind äquivalent:*
   i) *f ist reell differenzierbar in $c = a + ib$.*
   ii) *Es gibt in c stetige Funktionen $\hat{f}_1, \hat{f}_2 : D \to \mathbb{C}$, so daß*

$$f(z) = f(c) + (z - c)\hat{f}_1(z) + (\bar{z} - \bar{c})\hat{f}_2(z) \quad \text{für alle } z \in D.$$

   iii) *Es gibt in c stetige Funktionen $f_1, f_2 : D \to \mathbb{C}$, so daß*

$$f(z) = f(c) + (x - a)f_1(z) + (y - b)f_2(z) \quad \text{für alle } z \in D.$$

Sind diese Bedingungen erfüllt, so gilt:

$$f_z(c) = \hat{f}_1(c), \quad f_{\bar{z}}(c) = \hat{f}_2(c), \quad f_x(c) = f_1(c), \quad f_y(c) = f_2(c).$$

Beweis. i) $\Rightarrow$ ii): Die Gleichung $f(z) = f(c) + T(z - c) + (z - c)\hat{f}(z)$ des Differenzierbarkeitskriteriums liefert die Behauptung, wenn man T in der Form $Th = \lambda h + \mu \bar{h}$ schreibt und setzt: $\hat{f}_1(z) := \lambda + \hat{f}(z)$, $\hat{f}_2(z) := \mu$.

ii) $\Rightarrow$ iii): Man setze $f_1 := \hat{f}_1 + \hat{f}_2$, $f_2 := i(\hat{f}_1 - \hat{f}_2)$ und beachte $z - c = x - a + i(y - b)$.

iii) $\Rightarrow$ i): Die Abbildung $T(h) := f_1(c)\,\mathrm{Re}\,h + f_2(c)\,\mathrm{Im}\,h$ ist $\mathbb{R}$-linear. Wir definieren $\hat{f}: D \to \mathbb{C}$ durch $\hat{f}(c) := 0$,

$$\hat{f}(z) := \frac{(x - a)(f_1(z) - f_1(c)) + (y - b)(f_2(z) - f_2(c))}{z - c} \qquad \text{für } z \neq c.$$

Da $|x - a| \leq |z - c|$ und $|y - b| \leq |z - c|$, so folgt

$$|\hat{f}(z)| \leq |f_1(z) - f_1(c)| + |f_2(z) - f_2(c)| \quad \text{für} \quad z \in D \smallsetminus \{c\}.$$

Mithin ist $\hat{f}$ stetig in c, und es gilt: $f(z) = f(c) + T(z - c) + (z - c)\hat{f}(z)$.

2. Beziehungen zwischen den Ableitungen $u_x, u_y, v_x, v_y, f_x, f_y, f_z, f_{\bar{z}}$. Wir betrachten Funktionen $f: D \to \mathbb{C}$, die in D reell differenzierbar sind. Dann sind in D die acht partiellen Ableitungen $u_x, u_y, v_x, v_y, f_x, f_y, f_z, f_{\bar{z}}$ wohldefiniert. Aus den Gleichungen (∗) der Einleitung dieses Paragraphen folgen unmittelbar die vier Identitäten

$$(3) \qquad f_x = u_x + iv_x, \quad f_y = u_y + iv_y, \quad f_z = \tfrac{1}{2}(f_x - if_y), \quad f_{\bar{z}} = \tfrac{1}{2}(f_x + if_y).$$

Die Gleichungen für f_x und f_y überraschen wegen $f = u + iv$ kaum. Die zunächst merkwürdig anmutenden Gleichungen für f_z und $f_{\bar{z}}$ werden besser verstanden und mnemotechnisch einprägsam, wenn man $f = f(x, y)$ vermöge $x = \tfrac{1}{2}(z + \bar{z})$, $y = -\tfrac{i}{2}(z - \bar{z})$ als Funktion in z und $\bar{z}$ auffaßt und *so tut, als ob $z, \bar{z}$ unabhängige Variable seien:* die formalen Differentiationsregeln würden dann

$$\frac{\partial x}{\partial z} = \frac{\partial x}{\partial \bar{z}} = \frac{1}{2}, \quad \frac{\partial y}{\partial z} = -\frac{i}{2}, \quad \frac{\partial y}{\partial \bar{z}} = \frac{i}{2}$$

und weiter (Kettenregel!) implizieren:

$$f_z = \frac{\partial f}{\partial x}\frac{\partial x}{\partial z} + \frac{\partial f}{\partial y}\frac{\partial y}{\partial z} = \frac{1}{2}f_x - \frac{i}{2}f_y;$$

$$f_{\bar{z}} = \frac{\partial f}{\partial x}\frac{\partial x}{\partial \bar{z}} + \frac{\partial f}{\partial y}\frac{\partial y}{\partial \bar{z}} = \frac{1}{2}f_x + \frac{i}{2}f_y. \qquad \square$$

Aus den Gleichungen (3) erhält man „Umkehrformeln"

$$(4) \qquad \begin{aligned} u_x &= \tfrac{1}{2}(f_x + \bar{f}_x), & u_y &= \tfrac{1}{2}(f_y + \bar{f}_y), \\ v_x &= \tfrac{1}{2i}(f_x - \bar{f}_x), & v_y &= \tfrac{1}{2i}(f_y - \bar{f}_y), \\ f_x &= f_z + f_{\bar{z}}, & f_y &= i(f_z - f_{\bar{z}}). \end{aligned}$$

Wegen Einzelheiten zum Differentialkalkül bez. z und $\bar{z}$ vergleiche Abschnitt 4.

3. Die Cauchy-Riemannsche Differentialgleichung $\dfrac{\partial f}{\partial \bar{z}} = 0$. In 1.2 haben wir für holomorphe Funktionen $f = u + iv$ die Cauchy-Riemannschen Gleichungen $u_x = v_y$, $u_y = -v_x$ aus der Identität $f' = u_x + iv_x = i^{-1}(u_y + iv_y)$ gewonnen. Diese Formel läßt sich nun auch so schreiben:

$$f' = f_x = i^{-1}f_y, \quad \text{falls } f \in \mathcal{O}(D);$$

die Bedingung für Holomorphie wird alsdann durch die eine Gleichung

$$if_x = f_y$$

ausgedrückt[*]. Benutzt man die Ableitungen $f_z, f_{\bar z}$, so sieht man:

Satz. *Genau dann ist eine in D reell differenzierbare Funktion $f: D \to \mathbb{C}$ holomorph in D, wenn für alle $c \in D$ gilt:*

$$\frac{\partial f}{\partial \bar z}(c) = 0.$$

Alsdann ist $\dfrac{\partial f}{\partial z}$ die Ableitung f' von f in D.

Dies ist nichts anderes als die Äquivalenz i) ⇔ iii) von Theorem 2.1. Natürlich folgt die Behauptung auch unmittelbar aus Satz 1.   □

Für die zu f konjugierte Funktion $\bar f = u - iv$ sind $u_x = -v_y$ und $u_y = v_x$ die Cauchy-Riemannschen Gleichungen, sie lassen sich als *eine* Gleichung $f_z = 0$ schreiben (Beweis!). Es folgt $\bar f'(c) = \overline{f_{\bar z}(c)}$ für $c \in D$, damit gilt (unter den gleichen Voraussetzungen wie im Satz):

Genau dann ist $\bar f : D \to \mathbb{C}$ holomorph in D, wenn $f_z \equiv 0$ in D; alsdann ist $\overline{f_{\bar z}(c)}$ die Ableitung von $\bar f$ in $c \in D$.

Diese Aussage folgt auch leicht aus Satz 1.

4. Kalkül der Differentialoperatoren ∂ und $\bar\partial$. Die entwickelte Theorie wird besonders elegant, wenn man konsequent die partielle *Differentiation nach z und nach $\bar z$* benutzt. Dieser für die klassische Funktionentheorie weitgehend irrelevante Differentiationskalkül ist ungewöhnlich faszinierend; er geht auf H. POINCARÉ zurück und wurde vor allem von W. WIRTINGER ausgebaut; in der deutschsprachigen Literatur spricht man häufig vom *Wirtingerkalkül*. In der Funktionentheorie mehrerer Veränderlicher ist der Kalkül unentbehrlich.

Neben den geläufigen „reellen" Differentialoperatoren $\dfrac{\partial}{\partial x}$ und $\dfrac{\partial}{\partial y}$ führt man, motiviert durch die Formeln

$$\frac{\partial f}{\partial z} = \frac{1}{2}\left(\frac{\partial f}{\partial x} - i\,\frac{\partial f}{\partial y}\right), \qquad \frac{\partial f}{\partial \bar z} = \frac{1}{2}\left(\frac{\partial f}{\partial x} + i\,\frac{\partial f}{\partial y}\right),$$

die „komplexen" Differentialoperatoren

$$\partial := \frac{\partial}{\partial z} := \frac{1}{2}\left(\frac{\partial}{\partial x} - i\,\frac{\partial}{\partial y}\right), \qquad \bar\partial := \frac{\partial}{\partial \bar z} := \frac{1}{2}\left(\frac{\partial}{\partial x} + i\,\frac{\partial}{\partial y}\right)$$

---

[*] Bereits RIEMANN faßte 1857 in seiner Arbeit *Theorie der ABELschen Functionen* die beiden Differentialgleichungen $u_x = v_y$ und $u_y = -v_x$ zu der einen Gleichung $i\dfrac{\partial w}{\partial x} = \dfrac{\partial w}{\partial y}$ zusammen (vgl. Werke, S. 88), wobei $w = u + iv$.

ein. Dann gelten die Gleichungen

$$\frac{\partial}{\partial x} = \partial + \bar{\partial}, \quad \frac{\partial}{\partial y} = i(\partial - \bar{\partial}).$$

Der Differentiationskalkül für $\partial, \bar{\partial}$ beruht auf der (zunächst absurd klingenden)

These. *Beim Differenzieren nach den konjugiert komplexen Variablen z und $\bar{z}$ darf man so tun, als ob z und $\bar{z}$ voneinander unabhängige Variable seien.*

Die Cauchy-Riemannsche Gleichung $\bar{\partial} f = 0$ wird so gedeutet:

Holomorphe Funktionen sind unabhängig von $\bar{z}$ und hängen allein von z ab.

Hat man sich erst einmal von der Korrektheit und der Kraft des Kalküls überzeugt und beherrscht man ihn, so fühlt man sich an Jacobis Worte über die Bedeutung von Algorithmen erinnert (vgl. A. KNESER: EULER *und die Variationsrechnung*, Festschrift zur Feier des 200. Geburtstages Leonhard Eulers, Teubner Verlag 1907. S. 24): „da es näm-lich in der Mathematik darauf ankommt, Schlüsse auf Schlüsse zu häufen, so wird es gut sein, so viele Schlüsse als möglich in ein Zeichen zusammenzuhäufen. Denn hat man dann ein für alle Mal den Sinn der Operation ergründet, so wird der sinnliche An-blick des Zeichens das ganze Räsonnement ersetzen, das man früher bei jeder Gelegen-heit wieder von vorn anfangen mußte".

Differentiation nach z und $\bar{z}$ geschieht formal nach den gleichen Rechenregeln wie gewöhnliche partielle Differentiation. Wir bezeichnen mit f, g reell differenzierbare Funktionen $D \to \mathbb{C}$ und behaupten:

1) ∂ *und* $\bar{\partial}$ *sind* $\mathbb{C}$-*lineare Abbildungen (Summenregel), für welche die Produktregel und die Quotientenregel gelten.*
2) $\bar{\partial} f = \overline{\partial \bar{f}}, \; \partial f = \overline{\bar{\partial} \bar{f}}.$
3) $f \in \mathcal{O}(D) \Leftrightarrow \bar{\partial} f = 0$ *und* $\partial f = f'$; $\;\bar{f} \in \mathcal{O}(D) \Leftrightarrow \partial f = 0$ *und* $\bar{f}' = \overline{\bar{\partial} f}.$

Beweis. ad 1) Wir sagen nur etwas zu den Produktregeln $\partial(fg) = \partial f \cdot g + f \cdot \partial g$ und $\bar{\partial}(fg) = \bar{\partial} f \cdot g + f \cdot \bar{\partial} g$. Sei $c \in D$. Nach Satz 1 bestehen Gleichungen

$$f(z) = f(c) + (z-c) f_1(z) + (\bar{z} - \bar{c}) f_2(z),$$
$$g(z) = g(c) + (z-c) g_1(z) + (\bar{z} - \bar{c}) g_2(z)$$

mit in c stetigen Funktionen f_1, f_2, g_1, g_2. Es folgt (wobei wir kurz f_1 statt $f_1(z)$ usw. schreiben):

$$f(z) g(z) = f(c) g(c) + (z-c) [f_1 g(c) + f(c) g_1 + (z-c) f_1 g_1 + (\bar{z}-\bar{c}) f_1 g_2]$$
$$+ (\bar{z}-\bar{c}) [f_2 g(c) + f(c) g_2 + (\bar{z}-\bar{c}) f_2 g_2 + (z-c) f_2 g_1].$$

Da rechts alle Funktionen stetig in c sind, folgen die Produktregeln.

ad 2) Aus $f = f(c) + (z-c) f_1 + (\bar{z}-\bar{c}) f_2$ folgt $\bar{f} = \overline{f(c)} + (\bar{z}-\bar{c}) \bar{f}_1 + (z-c) \bar{f}_2$. Da mit f_1, f_2 auch $\bar{f}_1, \bar{f}_2$ stetig in $c \in D$ sind, folgt die Behauptung.

ad 3) Die erste Aussage folgt aus Satz 4.3, die zweite Aussage folgt dann aus 2). $\quad\square$

Bemerkung. Produkt- und Quotientenregel lassen sich natürlich auch mit Hilfe der Transformationsgleichungen aus 2 zwischen $f_z, f_{\bar{z}}$ und f_x, f_y auf die entsprechenden Re-geln für partielle Differentiation nach x, y zurückführen. Die Rechnungen werden aber unbequem; überdies würde ein solches Vorgehen nicht recht verständlich machen, war-um ∂ und $\bar{\partial}$ sich wie partielle Ableitungen verhalten. $\quad\square$

Die Kettenregeln lauten wie folgt:

4) *Sind* $g: D \to \mathbb{C}$, $h: D' \to \mathbb{C}$ *reell differenzierbar in D bzw. D' und gilt* $g(D) \subset D'$, *so ist auch* $h \circ g: D \to \mathbb{C}$ *reell differenzierbar; für alle* $c \in D$ *gilt (mit w als Variabler in D'):*

$$\frac{\partial (h \circ g)}{\partial z}(c) = \frac{\partial h}{\partial w}(g(c)) \cdot \frac{\partial g}{\partial z}(c) + \frac{\partial h}{\partial \bar{w}}(g(c)) \cdot \frac{\partial \bar{g}}{\partial z}(c),$$

$$\frac{\partial (h \circ g)}{\partial \bar{z}}(c) = \frac{\partial h}{\partial w}(g(c)) \cdot \frac{\partial g}{\partial \bar{z}}(c) + \frac{\partial h}{\partial \bar{w}}(g(c)) \cdot \frac{\partial \bar{g}}{\partial \bar{z}}(c).$$

Auch jetzt ist der bequemste Beweis wieder der durch Simulation des reellen Beweises mittels Satz 1; wir verzichten auf die Details. □

Man kann natürlich auch *gemischte höhere partielle Ableitungen* wie

$$f_{xx}, f_{xy}, \ldots, f_{xz}, f_{yz}, f_{zz} := \partial^2 f := \partial(\partial f), \quad f_{z\bar{z}} := \bar{\partial}\partial f := \bar{\partial}(\partial f)$$

betrachten. Es gilt:

5) *Ist* $f: D \to \mathbb{C}$ *zweimal stetig differenzierbar nach x und y, so gilt*

$$\partial \bar{\partial} f = \bar{\partial} \partial f = \tfrac{1}{4}(f_{xx} + f_{yy}).$$

Beweis. Es genügt, den Fall einer reellen Funktion $f = u$ zu betrachten. Aus $2u_z = u_x - iu_y$ folgt, wenn man u.a. $u_{xy} = u_{yx}$ beachtet:

$$4\bar{\partial}\partial u = 2u_{x\bar{z}} - 2iu_{y\bar{z}} = u_{xx} + iu_{xy} - i(u_{yx} + iu_{yy}) = u_{xx} + u_{yy}.$$

Analog folgt $4\partial\bar{\partial}u = u_{xx} + u_{yy}$. □

Wir beenden unsere Überlegungen zum Wirtingerkalkül mit einer amüsanten funktionentheoretischen Anwendung. Wir zeigen vorab:

Sind f, g zweimal komplex differenzierbar in D, so gilt:

$$\bar{\partial}\partial(f \cdot \bar{g}) = f' \cdot \overline{g'} \quad \text{in } D.$$

Beweis. Es gilt $\partial(f\bar{g}) = \partial f \cdot \bar{g} + f \cdot \partial\bar{g} = f'\bar{g} + f\bar{\partial}\bar{g} = f'\bar{g}$ wegen $f, g \in \mathcal{O}(D)$. Da $f' \in \mathcal{O}(D)$, so folgt weiter

$$\bar{\partial}\partial(f\bar{g}) = \bar{\partial}(f'\bar{g}) = \bar{\partial}f' \cdot \bar{g} + f' \cdot \bar{\partial}\bar{g} = f'\overline{\partial g} = f'\overline{g'}.$$ □

Nunmehr ergibt sich ein nicht auf der Hand liegender Satz.

Sind $f_1, f_2, \ldots, f_n$ *zweimal komplex differenzierbar in D, und ist die Funktion* $|f_1(z)|^2 + |f_2(z)|^2 + \ldots + |f_n(z)|^2$ *lokal konstant in D, so ist bereits jede Funktion* $f_1, f_2, \ldots, f_n$ *lokal konstant in D.*

Beweis. Wegen der lokalen Konstanz gilt $0 = \bar{\partial}\partial\left(\sum_1^n f_\nu \bar{f_\nu}\right) = \sum_1^n f_\nu' \overline{f_\nu'}$. Da $f_\nu'\overline{f_\nu'} \geq 0$, so folgt: $f_\nu' = 0$ in D. Nach 3.3 ist dann jede Funktion f_ν lokal konstant in D. □

Aufgabe. Ist $f = u + iv$ reell differenzierbar in D, so gilt für die Jacobische Funktionaldeterminante:

$$\det \begin{pmatrix} u_x & u_y \\ v_x & v_y \end{pmatrix} = \det \begin{pmatrix} \partial f & \bar{\partial} f \\ \overline{\partial f} & \overline{\bar{\partial} f} \end{pmatrix} = |f_z|^2 - |f_{\bar{z}}|^2.$$

Kapitel 2. Holomorphie und Winkeltreue. Biholomorphe Abbildungen

> Der Umstand, dass das Verständnis mehrerer Arbeiten Riemanns anfänglich nur einem kleinen Leserkreis zugänglich war, findet wohl darin seine Erklärung, dass RIEMANN es unterlassen hat, bei der Veröffentlichung seiner allgemeinen Untersuchungen das Eigenthümliche seiner Betrachtungsweise an der vollständigen Durchführung specieller Beispiele ausführlich zu erläutern (Hermann Amandus SCHWARZ 1869).

1. Die Aufgabe, längentreue bzw. winkeltreue Abbildungen zwischen Flächen im Raum $\mathbb{R}^3$ zu untersuchen, gehört zu den interessanten Fragestellungen der klassischen Differentialgeometrie. Das Problem ist wichtig für die Kartographie: jede Seite eines Atlas ist eine Abbildung eines Teils der Erd-(kugel)oberfläche in die Ebene. Man weiß, daß es keine längentreuen Atlanten geben kann; hingegen gibt es sehr wohl winkeltreue Atlanten (z.B. durch stereographische Projektion). Das erste Ziel dieses Kapitels ist es zu zeigen, daß für Bereiche in der Ebene $\mathbb{R}^2 = \mathbb{C}$ winkeltreue Abbildungen und holomorphe Funktionen im wesentlichen dasselbe sind (Paragraph 1). Die Deutung holomorpher Funktionen als winkeltreue (= konforme) Abbildungen wurde vor allem von RIEMANN propagiert (vgl. 1.5); sie liefert die beste Möglichkeit, sich solche Funktionen „anschaulich vorzustellen". Man verfolgt im einzelnen, wie sich Wege unter solchen Abbildungen verhalten; die Invarianz der Schnittwinkel zwischen Wegen ermöglicht häufig eine gute Beschreibung der Funktion. „The conformal mapping associated with an analytic function affords an excellent visualization of the properties of the latter; it can well be compared with the visualization of a real function by its graph" (AHLFORS [1], S. 89).

2. Eine zentrale Rolle spielen in der Riemannschen Funktionentheorie die biholomorphen Abbildungen. Solche Abbildungen sind umkehrbar winkeltreu. Die Frage, ob zwei Bereiche D, D' in $\mathbb{C}$ *biholomorph äquivalent* sind, d.h. ob eine biholomorphe Abbildung $f: D \xrightarrow{\sim} D'$ existiert, hat sich − obwohl nur in seltenen Fällen lösbar - als äußerst fruchtbar erwiesen. Im Paragraphen 2 geben wir einige signifikante Beispiele von biholomorphen Abbildungen. Überraschend ist dabei, daß sich unter den uns bisher bekannten Beispielen holomorpher Funktionen bereits äußerst interessante biholomorphe Abbildungen verbergen: so zeigen wir u.a., daß eine so simple Funktion wie $\dfrac{z-i}{z+i}$ die unbeschränkte obere Halbebene biholomorph auf die beschränkte Einheitskreisscheibe abbildet.

Die biholomorphen Abbildungen eines Bereiches D auf sich selbst bilden eine Gruppe, die sog. *Automorphismengruppe* Aut D von D. Die präzise Bestimmung dieser i.allg. nicht kommutativen Gruppe ist eine wichtige und reizvolle Aufgabe der Riemannschen Funktionentheorie, sie ist aber nur in Ausnahmefällen möglich. Im Paragraphen 3 wird gezeigt, daß sich unter den gebrochen linearen Funktionen $\dfrac{az+b}{cz+d}$ sowohl Automorphismen der oberen Halbebene als auch des Einheitskreises befinden. Diese Automorphismen sind so zahlreich, daß je zwei Punkte des betrachteten Gebietes durch sie ineinander überführt werden können. Diese sog. Homogenität wird später in 9.2.2 benutzt, um mittels des SCHWARZschen Lemmas zu zeigen, daß alle Automorphismen der oberen Halbebene und des Einheitskreises gebrochen linear sind.

§ 1. Holomorphe Funktionen und Winkeltreue

In 0.1.4 haben wir für $\mathbb{R}$-lineare Abbildungen $T: \mathbb{C} \to \mathbb{C}$ den Begriff der Winkeltreue eingeführt. Eine reell differenzierbare Abbildung $f: D \to \mathbb{C}$ heißt *winkeltreu im Punkt* $c \in D$, wenn ihr Differential $Tf(c): \mathbb{C} \to \mathbb{C}$ winkeltreu ist; man nennt f *winkeltreu in D (schlechthin)*, wenn f in jedem Punkt von D winkeltreu ist. Auf die geometrische Interpretation dieses Begriffes gehen wir im Abschnitt 3 näher ein; zunächst zeigen wir, daß Winkeltreue und Holomorphie „fast" dasselbe sind.

1. Winkeltreue, Holomorphie und Antiholomorphie. Da alle Abbildungen $h \mapsto \lambda h$, $\lambda \neq 0$, und $h \mapsto \mu \bar{h}$, $\mu \neq 0$, nach Lemma 0.1.4 winkeltreu sind, so folgt unmittelbar:

Ist $f: D \to \mathbb{C}$ bzw. $\bar{f}: D \to \mathbb{C}$ holomorph in D und gilt $f'(c) \neq 0$ bzw. $\bar{f}'(c) \neq 0$ für alle Punkte $c \in D$, so ist f winkeltreu in D.

Beweis. Klar, da $Tf(c): \mathbb{C} \to \mathbb{C}$, $h \mapsto f_z(c) h + f_{\bar{z}}(c) \bar{h}$ unter den gemachten Voraussetzungen auf Grund von 1.4.3 die Form $h \mapsto f'(c) h$ oder $h \mapsto \overline{\bar{f}'(c) \bar{h}}$ hat. □

Eine Funktion $f: D \to \mathbb{C}$ heißt *antiholomorph in D*, wenn $\bar{f}: D \to \mathbb{C}$ holomorph in D ist; dies trifft genau dann zu, wenn $f_z(c) = 0$ für alle $c \in D$ gilt. *Holomorphe und antiholomorphe Funktionen mit nullstellenfreier Ableitung sind also winkeltreu.*

Um die Umkehrung zu beweisen, müssen wir f_z und $f_{\bar{z}}$ als stetig in D voraussetzen*). Solche Funktionen heißen *reell stetig differenzierbar in D*, sie sind insbesondere reell differenzierbar in D (vgl. 1.2.2). Um besonders einfach schließen zu können, betrachten wir nur Gebiete.

Satz. *Es sei G ein Gebiet in $\mathbb{C}$. Dann sind folgende Aussagen über eine reell stetig differenzierbare Funktion $f: G \to \mathbb{C}$ äquivalent:*

i) *f ist holomorph in ganz G oder antiholomorph in ganz G, und es gilt $f'(z) \neq 0$ bzw. $\bar{f}'(z) \neq 0$ überall in G.*

ii) *f ist winkeltreu in G.*

Beweis. Es ist nur ii) ⇒ i) zu zeigen. Das Differential

$$Tf(c): \mathbb{C} \to \mathbb{C}, \quad h \mapsto f_z(c) h + f_{\bar{z}}(c) \bar{h}, \quad c \in G,$$

---

*) Dies trifft genau dann zu, wenn f_x und f_y bzw. u_x, u_y, v_x und v_y in D existieren und dort stetig sind, d.h. wenn Real- und Imaginärteil von f stetig differenzierbare Funktionen in D sind.

ist nach Lemma 0.1.4 genau dann winkeltreu, wenn gilt:

entweder $f_{\bar{z}}(c) = 0$ *und* $f_z(c) \neq 0$ *oder* $f_z(c) = 0$ *und* $f_{\bar{z}}(c) \neq 0$.

Die Funktion

$$\frac{f_z(c) - f_{\bar{z}}(c)}{f_z(c) + f_{\bar{z}}(c)}, \quad c \in G,$$

ist somit in G wohldefiniert und nimmt nur die Werte 1 oder -1 an. Da diese Funktion nach Voraussetzung stetig in G ist, ist sie wegen des Zusammenhangs von G konstant. Dies bedeutet, daß entweder $f_{\bar{z}}$ überall in G und f_z nirgends in G verschwindet oder daß die Situation genau umgekehrt ist. □

Es ist klar, daß holomorphe bzw. antiholomorphe Abbildungen in den Nullstellen ihrer Ableitungen f_z bzw. $f_{\bar{z}}$ *nicht* winkeltreu sein können; so werden bei den Abbildungen $z \mapsto z^n$, $n > 1$, Winkel im Nullpunkt ver-n-facht.

2. Winkel- und Orientierungstreue, Holomorphie. In der Funktionentheorie sind antiholomorphe Funktionen unwillkommen. Um sie in der Aussage i) des Satzes 1 auszuschließen, führt man den Begriff der Orientierungstreue ein. Eine in D reell differenzierbare Funktion $f = u + i\,v$ heißt *orientierungstreu* in $c \in D$, wenn die Funktionaldeterminante

$$\det \begin{pmatrix} u_x & u_y \\ v_x & v_y \end{pmatrix}$$

in c positiv ist (vgl. auch M. KOECHER: *Lineare Algebra und analytische Geometrie*, Grundwissen Mathematik). Nach 1.2.3, Beispiel 4) sind holomorphe Funktionen f in allen Punkten c mit $f'(c) \neq 0$ orientierungstreu. Die Funktionaldeterminante einer antiholomorphen Funktion ist niemals positiv (Beweis!); solche Funktionen sind also nirgends orientierungstreu. Damit ist auf Grund von Satz 1 klar:

Satz. *Folgende Aussagen über eine reell stetig differenzierbare Funktion $f: D \to \mathbb{C}$ sind äquivalent:*
  i) *f ist holomorph in D, und es gilt $f'(z) \neq 0$ überall in D.*
  ii) *f ist winkeltreu und orientierungstreu in D.*

3. Geometrische Deutung der Winkeltreue. Wir erinnern zunächst an die geometrische Deutung der Tangentialabbildung $Tf(c)$ einer in $c \in D$ reell differenzierbaren Abbildung $f: D \to \mathbb{C}$. Wir betrachten Wege $\gamma: [a, b] \to D$, $t \mapsto \gamma(t) = x(t) + i\,y(t)$ durch c und nehmen an, daß gilt $\gamma(\xi) = c$ mit $a < \xi < b$. Wir nennen γ *differenzierbar in ξ*, wenn die Ableitungen $x'(\xi)$ und $y'(\xi)$ existieren[*], wir setzen dann $\gamma'(\xi) := x'(\xi) + i\,y'(\xi)$. Falls $\gamma'(\xi) \neq 0$, so hat der Weg γ in c eine *Tangente*, sie wird gegeben durch die Abbildung

$$\mathbb{R} \to \mathbb{C}, \quad t \mapsto c + \gamma'(\xi)t, \quad t \in \mathbb{R}.$$

---

[*] Wege mit Differenzierbarkeitseigenschaften werden später in der Integralrechnung eine zentrale Rolle spielen.

Die Abbildung

$$f \circ \gamma: [a, b] \to \mathbb{C}, \quad t \mapsto f(\gamma(t)) = u(x(t), y(t)) + i\, v(x(t), y(t))$$

heißt der *Bildweg* (*von* γ *bez.* $f = u + i\, v$), mit γ ist auch $f \circ \gamma$ differenzierbar in ξ, und zwar gilt (Kettenregel!):

$$(f \circ \gamma)'(\xi) = u_x(c)\, x'(\xi) + u_y(c)\, y'(\xi) + i(v_x(c)\, x'(\xi) + v_y(c)\, y'(\xi))$$
$$= Tf(c)(\gamma'(\xi)).$$

Falls $(f \circ \gamma)'(\xi) \neq 0$, so hat der Bildweg eine Tangente in $f(c)$, diese „Bildtangente" wird dann durch

$$\mathbb{R} \to \mathbb{C}, \quad t \mapsto f(c) + Tf(c)(\gamma'(\xi))\, t$$

gegeben. Man kann also (simplifizierend) sagen, wenn man $\gamma'(\xi)$ die „Tangentenrichtung (des Weges γ in c)" nennt (vgl. Figur links):

Das Differential $Tf(c)$ bildet Tangentenrichtungen von differenzierbaren Wegen in die Tangentenrichtungen der Bildwege ab.

Hierdurch wird insbesondere die Bezeichnung „Tangentialabbildung" für das Differential $Tf(c)$ verständlich.

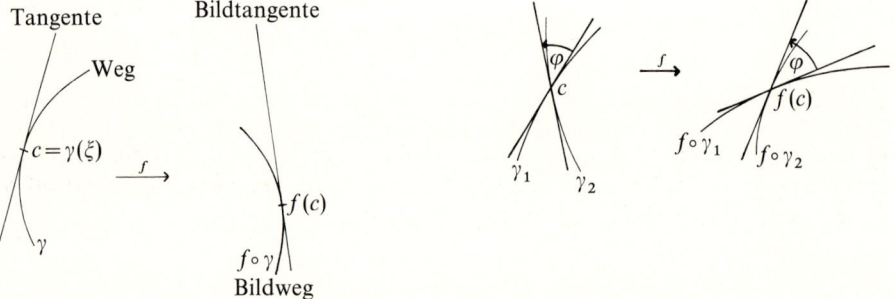

Nach diesen Vorbereitungen ist es leicht, die Winkeltreue einer Abbildung f zu deuten, wenn man Schnittwinkel naiv geometrisch interpretiert: sind γ_1, γ_2 zwei differenzierbare Wege durch c mit Tangentenrichtungen $\gamma_1'(\xi), \gamma_2'(\xi)$ in c, so mißt $\measuredangle(\gamma_1'(\xi), \gamma_2'(\xi))$ den „*Schnittwinkel*" φ dieser Wege in c. Winkeltreue von f in c bedeutet daher: *Schneiden sich zwei Wege γ_1, γ_2 im Punkt c unter dem Winkel φ, so schneiden sich die Bildwege $f \circ \gamma_1, f \circ \gamma_2$ im Bildpunkt $f(c)$ unter demselben Winkel φ.*

Es sind nun offensichtlich zwei Fälle zu unterscheiden: der Winkel φ bleibt „nebst seines Drehsinnes" erhalten (wie in der Figur rechts); oder der „Drehsinn von φ wird umgekehrt", wie es ersichtlich bei der Konjugierung $z \mapsto \bar{z}$ geschieht. Diese „Umkehr der Orientierung" tritt stets bei antiholomorphen Abbildungen auf; hingegen bleibt bei holomorphen Abbildungen immer „die Orientierung erhalten". Wir halten fest (vgl. 5):

Winkel- und Orientierungstreue zusammen bedeuten „Winkeltreue mit Erhaltung des Drehsinns"; dies ist Riemanns „Aehnlichkeit in den kleinsten Theilen".

4. Zwei Beispiele. Bei holomorphen Abbildungen haben Wege, die sich orthogonal schneiden, Bildwege, die sich wieder orthogonal schneiden. Insbesondere
gehen „orthogonale Netze" in ebensolche über. Wir geben für diese Art der
Veranschaulichung zwei einfache, aber sehr instruktive Beispiele.

1. Beispiel. Die Abbildung $f: \mathbb{C}^\times \to \mathbb{C}^\times$, $z \mapsto z^2$ ist holomorph, und es gilt $f'(c)$
$= 2c \neq 0$ in jedem Punkt $c \in \mathbb{C}^\times$. Daher ist f winkeltreu. Es gilt:

$$u = \operatorname{Re} f = x^2 - y^2, \qquad v = \operatorname{Im} f = 2xy.$$

Die Geraden $x = a$ bzw. $y = b$ parallel zur y-Achse bzw. x-Achse werden also
abgebildet in die Parabeln $v^2 = 4a^2(a^2 - u)$ bzw. $v^2 = 4b^2(b^2 + u)$, die sämtlich
den Nullpunkt zum Brennpunkt haben. Die Parabeln der ersten bzw. zweiten
Schar sind nach links bzw. rechts offen; je zwei Parabeln schneiden sich senk-

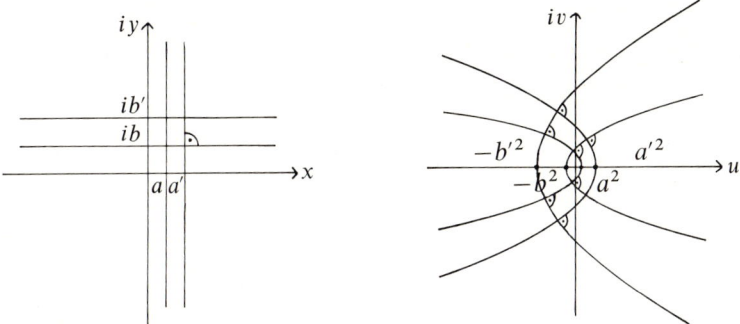

recht. Die „Niveaulinien" $u = a$ bzw. $v = b$ sind gleichseitige Hyperbeln in der
x, y-Ebene mit den Diagonalen bzw. den Koordinatenachsen als Asymptoten,
je zwei solche Hyperbeln schneiden sich orthogonal.

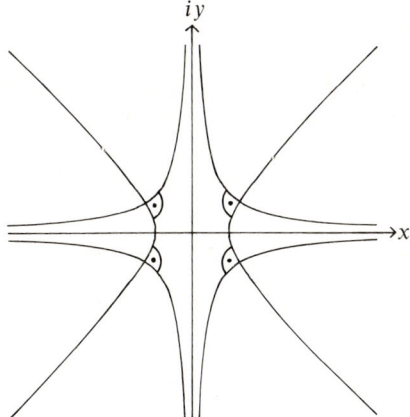

2. Beispiel. Die Abbildung $f: \mathbb{C}^\times \to \mathbb{C}$, $z \mapsto \frac{1}{2}\left(z + \frac{1}{z}\right)$ ist holomorph. Da $f'(z)$
$= \frac{1}{2}\left(1 - \frac{1}{z^2}\right)$, so ist f in $\mathbb{C}^\times \setminus \{1, -1\}$ winkeltreu. Setzt man $r := |z|$, $\xi := \frac{x}{r}$,

$\eta := \dfrac{y}{r}$, so folgt

$$u = \mathrm{Re}\, f = \tfrac{1}{2}(r + r^{-1})\,\xi, \qquad v = \mathrm{Im}\, f = \tfrac{1}{2}(r - r^{-1})\,\eta.$$

Hieraus entnimmt man (wegen $\xi^2 + \eta^2 = 1$)

$$\frac{u^2}{[\tfrac{1}{2}(r + r^{-1})]^2} + \frac{v^2}{[\tfrac{1}{2}(r - r^{-1})]^2} = 1 \quad \text{und} \quad \frac{u^2}{\xi^2} - \frac{v^2}{\eta^2} = 1.$$

Das f-Bild jeder Kreislinie $|z| = r < 1$ ist in der (u, v)-Ebene eine *Ellipse* mit *großer Achse* $r^{-1} + r$ und *kleiner Achse* $r^{-1} - r$. Das f-Bild jedes Radiusstrahls

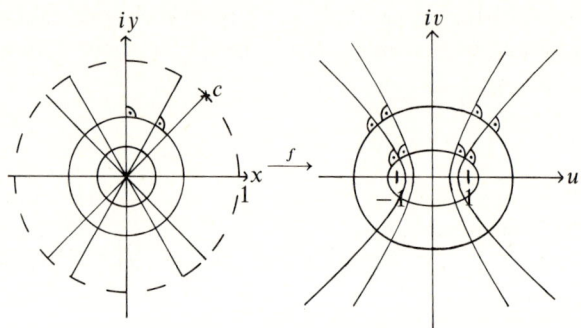

$z = c\,t$, $0 < t < 1$, $|c| = 1$ fest, ist ein *Hyperbelast*. Alle Ellipsen und Hyperbeln sind confokal (mit Brennpunkten in 1 und -1). Da jede Kreislinie $|z| = r$ jeden Radiusstrahl $z = c\,t$ senkrecht schneidet, so schneidet jede Ellipse jede Hyperbel senkrecht.

5. Historisches zur Winkeltreue. In der klassischen Literatur nennt man winkeltreue Abbildungen „in den kleinsten Theilen ähnlich". Die erste Arbeit über solche Abbildungen schrieb 1825 Gauss (Werke 4, 189–216): *Allgemeine Auflösung der Aufgabe: Die Theile einer gegebenen Fläche auf einer andern gegebenen Fläche so abzubilden, dass die Abbildung dem Abgebildeten in den kleinsten Theilen ähnlich wird (Als Beantwortung der von der königlichen Societät der Wissenschaften in Copenhagen für 1822 aufgegebenen Preisfrage).* Gauss erkannte u.a., daß winkeltreue Abbildungen zwischen Bereichen in der Ebene $\mathbb{R}^2 = \mathbb{C}$ gerade durch holomorphe bzw. antiholomorphe Funktionen beschrieben werden (natürlich benutzte er nicht die Sprache der Funktionentheorie).

Bei Riemann steht die geometrische Deutung holomorpher Funktionen als winkeltreue Abbildungen stark im Vordergrund: er repräsentiert die Zahlen $z = x + iy$ bzw. $w = u + iv$ als Punkte zweier Ebenen A bzw. B und schreibt 1851 ([R], S. 5): „Entspricht jedem Werthe von z ein bestimmter mit z sich stetig ändernder Werth von w, mit andern Worten, sind u und v stetige Functionen von x, y, so wird jedem Punkt der Ebene A ein Punkt der Ebene B, jeder Linie, allgemein zu reden, eine Linie, jedem zusammenhängenden Flächenstücke ein zusammenhängendes Flächenstück entsprechen. Man wird sich also diese Abhängigkeit der Größe w von z vorstellen können als eine Abbildung der Ebene

A auf der Ebene *B*." Alsdann begründet er auf einer halben Seite, daß im Falle der Holomorphie „zwischen den kleinsten Theilen der Ebene *A* und ihres Bildes auf der Ebene *B* Aehnlichkeit statt[findet]".

Bei CAUCHY und WEIERSTRASS spielen winkeltreue Abbildungen keine Rolle.

§ 2. Biholomorphe Abbildungen

Eine holomorphe Funktion $f \in \mathcal{O}(D)$ heißt eine *biholomorphe Abbildung von D auf D'*, wenn $D' := f(D)$ ein Bereich ist, und wenn die induzierte Abbildung $f: D \to D'$ eine Umkehrabbildung $f^{-1}: D' \to D$ hat, die in D' holomorph ist. Wir schreiben alsdann suggestiv

$$f: D \xrightarrow{\sim} D',$$

die Umkehrabbildung ist ebenfalls biholomorph[*]. Biholomorphe Abbildungen sind injektiv. Wir werden in 9.4.1 sehen, daß für jede holomorphe Injektion $f: D \to \mathbb{C}$ das Bild $f(D)$ *automatisch offen in* $\mathbb{C}$ und die (mengentheoretische) Umkehrabbildung $f^{-1}: f(D) \to D$ *automatisch holomorph in* $f(D)$ ist. Trivial, aber nützlich ist folgende Bemerkung:

Genau dann ist $f \in \mathcal{O}(D)$ *eine biholomorphe Abbildung von D auf D', wenn es ein* $g \in \mathcal{O}(D')$ *gibt, so daß gilt:* $f(D) \subset D'$, $g(D') \subset D$, $f \circ g = g \circ f = \mathrm{id}$.

Beweis. Wegen $f \circ g = \mathrm{id}$ gilt $f(D) = D'$, wegen $g \circ f = \mathrm{id}$ gilt $g(D') = D$. Alsdann ist *g* die Umkehrabbildung $f^{-1}: D' \to D$ von $f: D \to D'$.   □

Der Leser beweist mühelos den

Kompositionssatz. *Sind* $f: D \xrightarrow{\sim} D'$ *und* $g: D' \xrightarrow{\sim} D''$ *biholomorphe Abbildungen, so ist auch die zusammengesetzte Abbildung* $g \circ f: D \to D''$ *biholomorph.*

1. Komplexe 2 × 2 Matrizen und biholomorphe Abbildungen. Jeder komplexen Matrix $A = \begin{pmatrix} a & b \\ c & d \end{pmatrix}$ mit $(c, d) \neq (0, 0)$ wird die *gebrochen lineare rationale* Funktion

$$h_A(z) := \frac{az + b}{cz + d} \in \mathbb{C}(z)$$

zugeordnet. Es gilt $h_A'(z) = \dfrac{\det A}{(cz + d)^2}$ mit $\det A = ad - bc$; im Fall $\det A = 0$ ist h_A also konstant.

---

[*] Strenggenommen muß man zwischen einer biholomorphen Abbildung $f: D \to D'$ und der holomorphen Funktion $f \in \mathcal{O}(D)$ unterscheiden. Wir tun dies nicht: aus dem Begleittext wird stets klar hervorgehen, ob die biholomorphe Abbildung *f* oder „nur" die holomorphe Funktion *f* gemeint ist.

Wir betrachten im folgenden nur Funktionen h_A mit $\det A \neq 0$, d.h. mit *invertierbaren* Matrizen. Die Menge aller dieser Matrizen ist bezüglich Matrizenmultiplikation eine Gruppe, die mit $GL(2, \mathbb{C})$ bezeichnet wird (general linear group); das neutrale Element von $GL(2, \mathbb{C})$ ist die Einheitsmatrix $E := \begin{pmatrix} 1 & 0 \\ 0 & 1 \end{pmatrix}$.

Wir notieren zwei fundamentale Rechenregeln:

(1) $$h_A = \mathrm{id} \Leftrightarrow A = sE \quad \text{mit } s \in \mathbb{C}^{\times}.$$

Für alle $A, B \in GL(2, \mathbb{C})$ gilt die „Substitutionsregel":

(2) $$h_{AB} = h_A \circ h_B, \quad \text{d.h. } h_{AB}(z) = h_A(h_B(z)).$$

Die Beweise ergeben sich durch Nachrechnen.   □

Im Fall $A = \begin{pmatrix} a & b \\ 0 & d \end{pmatrix}$ gilt $h_A \in \mathcal{O}(\mathbb{C})$ und die Abbildung $h_A : \mathbb{C} \to \mathbb{C}$ ist biholomorph. Interessanter ist der Fall $c \neq 0$. Eine direkte Verifikation zeigt:

Falls $A = \begin{pmatrix} a & b \\ c & d \end{pmatrix} \in GL(2, \mathbb{C})$ *und* $c \neq 0$, *so gilt* $h_A \in \mathcal{O}(\mathbb{C} \setminus \{-c^{-1}d\})$; *die Abbildung* $h_A : \mathbb{C} \setminus \{-c^{-1}d\} \xrightarrow{\sim} \mathbb{C} \setminus \{ac^{-1}\}$ *ist biholomorph mit der Umkehrabbildung* $h_{A^{-1}}$.

2. Die biholomorphe Cayleyabbildung $\mathbb{H} \xrightarrow{\sim} \mathbb{E}$, $z \mapsto \dfrac{z-i}{z+i}$. Die *obere Halbebene*

$$\mathbb{H} := \{z \in \mathbb{C} : \mathrm{Im}\, z > 0\}$$

ist ein *unbeschränktes* Gebiet in $\mathbb{C}$. Wir wollen zeigen, daß dessen ungeachtet $\mathbb{H}$ *biholomorph auf die beschränkte Einheitskreisscheibe* $\mathbb{E}$ abbildbar ist. Wir führen die Matrizen $C := \begin{pmatrix} 1 & -i \\ 1 & i \end{pmatrix}$, $C' := \begin{pmatrix} i & i \\ -1 & 1 \end{pmatrix} \in GL(2, \mathbb{C})$ ein; es gilt:

(∗) $$CC' = C'C = 2iE.$$

Zu C, C' gehören die rationalen Funktionen

$$h_C(z) = \frac{z-i}{z+i} \in \mathcal{O}(\mathbb{C} \setminus \{-i\}), \quad h_{C'}(z) = i\frac{1+z}{1-z} \in \mathcal{O}(\mathbb{C} \setminus \{1\}).$$

Wegen (∗) und der Rechenregeln aus Abschnitt 1 gilt: $h_C \circ h_{C'} = h_{C'} \circ h_C = \mathrm{id}$; weiter verifiziert man direkt:

$$1 - |h_C(z)|^2 = \frac{4\,\mathrm{Im}\, z}{|z|^2 + 2\,\mathrm{Im}\, z + 1} \quad \text{für } z \neq -i,$$

$$\mathrm{Im}\, h_{C'}(z) = \frac{1 - |z|^2}{|1 - z|^2} \quad \text{für } z \neq 1.$$

Diese Gleichungen implizieren

$$1 - |h_C(z)|^2 > 0 \quad \text{für } \mathrm{Im}\, z > 0, \quad \mathrm{Im}\, h_{C'}(z) > 0 \quad \text{für } |z| < 1.$$

Damit folgt $h_C(\mathbb{H}) \subset \mathbb{E}$ und $h_{C'}(\mathbb{E}) \subset \mathbb{H}$. Auf Grund der in der Einleitung gemachten Bemerkung ist also $h_C: \mathbb{H} \to \mathbb{E}$ biholomorph mit $h_C^{-1} = h_{C'}$. Damit ist bewiesen:

Satz. *Die Abbildung* $h_C: \mathbb{H} \overset{\sim}{\to} \mathbb{E}$, $z \mapsto \dfrac{z-i}{z+i}$ *ist biholomorph mit der Umkehrabbildung* $h_{C'}: \mathbb{E} \overset{\sim}{\to} \mathbb{H}$, $z \mapsto i\dfrac{1+z}{1-z}$.

Aus historischen Gründen heißen die Abbildungen $h_C, h_{C'}$ die *Cayleyabbildung* von $\mathbb{H}$ auf $\mathbb{E}$ bzw. von $\mathbb{E}$ auf $\mathbb{H}$.

3. Bemerkungen zur Cayleyabbildung. Ein kritischer Leser mag fragen: „Wie kommt man darauf, daß die Funktion $h_C(z) = \dfrac{z-i}{z+i}$ ein Kandidat für eine biholomorphe Abbildung $\mathbb{H} \overset{\sim}{\to} \mathbb{E}$ ist?"

Die allgemeine Frage: „Sind $\mathbb{H}$ und $\mathbb{E}$ biholomorph äquivalent?" gibt keinen Hinweis auf diese Funktion. Ist sie aber erst einmal bekannt, so ist der Rest einfach; die mathematische Leistung liegt im Hinschreiben gerade jener Funktion.

Man kann *im nachhinein* leicht durch simple heuristische Überlegungen erklären, wie man zur Funktion h_C kommt. Hat man erst einmal die gebrochen linearen Funktionen als eine interessante Funktionenklasse erkannt (und auch dazu bedarf es bereits mathematischer Erfahrung), und *hofft* man bereits, daß sich unter diesen Funktionen biholomorphe Abbildungen $\mathbb{H} \overset{\sim}{\to} \mathbb{E}$ befinden, so ist es naheliegend zu spekulieren, daß die gesuchte Funktion h den Rand von $\mathbb{H}$, d.h. die reelle Achse, in den Rand von

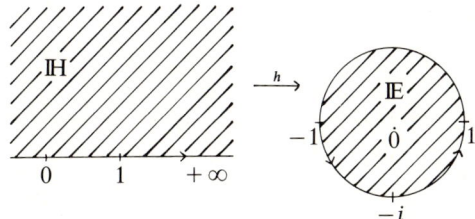

$\mathbb{E}$, d.h. die Kreislinie, abbildet (Plausibilitätsbedingung!). Man versucht nun, vorgegebene Punkte von $\mathbb{R}$ auf vorgegebene Punkte des Kreisrandes abzubilden, etwa (hier hat man große Freiheiten):

$$h(0) := -1; \quad h(1) := -i; \quad h(\infty) := 1, \quad \text{d.h.} \lim_{x \to \infty} h(x) = 1.$$

Diese Forderungen an $h(z) = \dfrac{az+b}{cz+d}$ haben die Gleichungen

$$-1 = h(0) = \frac{b}{d}, \quad -i = h(1) = \frac{a+b}{c+d}, \quad 1 = h(\infty) = \frac{a + \dfrac{b}{\infty}}{c + \dfrac{d}{\infty}} = \frac{a}{c}$$

zur Folge. Man sieht $b = -d$, $a = c$ und also (2. Gleichung) $a - d = -ia - id$, d.h. $d = ia$. Damit erhält man für die gesuchte Funktion h die Cayleyabbildung.

4.* Bijektive holomorphe Abbildungen von $\mathbb{H}$ und von $\mathbb{E}$ auf die geschlitzte Ebene. Es ist überraschend, was sich bereits mit der Quadratfunktion z^2 und der

Cayleyabbildung h_C anstellen läßt. Es bezeichne $\mathbb{C}^-$ die „*längs der negativen reellen Achse geschlitzte Ebene*", also

$$\mathbb{C}^- := \mathbb{C} \smallsetminus \{z \in \mathbb{C} : \operatorname{Re} z \leq 0, \operatorname{Im} z = 0\}.$$

Wir behaupten zunächst:

Die Abbildung $q: \mathbb{H} \to \mathbb{C}^-$, $z \mapsto -z^2$ ist holomorph und bijektiv[*).

Beweis. Es gibt kein $c \in \mathbb{H}$, so daß $t := q(c) \leq 0$ reell ist, denn aus $q(c) = -c^2 = t$ folgt $c^2 = -t \geq 0$ und somit $c \in \mathbb{R}$, also $c \notin \mathbb{H}$. Es folgt $q(\mathbb{H}) \subset \mathbb{C}^-$. Für $c, c' \in \mathbb{H}$ gilt $q(c) = q(c')$ genau dann, wenn $c' = \pm c$. Da c und $-c$ nicht beide in $\mathbb{H}$ liegen, so ist $q: \mathbb{H} \to \mathbb{C}^-$ *injektiv*.

Jeder Punkt $w \in \mathbb{C}^-$ hat ein q-Urbild in $\mathbb{H}$, denn die reine quadratische Gleichung $z^2 = -w$ hat, wie man z.B. durch Übergang zu Real- und Imaginärteil mittels einer elementaren Rechnung sieht, eine Lösung in $\mathbb{H}$.   □

Als einfache Folgerung notieren wir

Die Abbildung $p: \mathbb{E} \to \mathbb{C}^-$, $z \mapsto \left(\dfrac{z+1}{z-1}\right)^2$ ist holomorph und bijektiv.

Beweis. Vermöge $q \circ h_{C'}: \mathbb{E} \to \mathbb{C}^-$ wird $\mathbb{E}$ holomorph und bijektiv auf $\mathbb{C}^-$ abgebildet. Es gilt $q(h_{C'}(z)) = -\left(i\dfrac{1+z}{1-z}\right)^2 = \left(\dfrac{z+1}{z-1}\right)^2$, also $q \circ h_{C'} = p$.   □

Wohl niemand wird der so einfach aussehenden Funktion p zutrauen, daß sie den *beschränkten Einheitskreis* bijektiv und winkeltreu auf die *Vollebene ohne die negative reelle Achse* abbildet (vgl. Figur).

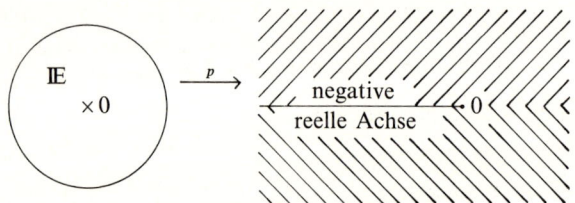

Wir wollen an dieser Stelle bereits hervorheben, daß die Abbildungen $q: \mathbb{H} \to \mathbb{C}^-$ und $p: \mathbb{E} \to \mathbb{C}^-$ sogar biholomorph sind, da sich in 9.4.1 zeigen wird, daß die Umkehrabbildung $q^{-1}: \mathbb{C}^- \to \mathbb{H}$ automatisch holomorph ist.

[*) Würde man $\mathbb{C}$ längs der positiven reellen Achse schlitzen, so stände hier die Funktion z^2 selbst. Der Grund, warum man längs der negativen reellen Achse schlitzt, ist, daß man später (in 5.4.4) die Logarithmusfunktion nur in einer irgendwie geschlitzten Ebene einführen kann und ungern die positive reelle Achse entfernt, wo ja der reelle Logarithmus seit jeher lebt.

Bemerkung. Es gibt *keine* biholomorphe Abbildung vom Einheitskreis $\mathbb{E}$ auf die *ganze* Ebene $\mathbb{C}$, wie aus dem Satz von LIOUVILLE folgt (vgl. 8.3.3). Indessen hat RIEMANN bereits 1851 seinen berühmten Abbildungssatz ausgesprochen ([R], S. 40): *Jedes einfach-zusammenhängende Gebiet* $G \neq \mathbb{C}$ *ist biholomorph auf* $\mathbb{E}$ *abbildbar.* Dieses Theorem werden wir erst im zweiten Band beweisen.

§ 3. Automorphismen der oberen Halbebene und des Einheitskreises

Eine biholomorphe Abbildung $h : D \overset{\sim}{\to} D$ eines Bereiches D auf sich selbst heißt ein *Automorphismus von D.* Wir bezeichnen mit Aut D die Menge aller Automorphismen von D. Auf Grund der Bemerkungen in der Einleitung des Paragraphen 2 ist klar:

Aut D *ist bezüglich der Komposition von Abbildungen eine Gruppe mit der identischen Abbildung* id *als neutralem Element.*

Die Gruppe Aut $\mathbb{C}$ enthält z.B. alle „affin linearen" Abbildungen $z \mapsto a z + b$, $a \in \mathbb{C}^{\times}$, $b \in \mathbb{C}$, ist also nicht kommutativ. Selbst in diesem einfachen Fall werden wir erst in 10.2.2 mittels des Satzes von CASORATI-WEIERSTRASS sehen, daß Aut $\mathbb{C}$ nur aus den affin linearen Abbildungen besteht.

Wir studieren in diesem Paragraphen ausschließlich die Gruppen Aut $\mathbb{H}$ und Aut $\mathbb{E}$. Wir betrachten zunächst die obere Halbebene $\mathbb{H}$ (Abschnitt 1) und übertragen vermöge der Cayleyabbildungen die Resultate von $\mathbb{H}$ nach $\mathbb{E}$ (Abschnitt 2). Im Abschnitt 3 geben wir eine etwas andere Darstellung der Automorphismen von $\mathbb{E}$; schließlich zeigen wir (Abschnitt 4), daß $\mathbb{H}$ und $\mathbb{E}$ homogen bezüglich ihrer Automorphismen sind.

1. Automorphismen von $\mathbb{H}$. Die Menge $SL(2, \mathbb{R})$ aller reellen 2×2 Matrizen mit Determinante 1 ist bezüglich Matrizenmultiplikation eine Gruppe. Wir schreiben $A = \begin{pmatrix} \alpha & \beta \\ \gamma & \delta \end{pmatrix}$ für solche Matrizen und bezeichnen wie in 2.1 mit $h_A(z) = \dfrac{\alpha z + \beta}{\gamma z + \delta}$ die A zugeordnete gebrochen lineare Funktion.

Lemma. *Für jede Matrix* $A = \begin{pmatrix} \alpha & \beta \\ \gamma & \delta \end{pmatrix} \in SL(2, \mathbb{R})$ *gilt:*

$$\operatorname{Im} h_A(z) = \frac{\operatorname{Im} z}{|\gamma z + \delta|^2}.$$

Beweis. Da A reell ist, so hat man

$$h_A(z) - \overline{h_A(z)} = \frac{\alpha z + \beta}{\gamma z + \delta} - \frac{\alpha \bar{z} + \beta}{\gamma \bar{z} + \delta} = \frac{\alpha \delta - \beta \gamma}{|\gamma z + \delta|^2} (z - \bar{z}).$$

Wegen $\det A = 1$ und $\operatorname{Im} h_A = \dfrac{1}{2i}(h_A - \overline{h_A})$ folgt die Behauptung. □

Es ergibt sich jetzt unmittelbar:

Satz. *Für jede Matrix* $A = \begin{pmatrix} \alpha & \beta \\ \gamma & \delta \end{pmatrix} \in SL(2, \mathbb{R})$ *ist die Abbildung* $h_A: \mathbb{H} \to \mathbb{H}$, $z \mapsto \dfrac{\alpha z + \beta}{\gamma z + \delta}$ *ein Automorphismus der oberen Halbebene mit dem Inversen* $h_{A^{-1}}: \mathbb{H} \to \mathbb{H}$, $z \mapsto \dfrac{\delta z - \beta}{-\gamma z + \alpha}$.

Beweis. Es gilt $A^{-1} = \begin{pmatrix} \delta & -\beta \\ -\gamma & \alpha \end{pmatrix}$. Da A und A^{-1} reell sind, so sind h_A und $h_{A^{-1}}$ in $\mathbb{H}$ holomorph. Auf Grund des Lemmas gilt $h_A(\mathbb{H}) \subset \mathbb{H}$ und ebenso $h_{A^{-1}}(\mathbb{H}) \subset \mathbb{H}$. Da $h_A \circ h_{A^{-1}} = h_{A^{-1}} \circ h_A = \mathrm{id}$, so gilt $h_A \in \mathrm{Aut}\,\mathbb{H}$. $\square$

Weiter folgt nun (mit Hilfe der Regeln aus 2.1):

Die Abbildung $SL(2, \mathbb{R}) \to \mathrm{Aut}\,\mathbb{H}$, $A \mapsto h_A$, *ist ein Gruppenhomomorphismus, seinen Kern bilden die zwei Matrizen* $\pm E$.

2. Automorphismen von $\mathbb{E}$. Ist $f: D \tilde{\to} D'$ biholomorph, so ist die Abbildung $\mathrm{Aut}\,D \to \mathrm{Aut}\,D'$, $h \mapsto f \circ h \circ f^{-1}$ ein *Gruppenisomorphismus* (Beweis!). Man kann also Automorphismen von D' konstruieren, wenn man f, f^{-1} und Automorphismen von D kennt. Anwendung dieses Verfahrens auf die Cayleyabbildung $h_C: \mathbb{H} \to \mathbb{E}$ nebst Umkehrabbildung $h_{C'}$ zeigt auf Grund von Satz 1, daß alle Funktionen

$$(1) \qquad h_C \circ h_A \circ h_{C'} = h_{CAC'}, \qquad A = \begin{pmatrix} \alpha & \beta \\ \gamma & \delta \end{pmatrix} \in SL(2, \mathbb{R}),$$

Automorphismen von $\mathbb{E}$ sind. Diese Einsicht führt zu folgendem

Satz. *Die Menge* $M := \left\{ B := \begin{pmatrix} a & b \\ \bar{b} & \bar{a} \end{pmatrix} : a, b \in \mathbb{C}, \det B = 1 \right\}$ *ist eine Untergruppe von* $SL(2, \mathbb{C})$, *die Abbildung* $SL(2, \mathbb{R}) \to M$, $A \mapsto \dfrac{1}{2i} CAC'$ *ist ein Gruppenisomorphismus.*

Die Abbildung $M \to \mathrm{Aut}\,\mathbb{E}$, $B \mapsto h_B(z) = \dfrac{az + b}{\bar{b}z + \bar{a}}$, *ist ein Gruppenhomomorphismus, seinen Kern bilden die zwei Matrizen* $\pm E$.

Beweis. Wegen $\det C = \det C' = 2i$ gilt $\det \left(\dfrac{1}{2i} CAC' \right) = 1$ nach dem Determinantenmultiplikationssatz; daher ist die Abbildung

$$\varphi: SL(2, \mathbb{R}) \to SL(2, \mathbb{C}), \qquad A \mapsto \frac{1}{2i} CAC'$$

wohldefiniert und wegen $CC' = C'C = 2iE$ ein Gruppenmonomorphismus. Die erste Behauptung des Satzes folgt daher, wenn wir zeigen: Bild $\varphi = M$. Nun gilt

$$(2) \qquad CAC' = \begin{pmatrix} 1 & -i \\ 1 & i \end{pmatrix} \begin{pmatrix} \alpha & \beta \\ \gamma & \delta \end{pmatrix} \begin{pmatrix} i & i \\ -1 & 1 \end{pmatrix} = i \begin{pmatrix} \alpha + \delta + i(\beta - \gamma) & \alpha - \delta - i(\beta + \gamma) \\ \alpha - \delta + i(\beta + \gamma) & \alpha + \delta - i(\beta - \gamma) \end{pmatrix}.$$

Setzt man $a := \frac{1}{2}[(\alpha+\delta)+i(\beta-\gamma)]$, $b := \frac{1}{2}[(\alpha-\delta)-i(\beta+\gamma)]$, so folgt

$$B := \varphi(A) = \begin{pmatrix} a & b \\ \bar{b} & \bar{a} \end{pmatrix}, \quad \text{also Bild } \varphi \subset M.$$

Die andere Inklusion $M \subset \text{Bild } \varphi$ verlangt, zu jedem $B = \begin{pmatrix} a & b \\ \bar{b} & \bar{a} \end{pmatrix} \in M$ ein $A = \begin{pmatrix} \alpha & \beta \\ \gamma & \delta \end{pmatrix} \in SL(2, \mathbb{R})$ mit $2iB = CAC'$ anzugeben. Es genügt zu setzen:

$$\alpha := \text{Re}\,(a+b), \quad \beta := \text{Im}\,(a-b), \quad \gamma := -\text{Im}\,(a+b), \quad \delta := \text{Re}\,(a-b);$$

die zugehörige 2×2 Matrix A ist dann *reell*, und es gilt $CAC' = 2iB$, da (2) für *alle reellen* 2×2 Matrizen A gilt. Wegen $\det B = 1$ folgt $\det A = 1$.

Um die zweite Behauptung zu verifizieren, bemerke man, daß für alle $B = \frac{1}{2i} CAC'$ nach 2.1(1) gilt: $h_B = h_C \circ h_A \circ h_{C'}$. Daher sind nach (1) alle Funktionen h_B, $B \in M$, Automorphismen von $\mathbb{E}$. Die Homomorphieeigenschaft der Abbildung $M \to \text{Aut } \mathbb{E}$ und die Aussage über ihren Kern folgen nun aus 2.1(2) und (1). $\qquad \square$

Die Untergruppe M von $SL(2, \mathbb{C})$, die nach unserem Satz zur Gruppe $SL(2, \mathbb{R})$ isomorph ist, spielt in der Literatur keine eigene Rolle.

3. Die Schreibweise $\eta \dfrac{z-w}{\bar{w}z-1}$ für Automorphismen von $\mathbb{E}$. Die durch Satz 2 gegebenen Automorphismen von $\mathbb{E}$ lassen sich auch anders schreiben. Dazu benötigen wir einen matrizentheoretischen

Hilfssatz. *Zu jeder Matrix* $W = \begin{pmatrix} \eta & -\eta w \\ \bar{w} & -1 \end{pmatrix}$, $\eta \in \partial\mathbb{E}$, $w \in \mathbb{E}$, *gibt es eine Matrix* $B \in M$, *so daß* $W = sB$ *mit* $s \in \mathbb{C}^{\times}$.

Beweis. Da $1 - |w|^2 > 0$ wegen $w \in \mathbb{E}$, so gibt es nach 0.1.3 ein $a \in \mathbb{C}^{\times}$ mit $a^2 = \dfrac{-\eta}{1-|w|^2}$. Mit $b := -wa$ folgt $|a|^2 - |b|^2 = 1$ wegen $|\eta| = 1$, also $B := \begin{pmatrix} a & b \\ \bar{b} & \bar{a} \end{pmatrix} \in M$. Setzt man weiter $s := \eta a^{-1}$, so gilt $s \in \mathbb{C}^{\times}$ und (!) $s\bar{a} = -1$. Damit folgt $sB = W$. $\qquad \square$

Beachtet man nun, daß die Funktionen h_W und h_B übereinstimmen, so folgt aus Satz 2 direkt:

Satz. *Jede Funktion* $z \mapsto \eta \dfrac{z-w}{\bar{w}z-1}$, $\eta \in \partial\mathbb{E}$, $w \in \mathbb{E}$, *definiert einen Automorphismus von* $\mathbb{E}$.

Im Falle $w = 0$ ist der Automorphismus $z \mapsto \eta z$ eine Drehung um den Nullpunkt. Eine besondere Rolle spielen die Automorphismen

$$(1) \qquad\qquad g : \mathbb{E} \overset{\sim}{\to} \mathbb{E}, \quad z \mapsto \frac{z-w}{\bar{w}z-1}, \quad w \in \mathbb{E}.$$

Für sie gilt $g(0)=w$, $g(w)=0$ und weiter $g \circ g = \text{id}$; letzteres folgt wegen 2.1(1) aus

$$\begin{pmatrix} 1 & -w \\ \bar{w} & -1 \end{pmatrix} \begin{pmatrix} 1 & -w \\ \bar{w} & -1 \end{pmatrix} = (1 - |w|^2)\, E.$$

Die Automorphismen g heißen wegen $g \circ g = \text{id}$ *Involutionen von* $\mathbb{E}$.

4. Homogenität von $\mathbb{E}$ und $\mathbb{H}$. Ein Bereich D in $\mathbb{C}$ heißt *homogen bezüglich einer Untergruppe L von* $\text{Aut}\, D$, wenn es zu je zwei Punkten $z, \hat{z} \in D$ einen Automorphismus $h \in L$ mit $h(z) = \hat{z}$ gibt. Man sagt dann auch, daß die Gruppe L *transitiv auf D wirkt*.

Lemma. *Gibt es einen Punkt $c \in D$, so daß zu jedem Punkt $w \in D$ ein $g \in L$ mit $w = g(c)$ existiert, so ist D homogen bezüglich L.*

Beweis. Seien $z, \hat{z} \in D$ beliebig. Man wähle $g, \hat{g} \in L$, so daß gilt: $g(c) = z$, $\hat{g}(c) = \hat{z}$. Dann folgt $h(z) = \hat{z}$ für $h := \hat{g} \circ g^{-1} \in L$. □

Satz. *Der Einheitskreis $\mathbb{E}$ ist homogen bezüglich der Gruppe* $\text{Aut}\, \mathbb{E}$.

Beweis. Für $g(z) = \dfrac{z-w}{\bar{w}z-1}$ gilt $g(0) = w$. Da $g \in \text{Aut}\, \mathbb{E}$ für jedes $w \in \mathbb{E}$ (Satz 3), so folgt die Behauptung aus dem Lemma (mit $c := 0$). □

Ist D homogen bezüglich $\text{Aut}\, D$ und ist $f: D \overset{\sim}{\to} D'$ biholomorph, so ist D' homogen bezüglich $\text{Aut}\, D'$ (die Verifikation sei dem Leser überlassen). Damit ist klar, da die Cayleyabbildung $h_{\mathcal{C}} : \mathbb{E} \to \mathbb{H}$ biholomorph ist:

Die obere Halbebene $\mathbb{H}$ ist homogen bezüglich der Gruppe $\text{Aut}\, \mathbb{H}$.

Dies folgt auch direkt aus dem Lemma mit $c := i$. Jedes $w \in \mathbb{H}$ hat die Form $w = \rho + i\sigma^2$, $\rho, \sigma \in \mathbb{R}$, $\sigma \neq 0$. Für $A = \begin{pmatrix} \sigma & \rho\sigma^{-1} \\ 0 & \sigma^{-1} \end{pmatrix} \in SL(2, \mathbb{R})$ gilt $h_A(i) = w$. □

Ein Gebiet G in $\mathbb{C}$ ist i.allg. nicht homogen, vielmehr gilt meistens $\text{Aut}\, G = \{\text{id}\}$. Beispiele hierfür werden wir erst in 10.2.4 kennenlernen.

Aufgabe. Zeigen Sie, daß die unbeschränkten Gebiete $\mathbb{C}$ und $\mathbb{C}^{\times}$ bezüglich ihrer Automorphismengruppen homogen sind.

Kapitel 3. Konvergenzbegriffe der Funktionentheorie

> Die Annäherung an eine Grenze durch Operationen, die nach bestimmten Gesetzen *ohne Ende* fortgesetzt werden – dies ist der eigentliche Boden, auf welchem die transscendenten Functionen erzeugt werden (GAUSS 1812).

1. Außer *Polynomen* und *rationalen Funktionen*, die durch endlich häufige Anwendung der vier Grundrechnungsarten entstehen, kennt man zunächst keine interessanten holomorphen Funktionen. Alle weiteren Funktionen werden durch (evtl. mehrfache) Limesprozesse erzeugt, so ist z.B. die Exponentialfunktion $\exp z$ der Limes ihrer *Taylorpolynome* $\sum_0^n \frac{z^\nu}{\nu!}$ oder der Limes der Eulerschen Folge $\left(1+\frac{z}{n}\right)^n$. Das Prinzip, *neue* Funktionen durch Limesprozesse zu gewinnen, hat GAUSS so beschrieben (Werke 3, S. 198): „Die transscendenten Functionen haben ihre wahre Quelle allemal, offen liegend oder versteckt, im Unendlichen. Die Operationen des Integrirens, der Summationen unendlicher Reihen ... oder überhaupt die Annäherung an eine Grenze durch Operationen, die nach bestimmten Gesetzen *ohne Ende* fortgesetzt werden – dies ist der eigentliche Boden, auf welchem die transscendenten Functionen erzeugt werden...".

Ausgangspunkt aller Grenzprozesse für Funktionen ist der Begriff der *punktweisen* Konvergenz, der so alt ist wie die Infinitesimalrechnung selbst. Ist X irgendeine Menge und f_n eine Folge von in X komplex-wertigen Funktionen $f_n: X \to \mathbb{C}$, so heißt diese Folge *konvergent im Punkt* $a \in X$, wenn die Folge $f_n(a)$ komplexer Zahlen konvergiert. Die Folge f_n heißt *punktweise konvergent in einer Teilmenge* $A \subset X$, wenn sie in jedem Punkt von A konvergiert: dann wird vermöge

$$f: A \to \mathbb{C}, \quad f(x):= \lim f_n(x), \quad x \in A,$$

die *Grenzfunktion* der Folge in A definiert, man schreibt (salopp): $f = \lim f_n$. Dieser Begriff der (punktweisen) Konvergenz ist der naive Konvergenzbegriff der Analysis.

2. Im Reellen lehren einfache Beispiele, daß *punktweise konvergente Folgen schlechte Eigenschaften* haben: die im Intervall $[0, 1]$ stetigen Funktionen x^n konvergieren dort gegen eine in 1 *unstetige* Grenzfunktion. Man schließt solche Pathologien durch Einführung des Begriffes der *lokal-gleichmäßigen Konvergenz* aus. Doch haben bekanntlich auch lokal-gleichmäßig konvergente Folgen im Reellen noch ihre Tücken, wenn es um Differenzierbarkeit geht: Grenzfunktionen sind i.allg. nicht wieder differenzierbar, so ist z.B. nach dem Weierstraßschen Approximationssatz *jede* in einem kompakten Intervall $I \subset \mathbb{R}$ stetige Funktion $f: I \to \mathbb{R}$ in I gleichmäßig durch Polynome approximierbar; ferner konvergieren z.B. die Funktionen $\frac{1}{n}\sin n! \, x$ in $\mathbb{R}$ gleichmäßig gegen 0, ihre Ableitungen $(n-1)! \cos n! \, x$ konvergieren aber nirgends in $\mathbb{R}$.

Für die Funktionentheorie ist der Begriff der punktweisen Konvergenz ebenfalls ungeeignet. Hier gibt es indessen keine unmittelbar überzeugenden Beispiele: *Man kennt keine einfache Folge von im Einheitskreis* $\mathbb{E}$ *punktweise konvergenten holomorphen Funktionen, deren Grenzfunktion in* $\mathbb{E}$ *nicht wieder holomorph ist.*[*] Trotz dieser didaktisch unbefriedigenden Situation tut man gut daran, in der Funktionentheorie den Begriff der lokal-gleichmäßigen Konvergenz sofort an die Spitze zu stellen. Dann überträgt sich z.B. später mühelos der aus dem Reellen geläufige Vertauschungssatz von Limesbildung und Integration. Es ist dennoch überraschend, daß Mathematiker ohne weiteres dieses Vorgehen akzeptieren; vielleicht erklärt sich dies dadurch, daß wir alle bereits in der Infinitesimalrechnung auf den Begriff der lokal-gleichmäßigen Konvergenz – nahezu wie dressierte Pawlowsche Hunde – frühzeitig fixiert werden.

Kennt man später erst einmal den Weierstraßschen Konvergenzsatz, der u.a. die einschränkungslose Gültigkeit der Gleichung $\lim f_n' = (\lim f_n)'$ für lokal-gleichmäßig konvergente Folgen holomorpher Funktionen beinhaltet, so werden im nachhinein alle eventuell gebliebenen Zweifel zerstreut: es stellen sich keine unerwünschten Grenzfunktionen ein; *lokal-gleichmäßige Konvergenz ist der für Folgen holomorpher Funktionen optimale Konvergenzbegriff.*

3. Neben Folgen hat man auch Reihen holomorpher Funktionen zu betrachten. Beim Rechnen mit lokal-gleichmäßig konvergenten Reihen ist aber bereits wieder Vorsicht geboten: solche Reihen konvergieren i.allg. nicht absolut und dürfen daher nicht ohne weiteres beliebig umgeordnet werden. Diesen Schwierigkeiten ist WEIERSTRASS durch sein Majorantenkriterium begegnet. Später hat man die Not zur Tugend gemacht und die dem Majorantenkriterium genügenden Reihen *normal konvergent* genannt (vgl. 3.3). Normal konvergente Reihen sind insbesondere lokal-gleichmäßig und absolut konvergent; jede Umordnung einer normal konvergenten Reihe ist normal konvergent. Potenzreihen sind, wie wir in 4.1.2 sehen werden, auf Grund des klassischen Abelschen Konvergenzkriteriums in ihrem Konvergenzkreis normal konvergent; *normale Konvergenz ist der für Reihen holomorpher Funktionen optimale Konvergenzbegriff.*

In diesem Kapitel werden die Begriffe der *lokal-gleichmäßigen,* der *kompakten* und der *normalen Konvergenz* ausführlich diskutiert. X bezeichnet stets einen metrischen Raum.

§ 1. Gleichmäßige, lokal-gleichmäßige und kompakte Konvergenz

1. Gleichmäßige Konvergenz. Eine Funktionenfolge $f_n : X \to \mathbb{C}$ heißt *in* $A \subset X$ *gleichmäßig konvergent gegen* $f : A \to \mathbb{C}$, wenn zu jedem $\varepsilon > 0$ ein $n_0 = n_0(\varepsilon) \in \mathbb{N}$ existiert, so daß gilt:

---

[*]   Erst im zweiten Band werden wir mit Hilfe des Rungeschen Approximationssatzes solche Folgen konstruieren; wir werden dann auch sehen, warum ihre explizite Angabe schwierig sein muß: punktweise Konvergenz holomorpher Funktionen ist immer schon „fast überall" lokal-gleichmäßig.

$$|f_n(x) - f(x)| < \varepsilon \qquad \text{für alle } n \geq n_0 \text{ und alle } x \in A;$$

alsdann ist die *Grenzfunktion* f eindeutig bestimmt.

Eine Reihe $\sum f_\nu$ von Funktionen *konvergiert gleichmäßig in* A, wenn die Folge der Partialsummen $s_n = \sum\limits^n f_\nu$ in A gleichmäßig konvergiert; man benutzt (wie bei Zahlenfolgen) das Symbol $\sum f_\nu$ auch für die Grenzfunktion.

Gleichmäßige Konvergenz in A zieht Konvergenz in A nach sich. Bei gleichmäßiger Konvergenz in A gehört zu jedem $\varepsilon > 0$ ein von den *Punkten* $x \in A$ *unabhängiger Index* $n_0(\varepsilon)$, während bei punktweiser Konvergenz in A dieser Index auch noch (evtl. sehr stark) von $x \in A$ abhängt.

Die Theorie der gleichmäßigen Konvergenz wird besonders durchsichtig, wenn man für Funktionen $f: X \to \mathbb{C}$ und jede Menge $A \subset X$ die *Supremum-Seminorm*

$$|f|_A := \sup_{x \in A} |f(x)|$$

einführt. Die Menge $V := \{f: X \to \mathbb{C}: |f|_A < \infty\}$ aller in X definierten und auf A *beschränkten* Funktionen ist ein $\mathbb{C}$-Vektorraum; die Abbildung $f \mapsto |f|_A$ ist eine „Seminorm" auf V, genauer:

$$|f|_A = 0 \Leftrightarrow f|A = 0, \quad |cf|_A = |c|\,|f|_A,$$
$$|f + g|_A \leq |f|_A + |g|_A, \quad f, g \in V, \; c \in \mathbb{C}.$$

Eine Folge f_n konvergiert gleichmäßig in A gegen f genau dann, wenn gilt:

$$\lim |f_n - f|_A = 0. \qquad \qquad \square$$

Man beweist mühelos zwei wichtige

Limesregeln. *Es seien f_n, g_n Funktionenfolgen in X, die in A gleichmäßig konvergieren. Dann gilt:*

L 1.   *Jede Folge $af_n + bg_n$, $a, b \in \mathbb{C}$, ist in A gleichmäßig konvergent:*

$$\lim (af_n + bg_n) = a \lim f_n + b \lim g_n \qquad (\mathbb{C}\text{-}Linearität).$$

L 2.   *Sind die Funktionen $\lim f_n$ und $\lim g_n$ beschränkt auf A, so ist die Produktfolge $f_n g_n$ in A gleichmäßig konvergent:*

$$\lim (f_n g_n) = (\lim f_n)(\lim g_n).$$

Die Limesregel L 1. gilt entsprechend auch für Reihen $\sum f_\nu, \sum g_\nu$.

2. Lokal-gleichmäßige Konvergenz. Die Potenzfolge z^n konvergiert in jedem Kreis $B_r(0)$, $r < 1$, gleichmäßig gegen die Nullfunktion, da $|z^n|_{B_r(0)} = r^n$. Doch ist diese Konvergenz *nicht gleichmäßig im Einheitskreis* $\mathbb{E}$: zu jedem ε mit $0 < \varepsilon < 1$ und jedem $n \geq 1$ gibt es ein $c \in \mathbb{E}$, z.B. $c := \sqrt[n]{\varepsilon}$, mit $|c^n| \geq \varepsilon$. Dieses Konvergenzverhalten ist für viele Funktionenfolgen und Funktionenreihen symptomatisch. Es ist eines der großen Verdienste von WEIERSTRASS, diese Konvergenzsituation klar erkannt und herausgestellt zu haben: es kommt nicht so sehr auf gleichmäßige Konvergenz im gesamten Raum an; wichtig ist nur, daß „im Kleinen" gleichmäßige Konvergenz herrscht.

Eine Funktionenfolge $f_n: X \to \mathbb{C}$ heißt lokal-gleichmäßig konvergent in X, wenn jeder Punkt $x_0 \in X$ eine Umgebung U in X besitzt, so daß die Folge f_n in U gleichmäßig konvergiert.

Eine Reihe $\sum f_\nu$ heißt lokal-gleichmäßig konvergent in X, wenn die zugehörige Partialsummenfolge in X lokal-gleichmäßig konvergiert.

Gleichmäßige Konvergenz impliziert natürlich lokal-gleichmäßige Konvergenz. Die Limesregeln des Abschnittes 1 übertragen sich unmittelbar auf in X lokal-gleichmäßig konvergente Folgen bzw. Reihen.   □

Grenzfunktionen von konvergenten Folgen stetiger Funktionen sind i.allg. nicht wieder stetig. Aus der Infinitesimalrechnung weiß man, daß sich im Fall lokal-gleichmäßiger Konvergenz die Stetigkeit auf die Grenzfunktion vererbt. Allgemein gilt:

Stetigkeitssatz. *Konvergiert die Folge $f_n \in \mathscr{C}(X)$ lokal-gleichmäßig in X, so ist die Grenzfunktion $f = \lim f_n$ ebenfalls stetig in X, d.h. $f \in \mathscr{C}(X)$.*

Beweis (wie im Reellen). Sei $a \in X$ vorgegeben. Für alle $x \in X$ und alle Indices n gilt:

$$|f(x) - f(a)| \le |f(x) - f_n(x)| + |f_n(x) - f_n(a)| + |f_n(a) - f(a)|.$$

Es gibt eine Umgebung U von a, so daß zu jedem $\varepsilon > 0$ ein Index m existiert mit $|f - f_m|_U < \varepsilon$. Dies hat zur Folge: $|f(x) - f(a)| < 2\varepsilon + |f_m(x) - f_m(a)|$ für alle $x \in U$. Da f_m stetig in a ist, gibt es ein $\delta > 0$, so daß $B_\delta(a) \subset U$ und $|f_m(x) - f_m(a)| < \varepsilon$ für alle $x \in B_\delta(a)$. Es folgt die Stetigkeit von f in a: $|f(x) - f(a)| < 3\varepsilon$ für alle $x \in B_\delta(a)$.   □

Für Reihen besagt der Stetigkeitssatz, daß eine in X lokal-gleichmäßig konvergente Reihe von in X stetigen Funktionen eine in X stetige Grenzfunktion hat.

3. Kompakte Konvergenz. Konvergiert die Folge $f_n: X \to \mathbb{C}$ gleichmäßig in endlich vielen Teilmengen $A_1, \ldots, A_b$ von X, so konvergiert sie natürlich auch gleichmäßig in der Vereinigung $A_1 \cup A_2 \cup \ldots \cup A_b$. Hieraus folgt unmittelbar:

Konvergiert die Folge f_n lokal-gleichmäßig in X, so konvergiert f_n gleichmäßig in jeder kompakten Menge $K \subset X$.

Beweis. Zu jedem Punkt $x \in K$ gibt es eine offene Umgebung U von x in X, so daß f_n in U gleichmäßig konvergiert. Da K kompakt ist, überdecken bereits endlich viele solche Umgebungen, etwa $U_1, \ldots, U_b$, die Menge K. Dann konvergiert f_n in $U_1 \cup U_2 \cup \ldots \cup U_b$ und also erst recht in $K \subset \bigcup U_\beta$ gleichmäßig.   □

Man nennt eine Folge bzw. eine Reihe *kompakt konvergent in X*, wenn sie in jeder kompakten Teilmenge von X gleichmäßig konvergiert. Wir sehen:

Lokal-gleichmäßige Konvergenz zieht kompakte Konvergenz nach sich.

Dieser wichtige Satz, der von gleichmäßiger Konvergenz „im Kleinen" zu gleichmäßiger Konvergenz „im Großen" führt, wurde erstmals von Weier-strass für Intervalle in ℝ bewiesen. Weierstrass gab für dieses „Lokal-Global-Prinzip" einen direkten Beweis (man bedenke, daß damals weder der allgemeine Kompaktheitsbegriff noch der Satz von Heine-Borel zur Verfügung standen).   □

In wichtigen Fällen ist die obige Aussage umkehrbar. Man nennt X *lokal-kompakt*, wenn jeder Punkt eine kompakte Umgebung besitzt. Dann ist trivial:

Ist X lokal-kompakt, so ist jede in X kompakt konvergente Folge bzw. Reihe lokal-gleichmäßig konvergent in X.

In lokal-kompakten Räumen stimmen also die Begriffe der lokal-gleichmä-ßigen Konvergenz und der kompakten Konvergenz überein. Da Bereiche in ℂ lokal-kompakt sind, so braucht man in allen funktionentheoretischen Diskus-sionen diese Begriffe nicht zu unterscheiden.

Wir benutzen mit Vorliebe die Bezeichnung „kompakt konvergent", weil sie kürzer ist als die Redeweise „lokal-gleichmäßig konvergent". In der Literatur findet man vielfach auch die Redeweise „gleichmäßig konvergent im Innern von X".

4. Historisches zur gleichmäßigen Konvergenz. Die Geschichte des Begriffes der gleichmäßigen Konvergenz ist ein hervorragendes Beispiel zur Ideengeschichte der neueren Mathematik. 1821 hat Cauchy in seinem *Cours D'Analyse* be-hauptet ([C], S. 120), daß konvergente Reihen stetiger Funktionen f_n immer stetige Grenzfunktionen f haben. Cauchy betrachtet die Gleichung

$$f(x) - \sum_0^n f_\nu(x) = \sum_{n+1}^\infty f_\nu(x),$$

wo die *endliche* Reihe links sicher stetig ist. Der Irrtum im Beweis liegt nun in der stillschweigenden Annahme, daß man n unabhängig von den Punkten x so groß wählen kann, daß die *unendliche* Reihe rechts (für alle x) hinreichend klein wird („deviendra insensible, si l'on attribue à n une valeur très considérable").

Es war Abel, der 1826 in seiner Arbeit [A] über die binomische Reihe erstmals den Cauchyschen Satz kritisierte; er schreibt (S. 316): „Es scheint mir aber, daß dieser Lehrsatz Ausnahmen leidet. So ist z.B. die Reihe

$$\sin \varphi - \tfrac{1}{2} \sin 2\varphi + \tfrac{1}{3} \sin 3\varphi - \dots \text{ usw.}$$

unstetig für jeden Werth $(2m+1)\pi$ von x, wo m eine ganze Zahl ist. Bekannt-lich giebt es eine Menge von Reihen mit ähnlichen Eigenschaften." Abel be-trachtet hier also eine *Fourierreihe*, die in ℝ konvergiert und dort eine in den Punkten $(2m+1)\pi$ unstetige Grenzfunktion f hat (es gilt $f(x) = \tfrac{1}{2}x$ für $-\pi < x < \pi$, $f(-\pi) = f(\pi) = 0$). Abel diskutiert diese Fourierreihe ausführlich auf S. 337 seiner Arbeit und auch in einem Brief aus Berlin vom 16. Januar 1826 an seinen Lehrer und Freund HOLMBOE (Œuvres 2, S. 258ff.); bei der Diskussion des Problems der gliedweisen Differentiation von unendlichen Reihen in 4.3.3 werden wir auf diesen Brief zurückkommen.

Der erste Mathematiker, der den Begriff der gleichmäßigen Konvergenz benutzt, scheint Christoph GUDERMANN gewesen zu sein, der Lehrer von WEIERSTRASS in Münster. GUDERMANN (geb. 1798 in Winneburg bei Hildesheim, Gymnasiallehrer in Cleve und Münster, publizierte 1838–1843 Arbeiten im Crelleschen Journal über elliptische Funktionen und Integrale; gest. 1852 in Münster) schreibt 1838 im Crelleschen Journal Bd. 18 auf S. 251/252 bei seinen Untersuchungen über Modular-Functionen: „Es ist ein bemerkenswerther Umstand, daß … die so eben gefundenen Reihen *einen im Ganzen gleichen Grad der Convergenz* haben".

Bei GUDERMANN hörte WEIERSTRASS 1839/40 als einziger Vorlesungen über Modular-Functionen. Hier dürfte er erstmals dem neuen Konvergenztyp begegnet sein. Die Bezeichnung „gleichmäßige Konvergenz" stammt von WEIERSTRASS, der bereits 1841 in seiner in Münster geschriebenen Arbeit [W₂] *Zur Theorie der Potenzreihen*, die erst 1894 veröffentlicht wurde, wie selbstverständlich mit gleichmäßig konvergenten Reihen arbeitet; man liest dort (S. 68/69): „Da die betrachtete Potenzreihe … *gleichmässig convergirt*, so lässt sich aus ihr nach Annahme einer beliebigen positiven Grösse δ eine endliche Anzahl von Gliedern so herausheben, dass die Summe aller übrigen Glieder für jedes der angegebenen Werthsysteme … ihrem absoluten Betrage nach $< \delta$ ist."

Die Einsicht, daß der Begriff der gleichmäßigen Konvergenz ein zentraler Begriff der Analysis ist, hat sich im letzten Jahrhundert nur langsam durchgesetzt. Zwar wurden durch WEIERSTRASS' Vorlesungen *Einleitung in die Analysis* zu Berlin im Winter 1859/60 und im Sommer 1860 die einschneidende Bedeutung und Unentbehrlichkeit dieses Begriffes in der mathematischen Welt allmählich bekannt, doch noch am 6. März 1881 schreibt WEIERSTRASS an H.A. SCHWARZ: „Bei den Franzosen hat namentlich meine letzte Abhandlung mehr Aufsehen gemacht, als sie eigentlich verdient; man scheint endlich einzusehen, welche Bedeutung der Begriff der gleichmässigen Convergenz hat."

Unabhängig von WEIERSTRASS und unabhängig voneinander führten 1847 Ph.L. SEIDEL (München Akad. Wiss. Abh. 7, 379–394, 1848) und Sir G.G. STOKES (Trans. Cambridge Phil. Soc. 8, 533–583, 1847) Begriffe ein, die dem Begriff der gleichmäßigen Konvergenz einer Reihe entsprechen. Doch haben ihre Beiträge keinen Einfluß auf die weitere Entwicklung gehabt. Der britische Mathematiker G.H. HARDY vergleicht 1918 in seinem lesenswerten Artikel *Sir George Stokes and the concept of uniform convergence* (Proc. Cambridge Phil. Soc. 19, 148–156, 1916–1919) die Definitionen dieser drei Mathematiker; er sagt: „Weierstrass's discovery was the earliest, and he alone fully realized its far-reaching importance as one of the fundamental ideas of analysis."

§ 2. Konvergenzkriterien

Analog zur Situation bei Zahlenfolgen heißt eine Funktionenfolge $f_n \colon X \to \mathbb{C}$ auf $A \subset X$ eine *Cauchyfolge* (bez. der Supremum-Seminorm), wenn zu jedem $\varepsilon > 0$

ein $n_0 \in \mathbb{N}$ existiert, so daß gilt

$$|f_m - f_n|_A < \varepsilon \qquad \text{für alle } m, n \geq n_0.$$

Im Abschnitt 1 übertragen wir das Cauchysche Konvergenzkriterium auf Funktionenfolgen und Funktionenreihen; im Abschnitt 2 übertragen wir das Majorantenkriterium 0.4.2.

1. Cauchysches Konvergenzkriterium. *Folgende Aussagen über eine Folge* $f_n: X \to \mathbb{C}$ *und eine Teilmenge* $A \neq \emptyset$ *von X sind äquivalent:*

i) f_n *ist gleichmäßig konvergent in A.*

ii) f_n *ist eine Cauchyfolge in A.*

Beweis. Wir verifizieren nur die nichttriviale Implikation ii) $\Rightarrow$ i). Da

$$|f_m(x) - f_n(x)| \leq |f_m - f_n|_A \qquad \text{für jeden Punkt } x \in A,$$

so ist jede Zahlenfolge $f_n(x)$, $x \in A$, eine Cauchyfolge. Daher ist die Folge f_n punktweise konvergent in A; sei $f := \lim f_n$. Es gilt:

$$|f_n(x) - f(x)| \leq |f_n(x) - f_m(x)| + |f_m(x) - f(x)| \qquad \text{für alle } x \in A.$$

Ist nun $\varepsilon > 0$ vorgegeben, so gibt es ein n_0, so daß $|f_n(x) - f_m(x)| < \varepsilon$ für alle $m, n \geq n_0$ und alle $x \in A$. Wählt man zu $x \in A$ ein $m = m(x)$ so, daß $|f_m(x) - f(x)| < \varepsilon$, so folgt $|f_n(x) - f(x)| < 2\varepsilon$ für alle $x \in A$, $n \geq n_0$, d.h. $|f_n - f|_A \leq 2\varepsilon$ für alle $n \geq n_0$. $\qquad \square$

Die Übertragung auf Reihen ist evident:

Cauchysches Konvergenzkriterium für Reihen. *Folgende Aussagen über eine unendliche Reihe* $\sum f_\nu, f_\nu: X \to \mathbb{C}$, *sind äquivalent:*

i) $\sum f_\nu$ *ist gleichmäßig konvergent in A.*

ii) *Zu jedem* $\varepsilon > 0$ *existiert ein* $n_0 \in \mathbb{N}$, *so daß gilt:*

$$|f_{m+1}(x) + \ldots + f_n(x)| < \varepsilon \qquad \text{für alle } n > m \geq n_0 \text{ und alle } x \in A.$$

CAUCHY hat dieses Kriterium 1853 in seiner Arbeit *Note sur les séries convergentes dont les divers termes sont des fonctions continues...* (Œuvres 11, 1. Ser., 30–36) eingeführt (Théorème II, S. 34). Er arbeitet hier erstmals mit dem Begriff der gleichmäßigen Konvergenz, allerdings ohne Benutzung des Wortes „gleichmäßig (uniforme)". Er sagt hier auch (S. 31), daß sein Stetigkeitssatz inkorrekt sei, aber er bagatellisiert: „il est facile de voir comment on doit modifier l'énoncé du théorème."

2. Weierstraßsches Majorantenkriterium. Das Cauchysche Kriterium für die gleichmäßige Konvergenz einer Reihe wird in der Praxis kaum benutzt. Für Anwendungen besonders leicht zu handhaben ist das

Majorantenkriterium von WEIERSTRASS. *Es sei* $f_\nu: X \to \mathbb{C}$ *eine Funktionenfolge; es sei* $A \neq \emptyset$ *eine Teilmenge von X, und es gebe eine Folge reeller Zahlen* $M_\nu \geq 0$, *so daß gilt:*

$$|f_v|_A \le M_v, \quad v \in \mathbb{N}, \quad und \quad \sum M_v < \infty.$$

Dann konvergiert die Reihe $\sum f_v$ gleichmäßig in A.

Beweis. Für alle $n > m$ und alle $x \in A$ gilt:

$$\left| \sum_{m+1}^{n} f_v(x) \right| \le \sum_{m+1}^{n} |f_v(x)| \le \sum_{m+1}^{n} M_v.$$

Wegen $\sum M_v < \infty$ gibt es zu jedem $\varepsilon > 0$ ein $n_0 \in \mathbb{N}$, so daß $\sum_{m+1}^{n} M_v < \varepsilon$ für alle $n > m \ge n_0$. Dies bedeutet $|f_{m+1}(x) + \ldots + f_n(x)| < \varepsilon$ für alle $n > m \ge n_0$ und alle $x \in A$. Daher ist $\sum f_v$ nach dem Cauchyschen Kriterium gleichmäßig konvergent in A. □

WEIERSTRASS hat sein Kriterium 1880 in seiner Abhandlung *Zur Functionenlehre* [W_3] als Fußnote (S. 202) angegeben.

§ 3. Normal konvergente Reihen

Die Reihe $\sum_1 \dfrac{(-1)^{v-1}}{x^2 + v}$ ist in $\mathbb{R}$ lokal-gleichmäßig konvergent, doch kann man aus ihr durch Umordnen divergente Reihen bilden. Um bequem und sorglos rechnen zu können, benötigt man (in Analogie zu Reihen komplexer Zahlen) für Funktionenreihen $\sum f_v$ einen Konvergenzbegriff, der solche Phänomene ausschließt und garantiert, daß *jede Umordnung der Reihe* und *jede Teilreihe lokal-gleichmäßig konvergieren.* Diese Bedingungen erfüllt der Begriff der normalen Konvergenz, den wir nun diskutieren.

1. Normale Konvergenz. Eine Reihe $\sum f_v$ von Funktionen $f_v : X \to \mathbb{C}$ heißt *normal konvergent in X*, wenn jeder Punkt $x \in X$ eine Umgebung U besitzt, so daß gilt $\sum |f_v|_U < \infty$. Man beachte, daß normale Konvergenz nicht für Folgen, sondern nur für Reihen definiert ist. Auf Grund des Weierstraßschen Majorantenkriteriums gilt:

Jede in X normal konvergente Reihe ist in X lokal-gleichmäßig konvergent.

Speziell folgt also aus dem Stetigkeitssatz 1.2:

Ist $f = \sum f_v$, $f_v \in \mathscr{C}(x)$, normal konvergent in X, so ist f stetig in X.

Ganz trivial ist:

Jede Teilreihe einer in X normal konvergenten Reihe ist normal konvergent in X.

Weiter gilt der unentbehrliche

Umordnungssatz. *Konvergiert $\sum\limits_{0} f_\nu$ in X normal gegen f, so konvergiert für jede Bijektion $\tau : \mathbb{N} \to \mathbb{N}$ die umgeordnete Reihe $\sum\limits_{0} f_{\tau(\nu)}$ in X normal gegen f.*

Beweis. Jeder Punkt $x \in X$ besitzt eine Umgebung U in X, so daß gilt: $\sum |f_\nu|_U < \infty$. Nach dem Umordnungssatz 0.4.3 für Reihen komplexer Zahlen gilt dann auch $\sum |f_{\tau(\nu)}|_U < \infty$ für jede Bijektion $\tau : \mathbb{N} \to \mathbb{N}$, und es folgt $f(x) = \sum f_{\tau(\nu)}(x)$, $x \in X$. Mithin konvergiert $\sum f_{\tau(\nu)}$ in X normal gegen f. □

Der Umordnungssatz ist ersichtlich eine Verschärfung des Weierstraßschen Majorantenkriteriums.

Mit $\sum\limits_{0} f_\nu$, $\sum\limits_{0} g_\nu$ ist auch jede Reihe $\sum\limits_{0} (a f_\nu + b g_\nu)$, $a, b \in \mathbb{C}$, in X normal konvergent. Aus dem Reihenproduktsatz 0.4.6 folgt weiter sofort:

Reihenproduktsatz für normal konvergente Reihen. *Sind $f = \sum\limits_{0} f_\mu$, $g = \sum\limits_{0} g_\nu$ normal konvergente Reihen in X, so konvergiert jede Produktreihe $\sum\limits_{0} h_\kappa$, wo $h_0, h_1, \ldots$ irgendwie alle Produkte $f_\mu g_\nu$ genau einmal durchlaufen, in X normal gegen fg.*

Wir schreiben $fg = \sum f_\mu g_\nu$, insbesondere gilt $fg = \sum\limits_{0} p_\lambda$ mit $p_\lambda := \sum\limits_{\mu + \nu = \lambda} f_\mu g_\nu$ (Cauchyprodukt).

2. Diskussion der normalen Konvergenz. Normale Konvergenz ist per definitionem eine *lokale* Eigenschaft. Es gilt aber:

Ist $\sum f_\nu$ normal konvergent in X, so gilt $\sum |f_\nu|_K < \infty$ für jedes Kompaktum K in X.

Die Umkehrung ist richtig in folgendem Sinne:

Ist X lokal-kompakt und gilt $\sum |f_\nu|_K < \infty$ für jedes Kompaktum K in X, so ist $\sum f_\nu$ normal konvergent in X.

Die Beweise beider Aussagen sind trivial. □

Für Kreisscheiben $B_s(c)$ in $\mathbb{C}$ hat man insbesondere, da jedes Kompaktum $K \subset B_s(c)$ in einer Kreisscheibe $B_r(c)$ mit $r < s$ enthalten ist:

Ist $f_\nu : B_s(c) \to \mathbb{C}$ eine Folge und gilt $\sum |f_\nu|_{B_r(c)} < \infty$ für alle r, $0 < r < s$, so ist $\sum f_\nu$ normal konvergent in $B_s(c)$. □

Normale Konvergenz ist mehr als lokal-gleichmäßige Konvergenz, wie die Reihe $\sum\limits_{1} \dfrac{(-1)^{\nu-1}}{x^2 + \nu}$ zeigt. Der Leser begründe dies.

Aus lokal-gleichmäßig konvergenten Reihen kann man durch „Klammersetzen" stets normal konvergente Reihen machen, genauer gilt:

Es sei $f = \sum f_\nu$ lokal-gleichmäßig konvergent in X. Dann gibt es zu jedem Punkt $x \in X$ eine Umgebung U und eine Indexfolge $0 = n_0 < n_1 < n_2 < \ldots$, so daß für die „geklammerte" Reihe $f = \sum \hat{f}_\nu$ mit $\hat{f}_\nu := f_{n_\nu} + f_{n_\nu + 1} + \ldots + f_{n_{\nu+1} - 1}$ gilt: $\sum |\hat{f}_\nu|_U < \infty$.

Beweis. Es sei $\varepsilon_1 > \varepsilon_2 > \varepsilon_3 > \ldots$ eine Folge reeller Zahlen >0 mit $\sum \varepsilon_\nu < \infty$. Dann gibt es eine Umgebung U von x und Indices $0 < n_1 < n_2 < \ldots$, so daß gilt:

$$|t_{n_\nu} - f|_U \leq \varepsilon_\nu, \quad \text{mit } t_{n\nu} := \sum_0^{n_\nu - 1} f_\mu, \quad \nu = 1, 2, \ldots.$$

Da $\hat{f}_0 = t_{n_1}$, $\hat{f}_\nu = t_{n_{\nu+1}} - t_{n_\nu}$, so folgt $f = \sum \hat{f}_\nu$. Da $\hat{f}_\nu = (t_{n_{\nu+1}} - f) - (t_{n_\nu} - f)$ für $\nu \geq 1$, so folgt weiter $|\hat{f}_\nu|_U \leq \varepsilon_{\nu+1} + \varepsilon_\nu \leq 2\varepsilon_\nu$ für $\nu \geq 1$ und also $\sum |\hat{f}_\nu|_U \leq |\hat{f}_0| + 2\sum_1 \varepsilon_\nu < \infty$. $\square$

Man beachte, daß die Folge $n_0, n_1, \ldots$ von x und U abhängt.

3. Historisches zur normalen Konvergenz. Der französische Mathematiker René BAIRE (1874–1932, bekannt aus Maßtheorie (Bairesche Mengen) und Topologie (Bairescher Dichtesatz)) hat diesen Konvergenzbegriff 1908 im 2. Band (S. 29 ff.) seines Werkes *Leçons sur les Théories Générales de l'Analyse* (Gauthier-Villars, Paris 1908) eingeführt. Er ließ sich leiten vom Weierstraßschen Majorantenkriterium 2.2 und sagt in der Einleitung jenes Bandes (S. VII): „Bien qu'à mon avis l'introduction de termes nouveaux ne doive se faire qu'avec une extrême prudence, il m'a paru indispensable de caractériser par une locution brève le cas le plus simple et de beaucoup le plus courant des séries uniformément convergentes, celui des séries dont les termes sont moindres en module que des nombres positifs formant série convergente (ce qu'on appelle quelquefois *critère de Weierstrass*). J'appelle ces séries *normalement* convergentes, et j'espère qu'on voudra bien excuser cette innovation. Un grand nombre de démonstrations, soit dans la théorie des séries, soit plus loin dans la théorie des produits infinis, sont considérablement simplifiées quand on met en avant cette notion, beaucoup plus maniable que la propriété de convergence uniforme."

BAIRE entschuldigt sich also nahezu, einen neuen Begriff in die Mathematik einzuführen. In der deutschen Literatur hat sich dieser wichtige Konvergenzbegriff leider nicht recht durchgesetzt.

Kapitel 4. Potenzreihen

> Die Potenzreihen sind deshalb besonders
> bequem, weil man mit ihnen *fast* wie mit
> Polynomen rechnen kann (C. CARATHÉODORY).

Die funktionentheoretisch wichtigsten und fruchtbarsten Funktionenreihen sind die Potenzreihen, die bereits LAGRANGE 1797 in seiner *Théorie des fonctions analytiques* betrachtet hat. In diesem Kapitel wird die elementare Theorie der konvergenten Potenzreihen besprochen. Diese Theorie wurde um die Jahrhundertwende in Deutschland auch *Algebraische Analysis* genannt (nach dem Untertitel *Analyse Algébrique* des Cauchyschen *Cours D'Analyse* [C]). Interessant zu lesen ist der so überschriebene Artikel von A. PRINGSHEIM und G. FABER in der Encyklopädie der Mathematischen Wissenschaften II, 3.1, 1–46 (1908).

Im Paragraphen 1 zeigen wir zunächst, daß Potenzreihen einen wohlbestimmten „Konvergenzradius" R haben, und daß sie in ihrem „Konvergenzkreis" $B_R(c)$ normal konvergieren. Die Berechnung von R erfolgt in der Regel mittels der Formel von CAUCHY-HADAMARD bzw. der Quotientenregel. Im Paragraphen 2 bestimmen wir die Konvergenzradien wichtiger Potenzreihen wie *Exponentialreihe* $\exp z$, *logarithmischer Reihe* $\lambda(z)$ und *binomischer Reihe* $b_\sigma(z)$. Im Paragraphen 3 zeigen wir, daß konvergente Potenzreihen in ihrer Konvergenzkreisscheibe holomorphe Funktionen darstellen (die Umkehrung hiervon wird erst in 7.3.1 bewiesen). Damit ist eine „Vorstufe zur WEIERSTRASSschen Funktionenlehre" erreicht; nunmehr steht der Konstruktion vieler interessanter holomorpher Funktionen nichts mehr im Wege. Insbesondere sind die Funktionen $\exp z$, $\lambda(z)$ und $b_\sigma(z)$ in ihren Konvergenzkreisen holomorph; im Einheitskreis $\mathbb{E}$ besteht zwischen ihnen der Zusammenhang $b_\sigma(z) = \exp(\sigma\lambda(z))$, den wir später suggestiver in die Form $(1+z)^\sigma = e^{\sigma\log(1+z)}$ bringen werden (der reelle Beweis hierfür funktioniert im Komplexen nicht mehr, weil $\log z$ nicht mehr *die* Umkehrfunktion von $\exp z$ ist).

Im Paragraphen 4 machen wir einen Exkurs in die Algebra und studieren den Ring $\mathscr{A}$ aller *konvergenten Potenzreihen*. Dieser Ring erweist sich als ein „*diskreter Bewertungsring*" und ist damit in seiner Arithmetik einfacher als der Ring $\mathbb{Z}$ der ganzen Zahlen oder der Polynomring $\mathbb{C}[z]$; so ist $\mathscr{A}$ *faktoriell mit nur einem einzigen Primelement*. Das vorangestellte Motto von CARATHÉODORY ist demnach ein understatement: mit Potenzreihen läßt sich in vielerlei Hinsicht bequemer als mit Polynomen rechnen.

§ 1. Konvergenzkriterien

Ist $c \in \mathbb{C}$ fixiert, so heißt jede Funktionenreihe

$$\sum_0^\infty a_v(z-c)^v, \quad a_v \in \mathbb{C},$$

eine *(formale) Potenzreihe* mit *Entwicklungspunkt* c und *Koeffizienten* a_v.

Die Potenzreihen bilden eine $\mathbb{C}$-*Algebra:* man identifiziert $a \in \mathbb{C}$ mit $a + \sum_1^\infty 0(z-c)^v$ und erklärt für $f = \sum_0^\infty a_v(z-c)^v$, $g = \sum_0^\infty b_v(z-c)^v$ *Summe* und *Produkt* durch

$$f + g := \sum_0^\infty (a_v + b_v)(z-c)^v,$$

$$f \cdot g := \sum_{\lambda=0}^\infty p_\lambda (z-c)^\lambda \quad \text{mit} \quad p_\lambda := \sum_{\mu+v=\lambda} a_\mu b_v;$$

die Multiplikation ist also gerade die Cauchysche Multiplikation (vgl. 0.4.6).

Um bequem formulieren zu können, nehmen wir häufig $c = 0$ an, wenn dies keine Einschränkung der Allgemeinheit bedeutet. Wir schreiben abkürzend B_r anstelle von $B_r(0)$ und – gemäß unserer früheren Verabredung – durchweg $\sum a_v z^v$ anstelle von $\sum_0^\infty a_v z^v$.

1. Abelsches Konvergenzlemma. Eine Potenzreihe konvergiert stets in ihrem Entwicklungspunkt c. Man nennt eine Potenzreihe *konvergent (schlechthin)*, wenn es noch einen weiteren Punkt $z_1 \neq c$ gibt, wo sie konvergiert. Wir zeigen

Konvergenzlemma (ABEL). *Zur Potenzreihe $\sum a_v z^v$ gebe es positive reelle Zahlen s, M, so daß stets gilt: $|a_v| s^v \leq M$. Dann ist die Potenzreihe normal konvergent in der offenen Kreisscheibe B_s.*

Beweis. Sei r mit $0 < r < s$ beliebig. Setzt man $q := r s^{-1}$, so gilt $|a_v z^v|_{B_r} = |a_v| r^v \leq M q^v$, $v \in \mathbb{N}$. Da $\sum q^v < \infty$ wegen $0 < q < 1$, so folgt $\sum |a_v z^v|_{B_r} \leq M \sum q^v < \infty$. Da dies für alle $r < s$ gilt, folgt die normale Konvergenz in B_s (vgl. 3.3.2).

Korollar. *Konvergiert die Reihe $\sum a_v z^v$ in $\hat{z} \neq 0$, so ist $\sum a_v z^v$ normal konvergent in der offenen Kreisscheibe $B_{|\hat{z}|}$.*

Denn $|a_v| |\hat{z}|^v$ ist eine Nullfolge, also beschränkt.

2. Konvergenzradius. Die geometrische Reihe $\sum z^v$ konvergiert im Einheitskreis $\mathbb{E}$ und divergiert in jedem Punkt von $\mathbb{C} \setminus \mathbb{E}$. Dieses Konvergenzverhalten ist signifikant für die allgemeine Situation.

Konvergenzsatz für Potenzreihen. *Es sei $\sum a_v z^v$ eine Potenzreihe; es bezeichne R das Supremum aller reellen Zahlen $t \geq 0$, so daß die Folge $|a_v| t^v$ beschränkt ist. Dann gilt:*
1) *In der Kreisscheibe B_R ist die Reihe normal konvergent.*
2) *In jedem Punkt $w \in \mathbb{C} \setminus \bar{B}_R$ ist die Reihe divergent.*

Beweis. Es gilt $0 \leq R \leq \infty$, im Fall $R = 0$ ist nichts zu beweisen. Sei $R > 0$. Für jedes s, $0 < s < R$, ist die Folge $|a_v| s^v$ beschränkt. Nach dem Konvergenzlemma konvergiert $\sum a_\nu z^\nu$ mithin normal in B_s. Da $s < R$ beliebig nah bei R wählbar ist, folgt die normale Konvergenz in B_R.

Für jedes w mit $|w| > R$ ist die Folge $|a_\nu| |w|^\nu$ unbeschränkt und die Reihe $\sum a_\nu w^\nu$ notwendig divergent.   □

Potenzreihen sind die einfachsten normal konvergenten Reihen von stetigen Funktionen. Die Grenzfunktion von $\sum a_\nu z^\nu$ ist stetig in B_R (vgl. 3.3.1); wir bezeichnen diese Funktion (ebenso wie die Potenzreihe selbst) durchweg mit f.

Die durch den Konvergenzsatz eindeutig bestimmte Größe R mit $0 \leq R \leq \infty$ heißt der *Konvergenzradius*, die Menge B_R heißt die *Konvergenzkreisscheibe* (kurz: der *Konvergenzkreis*) der Potenzreihe. In den folgenden Abschnitten finden sich Kriterien zur Bestimmung des Konvergenzradius.

3. Formel von Cauchy-Hadamard. *Die Potenzreihe* $\sum a_\nu z^\nu$ *hat den Konvergenzradius*

$$R = \frac{1}{\overline{\lim} \sqrt[\nu]{|a_\nu|}}.$$

Es sei daran erinnert, daß man jeder reellen Folge r_ν ihren *Limes superior* zuordnet vermöge $\overline{\lim} \, r_\nu := \lim_{\nu \to \infty} [\sup \{r_\nu, r_{\nu+1}, \ldots\}]$, und daß man verabredet $\frac{1}{0} := \infty$, $\frac{1}{\infty} := 0$.

Zum Beweis der Cauchy-Hadamardschen Formel setze man $L := (\overline{\lim} \sqrt[\nu]{|a_\nu|})^{-1}$. Es folgt $L \leq R$ und $R \leq L$, wenn man zeigt: *Für jedes* $r, 0 < r < L$, *gilt* $r \leq R$; *für jedes* $s, L < s < \infty$, *gilt* $s \geq R$.

Sei zunächst $0 < r < L$, also $r^{-1} > \overline{\lim} \sqrt[\nu]{|a_\nu|}$. Nach Definition von $\overline{\lim}$ gibt es ein $\nu_0 \in \mathbb{N}$, so daß gilt: $\sqrt[\nu]{|a_\nu|} < r^{-1}$ für alle $\nu \geq \nu_0$. Mithin ist die Folge $|a_\nu| r^\nu$ beschränkt, d.h. $r \leq R$.

Sei nun $L < s < \infty$, also $s^{-1} < \overline{\lim} \sqrt[\nu]{|a_\nu|}$. Nach Definition von $\overline{\lim}$ existiert eine *unendliche* Teilmenge $M \subset \mathbb{N}$, so daß für alle $m \in M$ gilt: $s^{-1} < \sqrt[m]{|a_m|}$, d.h. $|a_m| s^m > 1$. Die Folge $|a_\nu| s^\nu$ ist also gewiß keine Nullfolge, daher muß gelten $s \geq R$.   □

Mittels der Limes superior-Formel findet man für die Reihen

$$\sum \nu^\nu z^\nu \quad \text{bzw.} \quad \sum z^\nu \quad \text{bzw.} \quad \sum \frac{z^\nu}{\nu^\nu}$$

sofort $R = 0$, also $B_R = \emptyset$, bzw. $R = 1$, also $B_R = \mathbb{E}$, bzw. $R = \infty$, also $B_R = \mathbb{C}$. Indessen ist die Formel von Cauchy-Hadamard nicht immer zur Bestimmung des Konvergenzradius optimal geeignet $\left(\text{z.B. nicht für die Exponentialreihe} \right.$ $\left. \sum \frac{z^\nu}{\nu!}\right)$. Sehr hilfreich ist dann häufig das

4. Quotientenkriterium. *Es sei $\sum a_\nu z^\nu$ eine Potenzreihe mit Konvergenzradius R; es sei $a_\nu \neq 0$ für fast alle ν. Dann gilt*

$$\underline{\lim} \frac{|a_\nu|}{|a_{\nu+1}|} \leq R \leq \overline{\lim} \frac{|a_\nu|}{|a_{\nu+1}|};$$

speziell $R = \lim \dfrac{|a_\nu|}{|a_{\nu+1}|}$, *falls der Limes existiert*[*]).

Beweis. Setzt man $S := \underline{\lim} \dfrac{|a_\nu|}{|a_{\nu+1}|}$, $T := \overline{\lim} \dfrac{|a_\nu|}{|a_{\nu+1}|}$, so genügt es zu zeigen: Für jedes s, $0 < s < S$, gilt $s \leq R$; für jedes t, $T < t < \infty$, gilt $t \geq R$.

Sei zunächst $0 < s < S$. Nach Definition von $\underline{\lim}$ gibt es ein $l \in \mathbb{N}$, so daß gilt:

$$|a_\nu a_{\nu+1}^{-1}| > s, \quad \text{d.h.} \quad |a_{\nu+1}| s < |a_\nu| \quad \text{für alle } \nu \geq l.$$

Setzt man $A := |a_l| s^l$, so folgt sofort $|a_{l+m}| s^{l+m} \leq A$ für alle $m \geq 0$ durch Induktion. Die Folge $|a_\nu| s^\nu$ ist mithin beschränkt, d.h. $s \leq R$.

Sei nun $T < t < \infty$. Dann gibt es laut Definition von $\overline{\lim}$ ein $l \in \mathbb{N}$, so daß gilt:

$$a_\nu \neq 0 \quad \text{und} \quad |a_\nu a_{\nu+1}^{-1}| < t, \quad \text{d.h.} \quad |a_{\nu+1}| t > |a_\nu| \quad \text{für alle } \nu \geq l.$$

Setzt man $B := |a_l| t^l$, so folgt jetzt induktiv $|a_{l+m}| t^{l+m} \geq B$ für alle $m \geq 0$. Da $B > 0$, so ist also $|a_\nu| t^\nu$ keine Nullfolge, d.h. $t \geq R$. $\square$

Im Quotientenkriterium für Potenzreihen ist das bekannte Quotientenkriterium für Reihen $\sum a_\nu$, $a_\nu \in \mathbb{C}^\times$, enthalten: aus $|a_{\nu+1} a_\nu^{-1}| \leq q < 1$ für fast alle ν folgt nämlich $\underline{\lim} |a_\nu a_{\nu+1}^{-1}| \geq q^{-1}$, so daß die Reihe $\sum a_\nu z^\nu$ einen Konvergenzradius $R \geq q^{-1} > 1$ hat und also für $z := 1$ absolut konvergiert.

Warnung. In einer Potenzreihe können unendlich viele Koeffizienten verschwinden. Bei solchen „Lückenreihen"

$$\sum_{\lambda=0}^{\infty} a_{n_\lambda} z^{n_\lambda}, \quad a_{n_\lambda} \in \mathbb{C}^\times, \quad n_0 < n_1 < n_2 < \ldots,$$

wobei unendlich oft $n_{\lambda+1} > n_\lambda + 1$ ist, führt die Betrachtung der Folge $|a_{n_\lambda} \cdot a_{n_{\lambda+1}}^{-1}|$ i.allg. nicht mehr zum Konvergenzradius: für die geometrische Reihe $\sum 2^{2\nu} z^{2\nu}$ gilt z.B. $a_{2\nu} = 2^{2\nu}$, $a_{2\nu+1} = 0$, $a_{2\nu} \cdot a_{2\nu+2}^{-1} = \frac{1}{4}$, während nach CAUCHY-HADAMARD der Konvergenzradius der Reihe $\frac{1}{2}$ ist.

5. Historisches zu konvergenten Potenzreihen. EULER rechnete wie selbstverständlich mit ihnen, z.B. benutzte er in [E], § 335 ff. bereits implizit das Quotientenkriterium (vgl. hierzu auch 7.3.2), LAGRANGE wollte gar die gesamte Analysis mit Potenzreihen begründen. CAUCHY bewies 1821 die ersten allgemeinen Sätze, so zeigte er ([C], S. 239/40), daß jede Potenzreihe, ob reell oder

---

[*]) Analog zur Definition des Limes superior erfolgt die Definition

$$\underline{\lim} r_\nu := \lim_{\nu \to \infty} [\inf \{r_\nu, r_{\nu+1}, \ldots\}]$$

des *Limes inferior* einer reellen Zahlenfolge r_ν. Es gilt stets $\underline{\lim} r_\nu \leq \overline{\lim} r_\nu$; im Fall der Existenz von $\lim r_\nu$ gilt: $\underline{\lim} r_\nu = \lim r_\nu = \overline{\lim} r_\nu$.

komplex, in einer wohlbestimmten Kreisscheibe $B \subset \mathbb{C}$ konvergiert und in $\mathbb{C} \smallsetminus \bar{B}$ überall divergiert; er bewies auch die Formeln

$$R = \frac{1}{\overline{\lim} \sqrt[v]{|a_v|}} \quad \text{und} \quad R = \lim \frac{|a_v|}{|a_{v+1}|},$$

letztere unter ausdrücklicher Annahme, daß der Limes existiert („Scolie" auf S. 240). Die Limes superior-Darstellung wurde übrigens 1892 von J.S. Hadamard (französischer Mathematiker, 1865–1963) wiederentdeckt (vgl. Journ. Math. Pures et Appl. 8, 4. Ser., S. 108); es scheint, daß Hadamard Cauchys Formel nicht kannte.

Abel hat sein grundlegendes Konvergenzlemma 1826 in der bahnbrechenden Arbeit [A] über die binomische Reihe publiziert, er formuliert folgenden

Lehrsatz IV. *Wenn die Reihe* $f(\alpha) = v_0 + v_1 \alpha + v_2 \alpha^2 + \dots + v_m \alpha^m + \dots$ *für einen gewissen Werth* δ *von* α *convergirt, so wird sie auch für jeden* **kleineren** *Werth von* α *convergiren,* ....

Dies ist die Essenz unseres Korollars zum Konvergenzlemma. Es ist übrigens interessant, bei Abel zu lesen, wie es um 1826 trotz des Cauchyschen *Cours D'Analyse* um die mathematische Strenge bei Konvergenzfragen bestellt war; so beginnt Abel seine Ausführungen mit den bemerkenswerten Worten: „Untersucht man das Raisonnement, dessen man sich gewöhnlich bedient, wo es sich um unendliche Reihen handelt, genauer, so wird man finden, daß es im Ganzen wenig befriedigend, und daß also die Zahl derjenigen Sätze von unendlichen Reihen, die als streng begründet angesehen werden können, nur sehr geringe ist."

Potenzreihen sind bei Cauchy und Riemann ein Hilfsmittel; systematisch an die Spitze gestellt werden sie indessen erst von Weierstrass. Bereits in seiner 1840 geschriebenen Arbeit *Über die Entwicklung der Modular-Functionen*)* stehen Potenzreihen im Mittelpunkt. Für Weierstrass ist Funktionentheorie geradezu die Theorie der Grenzfunktionen von Potenzreihen.

§ 2. Beispiele konvergenter Potenzreihen

Mit Hilfe des Quotientenkriteriums bestimmen wir die Konvergenzradien wichtiger Potenzreihen. Wir referieren kurz über das Konvergenzverhalten auf

---

*) Es handelt sich um die schriftliche Hausarbeit für das Gymnasiallehrerexamen, sie ist datiert „Westernkotten in Westfalen, im Sommer 1840". Gudermann, der Lehrer von Weierstrass, schreibt in der Beurteilung: „Der Kandidat tritt hierdurch ebenbürtig in die Reihe ruhmgekrönter Erfinder". Gudermann drang auf baldige Publikation der Prüfungsarbeit; das wäre auch geschehen, wenn die philosophische Fakultät der Kgl. Akademie zu Münster/Westf. damals das Promotionsrecht besessen hätte. „Dann würden wir die Freude haben, Weierstraß zu unsern Doktoren zu zählen", so liest man es 1897 in der Rektoratsrede des Weierstrass-Schülers W. Killing (dessen Name in der Lie-Theorie unsterblich wurde). Erst 1894, also 54 Jahre nach ihrer Anfertigung, veröffentlichte Weierstrass seine Prüfungsarbeit, sie nimmt in seinen Mathematischen Werken die erste Stelle ein.

dem Rand und besprechen auch den berühmten Abelschen Grenzwertsatz, der allerdings für die eigentliche Funktionentheorie irrelevant ist.

1. Exponentialreihe und trigonometrische Reihen. Eulersche Formel. Neben der geometrischen Reihen ist die *Exponentialreihe*

$$\exp z := \sum \frac{z^v}{v!} = 1 + z + \frac{z^2}{2!} + \frac{z^3}{3!} + \ldots$$

die wichtigste Potenzreihe. Ihr Konvergenzradius bestimmt sich nach dem Quotientenkriterium $\left(\text{mit } a_v := \frac{1}{v!}\right)$ zu $R = \lim \frac{|a_v|}{|a_{v+1}|} = \lim (v+1) = \infty$, d.h. die Reihe konvergiert *überall* in $\mathbb{C}$. Wegen

$$\left| \sum_n \frac{z^v}{v!} \right| \leq \frac{|z|^n}{n!} \left(1 + \frac{|z|}{n+1} + \frac{|z|^2}{(n+1)(n+2)} + \ldots \right)$$

gilt:

$$\left| \exp z - \sum_0^{n-1} \frac{z^v}{v!} \right| \leq \frac{2}{n!} |z|^n \quad \text{für } n \geq 1 \quad \text{und} \quad |z| \leq 1 + \tfrac{1}{2}(n-1).$$

Warnung. Die Cauchy-Hadamardsche Formel ist zur Bestimmung von R nicht recht geeignet, da $\overline{\lim}(\sqrt[v]{v!})^{-1}$ bestimmt werden müßte. Wegen $R = \infty$ weiß man jetzt: $\overline{\lim}(\sqrt[v]{v!})^{-1} = 0$.

Die *Cosinusreihe* und die *Sinusreihe*

$$\cos z := \sum_0 \frac{(-1)^v}{(2v)!} z^{2v} = 1 - \frac{z^2}{2!} + \frac{z^4}{4!} - \frac{z^6}{6!} + - \ldots,$$

$$\sin z := \sum_0 \frac{(-1)^v}{(2v+1)!} z^{2v+1} = z - \frac{z^3}{3!} + \frac{z^5}{5!} - \frac{z^7}{7!} + - \ldots$$

konvergieren ebenfalls *überall* in $\mathbb{C}$, denn $\sum \frac{|z|^{2v}}{(2v)!}$ und $\sum \frac{|z|^{2v+1}}{(2v+1)!}$ sind Teilreihen der konvergenten Reihe $\sum \frac{|z|^v}{v!}$, $z \in \mathbb{C}$.

Damit haben wir in $\mathbb{C}$ drei komplex-wertige Funktionen $\exp z$, $\cos z$ und $\sin z$ erklärt, die auf $\mathbb{R}$ mit den aus der Infinitesimalrechnung bekannten Funktionen exp, cos und sin übereinstimmen. Wir sprechen von der *komplexen Exponentialfunktion* und der *komplexen Cosinus- und Sinusfunktion*. Diese Funktionen werden ausführlich im Kapitel 5 diskutiert. Hier notieren wir noch die berühmte

Eulersche Formel: $\exp iz = \cos z + i \sin z$ *für alle* $z \in \mathbb{C}$,

die EULER 1748 für reelle Argumente angegeben hat ([E], § 138). Die Eulersche Formel ergibt sich wegen $i^2 = -1$ unmittelbar durch Grenzübergang aus der Gleichung

$$\sum_{v=0}^{2m+1} \frac{(iz)^v}{v!} = \sum_{\mu=0}^m (-1)^\mu \frac{z^{2\mu}}{(2\mu)!} + i \sum_{\mu=0}^m (-1)^\mu \frac{z^{2\mu+1}}{(2\mu+1)!} \qquad \square$$

Da cos bzw. sin eine *gerade* bzw. *ungerade* Funktion ist:

$$\cos(-z) = \cos z, \quad \sin(-z) = -\sin z, \quad z \in \mathbb{C},$$

so gilt $\exp(-iz) = \cos z - i \sin z$; damit erhält man durch Addition bzw. Subtraktion die Eulerschen Darstellungen

$$\cos z = \tfrac{1}{2}(\exp iz + \exp(-iz)), \quad \sin z = \tfrac{1}{2i}(\exp iz - \exp(-iz)).$$

2. Logarithmische Reihe und Arcustangensreihe. Die Potenzreihe

$$\lambda(z) := \sum_1 \frac{(-1)^{\nu-1}}{\nu} z^\nu = z - \frac{z^2}{2} + \frac{z^3}{3} - + \ldots$$

heißt die *logarithmische Reihe;* sie hat den Konvergenzradius $R = 1$, da $\dfrac{|a_\nu|}{|a_{\nu+1}|} = \dfrac{\nu+1}{\nu}$.

Wir werden in 5.4.2 sehen, daß die zugehörige Funktion im Einheitskreis $\mathbb{E}$ der Hauptzweig $\log(1+z)$ der Logarithmusfunktion ist. Die logarithmische Reihe wurde 1668 von Nicolaus MERCATOR (wahrer Name: KAUFMANN, geb. 1620 in Holstein, lebte in London, eines der ersten Mitglieder der Royal Society, ging 1683 nach Frankreich und entwarf die Springbrunnen zu Versailles, gest. 1687 in Paris; nicht zu verwechseln mit dem etwa 100 Jahre älteren Erfinder der Mercatorprojektion) bei der Quadratur der Hyperbel gefunden, nämlich:

$$\log(1+x) = \int_0^x \frac{dt}{1+t} = \int_0^x (1 - t + t^2 - t^3 + - \ldots) dt = x - \frac{x^2}{2} + \frac{x^3}{3} - \frac{x^4}{4} + \ldots$$

Die Potenzreihe

$$a(z) := \sum_1 \frac{(-1)^{\nu-1}}{2\nu-1} z^{2\nu-1} = z - \frac{z^3}{3} + \frac{z^5}{5} - + \ldots$$

heißt die *Arcustangensreihe;* sie hat den Konvergenzradius $R = 1$ (warum?) und stellt im Einheitskreis die Funktion $\arctan z$ dar (vgl. 5.2.5). Die Arcustangensreihe wurde 1671 von J. GREGORY (1638–1675, schottischer Mathematiker) gefunden, aber erst 1712 der Öffentlichkeit bekannt.

3. Binomische Reihe. Im Jahre 1669 entdeckte der 26jährige Isaac NEWTON (1643–1727, 1689 MP für die Universität Cambridge, 1699 Vorsteher der königlichen Münze, 1703 Präsident der Royal Society, 1705 Ritterschlag) in seiner Arbeit *De analysi per aequationes numero terminorum infinitas* (in: The mathematical papers of Isaac Newton, Band II, 206–247), daß für *jede reelle* Zahl $s \in \mathbb{R}$ die *binomische Reihe*

$$\sum_0 \binom{s}{\nu} x^\nu = 1 + sx + \frac{s(s-1)}{2!} x^2 + \ldots + \frac{s(s-1) \cdot \ldots \cdot (s-n+1)}{n!} x^n + \ldots$$

für alle reellen x, $-1 < x < 1$, das *Binom* $(1+x)^s$ darstellt. In seiner Arbeit [A] betrachtet ABEL diese Reihe für beliebige komplexe Exponenten $\sigma \in \mathbb{C}$ und komplexe Argumente z; er zeigt, daß für alle $\sigma \in \mathbb{C} \smallsetminus \mathbb{N}$ die Reihe den Konvergenzradius 1 hat und im Einheitskreis wieder das Binom $(1+z)^\sigma$ darstellt, wenn man diese Potenzfunktion „richtig" definiert.

Für jedes $\sigma \in \mathbb{C}$ definiert man wie im Reellen die *Binomialkoeffizienten* durch

$$\binom{\sigma}{0} := 1, \quad \binom{\sigma}{n} := \frac{\sigma(\sigma-1) \cdot \ldots \cdot (\sigma-n+1)}{n!} \quad \text{für } n = 1, 2, \ldots;$$

es gilt:

(∗)
$$\binom{\sigma}{n+1} = \frac{\sigma-n}{n+1} \binom{\sigma}{n} \quad \text{für alle } \sigma \in \mathbb{C} \text{ und alle } n \geq 0.$$

Die *binomische Reihe* zu $\sigma \in \mathbb{C}$ wird gegeben durch

$$b_\sigma(z) := \sum_0 \binom{\sigma}{\nu} z^\nu = 1 + \sigma z + \binom{\sigma}{2} z^2 + \ldots + \binom{\sigma}{n} z^n + \ldots.$$

Ist σ eine natürliche Zahl, so gilt $\binom{\sigma}{\nu} = 0$ für alle $\nu > \sigma$, alsdann gilt (wie in jedem Körper der Charakteristik 0) die

Binomische Formel:

$$(1+z)^\sigma = \sum \binom{\sigma}{\nu} z^\nu \quad \text{für alle } z \in \mathbb{C}, \ \sigma \in \mathbb{N}.$$

Für jedes $\sigma \in \mathbb{C} \smallsetminus \mathbb{N}$ gilt $\binom{\sigma}{\nu} \neq 0$ für alle $\nu \geq 0$. In diesen Fällen ist die binomische Reihe eine unendliche Potenzreihe; z.B. hat man für $\sigma = -1$ wegen $\binom{-1}{\nu} = (-1)^\nu$ die *alternierende geometrische Reihe*

$$b_{-1}(z) = \sum \binom{-1}{\nu} z^\nu = \sum_0^\infty (-z)^\nu = \frac{1}{1+z} \quad \text{für alle } z \in \mathbb{E}.$$

Wir zeigen nun allgemein:

Die binomische Reihe zu $\sigma \in \mathbb{C} \smallsetminus \mathbb{N}$ hat stets den Konvergenzradius 1.

Beweis. Es ist $a_\nu := \binom{\sigma}{\nu} \neq 0$ für alle ν, weiter gilt wegen (∗):

$$\frac{a_\nu}{a_{\nu+1}} = \frac{\nu+1}{\sigma-\nu} = -\frac{1+1/\nu}{1-\sigma/\nu} \quad \text{für alle } \nu \geq 1, \quad \text{also} \quad R = \lim \frac{|a_\nu|}{|a_{\nu+1}|} = 1. \qquad \square$$

Für jede Potenzreihe $f(z) = \sum a_\nu z^\nu$ gilt $\overline{f(z)} = \sum \bar{a}_\nu \bar{z}^\nu$; also $\overline{f(z)} = f(\bar{z})$, falls alle Koeffizienten a_ν *reell* sind. Daher folgt:

$$\overline{\exp z} = \exp \bar{z}, \quad \overline{\cos z} = \cos \bar{z}, \quad \overline{\sin z} = \sin \bar{z} \quad \text{für } z \in \mathbb{C};$$

$$\overline{\lambda(z)} = \lambda(\bar{z}) \quad \text{für } z \in \mathbb{E}; \quad \overline{b_\sigma(z)} = b_\sigma(\bar{z}) \quad \text{für } z \in \mathbb{E}, \text{ falls } \sigma \in \mathbb{R}.$$

4.* Konvergenzverhalten auf dem Rand. Das Konvergenzverhalten einer Potenzreihe auf der Peripherie der Konvergenzkreisscheibe ist von Fall zu Fall verschieden: *es kann überall (absolute) Konvergenz stattfinden*, z.B. bei der Reihe $\sum_1 \frac{z^\nu}{\nu^2}$ mit $R=1$; *es braucht nirgends Konvergenz vorzuliegen*, z.B. bei $\sum_0 z^\nu$ mit $R=1$; *es kann sowohl Konvergenzpunkte als auch Divergenzpunkte geben*, z.B. bei der „logarithmischen" Reihe $\sum_1 \frac{(-1)^{\nu-1}}{\nu} z^\nu$ mit $R=1$ in $z=1$ (alternierende harmonische Reihe) bzw. $z=-1$ (harmonische Reihe). Es läßt sich übrigens zeigen, daß die logarithmische Reihe in allen Punkten $\neq -1$ auf der Peripherie des Einheitskreises konvergiert!

Es gibt eine umfangreiche Literatur über das Konvergenzverhalten auf dem Rande. So konstruierte z.B. 1911 der polnische Mathematiker N. LUSIN eine Potenzreihe $\sum c_\nu z^\nu$ mit Konvergenzradius 1 und $\lim c_\nu = 0$, die in allen Punkten $w \in \mathbb{C}$ mit $|w|=1$ divergiert. Und der polnische Mathematiker W. SIERPIŃSKI gab 1912 eine Potenzreihe mit Konvergenzradius 1 an, die im Punkte 1 konvergiert und in allen übrigen Punkten auf der Peripherie des Einheitskreises divergiert. Der an solchen Fragen interessierte Leser findet eine ausgedehnte Wiedergabe dieser und weiterer Sätze in dem Büchlein [Lan].

5.* Abelscher Stetigkeitssatz. ABEL hat 1827 folgendes Problem formuliert (Crelles Journ. 2, S. 286; auch Œuvres 1, S. 618): „En supposant la série

$$f x = \alpha_0 + \alpha_1 x + \alpha_2 x^2 + \dots$$

convergente pour toute valeur positive moindre que la quantité positive α, on propose de trouver la limite vers laquelle converge la valeur de la fonction $f x$, en faisant converger x vers la limite α." Dieses Problem besagt im wesentlichen, das Verhalten der Grenzfunktion einer Potenzreihe bei radialer Annäherung an den Rand der Konvergenzkreisscheibe zu bestimmen. Für den Fall, daß die Reihe in dem zu betrachtenden Randpunkt noch konvergiert, hatte ABEL sein Problem bereits 1826 in seiner Arbeit [A] gelöst; sein in 1.5 angegebener Satz lautet nämlich in vollständiger Formulierung:

Lehrsatz IV. *Wenn die Reihe* $f(\alpha) = v_0 + v_1 \alpha + v_2 \alpha^2 + \dots + v_m \alpha^m + \dots$ *für einen gewissen Werth δ von α convergirt, so wird sie auch für jeden kleineren Werth von α convergiren, und von der Art seyn, daß $f(\alpha - \beta)$, für stets abnehmende Werthe von β, sich der Grenze $f(\alpha)$ nähert, vorausgesezt, daß α gleich oder kleiner ist als δ.*

Hier wird also, da $\alpha = \delta$ ausdrücklich zugelassen ist, gesagt, daß die Funktion $f(\alpha)$ im *abgeschlossenen* Intervall $[0, \delta]$ stetig ist, d.h. daß gilt:

$$\lim_{\alpha \to \delta - 0} f(\alpha) = v_0 + v_1 \delta + v_2 \delta^2 + \dots.$$

Diese Aussage, die keineswegs trivial ist und von ABEL mit einem eleganten Trick hergeleitet wird, nennt man den *Abelschen Stetigkeitssatz* bzw. *Grenzwertsatz.*[*] Die Anwendungen dieses Satzes in der Infinitesimalrechnung sind zur Genüge bekannt. Wenn man z.B. weiß, daß die Reihen

$$x - \frac{x^2}{2} + \frac{x^3}{3} - \frac{x^4}{4} + - \dots \quad \text{bzw.} \quad x - \frac{x^3}{3} + \frac{x^5}{5} - \frac{x^7}{7} + - \dots$$

---

[*] Der Satz wird schon bei GAUSS (Disq. generales circa seriem ... 1812, Werke III, S. 143) ausgesprochen und benutzt; der Gaußsche Beweis hat eine Lücke, da ohne besondere Prüfung zwei Grenzübergänge vertauscht werden.

im Intervall $(-1, 1)$ konvergieren und dort die Funktionen $\log(1+x)$ bzw. $\arctan x$ darstellen, so folgt aus ihrer Konvergenz im Punkt 1 mittels des Stetigkeitssatzes $\Big($ auf Grund der Stetigkeit von log und arctan sowie wegen $\arctan 1 = \dfrac{\pi}{4}\Big)$ die Gleichung $\log 2$ $= 1 - \frac{1}{2} + \frac{1}{3} - \frac{1}{4} + - \dots$ sowie die berühmte

Leibnizsche Formel:

$$\frac{\pi}{4} = 1 - \frac{1}{3} + \frac{1}{5} - \frac{1}{7} + - \dots .$$

Der Grenzwertsatz kann auch so ausgesprochen werden, daß bei Reihenkonvergenz in einem Randpunkt die Grenzfunktion bei *radialer* Annäherung an diesen Punkt einen Limes besitzt, der durch die Reihensumme gegeben wird. O. Stolz hat 1875 (Zeitschr. Math. Phys. 20, 369–376) folgende Verallgemeinerung bewiesen:

Es sei $\sum a_\nu (z-c)^\nu$ eine Potenzreihe mit Konvergenzradius R, die im Punkt $b \in \partial B_R(c)$ konvergiert. Dann konvergiert die Reihe gleichmäßig in jedem abgeschlossenen Dreieck Δ,

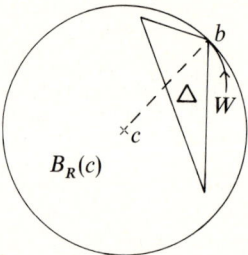

dessen eine Ecke der Punkt b ist und dessen andere beiden Ecken in $B_R(c)$ liegen (vgl. Fig.). *Insbesondere ist die Funktion*

$$f: \Delta \to \mathbb{C}, \qquad \zeta \mapsto \sum a_\nu (\zeta - c)^\nu$$

stetig in Δ, speziell gilt:

$$\lim_{z \to b} f(z) | \Delta = \sum a_\nu (b - c)^\nu.$$

HARDY und LITTLEWOOD zeigten 1912 (vgl. hierzu auch L. HOLZER, Deutsche Mathematik 4, 190–193 (1939)), daß bei Annäherung an b längs Wegen W, die keinem solchen Dreieck angehören, kein Grenzwert zu existieren braucht.   □

Es scheint keine „natürlichen Anwendungen" des verallgemeinerten Grenzwertsatzes zu geben. Einen Beweis des Satzes findet der Leser bei KNESER [14], S. 143/144 oder auch bei KNOPP [15]. Dort und in [Lan] findet man auch Untersuchungen über das Problem der Umkehrbarkeit des Abelschen Grenzwertsatzes (Sätze von TAUBER, HARDY und LITTLEWOOD und andere).

§ 3. Holomorphie von Potenzreihen

Wenn man von den Beispielen in 1.2.3 absieht, wo transzendente reelle Funktionen zu holomorphen Funktionen zusammengesetzt wurden, so kennen wir bisher außer Polynomen und rationalen Funktionen keine Beispiele holomorpher Funktionen. Aus der reellen *Differentialrechnung* weiß man aber, daß *konvergente, reelle Potenzreihen beliebig oft reell differenzierbare* Funktionen darstellen und daß man Summation und Differentiation vertauschen darf. Analog erweisen sich in der *komplexen Differentialrechnung* alle *konvergenten, komplexen* Potenzreihen als *beliebig oft komplex differenzierbar* und damit als holomorph: es gilt ebenfalls der Satz von der Vertauschbarkeit von Summation und Differentiation.

1. Formale gliedweise Differentiation und Integration. *Hat* $\sum a_v(z-c)^v$ *den Konvergenzradius R, so haben auch die durch gliedweise Differentiation bzw. Integration entstehenden Reihen* $\sum v\, a_v(z-c)^{v-1}$ *und* $\sum \dfrac{1}{v+1} a_v(z-c)^{v+1}$ *den Konvergenzradius R.*

Beweis. a) Für den Konvergenzradius R' der differenzierten Reihe gilt:

$$R' = \sup\{t \geq 0 : \text{die Folge } v|a_v| t^{v-1} \text{ ist beschränkt}\}.$$

Da mit $v|a_v| t^{v-1}$ erst recht die Folge $|a_v| t^v$ beschränkt ist, folgt $R' \leq R$.

Um $R \leq R'$ einzusehen, genügt es zu zeigen, daß für jedes $r < R$ gilt $r \leq R'$. Man wähle zu r ein s mit $r < s < R$. Dann ist die Folge $|a_v| s^v$ beschränkt. Es gilt: $v|a_v| r^{v-1} = (r^{-1}|a_v| s^v) v q^v$ mit $q := r s^{-1}$. Da $v q^v$ wegen $0 < q < 1$ eine Nullfolge ist, so ist auch $v|a_v| r^{v-1}$ eine Nullfolge. Es folgt $r \leq R'$. Insgesamt ist bewiesen: $R' = R$.

b) Es bezeichne $\hat{R}$ den Konvergenzradius der integrierten Reihe. Nach dem in a) Bewiesenen ist $\hat{R}$ auch der Konvergenzradius der aus $\sum \dfrac{a_v}{v+1}(z-c)^{v+1}$ durch gliedweise Differentiation entstehenden Reihe $\sum a_v(z-c)^v$. Es folgt: $\hat{R} = R$.

2. Holomorphie von Potenzreihen. Vertauschungssatz. Im eben bewiesenen Satz ist *nicht* enthalten, daß die in $B_R(c)$ stetige Grenzfunktion f der Potenzreihe $\sum a_v(z-c)^v$ in $B_R(c)$ holomorph ist. Dies soll nun bewiesen werden; wir behaupten:

Satz (*Vertauschbarkeit von Differentiation und Summation bei Potenzreihen*). *Die Potenzreihe* $\sum a_v(z-c)^v$ *habe den Konvergenzradius* $R > 0$. *Dann ist ihre Grenzfunktion* f *in* $B_R(c)$ *beliebig oft komplex-differenzierbar und also insbesondere holomorph in* $B_R(c)$. *Es gilt:*

$$f^{(k)}(z) = \sum_k k! \binom{v}{k} a_v(z-c)^{v-k}, \qquad z \in B_R(c), \; k \in \mathbb{N};$$

speziell:

$$\frac{f^{(k)}(c)}{k!} = a_k \qquad (\textit{Taylorsche Koeffizientenformeln}).$$

Beweis. Es genügt, den Fall $k = 1$ zu behandeln; hieraus folgt der Allgemeinfall durch Iteration. Wir setzen $B := B_R(c)$. Zunächst ist auf Grund von Satz 1 klar, daß durch $g(z) := \sum_1 v\, a_v (z-c)^{v-1}$ eine Funktion $g: B \to \mathbb{C}$ definiert wird; unsere Behauptung ist: $f' = g$. Wir nehmen wieder $c = 0$ an. Sei $b \in B$ fixiert. Um $f'(b) = g(b)$ zu zeigen, setzen wir:

$$q_v(z) := z^{v-1} + z^{v-2}b + \ldots + z^{v-j}b^{j-1} + \ldots + b^{v-1}, \qquad z \in \mathbb{C}, \; v = 1, 2, \ldots.$$

Dann gilt stets: $z^v - b^v = (z-b)\, q_v(z)$ und also

$$f(z) - f(b) = \sum_1 a_v (z^v - b^v) = (z-b) \sum_1 a_v q_v(z), \qquad z \in B.$$

Sei nun $f_1(z) := \sum_1 a_v q_v(z)$. Dann folgt (beachte: $q_v(b) = v\, b^{v-1}$):

$$f(z) = f(b) + (z-b) f_1(z), \quad z \in B, \quad \text{und} \quad f_1(b) = \sum_1 v\, a_v b^{v-1} = g(b).$$

Es ist daher „nur noch" zu zeigen, daß f_1 *stetig in b* ist. Dazu genügt es nachzuweisen, daß die Reihe $\sum_1 a_v q_v(z)$ *in B normal konvergiert*. Das aber ist klar, denn für jede Kreisscheibe B_r, $0 < r < R$, gilt nach Satz 1

$$|a_v q_v|_{B_r} \le |a_v|\, v\, r^{v-1}, \quad \text{also} \quad \sum_1 |a_v q_v|_{B_r} \le \sum_1 v |a_v|\, r^{v-1} < \infty.$$

Der eben geführte Beweis gilt (wörtlich wie hier), wenn man statt $\mathbb{C}$ *irgendeinen vollständig bewerteten Körper*, z.B. $\mathbb{R}$, zugrundelegt (wobei man bei Körpern der Charakteristik $\ne 0$ statt $k! \binom{v}{k}$ schreibe: $v(v-1) \cdot \ldots \cdot (v-k+1)$).

3. Historisches zur gliedweisen Differentiation von Reihen. Für EULER war es selbstverständlich, daß sich bei gliedweisem Differenzieren von Potenzreihen und Funktionenreihen die Ableitung der Grenzfunktion einstellt. Erst ABEL weist in seinem bereits in 3.1.4 zitierten Brief vom 16.01.1826 an HOLMBOE darauf hin, daß der Satz von der Vertauschbarkeit von Differentiation und Summation nicht allgemein für konvergente Reihen differenzierbarer Funktionen gilt. ABEL, der in Berlin gerade von der Mathematik der Eulerzeit zur kritischen logischen Strenge der Gaußzeit gefunden hatte, schreibt mit dem glühenden Enthusiasmus eines Neophyten (loc. cit. S. 258): „La théorie des séries infinies en général est jusqu'à présent très mal fondée. On applique aux séries infinies toutes les opérations, comme si elles étaient finies; mais cela est-il bien permis? je crois que non. Où est-il démontré qu'on obtient la différentielle d'une série infinie en prenant la différentielle de chaque terme? Rien n'est plus facile que de donner des exemples où cela n'est pas juste; par exemple

$$\frac{x}{2} = \sin x - \tfrac{1}{2} \sin 2x + \tfrac{1}{3} \sin 3x - \text{etc.}$$

En différentiant on obtient

$$\tfrac{1}{2} = \cos x - \cos 2x + \cos 3x - \text{etc.},$$

résultat tout faux, car cette série est divergente."

Die richtige funktionentheoretische Verallgemeinerung des Satzes von der gliedweisen Differentiation von Potenzreihen ist der berühmte Satz von WEIERSTRASS über die gliedweise Differentiation von kompakt konvergenten Reihen holomorpher Funktionen. Wir werden diesen Satz in 8.4.2 mittels der Cauchyschen Abschätzungen beweisen.

4. Beispiele holomorpher Funktionen. 1) Aus der im Einheitskreis $\mathbb{E}$ konvergenten *geometrischen* Reihe $\dfrac{1}{1-z} = \sum_0 z^\nu$ entsteht durch k-fache Differentiation:

$$\frac{1}{(1-z)^{k+1}} = \sum_k \binom{\nu}{k} z^{\nu-k}, \qquad z \in \mathbb{E}.$$

2) Die *Exponentialfunktion* $\exp z = \sum \dfrac{z^\nu}{\nu!}$ ist holomorph in $\mathbb{C}$:

$$(\exp)'(z) = \exp z, \qquad z \in \mathbb{C};$$

diese Differentialgleichung kann zum Ausgangspunkt der Theorie der Exponentialfunktion gemacht werden (vgl. 5.1.1).

3) Die *Cosinusfunktion* und die *Sinusfunktion*

$$\cos z = \sum \frac{(-1)^\nu}{(2\nu)!} z^{2\nu}, \qquad \sin z = \sum \frac{(-1)^\nu}{(2\nu+1)!} z^{2\nu+1}, \qquad z \in \mathbb{C},$$

sind holomorph in $\mathbb{C}$:

$$(\cos)'(z) = -\sin z, \qquad (\sin)'(z) = \cos z, \qquad z \in \mathbb{C};$$

dies folgt übrigens, wenn man $(\exp)' = \exp$ benutzen will, auch sofort aus den Formeln

$$\cos z = \tfrac{1}{2}[\exp(iz) + \exp(-iz)], \qquad \sin z = \tfrac{1}{2i}[\exp(iz) - \exp(-iz)].$$

4) Die *logarithmische Reihe* $\lambda(z) - z - \dfrac{z^2}{2} + \dfrac{z^3}{3} - \dots$ ist holomorph in $\mathbb{E}$:

$$\lambda'(z) = 1 - z + z^2 - \dots = \frac{1}{1+z}, \qquad z \in \mathbb{E}.$$

5) Die *Arcustangensreihe* $a(z) = z - \dfrac{z^3}{3} + \dfrac{z^5}{5} - \dots$ ist holomorph in $\mathbb{E}$ mit der Ableitung $a'(z) = \dfrac{1}{1+z^2}$. Die Bezeichnung „Arcustangens" wird in 5.2.5 und 5.5.2 gerechtfertigt.

6) Die *binomische* Reihe $b_\sigma(z) = \sum \binom{\sigma}{\nu} z^\nu$, $\sigma \in \mathbb{C}$, ist in $\mathbb{E}$ holomorph:

$$b_\sigma'(z) = \sigma b_{\sigma-1}(z) = \frac{\sigma}{1+z} b_\sigma(z), \qquad z \in \mathbb{E}.$$

Um letzteres einzusehen, beachte man, daß wegen $v \binom{\sigma}{v} = \sigma \binom{\sigma-1}{v-1}$ zunächst folgt:

$$b'_\sigma(z) = \sum_1 v \binom{\sigma}{v} z^{v-1} = \sigma \sum_1 \binom{\sigma-1}{v-1} z^{v-1} = \sigma\, b_{\sigma-1}(z).$$

Nun gilt $\binom{\sigma-1}{v} + \binom{\sigma-1}{v-1} = \binom{\sigma}{v}$, $v \geq 1$, und mithin:

$$(1+z)\,b_{\sigma-1}(z) = \sum_0 \binom{\sigma-1}{v} z^v + \sum_1 \binom{\sigma-1}{v-1} z^v = \sum_0 \binom{\sigma}{v} z^v = b_\sigma(z). \qquad \square$$

Stellt man sich b_σ als „Potenz" $(1+z)^\sigma$ vor(!), so sind die gewonnenen Formeln keine Überraschung.

Zwischen Exponentialreihe, logarithmischer Reihe und binomischer Reihe besteht die wichtige Gleichung

(∗) $\qquad b_\sigma(z) = \exp(\sigma\,\lambda(z))$, speziell $1 + z = \exp\lambda(z)$ für $z \in \mathbb{E}$.

Beweis. Für die in $\mathbb{E}$ holomorphe Funktion $f(z) := b_\sigma(z)\exp(-\sigma\,\lambda(z))$ gilt

$$f'(z) = [b'_\sigma(z) - \sigma\,b_\sigma(z)\,\lambda'(z)]\exp(-\sigma\,\lambda(z)) = 0$$

wegen $b'_\sigma = \sigma\,b_\sigma\,\lambda'$.

Mithin ist f nach 1.3.3 konstant in $\mathbb{E}$; da $f(0) = 1$, so folgt (∗).

§ 4. Struktur der Algebra der konvergenten Potenzreihen

Die Menge $\bar{\mathscr{A}}$ aller (formalen) Potenzreihen mit dem Nullpunkt als Entwicklungspunkt ist (mit der Cauchyschen Multiplikation) eine kommutative $\mathbb{C}$-Algebra mit Einselement. Wir bezeichnen mit $\mathscr{A}$ die Menge aller *konvergenten* Potenzreihen um 0. Dann können wir feststellen:

$\mathscr{A}$ *ist eine $\mathbb{C}$-Unteralgebra von $\bar{\mathscr{A}}$, es gilt:*

(1) $\qquad \mathscr{A} = \{f = \sum a_v z^v \in \bar{\mathscr{A}}:$ es gibt $s > 0$, $M > 0$, so daß $|a_v|\,s^v \leq M$ für $v \in \mathbb{N}\}$;

letzteres ist klar auf Grund des Konvergenzlemmas 1.1.

Im folgenden wird die Struktur des Ringes $\mathscr{A}$ erschöpfend beschrieben; dabei benutzen wir konsequent Redeweisen der modernen Algebra. Hilfsmittel sind die Ordnungsfunktion $v : \mathscr{A} \to \mathbb{N} \cup \{\infty\}$ und der für $\mathscr{A}$ nicht völlig triviale Einheitensatz 2. Da diese Hilfsmittel für $\bar{\mathscr{A}}$ trivialerweise zur Verfügung stehen, gelten alle Aussagen dieses Paragraphen mutatis mutandis auch für den Ring der formalen Potenzreihen. – Die Resultate dieses Paragraphen sind für jeden *vollständig bewerteten* Grundkörper k (anstelle von $\mathbb{C}$) richtig.

1. Ordnungsfunktion. Für jede Potenzreihe $f = \sum a_v z^v$ definiert man die *Ordnung* $v(f)$ von f durch

$$v(f) := \begin{cases} \min\{v \in \mathbb{N} : a_v \neq 0\}, & \text{falls } f \neq 0, \\ \infty, & \text{falls } f = 0; \end{cases}$$

statt Ordnung sagt man auch *Untergrad* von f. Es gilt z.B. $v(z^n) = n$.

Rechenregeln für die Ordnungsfunktion. *Die Abbildung* $v: \bar{\mathscr{A}} \to \mathbb{N} \cup \{\infty\}$ *ist eine nichtarchimedische Bewertung von* $\bar{\mathscr{A}}$, *d.h. für alle* $f, g \in \bar{\mathscr{A}}$ *gilt:*

1) $v(fg) = v(f) + v(g)$ *(Produktregel),*
2) $v(f+g) \geq \min\{v(f), v(g)\}$ *(Summenregel).*

Der Leser führe die Beweise aus (mit den üblichen Verabredungen $n + \infty = \infty$, $\min(n, \infty) = n$ für $n \in \mathbb{N} \cup \{\infty\}$). – Da die Wertemenge $\mathbb{N} \cup \{\infty\}$ von v „diskret" in $\mathbb{R} \cup \{\infty\}$ liegt, nennt man die Bewertung v auch *diskret*.

Die Produktregel liefert direkt:

Die Algebra $\bar{\mathscr{A}}$ *und damit auch die Unteralgebra* $\mathscr{A}$ *ist ein Integritätsring (d.h. nullteilerfrei, d.h. aus* $fg = 0$ *folgt* $f = 0$ *oder* $g = 0$).

Die Summenregel läßt sich verschärfen: es gilt $v(f+g) = \min\{v(f), v(g)\}$ stets dann, wenn $v(f) \neq v(g)$; dies gilt allgemein für nichtarchimedische Bewertungen.

2. Einheitensatz. Ein Element e eines kommutativen Ringes R mit 1 heißt *Einheit in R*, wenn es ein $\hat{e} \in R$ mit $e\hat{e} = 1$ gibt. Die Einheiten in R bilden bez. der Multiplikation eine Gruppe, die sog. *Einheitengruppe von R*. Zur Charakterisierung der Einheiten von $\mathscr{A}$ benötigt man das

Einheitenlemma. *Jede konvergente Potenzreihe* $e = 1 - b_1 z - b_2 z^2 - b_3 z^3 - \ldots$ *ist eine Einheit in* $\mathscr{A}$.

Beweis. Es gilt $e\hat{e} = 1$, wobei $\hat{e} := 1 + k_1 z + k_2 z^2 + k_3 z^3 + \ldots \in \bar{\mathscr{A}}$ mit

(∗) $k_1 := b_1$, $k_n := b_1 k_{n-1} + b_2 k_{n-2} + \ldots + b_{n-1} k_1 + b_n$ für $n \geq 2$.

Es bleibt zu zeigen: $\hat{e} \in \mathscr{A}$. Wegen $e \in \mathscr{A}$ gibt es ein $s > 0$, so daß $|b_n| \leq s^n$ für alle $n \geq 1$. Hieraus folgt durch Induktion

$$|k_n| \leq \tfrac{1}{2}(2s)^n, \quad n = 1, 2, \ldots;$$

das ist klar für $n = 1$; der Schluß von $n-1$ auf n geht mittels (∗) so:

$$|k_n| \leq \sum_1^{n-1} |b_v| \, |k_{n-v}| + |b_n| \leq \tfrac{1}{2} \sum_1^{n-1} s^v (2s)^{n-v} + s^n = \tfrac{1}{2}(2s)^n.$$

Für $t := (2s)^{-1} > 0$ folgt daher $|k_n| t^n \leq \tfrac{1}{2}$ für alle $n \geq 1$. Dies bedeutet $\hat{e} \in \mathscr{A}$ auf Grund von Gleichung (1) der Einleitung.   □

Der vorangehende Beweis findet sich bei HURWITZ [12], S. 28/29; er dürfte auf WEIERSTRASS zurückgehen. In 7.4.1 geben wir einen „Zweizeilenbeweis"; für den Polynomring $\mathbb{C}[z]$ gibt es kein Analogon zum Einheitenlemma.   □

Einheitensatz. *Ein Element* $f \in \mathscr{A}$ *ist genau dann eine Einheit in* $\mathscr{A}$, *wenn gilt* $f(0) \neq 0$.

Beweis. a) Offensichtlich ist die Bedingung notwendig: falls nämlich $f\hat{f} = 1$ mit $\hat{f} \in \mathscr{A}$, so gilt $f(0)\hat{f}(0) = 1$, also $f(0) \neq 0$.

b) Sei $f = \sum a_v z^v \in \mathscr{A}$ mit $a_0 = f(0) \neq 0$. Nach dem Einheitenlemma gibt es zu $e := a_0^{-1} f = 1 + a_0^{-1} a_1 z + a_0^{-1} a_2 z^2 + \ldots \in \mathscr{A}$ ein $\hat{e} \in \mathscr{A}$ mit $e\hat{e} = 1$. Es folgt $f \cdot (a_0^{-1} \hat{e}) = 1$.   □

Der Einheitensatz läßt sich auch so formulieren:

$$f \in \mathscr{A} \text{ ist Einheit in } \mathscr{A} \Leftrightarrow v(f) = 0. \qquad\qquad □$$

Einheitenlemma und Einheitensatz gelten natürlich auch für formale Potenzreihen, der Beweis des Lemmas besteht dann aus den ersten beiden Zeilen obigen Beweises.

3. Normalform konvergenter Potenzreihen. *Jedes* $f \in \mathscr{A}$, $f \neq 0$, *hat die Form*

(1) $f = e\, z^n$ *mit einer Einheit* $e \in \mathscr{A}$ *und* $n \in \mathbb{N}$.

Die Darstellung (1) *von* f *ist eindeutig; es gilt* $n = v(f)$.

Beweis. a) Sei $f = a_n z^n + a_{n+1} z^{n+1} + \ldots$ mit $a_n \neq 0$, also $n = v(f)$. Es folgt $f = e\, z^n$, wobei $e := a_n + a_{n+1} z + \ldots$ nach dem Einheitensatz eine Einheit in $\mathscr{A}$ ist.

b) Sei $f = \tilde{e}\, z^m$ eine weitere Darstellung von f mit $m \in \mathbb{N}$ und einer Einheit $\tilde{e} \in \mathscr{A}$. Da $v(e) = v(\tilde{e}) = 0$ nach dem Einheitensatz, so folgt aus $e\, z^n = \tilde{e}\, z^m$ auf Grund der Produktregel:

$$n = v(e) + v(z^n) = v(e\, z^n) = v(\tilde{e}\, z^m) = m \quad \text{und hiermit weiter} \quad e = \tilde{e}. \qquad \square$$

Wir nennen (1) *die Normalform* von f.

Ein Element p eines Integritätsringes R heißt *Primelement*, wenn p keine Einheit in R ist, und wenn aus $p|fg$ stets $p|f$ oder $p|g$ folgt, wobei $f, g \in R$. Ein Integritätsring R heißt *faktoriell*, wenn jedes Element $\neq 0$ aus R Produkt endlich vieler Primelemente ist.

Aus der Normalform (1) ergibt sich unmittelbar:

Korollar. *Der Ring* $\mathscr{A}$ *ist faktoriell, das Element* z *ist – bis auf Multiplikation mit einer Einheit – das einzige Primelement von* $\mathscr{A}$.

Im Gegensatz zu $\mathscr{A}$ hat der faktorielle Polynomring $\mathbb{C}[z] \subset \mathscr{A}$ die kontinuierlich vielen Primelemente $z - c, c \in \mathbb{C}$.

Im Vorangehenden spielt das Primelement z eine ausgezeichnete Rolle. Satz und Korollar bleiben richtig, wenn man statt z irgendein Element $\tau \in \mathscr{A}$ mit $v(\tau) = 1$ fixiert; jedes solche Element τ ist ein Primelement von $\mathscr{A}$ und mit z gleichberechtigt und heißt nach klassischem Sprachgebrauch eine *Uniformisierende von* $\mathscr{A}$.

Jeder Integritätsring R besitzt einen *Quotientenkörper* $Q(R)$. Aus dem Korollar folgt sofort:

Der Quotientenkörper $Q(\mathscr{A})$ *besteht aus allen Reihen* $\sum_{v \geq n} a_v z^v$, $n \in \mathbb{Z}$, *wobei* $\sum_0 a_v z^v$ *eine konvergente Potenzreihe ist.*

Der Leser führe den Beweis durch; die hier vorkommenden Reihen heißen „Laurentreihen mit endlichem Hauptteil" (vgl. 12.1.3). Es ist eine einfache Übungsaufgabe zu zeigen:

Die Funktion $v: \mathscr{A} \to \mathbb{N} \cup \{\infty\}$ *ist auf genau eine Weise zu einer nichtarchimedischen Bewertung* $v: Q(\mathscr{A}) \to \mathbb{Z} \cup \{\infty\}$ *fortsetzbar. Es gilt*

$$v(f) = n, \quad \text{falls } f = \sum_{v \geq n} a_v z^v \quad \text{mit } a_n \neq 0.$$

4. Bestimmung aller Ideale. Ein Ring R heißt *Hauptidealring*, wenn jedes Ideal von R ein *Hauptideal* ist, d.h. die Form Rf hat mit $f \in R$.

Satz. $\mathscr{A}$ *ist ein Hauptidealring; die Ideale* $\mathscr{A}\, z^n$, $n \in \mathbb{N}$, *sind alle Ideale* $\neq 0$ *von* $\mathscr{A}$.

Beweis. Sei $\mathfrak{a} \neq 0$ irgendein Ideal von $\mathscr{A}$. Wir wählen ein Element $f \in \mathfrak{a}$ minimaler Ordnung $n \in \mathbb{N}$. Nach Satz 3 gilt $z^n = \hat{e}f$ mit $\hat{e} \in \mathscr{A}$. Es folgt $\mathscr{A}\, z^n \subset \mathfrak{a}$. Ist $g \in \mathfrak{a}$ irgendein

Element $\neq 0$, so gilt $g = \tilde{e}\,z^m$, $\tilde{e} \in \mathscr{A}$, nach Satz 3 mit $m \geq n$ wegen der Wahl von n. Es folgt $g = (\tilde{e}\,z^{m-n})\,z^n \in \mathscr{A}\,z^n$. Wir sehen, daß auch $\mathfrak{a} \subset \mathscr{A}\,z^n$, also $\mathfrak{a} = \mathscr{A}\,z^n$. $\qquad\square$

Ein Ideal $\mathfrak{p}$ eines Ringes R heißt *Primideal*, wenn aus $f\,g \in \mathfrak{p}$ stets $f \in \mathfrak{p}$ oder $g \in \mathfrak{p}$ folgt. Ein Ideal $\mathfrak{m} \neq 0$ von R heißt *maximal*, wenn für jedes Ideal $\mathfrak{a}$ in R mit $\mathfrak{a} \supsetneq \mathfrak{m}$ gilt $\mathfrak{a} = R$. *Maximale Ideale sind Primideale.*

Satz. *Die Menge* $\mathfrak{m}(\mathscr{A})$ *aller Nichteinheiten von* $\mathscr{A}$ *ist ein maximales Ideal von* $\mathscr{A}$. *Es gilt* $\mathfrak{m}(\mathscr{A}) = \mathscr{A}\,z$, *dieses Ideal ist das einzige Primideal* $\neq 0$ *von* $\mathscr{A}$.

Beweis. Nach dem Einheitenlemma gilt $\mathfrak{m}(\mathscr{A}) = \{f \in \mathscr{A} : v(f) \geq 1\}$; daher ist $\mathfrak{m}(\mathscr{A})$ ein Ideal. Nach dem ersten Satz dieses Abschnittes gilt dann notwendig $\mathfrak{m}(\mathscr{A}) = \mathscr{A}\,z$.

Ist $\mathfrak{a}$ ein $\mathfrak{m}(\mathscr{A})$ echt umfassendes Ideal, so enthält $\mathfrak{a}$ eine Einheit und also das Einselement 1, d.h. $\mathfrak{a} = \mathscr{A}$. Mithin ist $\mathfrak{m}(\mathscr{A})$ ein maximales Ideal und insbesondere ein Primideal von $\mathscr{A}$.

Da kein Ideal $\mathscr{A}\,z^n$, $n \geq 2$, Primideal ist (denn $z \cdot z^{n-1} \in \mathscr{A}\,z^n$, aber $z \notin \mathscr{A}\,z^n$, $z^{n-1} \notin \mathscr{A}\,z^n$), so ist $\mathscr{A}\,z$ das einzige Primideal $\neq 0$ von $\mathscr{A}$. $\qquad\square$

In der modernen Algebra nennt man einen Integritätsring R einen *diskreten Bewertungsring*, wenn R ein Hauptidealring ist, der genau ein Primideal $\neq 0$ besitzt. Wir haben also gezeigt:

Der Ring $\mathscr{A}$ *der konvergenten Potenzreihen ist ein diskreter Bewertungsring.*

Ein Ring R heißt *lokal*, wenn R genau ein maximales Ideal hat. Diskrete Bewertungsringe sind lokal, speziell ist also $\mathscr{A}$ ein lokaler Ring.

Der Leser mache sich klar, daß auch der Ring $\hat{\mathscr{A}}$ der formalen Potenzreihen ein diskreter Bewertungsring und also insbesondere ein lokaler Ring ist.

Kapitel 5. Elementar-transzendente Funktionen

Post quantitates exponentiales considerari debent arcus
circulares eorumque sinus et cosinus, quia ex ipsis
exponentialibus, quando imaginariis quantitatibus involuntur,
proveniunt*) (L. Euler, Introductio).

In diesem Kapitel werden die klassischen transzendenten Funktionen besprochen, die schon Euler in seiner *Introductio* [E] behandelt hat. Im Zentrum steht die Exponentialfunktion, die sowohl durch ihre Differentialgleichung als auch durch ihr Additionstheorem bestimmt ist (Paragraph 1). Im Paragraphen 2 beweisen wir mittels Differenzen unter Heranziehung der logarithmischen Reihe *direkt, ohne irgendwelche Anleihen bei der reellen Analysis zu machen,* daß die Exponentialfunktion einen Homomorphismus der additiven Gruppe $\mathbb{C}$ *auf* die multiplikative Gruppe $\mathbb{C}^\times$ definiert. Dieser Epimorphiesatz ist grundlegend für alles weitere, er führt z.B. sofort zur Einsicht, daß es eine *eindeutig bestimmte* positive reelle Zahl π gibt, so daß $\exp z$ genau für die *Zahlen* $2n\pi i$, $n\in\mathbb{Z}$, den Wert 1 hat. Damit ist die Kreiszahl „auf natürliche Weise im Komplexen" eingeführt.

   Alle wichtigen Eigenschaften der trigonometrischen Funktionen folgen getreu dem Eulerschen Motto aus Eigenschaften der Exponentialfunktion auf Grund der Identitäten

$$\cos z = \tfrac{1}{2}(e^{iz} + e^{-iz}), \quad \sin z = \tfrac{1}{2i}(e^{iz} - e^{-iz}).$$

Speziell sieht man, daß π bzw. $\tfrac{1}{2}\pi$ die *kleinste positive Nullstelle* der Sinus- bzw. Cosinusfunktion ist, so wie man es in der Infinitesimalrechnung lernt. Zu den Paragraphen 1 bis 3 vgl. auch die Darstellung im Band [Zahlen], wo sich u.a. ein gänzlich elementarer Zugang zur Gleichung $e^{2\pi i} = 1$ findet.

   Logarithmusfunktionen werden in den Paragraphen 4 und 5 ausführlich behandelt, hier werden auch allgemeine Potenzfunktionen und die Riemannsche Zetafunktion eingeführt.

§ 1. Exponentialfunktion und trigonometrische Funktionen

Die wichtigste, nicht rationale holomorphe Funktion ist die durch die Potenzreihe $\sum \dfrac{z^\nu}{\nu!}$ definierte Funktion $\exp z$. Die dominierende Rolle dieser Funktion im Komplexen basiert auf den Eulerschen Formeln und auf ihrer Reproduk-

---

*) Nach den Exponentialgrößen müssen die Kreisfunktionen, der Sinus und der Cosinus, betrachtet werden, weil sie aus den Exponentialgrößen selbst entspringen, sobald dieselben imaginäre Zahlgrößen enthalten (Übersetzung H. Maser).

tion bei Differentiation: $(\exp)' = \exp$. Diese letzte Eigenschaft zusammen mit $\exp 0 = 1$ ist charakteristisch für die Exponentialfunktion; sie ermöglicht es, die grundlegenden Eigenschaften dieser Funktion in eleganter Weise herzuleiten. Entscheidendes Hilfsmittel ist die Tatsache, daß holomorphe Funktionen f mit $f' = 0$ konstant sind.

1. Charakterisierung von $\exp z$ durch die Differentialgleichung. Wir bemerken zunächst:

Die Exponentialfunktion ist nullstellenfrei in $\mathbb{C}$, *es gilt:*

$$(\exp z)^{-1} = \exp(-z) \quad \textit{für alle } z \in \mathbb{C}.$$

Beweis. Für die holomorphe Funktion $h(z) := \exp z \cdot \exp(-z)$ gilt $h' = h - h = 0$ in $\mathbb{C}$. Daher ist h nach 1.3.3 konstant in $\mathbb{C}$. Da $h(0) = 1$, so folgt $\exp z \cdot \exp(-z) = 1$, worin die Behauptungen enthalten sind.

Satz. *Es sei* $G \subset \mathbb{C}$ *ein Gebiet. Dann sind folgende Aussagen über eine in* G *holomorphe Funktion* f *äquivalent:*

i) $f(z) = a \exp(b z)$ *in* G *mit Konstanten* $a, b \in \mathbb{C}$.
ii) $f'(z) = b f(z)$ *in* G.

Beweis. Die Implikation i) $\Rightarrow$ ii) ist trivial. Um ii) $\Rightarrow$ i) zu zeigen, betrachten wir die in G holomorphe Funktion $h(z) := f(z) \exp(-b z)$. Es gilt $h' = b h - b h = 0$ in G. Nach 1.3.3 gibt es ein $a \in \mathbb{C}$, so daß gilt: $h(z) = a$ für alle $z \in G$. Auf Grund der vorangeschickten Bemerkung folgt $f(z) = a \exp(b z)$. $\qquad\square$

Im eben hergeleiteten Satz ist enthalten:

Ist f *holomorph in* $\mathbb{C}$ *und gilt* $f' = f$, $f(0) = 1$, *so folgt* $f(z) = \exp z$.

Es folgt speziell $\tilde{e}(z) = \exp z$ für die in 1.2.3, 2) betrachtete Funktion $\tilde{e}(z)$; damit erhält man

$$\exp z = e^x \cos y + i e^x \sin y \quad \text{für } z = x + i y.$$

2. Additionstheorem der Exponentialfunktion. *Für alle* $w, z \in \mathbb{C}$ *gilt*

$$(\exp w) \cdot (\exp z) = \exp(w + z).$$

Beweis. Sei $w \in \mathbb{C}$ fixiert. Die Funktion $f(z) := \exp(w + z)$, $z \in \mathbb{C}$, ist holomorph in $\mathbb{C}$. Es gilt $f' = f$, also $f(z) = a \exp z$ nach Satz 1; für $z = 0$ folgt $a = f(0) = \exp w$. $\qquad\square$

Ein zweiter (einfacherer) Beweis des Additionstheorems besteht darin, das Cauchyprodukt (vgl. 3.3.1) der Potenzreihen für $\exp w$, $\exp z$ auszurechnen: Wegen

$$p_\lambda = \sum_{\mu + \nu = \lambda} \frac{1}{\mu!} w^\mu \frac{1}{\nu!} z^\nu = \frac{1}{\lambda!} \sum_{\nu = 0}^\lambda \binom{\lambda}{\nu} w^{\lambda - \nu} z^\nu = \frac{1}{\lambda!} (w + z)^\lambda$$

ergibt sich direkt: $(\exp w)(\exp z) = \sum_0 p_\lambda = \sum_0 \frac{1}{\lambda!} (w + z)^\lambda = \exp(w + z)$.

WEIERSTRASS hat das Additionstheorem gern in die Form

$$(\exp w) \cdot (\exp z) = \left(\exp \frac{w+z}{2}\right)^2$$

gebracht: der Funktionswert des arithmetischen Mittels zweier Argumente ist das geometrische Mittel der Funktionswerte dieser Argumente.

Das Additionstheorem charakterisiert ebenfalls die Exponentialfunktion.

Satz. *Es sei $e(z)$ holomorph in einem Gebiet G mit $0 \in G$; es gelte $e(0) \neq 0$ und*

(*) $$e(w+z) = e(w)\,e(z) \quad \text{für alle } w, z, w+z \in G.$$

Dann gibt es eine Kreisscheibe B um 0, so daß gilt:

$$e(z) = \exp(b\,z) \quad \text{mit } b := e'(0) \quad \text{für alle } z \in B.$$

Beweis. Man wähle $B \subset G$ so klein, daß für $w, z \in B$ gilt $w + z \in G$. Differentiation von (*) nach w gibt $e'(w+z) = e'(w)\,e(z)$ für $w, z \in B$, speziell also $e'(z) = b\,e(z)$ in B. Nach Satz 1 folgt $e(z) = a \exp(b\,z)$ in B. Wegen $e(0) \neq 0$ und (*) gilt $e(0) = 1$, also $1 = a \exp(b\,0) = a$.

Später, wenn der Identitätssatz zur Verfügung steht, ist klar, daß $e(z) = \exp(b\,z)$ in ganz G gilt.

3. Bemerkungen zum Additionstheorem. Das Additionstheorem ist eine „Potenzregel". Um dies besonders deutlich zu machen, schreibt man auch im Komplexen wie im Reellen

$$e^z := \exp z \quad \text{mit } e := \exp 1 = 1 + \frac{1}{1!} + \frac{1}{2!} + \dots.$$

Benutzt man diese Schreibweise, so wird das Additionstheorem zur

Potenzregel:

$$e^w\,e^z = e^{w+z}.$$

Bemerkung. Das Symbol e wurde von EULER eingeführt; in einem Brief an GOLDBACH vom 25. November 1731 liest man „e denotat hic numerum, cujus logarithmus hyperbolicus est $= 1$" (vgl. Correspondance entre Leonhard EULER et Chr. GOLDBACH 1729–1763, in *Correspondance mathématique et physique de quelques célèbres géomètres du XVIII^{iéme} siècle*, ed. P.H. FUSS, St. Pétersbourg 1843, Bd. 1, S. 58).   □

Im Additionstheorem ist die Gleichung $(\exp z)^{-1} = \exp(-z)$ enthalten. Aus dem Additionstheorem und der Eulerschen Formel erhält man direkt (ohne Rückgriff auf 1.2.3, 2)) die *Zerlegung der Exponentialfunktion in Real- und Imaginärteil:*

$$\exp z = e^x\,e^{iy} = e^x \cos y + i\,e^x \sin y \quad \text{für } z = x + i\,y.$$

Als weitere Anwendung des Additionstheorems notieren wir:

(1) $\exp x > 0$ *für* $x \in \mathbb{R}$; $\exp x = 1$ *für* $x \in \mathbb{R} \Leftrightarrow x = 0$;

(2) $|\exp z| = \exp(\operatorname{Re} z)$ *für* $z \in \mathbb{C}$.

Beweis. Da ersichtlich $\exp x \geq 1 + x$ für $x \geq 0$, so folgt (1) wegen $e^{-x} = (e^x)^{-1}$. Nunmehr folgt (2) aus

$$|\exp z|^2 = \exp z \cdot \overline{\exp z} = \exp z \cdot \exp \overline{z} = \exp(z + \overline{z})$$
$$= \exp(2 \operatorname{Re} z) = (\exp(\operatorname{Re} z))^2. \qquad \square$$

Wir sehen insbesondere:

(3) $$|\exp w| = 1 \Leftrightarrow w \in \mathbb{R}\, i.$$

4. Additionstheoreme für $\cos z$ und $\sin z$. *Für alle $w, z \in \mathbb{C}$ gilt:*

$$\cos(w + z) = \cos w \cos z - \sin w \sin z, \quad \sin(w + z) = \sin w \cos z + \cos w \sin z.$$

Beweis. Man geht aus von der Identität

$$e^{i(w+z)} = e^{iw} \cdot e^{iz} = (\cos w + i \sin w)(\cos z + i \sin z)$$
$$= \cos w \cos z - \sin w \sin z + i(\sin w \cos z + \cos w \sin z).$$

Schreibt man $-w$ und $-z$ anstelle von w und z, so erhält man:

$$e^{-i(w+z)} = \cos w \cos z - \sin w \sin z - i(\sin w \cos z + \cos w \sin z).$$

Addition bzw. Subtraktion ergibt die Behauptungen. $\qquad \square$

Aus den Additionstheoremen fließen wie im Reellen unzählige weitere Identitäten. So folgen z.B. für alle $w, z \in \mathbb{C}$ die nützlichen Formeln

(1)
$$\cos w - \cos z = -2 \sin \frac{w+z}{2} \sin \frac{w-z}{2},$$
$$\sin w - \sin z = 2 \cos \frac{w+z}{2} \sin \frac{w-z}{2}.$$

Aus der übergroßen Fülle möglicher Formeln notieren wir noch:

$$1 = \cos^2 z + \sin^2 z, \quad \cos 2z = \cos^2 z - \sin^2 z, \quad \sin 2z = 2 \sin z \cos z.$$

5. Historisches zu $\cos z$ und $\sin z$. Diese Funktionen sind lange vor Einführung der Exponentialfunktion von Geometern erfunden worden; schon ARCHIMEDES kannte ein Theorem, das dem Additionstheorem für $\sin(\alpha + \beta)$ und $\sin(\alpha - \beta)$ eng verwandt ist. Bei PTOLEMÄUS findet sich dieses Additionstheorem implizit in Form seines Lehrsatzes über das Sehnenviereck (vgl. 3.4.5 im Band [Zahlen] dieser Lehrbuchreihe). Im ausgehenden 16. Jahrhundert benutzte man – vor Entdeckung der Logarithmen – für Zwecke der Astronomie und Nautik Formeln wie

$$\cos x \cos y = \tfrac{1}{2} \cos(x + y) + \tfrac{1}{2} \cos(x - y)$$

zur Multiplikation zweier Zahlen A, B: man sucht in den Sinustafeln (die zugleich auch Cosinustafeln sind) die Winkel x, y auf, für die $\cos x = A$, $\cos y = B$ gilt, bildet $x + y$ sowie $x - y$, ermittelt aus den Tafeln $\cos(x + y)$ und $\cos(x - y)$ und hat AB vor sich.

Die Potenzreihenentwicklungen der Funktionen $\cos x$ und $\sin x$ kannte NEWTON um 1665; er fand z.B. die Sinusreihe durch *Umkehrung* der Reihe

$$\arcsin x = x + \tfrac{1}{6}x^3 + \tfrac{3}{40}x^5 + \tfrac{5}{112}x^7 + \ldots,$$

die er durch geometrische Überlegungen gewann. Eine systematische Darstellung der Theorie findet man aber erst im 8. Kapitel „Von den transcendenten Zahlgrössen, welche aus dem Kreise entspringen" der Eulerschen *Introductio* [E]. Hier werden erstmals die trigonometrischen Funktionen in der seither üblichen Standardweise am Einheitskreis definiert; EULER gibt neben den Additionstheoremen eine Fülle von Formeln an, insbesondere im § 138 seine berühmten Formeln (vgl. 4.2.1):

$$\cos z = \tfrac{1}{2}(e^{iz} + e^{-iz}), \quad \sin z = \tfrac{1}{2i}(e^{iz} - e^{-iz}), \quad z \in \mathbb{C}.$$

6. Hyperbolische Funktionen. Wie im Reellen definiert man die *hyperbolische Cosinusfunktion* und die *hyperbolische Sinusfunktion* durch

$$\cosh z := \tfrac{1}{2}(e^z + e^{-z}), \quad \sinh z := \tfrac{1}{2}(e^z - e^{-z}), \quad z \in \mathbb{C}.$$

Diese Funktionen sind holomorph in $\mathbb{C}$; man sieht:

$$(\cosh)'(z) = \sinh z, \quad (\sinh)'(z) = \cosh z;$$
$$\cosh z = \cos(iz), \quad \sinh z = -i\sin(iz), \quad z \in \mathbb{C}.$$

Mittels dieser Gleichungen ergeben sich alle wichtigen Eigenschaften der hyperbolischen Funktionen. So hat man

$$\cosh z = \sum \frac{z^{2\nu}}{(2\nu)!}, \quad \sinh z = \sum \frac{z^{2\nu+1}}{(2\nu+1)!} \quad \text{für } z \in \mathbb{C}.$$

Die Additionstheoreme haben die Form

$$\cosh(w+z) = \cosh w \cosh z + \sinh w \sinh z, \quad \sinh(w+z) = \sinh w \cosh z + \cosh w \sinh z.$$

Hieraus folgt z.B. $\cosh^2 z - \sinh^2 z = 1$; diese Identität erklärt das Adjektiv „*hyperbolisch*", wenn man sich an die reelle Hyperbelgleichung $x^2 - y^2 = 1$ erinnert.

Mittels der hyperbolischen Funktionen erhält man bequem die Zerlegung der trigonometrischen Funktionen in Real- und Imaginärteil:

$$\cos(x+iy) = \cos x \cosh y - i\sin x \sinh y, \quad \sin(x+iy) = \sin x \cosh y + i\cos x \sinh y.$$

§ 2. Epimorphiesatz für exp z und Folgerungen

Da $\exp z$ nullstellenfrei ist, so ist $\exp$ eine holomorphe Abbildung von $\mathbb{C}$ nach $\mathbb{C}^\times$. Das Additionstheorem besagt:

Die Abbildung $\exp : \mathbb{C} \to \mathbb{C}^\times$ *ist ein Gruppenhomomorphismus der additiven Gruppe* $\mathbb{C}$ *aller komplexen Zahlen in die multiplikative Gruppe* $\mathbb{C}^\times$ *aller komplexen Zahlen* $\neq 0$.

Wann immer Mathematiker Gruppenhomomorphismen $\psi : G \to H$ sehen, fragen sie nach den Untergruppen

Kern $\psi := \{g \in G: \psi(g) = $ neutrales Element von $H\}$ bzw. $\psi(G)$ von G bzw. H.

Für den *Exponentialhomomorphismus* lassen sich diese Gruppen explizit angeben; dies führt insbesondere zu einer einfachen Definition der Kreiszahl π. Entscheidend ist der

1. Epimorphiesatz. *Der Exponentialhomomorphismus* exp: $\mathbb{C} \to \mathbb{C}^{\times}$ *ist ein Epimorphismus (d.h. surjektiv).*

Wir zeigen zunächst einen

Hilfssatz. *Die Untergruppe* exp$(\mathbb{C})$ *von* $\mathbb{C}^{\times}$ *ist eine offene Teilmenge von* $\mathbb{C}^{\times}$.

Beweis. Nach 4.3.4 (∗) gilt: exp$\lambda(z) = 1 + z$ für $z \in \mathbb{E}$. Hieraus folgt zunächst $B_1(1) \subset $ exp$(\mathbb{C})$, denn für jeden Punkt $c \in B_1(1)$ existiert wegen $c - 1 \in \mathbb{E}$ die Zahl $b := \lambda(c-1) \in \mathbb{C}$, womit folgt exp$b = c$.

Sei nun $a \in \mathbb{C}^{\times}$ beliebig. Es gilt(!) $aB_1(1) = B_{|a|}(a)$. Da a exp$(\mathbb{C}) = $ exp$(\mathbb{C})$ im Falle $a \in $ exp$(\mathbb{C})$ (Gruppeneigenschaft von exp$(\mathbb{C})$!), so folgt allgemein

$$B_{|a|}(a) = aB_1(1) \subset a \text{ exp}(\mathbb{C}) = \text{exp}(\mathbb{C}) \quad \text{für alle } a \in \text{exp}(\mathbb{C}).$$

Mithin enthält exp$(\mathbb{C})$ mit jedem Punkt a auch die offene Kreisscheibe $B_{|a|}(a)$ vom Radius $|a| > 0$, d.h. exp$(\mathbb{C})$ ist offen in $\mathbb{C}^{\times}$.   □

Der Epimorphiesatz folgt nun mittels eines rein topologischen Argumentes[∗]: Wir setzen $A := $ exp$(\mathbb{C})$, $B := \mathbb{C}^{\times} \smallsetminus A$. Jede Menge bA, $b \in B$, ist offen in $\mathbb{C}^{\times}$, da A nach dem Vorangehenden offen in $\mathbb{C}^{\times}$ ist. Daher ist auch $\bigcup_{b \in B} bA$ offen in $\mathbb{C}^{\times}$. Nun weiß man aus der elementaren Gruppentheorie, da A Untergruppe von $\mathbb{C}^{\times}$ ist:

$$B = \bigcup_{b \in B} bA \quad \text{(Vereinigung aller Nebenklassen } \neq A\text{).}$$

Mithin ist $\mathbb{C}^{\times}$ die disjunkte Vereinigung der in $\mathbb{C}^{\times}$ offenen Mengen A und B. Da $\mathbb{C}^{\times}$ zusammenhängend ist und da A den Punkt 1 enthält, folgt (vgl. 0.6): $B = \emptyset$, d.h. $A = \mathbb{C}^{\times}$.

2. Die Gleichung Kern(exp) $= 2\pi i \mathbb{Z}$. Die Kerngruppe

$$K := \text{Kern(exp)} = \{w \in \mathbb{C}: e^w = 1\}$$

ist eine additive Untergruppe von $\mathbb{C}$. Aus dem Epimorphiesatz folgt

(1) K *ist nicht die Nullgruppe:* $K \neq \{0\}$.

Beweis. Wegen exp$(\mathbb{C}) = \mathbb{C}^{\times}$ gibt es ein $a \in \mathbb{C}$ mit $e^a = -1$. Es gilt $a \neq 0$ wegen $e^0 = 1$. Für $c := 2a \neq 0$ folgt $e^c = (e^a)^2 = 1$, also $K \neq \{0\}$.   □

[∗]) Wir beweisen hier eigentlich einen Spezialfall des folgenden allgemeinen Satzes über topologische Gruppen: *Ist G eine zusammenhängende topologische Gruppe, und ist A eine offene Untergruppe von G, so gilt bereits $A = G$.*

Die weiteren Überlegungen zur Charakterisierung von K sind ganz elementar. Da $|e^w| = 1$ nach 1.3(3) nur für $w \in \mathbb{R}\,i$ möglich ist, folgt zunächst:

(2) $$K \subset \mathbb{R}\,i.$$

Wir zeigen weiter:

(3) *Es gibt eine Umgebung U von $0 \in \mathbb{C}$, so daß $U \cap K = \{0\}$.*

Beweis. Wäre dies falsch, so gäbe es eine Nullfolge $h_n \neq 0$ in $\mathbb{C}$ mit $\exp(h_n) = 1$. Dies liefert den Widerspruch

$$1 = \exp(0) = \exp'(0) = \lim_{n \to \infty} \frac{\exp(h_n) - \exp(0)}{h_n} = 0. \qquad \square$$

Nunmehr folgt in wenigen Zeilen:

Satz. *Es gibt genau eine positive reelle Zahl π, so daß gilt:*

(4) $$\mathrm{Kern}(\exp) = 2\pi i \mathbb{Z}.$$

Beweis. Da $\exp z$ stetig ist, gibt es wegen (1)–(3) eine *kleinste positive reelle Zahl* π mit $2\pi i \in K$ (beachte, daß $-K = K$). Damit ist $2\pi i \mathbb{Z} \subset K$ trivial. Ist umgekehrt $r i \in K$, $r \in \mathbb{R}$, so gibt es wegen $\pi \neq 0$ ein $n \in \mathbb{Z}$, so daß gilt: $2n\pi \leq r < 2(n+1)\pi$. Da $r i - 2n\pi i \in K$ und $0 \leq r - 2n\pi < 2\pi$, so folgt $r = 2n\pi$ wegen der minimalen Wahl von π. Damit ist $K \subset 2\pi i \mathbb{Z}$ gezeigt. Die Eindeutigkeit von π ist klar. $\qquad \square$

Wir verwenden in diesem Buch die Aussage des Satzes als Definition von π. Es folgt direkt

(5) $$e^{i\pi} = -1$$

und hieraus $e^{i\frac{\pi}{2}} = \pm i$. Mit den bisherigen Resultaten allein läßt sich hier das Minuszeichen *nicht* ausschließen; dazu müssen wir in Abschnitt 6 den Zwischenwertsatz bemühen.

3. Periodizität von $\exp z$. Eine Funktion $f : \mathbb{C} \to \mathbb{C}$ heißt *periodisch*, wenn es eine komplexe Zahl $\omega \neq 0$ gibt, so daß für alle $z \in \mathbb{C}$ gilt: $f(z + \omega) = f(z)$; die Zahl ω heißt alsdann eine *Periode von f*. Ist f periodisch, so ist die Menge

$$\mathrm{Per}(f) := \{\omega \in \mathbb{C} : \omega \text{ ist Periode von } f\} \cup \{0\}$$

aller Perioden von f einschließlich der 0 *eine additive (abelsche) Untergruppe von $\mathbb{C}$.*

Periodizitätssatz. *Die Funktion $\exp$ ist periodisch; es gilt:*

$$\mathrm{Per}(\exp) = \mathrm{Kern}(\exp) = 2\pi i \mathbb{Z}.$$

Beweis. Für eine Zahl $\omega \in \mathbb{C}$ stimmt $\exp(z + \omega) = \exp z \exp \omega$ genau dann für alle $z \in \mathbb{C}$ mit $\exp z$ überein, wenn gilt: $\exp \omega = 1$. Dies beweist $\mathrm{Per}(\exp) = \mathrm{Kern}(\exp)$. $\qquad \square$

Die Gleichung $\mathrm{Kern}(\exp) = \mathrm{Per}(\exp) = 2\pi i\mathbb{Z}$ beschreibt den wesentlichen Unterschied im Verhalten der e-Funktion im Reellen und Komplexen: im Reellen nimmt sie wegen $\mathrm{Kern}(\exp)\cap\mathbb{R} = \{0\}$ *jede positive reelle Zahl genau einmal als Wert an*; im Komplexen hingegen besitzt sie die rein imaginäre (reell unsichtbare) *Minimalperiode* $2\pi i$ und nimmt *jeden* Wert $c \neq 0$ – auch reelle Werte – *abzählbar unendlich oft* an.

Die Exponentialabbildung läßt sich auf Grund der vorangegangenen Diskussion einfach veranschaulichen: Man zerlegt die z-Ebene in die unendlich vielen „Streifen"

$$S_n := \{z\in\mathbb{C}: 2n\pi \leq \mathrm{Im}\, z < 2(n+1)\pi\}, \quad n\in\mathbb{Z}.$$

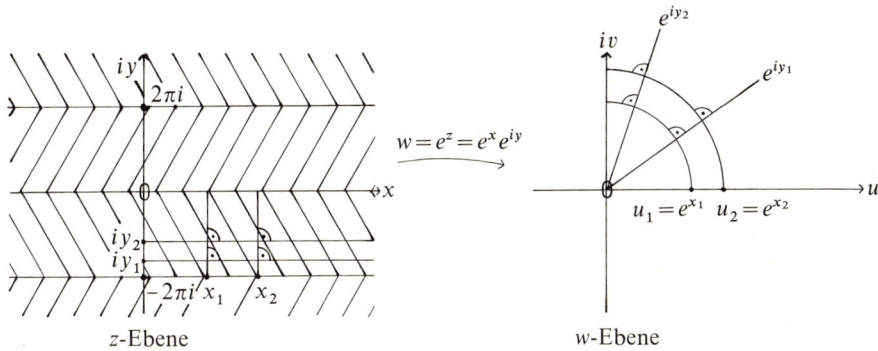

z-Ebene   w-Ebene

Jeder Streifen S_n wird vermöge $\exp z$ *bijektiv* auf die Menge $\mathbb{C}^\times$ in der w-Ebene abgebildet, dabei wird das „*orthogonale cartesische x, y-System der z-Ebene*" in das „*orthogonale Polarkoordinaten*system der w-Ebene" übergeführt (Winkeltreue).

Bemerkung. Welche Schwierigkeiten die e-Funktion im Komplexen den Mathematikern bereitet hat, zeigt sehr schön folgende Aufgabe, die Th. CLAUSEN (bekannt durch die Clausen-von Staudtsche Formel für Bernoullische Zahlen) 1827 stellte und die CRELLE in seinem berühmten Journal abdruckte (Bd. 2, S. 286/287):
„Wenn e die Basis der hyperbolischen Logarithmen, π den halben Kreisumfang, und n eine positive oder negative ganze Zahl bedeuten, so ist bekanntlich $e^{2n\pi i} = 1$, $e^{1 + 2n\pi i} = e$; folglich auch $e^{(1 + 2n\pi i)^2} = e = e^{1 + 4n\pi i - 4n^2\pi^2}$. Da aber $e^{1 + 4n\pi i} = e$ ist, so würde daraus folgen: $e^{-4n^2\pi^2} = 1$, welches absurd ist. Nachzuweisen, wo in der Herleitung dieses Resultats gefehlt ist."
Der Leser denke sich hierzu seinen Teil.

4. Wertevorrat, Nullstellen und Periodizität von $\cos z$ und $\sin z$.
Die Exponentialfunktion nimmt jeden Wert außer Null an. Die trigonometrischen Funktionen haben keine Ausnahmewerte:

$\cos z$ und $\sin z$ nehmen jeden Wert $c\in\mathbb{C}$ abzählbar unendlich oft an.

Beweis. Auflösung der Gleichungen $e^{iz} + e^{-iz} = 2c$ bzw. $e^{iz} - e^{-iz} = 2ic$ nach e^{iz} führt zu $e^{iz} = c \pm\sqrt{c^2 - 1}$ bzw. $e^{iz} = ic \pm\sqrt{1 - c^2}$ mit rechten Seiten $\neq 0$. Daher gibt es wegen $\exp(\mathbb{C}) = \mathbb{C}^\times$ und $\mathrm{Kern}(\exp) = 2\pi i\mathbb{Z}$ abzählbar unendlich viele Lösungen der Gleichungen $\cos z = c$ bzw. $\sin z = c$.   □

Wegen $\cos(\mathbb{C}) = \sin(\mathbb{C}) = \mathbb{C}$ sind cos und sin *im Komplexen unbeschränkt* (im Gegensatz zu ihrem Verhalten im Reellen, wo auf Grund von $\cos^2 z + \sin^2 z = 1$ stets gilt: $|\cos x| \leq 1$ und $|\sin x| \leq 1$): Auf der imaginären Achse gilt z.B. für alle $y > 0$:

$$\cos i\, y = \tfrac{1}{2}(e^y + e^{-y}) > 1 + \tfrac{1}{2} y^2, \quad i\sin i\, y = \tfrac{1}{2}(e^{-y} - e^y) < -y. \qquad \square$$

Im Gegensatz zu $\exp z$ haben $\cos z$ und $\sin z$ Nullstellen. Wir zeigen, wobei π die im Abschnitt 2 eingeführte Kreiszahl bezeichnet:

Nullstellensatz. *Genau die reellen Zahlen* $n\,\pi$, $n \in \mathbb{Z}$, *sind alle (komplexen) Nullstellen von* $\sin z$.

Genau die reellen Zahlen $\tfrac{1}{2}\pi + n\,\pi$, $n \in \mathbb{Z}$, *sind alle (komplexen) Nullstellen von* $\cos z$.

Beweis. Es gilt, wenn man $e^{i\pi} = -1$ beachtet:

$$2i\sin z = e^{-iz}(e^{2iz} - 1), \quad 2\cos z = e^{i(\pi - z)}(e^{2i(z - \frac{1}{2}\pi)} - 1).$$

Hieraus liest man ab:

$$\sin w = 0 \Leftrightarrow 2i\, w \in \mathrm{Kern}(\exp) = 2\pi i\mathbb{Z} \Leftrightarrow w = n\,\pi, \quad n \in \mathbb{Z},$$
$$\cos w = 0 \Leftrightarrow 2i(w - \tfrac{1}{2}\pi) \in 2\pi i\mathbb{Z} \qquad \Leftrightarrow w = \tfrac{1}{2}\pi + n\,\pi.$$

Bemerkung. Wir sehen, daß π bzw. $\tfrac{1}{2}\pi$ in der Tat die kleinste positive Nullstelle von sin bzw. cos ist. Selbst wenn man aus der reellen Theorie bereits alle reellen Nullstellen von cos und sin kennt, muß man zeigen, daß bei Erweiterung des Argumentbereichs auf komplexe Zahlen keine neuen echt komplexen Nullstellen hinzukommen.

Als nächstes zeigen wir, daß cos und sin auch im Komplexen periodisch sind und dieselben Perioden wie im Reellen haben.

Periodensatz: $\mathrm{Per}(\cos) = \mathrm{Per}(\sin) = 2\pi\,\mathbb{Z}$.

Beweis. Da $\cos(z + \omega) - \cos z = -2\sin(z + \tfrac{1}{2}\omega)\sin\tfrac{1}{2}\omega$ nach 1.4(1), so gilt $\omega \in \mathrm{Per}(\cos)$ genau dann, wenn $\sin\tfrac{1}{2}\omega = 0$, d.h. wenn $\omega \in 2\pi\mathbb{Z}$. Ebenso folgt die Behauptung für die Sinusfunktion wegen $\sin(z + \omega) - \sin z = 2\cos(z + \tfrac{1}{2}\omega)\sin\tfrac{1}{2}\omega$.

Bemerkung. Auch wenn man weiß, daß cos und sin im Reellen die Minimalperiode 2π haben, hat man beim Übergang zum Komplexen noch zu zeigen, daß 2π Periode bleibt und daß zu den reellen Perioden keine neuen echt komplexen Perioden hinzukommen.

5. Cotangens- und Tangensfunktion. Arcustangensreihe. Durch

$$\cot z := \frac{\cos z}{\sin z}, \qquad\qquad z \in \mathbb{C} \smallsetminus \pi\mathbb{Z},$$

$$\tan z := \frac{1}{\cot z} = \frac{\sin z}{\cos z}, \qquad z \in \mathbb{C} \smallsetminus (\tfrac{1}{2}\pi + \pi\mathbb{Z})$$

werden die aus dem Reellen bekannte Cotangens- und Tangensfunktion ins Komplexe fortgesetzt; ihre Nullstellenmengen sind $\tfrac{1}{2}\pi + \pi\mathbb{Z}$ bzw. $\pi\mathbb{Z}$. Beide

Funktionen sind in ihren Definitionsgebieten holomorph:

$$(\cot z)' = \frac{-1}{\sin^2 z}, \qquad (\tan z)' = \frac{1}{\cos^2 z}.$$

Der Cotangens spielt in der klassischen Analysis eine wichtigere Rolle als der Tangens (vgl. z.B. 11.2); aus den Eulerschen Formeln für cos und sin folgt:

$$\cot z = i\frac{e^{2iz}+1}{e^{2iz}-1} = i\left(1 - \frac{2}{1-e^{2iz}}\right), \qquad \tan z = i\frac{1-e^{2iz}}{1+e^{2iz}} = i\left(1 - \frac{2}{1+e^{-2iz}}\right).$$

Wegen Kern $e^{2iz} = \pi\mathbb{Z}$ sieht man unmittelbar

Die Funktionen $\cot z$ *und* $\tan z$ *sind periodisch:* $\mathrm{Per}(\cot) = \mathrm{Per}(\tan) = \pi\mathbb{Z}$.

Wir notieren noch einige direkt verifizierbare Formeln, die später benutzt werden:

$$\frac{1}{\sin z} = \cot z + \tan\frac{1}{2}z, \qquad (\cot z)' + (\cot z)^2 + 1 = 0,$$

$$2\cot 2z = \cot z + \cot(z + \tfrac{1}{2}\pi) \qquad \textit{(Verdopplungsformel)}.$$

Aus den Additionstheoremen für $\cos z$ und $\sin z$ erhält man Additionstheoreme für $\cot z$ und $\tan z$, z.B.

$$\cot(w+z) = \frac{\cot w \cot z - 1}{\cot w + \cot z}, \qquad \text{speziell} \quad \cot(z + \tfrac{1}{2}\pi) = -\tan z.$$

Besonders elegant ist die „zyklische" Schreibweise des Additionstheorems (Beweis!):

$$\cot u \cot v + \cot v \cot w + \cot w \cot u = 1,$$

falls $u + v + w = 0$.

In 4.3.4, 5) haben wir die im Einheitskreis $\mathbb{E}$ holomorphe Arcustangensreihe

$$a(z) = z - \frac{z^3}{3} + \frac{z^5}{5} - \ldots + (-1)^n\frac{z^{2n+1}}{2n+1} + \ldots \quad \text{mit} \quad a'(z) = \frac{1}{1+z^2}$$

eingeführt. Da $\tan 0 = 0$, so ist die Funktion $a(\tan z)$ in einer Kreisscheibe B um den Nullpunkt definiert und holomorph. Wir behaupten:

$$a(\tan z) = z \qquad in \ B.$$

Beweis. Für die Funktion $F(z) := a(\tan z) - z$ gilt:

$$F'(z) = \frac{1}{1+\tan^2 z} \cdot \frac{1}{\cos^2 z} - 1 = 0 \quad \text{in} \ B.$$

Daher ist F konstant in B. Wegen $F(0) = 0$ folgt die Behauptung. $\qquad\square$

Die Identität $a(\tan z) = z$ macht die Bezeichnung Arcustangens verständlich. Man schreibt üblicherweise $\arctan z$ für die Funktion $a(z)$; in 5.2 werden wir u.a. sehen, daß neben $\arctan(\tan z) = z$ auch gilt $\tan(\arctan z) = z$.

6. Die Gleichung $e^{i\frac{\pi}{2}}=i$. Aus $e^{i\pi}=-1$ folgt $e^{i\frac{\pi}{2}}=\pm i$. Um das Vorzeichen zu bestimmen, zeigen wir mit Hilfe des Zwischenwertsatzes:

(1) $\qquad\qquad\qquad \sin x > 0 \qquad$ für $\ 0 < x < \pi.$

Beweis. Wegen $\sin z = z\left(1-\dfrac{z^2}{6}\right)+\dfrac{z^5}{5!}\left(1-\dfrac{z^2}{6\cdot 7}\right)+\ldots$ ist $\sin x$ im Intervall $(0,\sqrt{6})$ positiv. Wäre $\sin x$ irgendwo in $(0,\pi)$ negativ, so hätte $\sin x$ auf Grund des Zwischenwertsatzes eine Nullstelle zwischen 0 und π im Widerspruch zum Nullstellensatz 4. $\qquad\qquad\square$

Aus (1) folgt $\sin\frac{1}{2}\pi=1$, da $\cos^2 x+\sin^2 x=1$ und $\cos\frac{1}{2}\pi=0$. Damit ist wegen $e^{ix}=\cos x+i\sin x$ klar:

(2) $\qquad\qquad e^{i\frac{\pi}{2}}=i$ (Gleichung von Johann BERNOULLI 1702).

Da $(e^{i\frac{\pi}{4}})^2=i$ und $\operatorname{Im} e^{i\frac{\pi}{4}}=\sin\dfrac{\pi}{4}>0$, so folgt weiter

$$e^{i\frac{\pi}{4}}=\tfrac{1}{2}\sqrt{2}(1+i);$$

für die Funktionen $\cos z$ und $\sin z$ hat man so gewonnen:

$$\cos\frac{\pi}{2}=0,\quad \sin\frac{\pi}{2}=1;\quad \cos\frac{\pi}{4}=\sin\frac{\pi}{4}=\frac{1}{2}\sqrt{2},\quad \text{ferner}\ \cot\frac{\pi}{4}=\tan\frac{\pi}{4}=1.$$

Der Leser bestimme $e^{i\frac{\pi}{8}}$.

§ 3. Polarkoordinaten, Einheitswurzeln und natürliche Grenzen

In der Ebene $\mathbb{R}^2=\mathbb{C}$ führt man Polarkoordinaten ein, indem man jeden Punkt $z=x+iy\neq 0$ in der Form schreibt

$$z=|z|(\cos\varphi+i\sin\varphi),$$

wobei φ den Winkel „zwischen x-Achse und dem Vektor z mißt" (vgl. Figur). Die Präzisierung dieser intuitiv klaren Dinge ist nicht trivial und wird im folgenden ausgeführt. Wir diskutieren weiter Einheitswurzeln und geben als Folge-

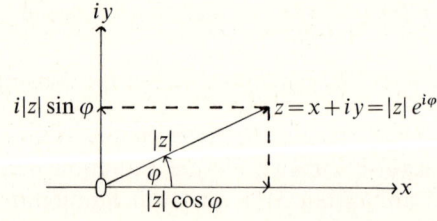

rung aus diesen Überlegungen Beispiele von Potenzreihen an, die den Rand des Einheitskreises als natürliche Grenze haben.

1. Polarkoordinaten. Die Kreislinie $S^1 := \partial \mathbb{E} = \{z \in \mathbb{C} : |z| = 1\}$ ist bez. Multiplikation eine Gruppe. Es gilt der

Epimorphiesatz. *Die Abbildung* $p: \mathbb{R} \to S^1, \varphi \mapsto e^{i\varphi}$, *ist ein Gruppenepimorphismus der additiven Gruppe* $\mathbb{R}$ *auf die multiplikative Gruppe* S^1 *mit Kern* $2\pi\mathbb{Z}$.

Dies folgt unmittelbar aus dem Epimorphiesatz 2.1, da nach 1.3(3) gilt $\exp w \in S^1 \Leftrightarrow w \in \mathbb{R}i$.   □

Durch den „Polarkoordinatenepimorphismus" p wird der Prozeß des Aufrollens der Zahlengerade auf den Kreis vom Umfang 2π analytisch ausgeführt. Es folgt nun leicht:

Jede komplexe Zahl $z \in \mathbb{C}^{\times}$ *läßt sich eindeutig schreiben in der Form*

$$z = |z| e^{i\varphi} = |z| (\cos \varphi + i \sin \varphi) \quad \textit{mit } \varphi \in [0, 2\pi).$$

Beweis. Wegen $z|z|^{-1} \in S^1$ gibt es ein $\varphi \in \mathbb{R}$ mit $z = |z| e^{i\varphi}$. Da Kern $p = 2\pi\mathbb{Z}$, dürfen wir $\varphi \in [0, 2\pi)$ annehmen. Alsdann ist φ eindeutig bestimmt, denn aus $|z| e^{i\varphi} = |z| e^{i\psi}$ mit $\psi \in [0, 2\pi)$ folgt, wenn etwa $\psi \geq \varphi$ gilt: $e^{i(\psi - \varphi)} = 1$, also $\psi - \varphi \in 2\pi\mathbb{Z}$ und somit $\psi = \varphi$ wegen $0 \leq \psi - \varphi < 2\pi$.   □

Die reellen Zahlen $|z|, \varphi$ heißen *die Polarkoordinaten* von z; die Zahl φ heißt *ein Argument* von z. Die Fixierung von φ auf das Intervall $[0, 2\pi)$ ist *willkürlich*, so wählen wir z.B. im nächsten Paragraphen vorteilhafter das Intervall $(-\pi, \pi]$; allgemein ist jedes halboffene reelle Intervall der Länge 2π geeignet. Polarkoordinaten werden später bei der Auswertung komplexer Wegintegrale durchweg benutzt.

Die Multiplikation zweier in Polarkoordinaten $w = |w| e^{i\psi}$, $z = |z| e^{i\varphi}$ gegebenen Zahlen ist besonders einfach:

$$w z = |w| |z| e^{i(\psi + \varphi)}.$$

Hierin ist enthalten:

Moivresche Formel. *Für jede Zahl* $z = |z| e^{i\varphi} = |z| (\cos \varphi + i \sin \varphi)$ *gilt:*

$$z^n = |z|^n e^{in\varphi} = |z|^n (\cos n\varphi + i \sin n\varphi).$$

Wegen biographischer Daten von DE MOIVRE siehe 12.4.6.

2. Einheitswurzeln. *Zu jeder natürlichen Zahl* $n \geq 1$ *gibt es genau* n *verschiedene komplexe Zahlen* z *mit* $z^n = 1$, *nämlich*

$$\zeta_\nu := \zeta^\nu, \quad 0 \leq \nu < n, \quad \textit{wobei } \zeta := \exp \frac{2\pi i}{n} = \cos \frac{2\pi}{n} + i \sin \frac{2\pi}{n}.$$

Beweis. Nach der Moivreschen Formel gilt $\zeta_\nu^n = 1$. Da $\zeta_\nu \zeta_\mu^{-1} = \exp\dfrac{2\pi i}{n}(\nu - \mu)$, so gilt $\zeta_\mu = \zeta_\nu$ wegen $\mathrm{Kern}(\exp) = 2\pi i\mathbb{Z}$ genau dann, wenn $\dfrac{1}{n}(\nu - \mu) \in \mathbb{Z}$. Da $|\nu - \mu| < n$, so folgt $\zeta_\mu = \zeta_\nu \Leftrightarrow \mu = \nu$, d.h. $\zeta_0, \zeta_1, \ldots, \zeta_{n-1}$ sind paarweise verschieden. Da $z^n - 1$ als Polynom n-ten Grades höchstens n verschiedene Nullstellen hat, folgt die Behauptung. $\qquad\square$

Jede Zahl $w \in \mathbb{C}$ mit $w^n = 1$ heißt eine n-te *Einheitswurzel*, die Zahl $\zeta = \exp\dfrac{2\pi i}{n}$ heißt *primitive* n-te Einheitswurzel. Die Menge G_n aller n-ten Einheitswurzeln ist eine *zyklische* Untergruppe von S^1 der Ordnung n. Die Mengen

$$G := \bigcup_{n=0}^{\infty} G_n \quad \text{und} \quad H := \bigcup_{n=0}^{\infty} G_{2^n}$$

sind ebenfalls Untergruppen von S^1, es gilt $H \subset G$. Wir behaupten (zum Begriff der dichten Menge vgl. 0.2.3):

Dichtesatz. *Die Gruppen H und G sind dicht in S^1.*

Beweis. Wegen $G \supset H$ braucht man nur H zu betrachten. Die Menge aller Brüche mit Zweierpotenzen als Nenner ist dicht in $\mathbb{Q}$ und also in $\mathbb{R}$. Dann ist auch $M := \{2\pi m 2^{-n} : m \in \mathbb{Z}, n \in \mathbb{N}\}$ dicht in $\mathbb{R}$. Vermöge des Polarkoordinatenepimorphismus p wird M auf H abgebildet. Nun hat allgemein bei stetigen Abbildungen $f: X \to Y$ jede in X dichte Menge A ein dichtes Bild $f(A)$ in $f(X)$ (da $f(\bar{A}) \subset \overline{f(A)}$). Mithin ist $H = p(M)$ dicht in $S^1 = p(\mathbb{R})$. $\qquad\square$

Im nächsten Abschnitt geben wir eine interessante funktionentheoretische Anwendung des Dichtesatzes.

3. Singuläre Punkte und natürliche Grenzen. Ist $B = B_R(c)$, $0 < R < \infty$, die Konvergenzkreisscheibe der Funktion $f(z) = \sum a_\nu(z-c)^\nu$, so heißt ein Randpunkt $w \in \partial B$ ein *singulärer Punkt von* f, wenn es keine Umgebung U von w mit einer in U holomorphen Funktion h gibt, so daß $h|U \cap B = f|U \cap B$. Die Menge der singulären Punkte von f auf ∂B ist stets abgeschlossen, sie könnte leer sein (vgl. hierzu aber 8.1.5). Ist jeder Punkt von ∂B ein singulärer Punkt von f, so heißt ∂B die *natürliche Grenze* von f und B das *Holomorphiegebiet* von f.

Wir betrachten nun die Reihe $g(z) = \sum_0 z^{2^\nu} = z + z^2 + z^4 + z^8 + \ldots$. Sie hat den Konvergenzradius $R = 1$ (warum?), und es gilt für $z \in \mathbb{E}$ und $n \geq 1$:

$$(*) \qquad g(z^{2^n}) = g(z) - (z + z^2 + \ldots + z^{2^{n-1}}), \qquad \text{speziell } |g(z^{2^n})| \leq |g(z)| + n.$$

Diese Abschätzung von $g(z^{2^n})$ hat zur Folge:

Für jede 2^n-te Einheitswurzel ζ gilt $\lim_{t \to 1} |g(t\zeta)| = \infty$, $n \in \mathbb{N}$.

Beweis. Da $g(t) > \sum_0^q t^{2^\nu} > (q+1)\, t^{2^q} > \frac{1}{2}(q+1)$ für alle $q \in \mathbb{N}$ und alle t mit $(\sqrt[2^q]{2})^{-1} < t < 1$, so gilt $\lim\limits_{t \to 1} g(t) = \infty$. Hieraus folgt nach (∗), falls $\zeta^{2^n} = 1$:

$$|g(t\,\zeta)| \geq g(t^{2^n}) - n, \quad \text{also} \quad \lim_{t \to 1} |g(t\,\zeta)| = \infty. \qquad \square$$

Mittels des Dichtesatzes 2 folgt nun schnell der überraschende

Satz. *Der Rand des Einheitskreises ist die natürliche Grenze von $g(z)$.*

Beweis. Jede 2^n-te Einheitswurzel $\zeta \in H$ ist wegen $\lim\limits_{t \to 1} |g(t\,\zeta)| = \infty$ ein singulärer Punkt von g. Da H dicht in $S^1 = \partial \mathbb{E}$ liegt, folgt die Behauptung. $\qquad \square$

Korollar. *Der Einheitskreis $\mathbb{E}$ ist das Holomorphiegebiet der Funktion $h(z) := \sum_0 2^{-\nu} z^{2^\nu}$, diese Funktion ist (anders als g) stetig in $\overline{\mathbb{E}} = \mathbb{E} \cup \partial \mathbb{E}$.*

Beweis. Wäre $\partial \mathbb{E}$ nicht die natürliche Grenze von h, so würde dies auch nicht für h' und für $z\,h'(z) = g(z)$ zutreffen (die Funktion h' ist holomorph, wo h holomorph ist, vgl. 7.4.1). Da die Reihe für h in $\overline{\mathbb{E}}$ normal konvergiert, so ist h in $\mathbb{E}$ nebst Rand $\partial \mathbb{E}$ stetig. $\qquad \square$

Man kann ebenfalls ganz elementar zeigen, daß $\partial \mathbb{E}$ die natürliche Grenze von $\sum z^{\nu!}$ ist.

Ohne Beweis sei hier noch ein hübscher, auf den ersten Blick paradox anmutender Satz angegeben, den 1906 P. Fatou (französischer Mathematiker, 1878–1929) vermutet und 1916 A. Hurwitz (deutsch-schweizerischer Mathematiker in Zürich, 1859–1919) elegant bewiesen hat (vgl. Math. Werke 1, S. 733):

Es sei $\mathbb{E}$ der Konvergenzkreis der Potenzreihe $\sum a_\nu z^\nu$. Dann existiert eine Folge $\varepsilon_0, \varepsilon_1, \varepsilon_2, \ldots$, wo ε_n nur der beiden Werte $+1$ und -1 fähig ist, so daß der Einheitskreis das Holomorphiegebiet der Funktion $\sum \varepsilon_\nu a_\nu z^\nu$ ist.

4. Historisches zu natürlichen Grenzen. Kronecker und Weierstrass wußten aus der Theorie der elliptischen Modulfunktionen, daß $\partial \mathbb{E}$ die natürliche Grenze der Potenzreihe $1 + 2\sum_1 z^{\nu^2}$ ist (vgl. [Kr], S. 182 sowie [W_4], S. 227). Weierstrass zeigte 1880, daß der Rand von $\mathbb{E}$ die natürliche Grenze aller Reihen

$$\sum b^\nu z^{a^\nu}, \quad a \in \mathbb{N} \text{ ungerade} \neq 1; \ b \text{ reell}, \ a\,b > 1 + \tfrac{3}{2}\pi,$$

ist ([W_4], S. 223), er schrieb damals: „Es ist leicht, unzählige andere Potenzreihen von derselben Beschaffenheit … anzugeben, und selbst für einen beliebig begrenzten Bereich der Veränderlichen x die Existenz der Functionen derselben, die über diesen Bereich hinaus nicht fortgesetzt werden können, nachzuweisen." Hier wird also bereits behauptet, daß *jedes Gebiet in $\mathbb{C}$ ein Holomorphiegebiet ist.* Diesen allgemeinen Satz werden wir erst im zweiten Band beweisen.

1891 zeigte der durch seine Beiträge zur Theorie der Integralgleichungen bekannte schwedische Mathematiker I. FREDHOLM, daß $\mathbb{E}$ das Holomorphiegebiet aller Potenzreihen $\sum\limits_0 a^\nu z^{\nu^2}$, $0<|a|<1$ ist, wobei diese Funktionen in $\overline{\mathbb{E}}$ sogar *unendlich oft differenzierbar sind* (Acta Math. 15, 279–280). Vgl. hierzu auch [G₂], 7. Aufl., S. 277/78.

Das Phänomen der Existenz von Potenzreihen mit natürlichen Grenzen fand 1892 durch J. HADAMARD eine natürliche Erklärung. In seiner vielbeachteten Arbeit *Essai sur l'étude des fonctions données par leur développement de Taylor* (Journ. Math. Pures et Appl. 8 (4. Ser.), 101–186), wo er auch Cauchys Limes superior-Formel wiederentdeckt, beweist er (S. 116ff.) den berühmten

Lückensatz. *Die Potenzreihe* $f(z) = \sum\limits_{\nu=0}^{\infty} b_\nu z^{\lambda_\nu}$, $0 \le \lambda_0 < \lambda_1 < \dots$ *habe den Konvergenzradius* $R < \infty$; *es gebe eine feste Zahl* $\delta > 0$, *so daß für fast alle* ν *gilt:*

$$\lambda_{\nu+1} - \lambda_\nu \ge \delta\, \lambda_\nu \qquad (\textit{Lückenbedingung}).$$

Dann ist der Konvergenzkreis $B_R(0)$ *das Holomorphiegebiet von* f.

Die Literatur zum Lückensatz und seinen Verallgemeinerungen ist sehr groß; wir verweisen auf [Lan], S. 76–86. Am einfachsten beweist man den Lückensatz mit Hilfe des 1921 von A. OSTROWSKI gefundenen Überkonvergenzsatzes (*Über eine Eigenschaft gewisser Potenzreihen mit unendlich vielen verschwindenden Koeffizienten*, Sitz. Ber. Preuss. Akad. Wiss., 557–565), vgl. hierzu KNESER [14], S. 152 ff.

§ 4. Logarithmusfunktionen

Logarithmusfunktionen sind *holomorphe* Funktionen l, die in ihrem Definitionsbereich der Gleichung $\exp \circ l = \mathrm{id}$ genügen. Charakteristisch für solche Funktionen ist die Differentialgleichung $l'(z) = \dfrac{1}{z}$. Beispiele von Logarithmusfunktionen sind

1) in $B_1(1)$ die Potenzreihe $\sum\limits_1 \dfrac{(-1)^{\nu-1}}{\nu} (z-1)^\nu$,

2) in der „geschlitzten Ebene" $\{z = r\,e^{i\varphi} : r > 0, \alpha < \varphi < \alpha + 2\pi\}$, $\alpha \in \mathbb{R}$ fixiert, die durch $l(z) := \log r + i\,\varphi$ erklärte Funktion.

1. Definition und elementare Eigenschaften. Wie im Reellen heißt $b \in \mathbb{C}$ ein *Logarithmus* von $a \in \mathbb{C}$, in Zeichen $b = \log a$, wenn gilt: $e^b = a$. Aus den Eigenschaften der e-Funktion ergibt sich unmittelbar:

Die Zahl 0 hat keinen Logarithmus. Jede positive reelle Zahl $r > 0$ *hat genau einen reellen Logarithmus* $\log r$. *Jede komplexe Zahl* $c = r\,e^{i\varphi} \in \mathbb{C}^\times$ *hat genau die abzählbar unendlich vielen Logarithmen*

$$\log r + i\,\varphi + i\,2\pi n, \quad n \in \mathbb{Z}, \qquad \textit{wobei } \log r \in \mathbb{R}.$$

Man ist weniger an den Logarithmen individueller Zahlen interessiert als vielmehr an Logarithmusfunktionen. Die Diskussion solcher Funktionen erfordert auf Grund der Vieldeutigkeit von Logarithmen besondere Sorgfalt. Man definiert:

Eine holomorphe Funktion $l: G \to \mathbb{C}$ *in einem Gebiet* $G \subset \mathbb{C}$ *heißt eine Logarithmusfunktion in* G, *wenn gilt*: $\exp(l(z)) = z$ *für alle* $z \in G$.

Ist $l: G \to \mathbb{C}$ eine Logarithmusfunktion, so enthält G gewiß nicht den Nullpunkt. Kennt man wenigstens eine Logarithmusfunktion in G, so lassen sich sofort alle solchen Funktionen in G angeben; es gilt nämlich:

Es sei $l: G \to \mathbb{C}$ *eine Logarithmusfunktion in* G. *Dann sind folgende Aussagen über eine Funktion* $\hat{l}: G \to \mathbb{C}$ *äquivalent*:

   i) $\hat{l}$ *ist eine Logarithmusfunktion in* G.
   ii) *Es gilt* $\hat{l} = l + 2\pi i \cdot \hat{n}$ *mit* $\hat{n} \in \mathbb{Z}$.

Beweis. i) $\Rightarrow$ ii): Es gilt $\exp(\hat{l}(z)) = \exp(l(z))$ in G, also $\exp(\hat{l}(z) - l(z)) = 1$, $z \in G$. Dies hat zur Konsequenz: $\hat{l}(z) - l(z) \in 2\pi i \mathbb{Z}$ für alle $z \in G$. Da mit $\hat{l}$ und l auch $\hat{l} - l$ stetig in G ist, so ist $\hat{l} - l$ konstant in G, d.h. $\hat{l} = l + 2\pi i \hat{n}$, wobei $\hat{n} \in \mathbb{Z}$.
   ii) $\Rightarrow$ i): $\hat{l}$ ist holomorph in G, und es gilt:

$$\exp(\hat{l}(z)) = \exp(l(z)) \cdot \exp(2\pi i \hat{n}) = \exp(l(z)) = z \qquad \text{für alle } z \in G. \qquad \square$$

Logarithmusfunktionen werden durch ihre erste Ableitung charakterisiert.

Folgende Aussagen über eine Funktion $l \in \mathcal{O}(G)$ *sind äquivalent*:

   i) l *ist eine Logarithmusfunktion in* G.
   ii) *Es gilt* $l'(z) = \dfrac{1}{z}$ *in* G, *und es gibt wenigstens einen Punkt* $a \in G$ *mit* $\exp(l(a)) = a$.

Beweis. i) $\Rightarrow$ ii): Aus $\exp(l(z)) = z$ folgt $l'(z) \cdot \exp(l(z)) = 1$, also $l'(z) = z^{-1}$.
   ii) $\Rightarrow$ i): Man setze $g(z) := z \exp(-l(z))$, $z \in G$. Es gilt $g \in \mathcal{O}(G)$ mit

$$g'(z) = \exp(-l(z)) - z\, l'(z) \exp(-l(z)) = 0 \quad \text{in } G.$$

Da G ein Gebiet ist, folgt $g = c \in \mathbb{C}^\times$, also $c \exp(l(z)) = z$ in G. Wegen $\exp(l(a)) = a$ gilt $c = 1$, d.h. l ist eine Logarithmusfunktion in G.

2. Existenz von Logarithmusfunktionen. Es ist leicht, Logarithmusfunktionen explizit anzugeben.

Existenzsatz. *Die Funktion* $\log z := \sum_1 \dfrac{(-1)^{\nu-1}}{\nu}(z-1)^\nu$ *ist eine Logarithmusfunktion in* $B_1(1)$.

Beweis. Nach 4.3.4, 4) ist $\lambda(z) = \sum_1 \dfrac{(-1)^{\nu-1}}{\nu} z^\nu$ holomorph im Einheitskreis $\mathbb{E}$ mit $\lambda'(z) = (z+1)^{-1}$. Da $\log z = \lambda(z-1)$, so folgt $\log z \in \mathcal{O}(B_1(1))$ mit $(\log z)' = z^{-1}$.

Wegen $\log 1 = 0$ gilt $e^{\log 1} = 1$, somit ist log eine Logarithmusfunktion in $B_1(1)$.   □

Durch den Existenzsatz wird die Redeweise „logarithmische Reihe" für die $\log(1 + z)$ definierende Potenzreihe $\lambda(z)$ gerechtfertigt (vgl. 4.2.2). Wir notieren hier bereits:

(1) $$|\log(1 + w) - w| \leq \frac{1}{2} \frac{|w|^2}{1 - |w|} \quad \textit{für alle } w \in \mathbb{E}.$$

Beweis. Wegen $\log(1 + w) - w = -\dfrac{w^2}{2} + \dfrac{w^3}{3} - + \ldots$ gilt für alle $w \in \mathbb{E}$:

$$|\log(1 + w) - w| \leq \frac{1}{2}|w|^2(1 + |w| + |w|^2 + \ldots) \leq \frac{1}{2} \frac{|w|^2}{1 - |w|}.$$ □

Die Aussage des Existenzsatzes ist sofort verallgemeinerbar:

Es sei $a \in \mathbb{C}^\times$, es sei $b \in \mathbb{C}$ ein Logarithmus zu a. Dann ist die Funktion $\log z\, a^{-1} + b$ *eine Logarithmusfunktion in $B_{|a|}(a)$.*

Das ist klar, denn $l_a(z) := \log \dfrac{z}{a} + b$ ist in $B_{|a|}(a)$ holomorph, und es gilt $l'_a(z) = z^{-1}$ sowie $\exp(l_a(a)) = \exp(\log 1 + b) = \exp b = a$.   □

Logarithmusfunktionen sind per definitionem holomorph. Wir zeigen, daß die Holomorphie automatisch gegeben ist, wenn man nur die Stetigkeit fordert.

Es sei $l: G \to \mathbb{C}$ stetig in G, und es gelte $\exp \circ l = \mathrm{id}$. Dann ist l holomorph in G und also eine Logarithmusfunktion in G.

Beweis. Sei $a \in G$ fixiert. Es gilt $a \neq 0$. Bezeichnet l_a die in $B_{|a|}(a)$ definierte Logarithmusfunktion $\log \dfrac{z}{a} + b$ mit $e^b = a$, so gilt:

$$\exp(l(z) - l_a(z)) = 1, \quad \text{also} \quad l(z) - l_a(z) \in 2\pi i \mathbb{Z} \quad \text{in } G \cap B_{|a|}(a).$$

Da $l - l_a$ stetig ist, so ist $l - l_a$ konstant und l also holomorph um a.   □

Wir halten fest: „*Stetige" Logarithmusfunktionen sind von selbst holomorph.*

3. Die Eulersche Folge $\left(1 + \dfrac{z}{n}\right)^n$. Euler hat - motiviert u.a. durch Fragen der Zinseszinsrechnung - in [E] die Polynomfolge

$$\left(1 + \frac{z}{n}\right)^n, \quad n \geq 1,$$

betrachtet und durch Entwicklung in die binomische Reihe mittels eines nicht näher begründeten Grenzüberganges gezeigt:

Satz. *Die Folge* $\left(1+\dfrac{z}{n}\right)^n$ *konvergiert in* $\mathbb{C}$ *kompakt gegen* $\exp z$.

Den Beweis stützen wir auf folgendes

Kompositionslemma. *Es sei X ein metrischer Raum; die Folge $f_n \in \mathscr{C}(X)$ konvergiere in X kompakt gegen $f \in \mathscr{C}(X)$. Dann konvergiert die Folge $\exp \circ f_n$ in X kompakt gegen $\exp \circ f$.*

Beweis. Alle Funktionen $\exp \circ f_n$, $\exp \circ f$ sind stetig in X. Sei $K \subset X$ kompakt. Da $\exp \circ f_n - \exp \circ f = \exp \circ f(\exp \circ (f_n - f) - 1)$ und $|\exp w - 1| \le 2|w|$ für $|w| \le \frac{1}{2}$ (vgl. 4.2.1), so folgt $|\exp \circ f_n - \exp \circ f|_K \le 2 |\exp \circ f|_K |f_n - f|_K$, falls $|f_n - f|_K \le \frac{1}{2}$. Da $\lim |f_n - f|_K = 0$, so folgt die Behauptung. $\qquad \square$

Wir beweisen nun den Eulerschen Konvergenzsatz: Sei $K \subset \mathbb{C}$ ein Kompaktum. Es gibt ein $m \in \mathbb{N}$, so daß für alle $n \ge m$ und alle $z \in K$ gilt: $\left|\dfrac{z}{n}\right| \le \dfrac{1}{2}$. Da $|\log(1+w) - w| \le |w|^2$ für $|w| \le \frac{1}{2}$ nach 2. (1), so folgt

$$\log\left(1+\frac{z}{n}\right) \in \mathscr{C}(K) \quad \text{und} \quad \left|n \log\left(1+\frac{z}{n}\right) - z\right|_K \le \frac{1}{n} |z|_K^2 \quad \text{für } n \ge m.$$

Mithin konvergiert $n \log\left(1+\dfrac{z}{n}\right)$ in $\mathbb{C}$ kompakt gegen z. Da

$$\exp\left(n \log\left(1+\frac{z}{n}\right)\right) = \left(1+\frac{z}{n}\right)^n,$$

so konvergiert $\left(1+\dfrac{z}{n}\right)^n$ auf Grund des Kompositionslemmas in $\mathbb{C}$ kompakt gegen $\exp z$.

4. Hauptzweig des Logarithmus. Wir führen in der „geschlitzten Ebene" $\mathbb{C}^-$ (vgl. 2.2.4) eine *Logarithmusfunktion* ein. Wir gehen aus von der reellen Funktion

$$\log: \mathbb{R}^+ \to \mathbb{R}, \quad r \mapsto \log r, \quad (\text{wobei } \mathbb{R}^+ := \{x \in \mathbb{R}: x > 0\}),$$

und entnehmen aus der Infinitesimalrechnung, daß diese Funktion *stetig in* $\mathbb{R}^+$ *ist*. Wir „setzen diese Funktion ins Komplexe fort": Jede Zahl $z \in \mathbb{C}^-$ ist eindeutig darstellbar in der Form $z = |z| e^{i\varphi}$, wobei $|z| > 0$ und $-\pi < \varphi < \pi$. Wir behaupten:

Die Funktion $\log: \mathbb{C}^- \to \mathbb{C}$, $z = |z| e^{i\varphi} \mapsto \log|z| + i\varphi$, *ist eine Logarithmusfunktion in $\mathbb{C}^-$; sie stimmt in $B_1(1) \subset \mathbb{C}^-$ mit der Grenzfunktion der Potenzreihe* $\sum_1 \dfrac{(-1)^{\nu-1}}{\nu}(z-1)^\nu$ *überein.*

Beweis. Da die Funktionen $z \mapsto \log|z|$ und $z \mapsto i\varphi$ stetig in $\mathbb{C}^-$ sind, so ist $\log z$ stetig in $\mathbb{C}^-$. Da $e^{\log r} = r$ für alle $r \in \mathbb{R}^+$, so gilt:

$$\exp(\log z) = \exp(\log|z| + i\varphi) = e^{\log|z|} \cdot e^{i\varphi} = |z| e^{i\varphi} = z \quad \text{für alle } z \in \mathbb{C}^-.$$

Mithin ist $\log z$ nach 2 eine Logarithmusfunktion in $\mathbb{C}^-$. Da nach dem Existenzsatz 2 die Funktion $\sum_1 \frac{(-1)^{\nu-1}}{\nu}(z-1)^\nu$ eine Logarithmusfunktion in $B_1(1)$ $\subset \mathbb{C}^-$ ist, so unterscheiden sich in $B_1(1)$ diese beiden Funktionen nur um eine Konstante. Da beide in 1 verschwinden, so stimmen sie in $B_1(1)$ überein. $\square$

Die soeben in der geschlitzten Ebene $\mathbb{C}^-$ eingeführte Logarithmusfunktion $\log: \mathbb{C}^- \to \mathbb{C}$ heißt *der Hauptzweig des Logarithmus*, es gilt $\log i = \frac{1}{2}\pi i$. Die unendlich vielen weiteren Logarithmusfunktionen $\log z + 2\pi i n$, $n \in \mathbb{Z}$, $z \in \mathbb{C}^-$, heißen *Nebenzweige*, kurz: *Zweige*; da $\mathbb{C}^-$ ein Gebiet ist (für jeden Punkt $z \in \mathbb{C}^-$ liegt die Strecke $[1, z]$ von 1 nach z in $\mathbb{C}^-$), so sind diese Zweige *alle* Logarithmusfunktionen in $\mathbb{C}^-$.

Die in 1.2.3, 3) betrachtete Funktion $\tilde{l}(z) = \frac{1}{2}\log(x^2 + y^2) + i \arctan \frac{y}{x}$ stimmt, da $x^2 + y^2 = |z|^2$ und $\arctan \frac{y}{x} = \varphi$ für $x > 0$, in der rechten Halbebene $\{z \in \mathbb{C}: \operatorname{Re} z > 0\}$ mit dem Hauptzweig $\log z$ überein, in der linken Halbebene hingegen ist $\tilde{l}(z)$ *keine* Logarithmusfunktion, da offensichtlich $\exp(\tilde{l}(z)) = -z$.

Wir bezeichnen mit $\log$ *stets* den Hauptzweig des Logarithmus. In unserer Definition wird die Ebene $\mathbb{C}$ längs der negativen reellen Achse geschlitzt. Darin liegt natürlich eine Willkür. Man kann ebenso gut eine andere, vom Nullpunkt ausgehende Halbgerade aus $\mathbb{C}$ entfernen und analog wie eben im so entstehenden Gebiet Logarithmusfunktionen erklären. *In $\mathbb{C}^\times$ selbst existieren keine Logarithmusfunktionen*, denn eine solche Funktion müßte in $\mathbb{C}^-$ mit einem Zweig $\log z + 2\pi i n$, $n \in \mathbb{Z}$, übereinstimmen und könnte also auf der negativen reellen Achse nicht stetig sein. Wir werden im zweiten Band sehen, daß in einem Gebiet $G \subset \mathbb{C}$ genau dann Logarithmusfunktionen existieren, wenn G einfach zusammenhängend ist.

5. Historisches zur Logarithmusfunktion im Komplexen. Die Ausdehnung der reellen Logarithmusfunktion auf komplexe Argumente führte in der Analysis erstmals zu einem Phänomen, das im Reellen unbekannt war: eine durch natürliche Eigenschaften definierte Funktion wird im Komplexen *mehrdeutig*. Auf Grund des Permanenzprinzips, nach dem alle im Reellen gewonnenen Identitäten auch im Komplexen gelten sollten, glaubte man noch zu Beginn des 18. Jahrhunderts an die Existenz einer (eindeutigen) Funktion $\log z$, die den Gleichungen

$$\exp(\log z) = z \quad \text{und} \quad \frac{d\log z}{dz} = \frac{1}{z}$$

genügt. Leibniz und Johann Bernoulli hatten von 1700 bis 1716 eine Kontroverse über die wahren Werte des Logarithmus für -1 und i; sie verstrickten sich in unlösbare Widersprüche; allerdings kennt Bernoulli bereits 1702 die bemerkenswerte Gleichung (siehe auch 2.6):

$$\log i = i\frac{\pi}{2}, \quad \text{also } i\log i = -\frac{\pi}{2} \qquad \text{(Euler 1728)}.$$

Erst EULER stellte das Permanenzprinzip in Frage; in seiner 1749 veröffentlichten Arbeit *De la controverse entre Mrs. Leibniz et Bernoulli sur les logarithmes des nombres négatifs et imaginaires* (Opera Omnia 17, 1. Ser., 195–232) sagt er ganz klar (S. 229), daß jede Zahl *unendlich viele* Logarithmen hat: „Nous voyons donc qu'il est essentiel à la nature du logarithme que chaque nombre ait une infinité de logarithmes, et que tous ces logarithmes soient differens [sic] non seulement entr'eux, mais aussi de tous les logarithmes de tout autre nombre."

§ 5. Diskussion von Logarithmusfunktionen

Im Reellen führt man die Logarithmusfunktion häufig als die Umkehrfunktion der Exponentialfunktion ein; es gilt also $\log(\exp x) = x$ für $x \in \mathbb{R}$. Im Komplexen gilt diese Gleichung nicht mehr uneingeschränkt, da $\exp\colon \mathbb{C} \to \mathbb{C}^\times$ nicht injektiv ist. Dies ist auch der Grund dafür, daß das reelle Additionstheorem

$$\log(x\,y) = \log x + \log y \qquad \text{für alle } x, y \in \mathbb{R},\ x > 0,\ y > 0,$$

im Komplexen nicht mehr einschränkungslos gilt. Wir diskutieren zunächst, wie diese Formeln zu modifizieren sind. Weiter studieren wir allgemeine Potenzfunktionen, schließlich zeigen wir, daß

$$\zeta(z) := \sum_1 \frac{1}{n^z}$$

in der Halbebene $\{z \in \mathbb{C}\colon \operatorname{Re} z > 1\}$ normal konvergiert.

1. Zu den Identitäten $\log(w\,z) = \log w + \log z$ und $\log(\exp z) = z$. Für Zahlen $w, z, w\,z \in \mathbb{C}^-$ gilt $w = |w|\,e^{i\varphi}$, $z = |z|\,e^{i\psi}$, $w\,z = |w\,z|\,e^{i\chi}$, wobei $\varphi, \psi, \chi \in (-\pi, \pi)$ und $\chi = \varphi + \psi + \eta$ mit einer Zahl η, die entweder $-2\pi i$ oder 0 oder $2\pi i$ ist. Damit folgt

$$\log(w\,z) = \log(|w|\,|z|) + i\,\chi = (\log|w| + i\,\varphi) + (\log|z| + i\,\psi) + i\,\eta$$
$$= \log w + \log z + i\,\eta.$$

Wir sehen insbesondere:

$$\log(w\,z) = \log w + \log z \Leftrightarrow \varphi + \psi \in (-\pi, \pi). \qquad \square$$

Die Zahl $\log(\exp z)$ ist genau für diejenigen $z = x + i\,y$ nicht definiert, für die gilt $\exp z = e^x \cos y + i\,e^x \sin y \in \mathbb{C} \setminus \mathbb{C}^-$. Dies trifft genau dann zu, wenn $e^x \cos y \leq 0$ und $e^x \sin y = 0$, d.h. wenn $y = (2n+1)\,\pi$, $n \in \mathbb{Z}$. Daher ist $\log \circ \exp$ im Bereich

$$B := \mathbb{C} \setminus \{z\colon \operatorname{Im} z = (2n+1)\,\pi, n \in \mathbb{Z}\}$$

wohldefiniert. Es gilt $B = \bigcup_{n \in \mathbb{Z}} G_n$, wobei

$$G_n := \{z \in \mathbb{C}\colon (2n-1)\,\pi < \operatorname{Im} z < (2n+1)\,\pi\}$$

jeweils ein „Bandgebiet parallel zur x-Achse von der Breite 2π" ist, $n \in \mathbb{Z}$ (vgl. Figur S. 114).

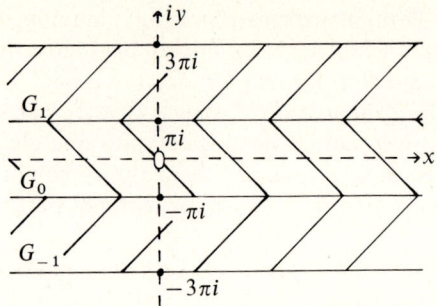

Für $z=x+iy\in G_n$ gilt $e^z=e^x\,e^{i(y-2n\pi)}$ mit $y-2n\,\pi\in(-\pi,\pi)$. Somit folgt

$$\log(\exp z)=\log e^x+i(y-2n\,\pi),$$

also:

$$\log(\exp z)=z-2\pi i\,n \quad \text{für alle } z\in G_n,\ \ n\in\mathbb{Z}.$$

Nur im Streifen G_0 gilt also $\log(\exp z)=z$. Da stets $\exp(\log z)=z$, so folgt:

Das Bandgebiet $G_0=\{z\in\mathbb{C}\colon -\pi<\operatorname{Im}z<\pi\}$ wird vermöge der Exponential-funktion „umkehrbar holomorph" (also sicher topologisch) auf die geschlitzte Ebene $\mathbb{C}^-$ abgebildet, die Umkehrabbildung ist der Hauptzweig des Logarithmus.

2. Logarithmus und Arcustangens. Für die im Einheitskreis holomorphe Arcus-tangensfunktion (vgl. 2.5) gilt:

(1) $$\arctan z=\frac{1}{2i}\log\frac{1+iz}{1-iz},\qquad z\in\mathbb{E}.$$

Beweis. Die Funktion $h(z):=\dfrac{1+z}{1-z}\in\mathcal{O}(\mathbb{C}\smallsetminus\{1\})$ ist bis auf den Faktor i die Cayleyabbildung $h_{C'}$ aus 2.2.2; daher folgt $h(\mathbb{E})=\{z\in\mathbb{C}\colon \operatorname{Re}z>0\}$. Somit ist in $\mathbb{E}$ die Funktion $H(z):=\log h(z)\in\mathcal{O}(\mathbb{E})$ wohldefiniert: es gilt $H'(z)=\dfrac{h'(z)}{h(z)}$ $=\dfrac{2}{1-z^2}$. Für $G(z):=H(iz)-2i\arctan z\in\mathcal{O}(\mathbb{E})$ folgt nun

$$G'(z)=iH'(iz)-2i(\arctan z)'=\frac{2i}{1+z^2}-\frac{2i}{1+z^2}=0,\qquad z\in\mathbb{E}.$$

Da $G(0)=0$, so ergibt sich $G\equiv0$. $\qquad\square$

Auf Grund der in 2.5 bewiesenen Identität $\arctan(\tan z)=z$ ergibt sich aus (1) die Gleichung

(2) $$z=\frac{1}{2i}\log\frac{1+i\tan z}{1-i\tan z}\quad \text{für alle } z \text{ nahe bei } 0.$$

Wir folgern noch:

(3) $$\tan(\arctan z)=z\quad \text{für } z\in\mathbb{E}.$$

Beweis. Mit $w := \arctan z$ gilt $e^{2iw} = \dfrac{1+iz}{1-iz}$ wegen (1). Da $\tan w = i\,\dfrac{1-e^{2iw}}{1+e^{2iw}}$ (vgl. 2.5), so folgt $\tan w = z$.

3. Potenzfunktionen. Formel von NEWTON-ABEL. Sobald Logarithmusfunktionen zur Verfügung stehen, lassen sich auch Potenzfunktionen einführen. Ist $l: G \to \mathbb{C}$ eine Logarithmusfunktion, so betrachtet man für jede komplexe Zahl σ die Funktion

$$p_\sigma: G \to \mathbb{C}, \qquad z \mapsto \exp(\sigma\, l(z)).$$

Wir nennen p_σ *die Potenzfunktion mit Exponenten σ bez. l.* Diese Redeweise wird motiviert durch folgende einfach zu verifizierende Aussage:

Jede Funktion p_σ ist holomorph in G; es gilt: $p'_\sigma = \sigma\, p_{\sigma-1}$. Für alle $\sigma, \tau \in \mathbb{C}$ gilt: $p_\sigma p_\tau = p_{\sigma+\tau}$. Für $n \in \mathbb{N}$ gilt: $p_n(z) = z^n$ in G.

In der geschlitzten Ebene $\mathbb{C}^-$ wird durch $\exp(\sigma \log z)$ eine Potenzfunktion mit Exponenten σ erklärt. Wir reservieren die (gelegentlich gefährliche) Schreibweise z^σ ausschließlich für diese Potenzfunktion, für ganze Zahlen $\sigma \in \mathbb{Z}$ handelt es sich nach dem Vorangehenden in der Tat um die übliche Potenzfunktion. Es gilt z. B.

$$1^\sigma = 1, \qquad i^i = e^{-\frac{\pi}{2}} \cong 0.2078795763 \ldots.$$

Bemerkung. Daß i^i reell ist, erwähnt EULER am Schluß eines Briefes an GOLDBACH vom 14. Juni 1746: „Letztens habe gefunden, daß diese expressio $(\sqrt{-1})^{\sqrt{-1}}$ einen valorem realem habe, welcher in fractionibus decimalibus $= 0{,}2078795763$, welches mir merkwürdig zu seyn scheinet" (vgl. S. 383 der in 1.3 zitierten Correspondance entre Leonhard EULER et Chr. GOLDBACH). □

Die oben notierten Regeln schreiben sich jetzt in der suggestiven Form:

$$(z^\sigma)' = \sigma\, z^{\sigma-1}, \qquad z^\sigma z^\tau = z^{\sigma+\tau}, \qquad z \in \mathbb{C}^-.$$

Aus der Definition $z^\sigma = e^{\sigma \log z}$, $z \in \mathbb{C}^-$, folgt:

Für $z = r e^{i\varphi}$, $\varphi \in (-\pi, \pi)$, und $\sigma = s + it$ gilt $|z^\sigma| = |z|^{\operatorname{Re}\sigma} e^{-\varphi \operatorname{Im}\sigma}$, speziell: $|z^\sigma| \leq |z|^{\operatorname{Re}\sigma} e^{\pi |\operatorname{Im}\sigma|}$.

Beweis. Klar wegen $|e^w| = e^{\operatorname{Re} w}$ und $|e^{-\varphi \operatorname{Im}\sigma}| \leq e^{\pi |\operatorname{Im}\sigma|}$. □

Die Funktion $(1+z)^\sigma$ ist insbesondere im Einheitskreis $\mathbb{E}$ wohldefiniert. Da $(1+z)^\sigma = \exp(\sigma \log(1+z)) = b_\sigma(z)$ nach 4.3.4(*), so folgt die

Formel von NEWTON-ABEL:

$$(1+z)^\sigma = \sum_0 \binom{\sigma}{\nu} z^\nu \qquad \textit{für alle } \sigma \in \mathbb{C}, \ z \in \mathbb{E}.$$

Mittels der Formel von NEWTON-ABEL lassen sich die Werte der binomischen Reihe explizit angeben. Setzt man $\sigma = s + it$, $1 + z = r e^{i\varphi}$, so gilt:

$$b_\sigma(z) = \exp(\sigma \log(1+z)) = e^{(s+it)(\log r + i\varphi)} = r^s e^{-t\varphi} e^{i(t \log r + s\varphi)}.$$

Schreibt man $z = x + iy$, so erhält man aus $1 + x + iy = r\,e^{i\varphi}$ durch Vergleich von Real- und Imaginärteil $r = ((1+x)^2 + y^2)^{\frac{1}{2}}$, $\varphi = \arctan \dfrac{y}{1+x}$, also:

$$(1+z)^\sigma = ((1+x)^2 + y^2)^{\frac{1}{2}s}\, e^{-t\arctan\frac{y}{1+x}}\left[\cos\left(s\arctan\frac{y}{1+x} + \frac{1}{2}t\log((1+x)^2 + y^2)\right)\right.$$

$$\left. + i\sin\left(s\arctan\frac{y}{1+x} + \frac{1}{2}t\log((1+x)^2 + y^2)\right)\right] \qquad \text{für alle } z \in \mathbb{E}.$$

Diese monströse Formel steht so 1826 in der Abelschen Arbeit [A], S. 329.

4. Die Riemannsche ζ-Funktion. Für alle $n \in \mathbb{N}$, $n \geq 1$, ist $n^z = \exp(z \log n)$ holomorph in $\mathbb{C}$, nach Abschnitt 3 gilt: $|n^z| = n^{\operatorname{Re} z}$.

Satz. *Die Reihe $\sum\limits_1 \dfrac{1}{n^z}$ ist in jeder Halbebene $\{z \in \mathbb{C} : \operatorname{Re} z \geq 1 + \varepsilon\}$, $\varepsilon > 0$, gleichmäßig und in $\{z \in \mathbb{C} : \operatorname{Re} z > 1\}$ normal konvergent.*

Beweis. Für jedes $\varepsilon > 0$ gilt $|n^z| = n^{\operatorname{Re} z} \geq n^{1+\varepsilon}$, falls $\operatorname{Re} z \geq 1 + \varepsilon$. Damit folgt

$$\sum_1 \left|\frac{1}{n^z}\right| \leq \sum_1 \frac{1}{n^{1+\varepsilon}} \qquad \text{für alle } z \text{ mit } \operatorname{Re} z \geq 1 + \varepsilon.$$

Da die Reihe rechts wegen $\varepsilon > 0$ bekanntlich konvergiert (siehe etwa Knopp [15], S. 117), so folgt die Behauptung nach dem Majorantenkriterium 3.2.2 und der Definition der normalen Konvergenz. $\qquad\square$

Die Funktion

$$\zeta(z) := \sum_1 \frac{1}{n^z}, \qquad \operatorname{Re} z > 1,$$

ist also wohldefiniert und jedenfalls in ihrem Definitionsgebiet stetig; in 8.4.2 werden wir sehen, daß $\zeta(z)$ in der Halbebene $\{z \in \mathbb{C} : \operatorname{Re} z > 1\}$ auch holomorph ist. Bereits Euler hat diese Funktion studiert; nichtsdestoweniger nennt man sie die *Riemannsche* Zetafunktion. Wir werden diese berühmte Funktion erst im zweiten Band intensiv untersuchen, dort werden wir auch auf die Geschichte der ζ-Funktion ausführlich eingehen. In diesem Band werden lediglich die Zahlen $\zeta(2n)$ bestimmt, vgl. 11.2.4.

Kapitel 6. Komplexe Integralrechnung

> Du kannst im Großen nichts verrichten
> Und fängst es nun im Kleinen an
> (J.W. von GOETHE).

1. GAUSS schreibt am 18. Dezember 1811 an BESSEL: „Was soll man sich nun bei $\int \varphi x \cdot dx$ für $x = a + b\,i$ denken? Offenbar, wenn man von klaren Begriffen ausgehen will, muss man annehmen, dass x durch unendlich kleine Incremente (jedes von der Form $\alpha + i\beta$) von demjenigen Werthe, für welchen das Integral 0 sein soll, bis zu $x = a + b\,i$ übergeht und dann all $\varphi x \cdot dx$ summirt. So ist der Sinn vollkommen festgesetzt. Nun aber kann der Übergang auf unendlich viele Arten geschehen: so wie man sich das ganze Reich aller reellen Grössen durch eine unendliche gerade Linie denken kann, so kann man das ganze Reich aller Grössen, reeller und imaginärer Grössen sich durch eine unendliche Ebene sinnlich machen, worin jeder Punkt, durch Abscisse $= a$, Ordinate $= b$ bestimmt, die Grösse $a + b\,i$ gleichsam repräsentirt. Der stetige Übergang von einem Werthe von x zu einem andern $a + b\,i$ geschieht demnach durch eine Linie und ist mithin auf unendlich viele Arten möglich. Ich behaupte nun, dass das Integral $\int \varphi x \cdot dx$ nach zweien verschiednen Übergängen immer einerlei Werth erhalte, wenn innerhalb des zwischen beiden die Übergänge repräsentirenden Linien eingeschlossenen Flächenraumes nirgends $\varphi x = \infty$ wird. Dies ist ein sehr schöner Lehrsatz, dessen eben nicht schweren Beweis ich bei einer schicklichen Gelegenheit geben werde. Er hängt mit schönen andern Wahrheiten, die Entwicklungen in Reihen betreffend, zusammen. Der Übergang nach jedem Punkte lässt sich immer ausführen, ohne jemals eine solche Stelle wo $\varphi x = \infty$ wird zu berühren. Ich verlange aber, dass man solchen Punkten ausweichen soll, wo offenbar der ursprüngliche Grundbegriff von $\int \varphi x \cdot dx$ seine Klarheit verliert und leicht auf Widersprüche führt. Übrigens ist zugleich hieraus klar, wie eine durch $\int \psi x \cdot dx$ erzeugte Function für einerlei Werthe von x mehrere Werthe haben kann, indem man nemlich beim Übergange dahin um einen solchen Punkt wo $\varphi x = \infty$ entweder gar nicht, oder einmal, oder mehreremale herumgehen kann. Definirt man z.B. $\log x$ durch $\int \frac{1}{x} dx$, von $x = 1$ anzufangen, so kommt man zu $\log x$ entweder ohne den Punkt $x = 0$ einzuschliessen oder durch ein- oder mehrmaliges Umgehen desselben; jedesmal kommt dann die Constante $+ 2\pi i$ oder $- 2\pi i$ hinzu: so sind die vielfachen Logarithmen von jeder Zahl ganz klar" (Werke 8, 90–92).

Dieser berühmte Brief zeigt, daß GAUSS bereits 1811 Kurvenintegrale und den Cauchyschen Integralsatz kannte und klare Vorstellungen über Perioden von Integralen besaß. Indessen hat GAUSS seine Kenntnisse nicht vor 1831 veröffentlicht.

2. In diesem Kapitel sind die Grundlagen der Theorie der komplexen Wegintegrale dargestellt. Wir führen solche Integrale auf Integrale längs reeller Intervalle zurück; statt dessen könnte man sie natürlich auch mittels Riemannscher Summen längs Wegen direkt erklären. Komplexe Wegintegrale werden in
zwei Schritten eingeführt: Zunächst wird längs *stetig differenzierbarer Wege integriert; alsdann werden Integrale längs stückweise stetig differenzierbarer Wege
eingeführt* (Paragraph 1). *Für alle Belange der klassischen Funktionentheorie ist
es ausreichend, Integrale längs solcher Wege zu betrachten.*

Im Paragraphen 3 werden Kriterien für die *Wegunabhängigkeit* von Wegin-
tegralen hergeleitet; für *Sterngebiete* ergibt sich ein besonders einfaches *Integrabilitätskriterium*. Das Hilfsmittel bei diesen Untersuchungen ist der Fundamentalsatz der Differential- und Integralrechnung in reellen Intervallen, vgl.
0.2.

§ 0. Integration in reellen Intervallen

Die Integrationstheorie *reell-wertiger stetiger Funktionen* in reellen Intervallen
ist bekannt. Wir übertragen diese Theorie auf *komplex-wertige stetige Funktionen*, soweit es für die Belange der Funktionentheorie nötig ist. Mit $I=[a,b]$,
$a\le b$, wird ein kompaktes Intervall in $\mathbb{R}$ bezeichnet.

1. Integralbegriff. Rechenregeln und Standardabschätzung. Für jede stetige
Funktion $f\colon I\to\mathbb{C}$ ist die Definition

$$\int_r^s f(t)\,dt := \int_r^s (\operatorname{Re} f)(t)\,dt + i\int_r^s (\operatorname{Im} f)(t)\,dt \in \mathbb{C}$$

für alle $r,s\in I$ sinnvoll, da $\operatorname{Re} f$ und $\operatorname{Im} f$ reell-wertige stetige Funktionen sind,
deren Integrale existieren. Es gelten die einfachen

Rechenregeln. *Für alle* $f,g\in\mathscr{C}(I)$ *und alle* $r,s\in I$ *gilt:*

1) $\int_r^s (f+g)(t)\,dt = \int_r^s f(t)\,dt + \int_r^s g(t)\,dt, \quad \int_r^s cf(t)\,dt = c\int_r^s f(t)\,dt \quad$ *für alle* $c\in\mathbb{C}$,

2) $\int_r^x f(t)\,dt + \int_x^s f(t)\,dt = \int_r^s f(t)\,dt \quad$ *für alle* $x\in I$,

3) $\int_s^r f(t)\,dt = -\int_r^s f(t)\,dt \quad$ *(Umkehrregel)*,

4) $\operatorname{Re}\int_r^s f(t)\,dt = \int_r^s \operatorname{Re} f(t)\,dt, \quad \operatorname{Im}\int_r^s f(t)\,dt = \int_r^s \operatorname{Im} f(t)\,dt.$

Die Abbildung $\mathscr{C}(I)\to\mathbb{C}$, $f\mapsto\int_a^b f(t)\,dt$, ist also speziell eine *komplexe* Linear-
form auf dem $\mathbb{C}$-Vektorraum $\mathscr{C}(I)$. Wir nennen $\int_a^b f(t)\,dt$ das *Integral von f längs*

des (reellen) Intervalles $[a,b]$. Für reell-wertige Funktionen $f, g \in \mathscr{C}(I)$ gilt die

Monotonieregel: $\int_a^b f(t)\,dt \leq \int_a^b g(t)\,dt,$ *falls* $f(t) \leq g(t)$ *für alle* $t \in I$.

Im Komplexen tritt an die Stelle dieser Ungleichung die

Standardabschätzung: $\left| \int_a^b f(t)\,dt \right| \leq \int_a^b |f(t)|\,dt$ *für alle* $f \in \mathscr{C}(I)$.

Beweis. Für reell-wertiges f folgt die Behauptung sofort aus der Monotonieregel, wenn man f bzw. $-f$ und $|f|$ betrachtet. Den allgemeinen Fall führen wir hierauf zurück: Es gibt ein $c = e^{i\varphi}$ mit $c \int_a^b f(t)\,dt \in \mathbb{R}$. Es folgt $c \int_a^b f(t)\,dt = \int_a^b \operatorname{Re}(cf(t))\,dt$. Da $|\operatorname{Re}(cf(t))| \leq |f(t)|$ für alle $t \in I$ wegen $|c| = 1$, so folgt wegen der Monotonieregel die Behauptung:

$$\left| \int_a^b f(t)\,dt \right| = \left| c \int_a^b f(t)\,dt \right| = \left| \int_a^b \operatorname{Re}(cf(t))\,dt \right| \leq \int_a^b |\operatorname{Re}(cf(t))|\,dt \leq \int_a^b |f(t)|\,dt.$$

Die Standardabschätzung wird gelegentlich auch „Dreiecksungleichung" genannt. Diese Redeweise ist naheliegend, wenn man an die Definition von Integralen durch Riemannsche Summen denkt: dann verallgemeinert die gewonnene Ungleichung in der Tat die Dreiecksungleichung $|w + z| \leq |w| + |z|$.

2. Fundamentalsatz der Differential- und Integralrechnung. Zur Berechnung von Integralen ist der Hauptsatz der Differential- und Integralrechnung unentbehrlich. Um ihn zu formulieren, betrachten wir zunächst differenzierbare Funktionen $f: I \to \mathbb{C}$. Eine Funktion $f \in \mathscr{C}(I)$ heißt *(stetig) differenzierbar* in I, wenn $\operatorname{Re} f$ und $\operatorname{Im} f$ in I (stetig) differenzierbar sind. Man setzt (wie im Reellen)

$$\frac{d}{dt} f(t) := f'(t) := (\operatorname{Re} f)'(t) + i(\operatorname{Im} f)'(t) \quad \text{(1. Ableitung)}$$

und zeigt mühelos, daß Summen-, Produkt- und Quotientenregel unverändert gültig bleiben; die Kettenregel besagt u.a. (vgl. Figur):

Ist f holomorph im Bereich D und ist $\gamma: I \to D$ differenzierbar in I, so gilt:

$$(f \circ \gamma)'(t) = f'(\gamma(t)) \gamma'(t).$$

Eine Funktion $F \in \mathscr{C}(I)$ heißt *Stammfunktion von* $f \in \mathscr{C}(I)$ in I, wenn F in I differenzierbar ist und wenn $F' = f$. Wie im Reellen gilt der

Fundamentalsatz der Differential- und Integralrechnung für Intervalle. *Es sei* $f \in \mathscr{C}(I)$. *Dann ist* $\int_a^x f(t)\,dt$, $x \in I$, *eine Stammfunktion von* f *in* I *(Existenzsatz). Ist*

$F \in \mathscr{C}(I)$ *irgendeine Stammfunktion von f in I, so gilt:*

$$\int_r^s f(t)\, dt = F(s) - F(r) \qquad \text{für alle } r, s \in I.$$

Zum Beweis geht man zum Real- und Imaginärteil über und wendet den Fundamentalsatz der Differential- und Integralrechnung für reelle Funktionen an. – Der Fundamentalsatz impliziert direkt:

Sind $F, \hat{F} \in \mathscr{C}(I)$ Stammfunktionen zu f, so ist $\hat{F} - F$ konstant in I.

Wir geben zwei weitere Anwendungen des Fundamentalsatzes.

Substitutionsregel. *Ist J ein Intervall in* $\mathbb{R}$, *und ist* $\varphi: J \to I$ *stetig differenzierbar, so gilt für jede Funktion* $f \in \mathscr{C}(I)$:

$$\int_r^s f(\varphi(t))\, \varphi'(t)\, dt = \int_{\varphi(r)}^{\varphi(s)} f(t)\, dt \qquad \text{für alle } r, s \in J.$$

Beweis. Es sei F Stammfunktion von f in I. Dann gilt:

$$\int_{\varphi(r)}^{\varphi(s)} f(t)\, dt = F(\varphi(s)) - F(\varphi(r)).$$

Da (Kettenregel): $(F \circ \varphi)' = (F' \circ \varphi) \cdot \varphi' = (f \circ \varphi) \cdot \varphi'$, so ist $F \circ \varphi$ Stammfunktion von $(f \circ \varphi) \cdot \varphi'$ in J. Daher gilt nach dem Fundamentalsatz auch

$$\int_r^s f(\varphi(t))\, \varphi'(t)\, dt = (F \circ \varphi)(s) - (F \circ \varphi)(r).$$

Regel der partiellen Integration. *Für alle in I stetig differenzierbaren Funktionen* $f, g \in \mathscr{C}(I)$ *gilt:*

$$\int_a^b f(t)\, g'(t)\, dt = f(b)\, g(b) - f(a)\, g(a) - \int_a^b f'(t)\, g(t)\, dt.$$

Beweis. Ist F Stammfunktion von $f'g$, so ist $fg - F$ Stammfunktion von fg'.

§ 1. Wegintegrale in $\mathbb{C}$

Wir erklären zunächst komplexe Wegintegrale $\int_\gamma f\, dz$ längs stetig differenzierbarer Wege in $\mathbb{C}$. Diese Integralklasse ist aber für die Funktionentheorie nicht ausreichend: man muß auch längs Wegen mit „Ecken" integrieren können. In allen wichtigen Anwendungen benötigt man allerdings lediglich solche Wege, die aus Strecken und Kreisbögen zusammengesetzt sind. Wenn wir nichtsdestoweniger die umfassendere Klasse aller *stückweise stetig differenzierbaren Wege* betrachten, so liegt diesem Vorgehen keineswegs das in der Mathematik häufig so gefährliche Streben nach Verallgemeinerung um jeden Preis zugrunde, sondern vielmehr die Einsicht, daß nahezu überall die Formulierungen für aus Strecken und Kreisbögen zusammengesetzte Kurven nicht einfacher, sondern in der Notation sogar eher schwerfälliger werden würden.

In Lehrbüchern zur Funktionentheorie werden häufig komplexe Integrale längs beliebiger „rektifizierbarer" Kurven betrachtet. Es gab eine Zeit, in der es geradezu Mode war, in Vorlesungen wertvolle Zeit für eine möglichst allgemeine Theorie der Kurvenintegrale zu opfern. Derzeit ist es allgemein üblich, sich in den Grundvorlesungen zur Funktionentheorie auf Integrale längs stückweise stetig differenzierbarer Kurven zu beschränken.

Mit I wird wieder ein reelles Intervall $[a,b]$, $a \le b$, bezeichnet.

1. Stetig und stückweise stetig differenzierbare Wege. Nach 0.6.2 heißt jede stetige Abbildung $\gamma: I \to \mathbb{C}$ ein *Weg* bzw. eine *Kurve* mit *Anfangspunkt* $\gamma(a)$ und *Endpunkt* $\gamma(b)$. Statt $\gamma(t)$ schreibt man auch suggestiver $z(t)$, gelegentlich benutzt man $\zeta(t)$ anstelle von $z(t)$. Der Weg γ heißt *stetig differenzierbar*, wenn die Funktion γ in I stetig differenzierbar ist.

Beispiele. 0) Ein Weg γ heißt *Nullweg*, wenn die Funktion γ konstant ist; Nullwege sind stetig differenzierbar.

1) Die durch $z(t):=(1-t)z_0 + t z_1, t \in [0,1]$, gegebene *Strecke* $[z_0, z_1]$ von z_0 nach z_1 ist eine stetig differenzierbare Kurve.

2) Sei $c \in \mathbb{C}$, $r > 0$. Die Funktion

$$z(t):=c+r e^{it} = \operatorname{Re} c + r \cos t + i(\operatorname{Im} c + r \sin t), \quad t \in [a,b], \quad 0 \le a < b \le 2\pi,$$

ist stetig differenzierbar. Die zugehörige Kurve γ heißt (in Übereinstimmung mit der Anschauung) ein *Kreisbogen* der Kreisscheibe $B_r(c)$. Falls $a=0$, $b=2\pi$, so ist γ die Kreislinie vom Radius r um c. Diese Kurve ist *geschlossen* (Endpunkt = Anfangspunkt); wir bezeichnen sie mit $S_r(c)$ oder einfach mit S_r.   ☐

Sind $\gamma_1, \gamma_2 \dots, \gamma_m$ Wege in $\mathbb{C}$, derart, daß der Endpunkt von γ_μ jeweils der Anfangspunkt von $\gamma_{\mu+1}$ ist, $1 \le \mu < m$, so ist nach 0.6.2 der *Summenweg* $\gamma := \gamma_1 + \gamma_2 + \ldots + \gamma_m$ definiert, sein Anfangs- bzw. Endpunkt ist der Anfangspunkt von γ_1 bzw. der Endpunkt von γ_m. Ein Weg γ heißt *stückweise stetig differenzierbar*, wenn es stetig differenzierbare Wege $\gamma_1, \ldots, \gamma_m$ gibt, so daß $\gamma = \gamma_1 + \ldots + \gamma_m$. Die Figur zeigt einen solchen Weg, der aus Strecken und Kreisbögen besteht. *Jedes Polygon ist stückweise stetig differenzierbar.*

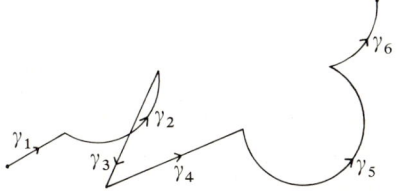

Wir arbeiten im folgenden ausschließlich mit stückweise stetig differenzierbaren Wegen. *Wir verabreden, daß wir von nun an unter einem Weg stets einen*

stückweise stetig differenzierbaren Weg verstehen wollen. Wege sind dann also immer *stückweise stetig differenzierbare Funktionen* $\gamma: [a,b] \to \mathbb{C}$, d.h. γ ist stetig und es gibt Punkte $a_1, a_2, \ldots, a_{m+1}$ mit $a = a_1 < a_2 < \ldots < a_m < a_{m+1} = b$, so daß $\gamma_\mu := \gamma | [a_\mu, a_{\mu+1}]$, $1 \le \mu \le m$, stetig differenzierbar ist.

2. Integration längs Wegen. Wie in 0.6.2 bezeichnet $|\gamma| = \gamma(I)$ den (kompakten) Träger des Weges γ; der Träger der Kreislinie $S_r(c)$ ist z.B. Rand der Kreisscheibe $B_r(c)$ (vgl. 0.6.5); wir schreiben auch $\partial B_r(c)$ statt $S_r(c)$.

Ist γ stetig differenzierbar, so gilt $f(z(t)) \cdot z'(t) \in \mathscr{C}(I)$ für jede Funktion $f \in \mathscr{C}(|\gamma|)$; daher existiert nach 0.1 die komplexe Zahl

$$\int_\gamma f\,dz := \int_\gamma f(z)\,dz := \int_a^b f(z(t))\,z'(t)\,dt.$$

Man nennt $\int_\gamma f\,dz$ das *Wegintegral* oder auch *Kurvenintegral von $f \in \mathscr{C}(|\gamma|)$ längs des stetig differenzierbaren Weges γ.* Statt $\int_\gamma f\,dz$ schreibt man auch gern $\int_\gamma f\,d\zeta$ $= \int_\gamma f(\zeta)\,d\zeta$. Ist γ speziell das reelle Intervall $[a,b]$, gegeben durch $z(t) := t$, $a \le t \le b$, so gilt offensichtlich

$$\int_\gamma f\,dz = \int_a^b f(t)\,dt,$$

die im Paragraphen 0 betrachteten Integrale sind also selbst Wegintegrale.

Es ist nun leicht, für jeden Weg $\gamma = \gamma_1 + \gamma_2 + \ldots + \gamma_m$ mit stetig differenzierbaren Teilwegen γ_μ und jede Funktion $f \in \mathscr{C}(|\gamma|)$ des Wegintegral $\int_\gamma f\,dz$ zu erklären: man setzt einfach

$$(*) \qquad \int_\gamma f\,dz := \sum_{\mu=1}^m \int_{\gamma_\mu} f\,dz,$$

wobei man bemerkt, daß jeder Summand rechts wohldefiniert ist, da γ_μ ein stetig differenzierbarer Weg mit $|\gamma_\mu| \subset |\gamma|$ ist.

Unser Integralbegriff ist in einem naheliegenden Sinne unabhängig von der zufälligen Summendarstellung der Wege; zur Präzisierung dieser Aussage benötigt man allerdings u.a. die schwerfällige Redeweise der Verfeinerung einer Summendarstellung. Wir überlassen es dem hieran interessierten Leser, sich die Definition der Äquivalenz von stückweise stetig differenzierbaren Wegen selbst zurecht zu legen.

3. Die Integrale $\int_{\partial B} (\zeta - c)^n \, d\zeta$. Fundamental für die Funktionentheorie ist der

Satz. *Für $n \in \mathbb{Z}$ und alle Kreisscheiben $B = B_r(c)$, $r > 0$, gilt:*

$$\int_{\partial B} (\zeta - c)^n \, d\zeta = \begin{cases} 0 & \text{für } n \ne -1, \\ 2\pi i & \text{für } n = -1. \end{cases}$$

Beweis. Ist der Rand ∂B von B gegeben durch $\zeta(t) = c + r e^{it}$, $t \in [0, 2\pi]$, so gilt $\zeta'(t) = i r e^{it}$, also

$$\int_{\partial B} (\zeta - c)^n \, d\zeta = \int_0^{2\pi} (r e^{it})^n \, i r e^{it} \, dt = r^{n+1} \int_0^{2\pi} i e^{i(n+1)t} \, dt.$$

Da $\frac{1}{n+1} e^{i(n+1)t}$ eine Stammfunktion von $i e^{i(n+1)t}$ ist, $n \neq -1$, folgt die Behauptung. □

Würde auch das Integral $\int_{\partial B} (\zeta - c)^{-1} d\zeta$ verschwinden, so gäbe es keine Funktionentheorie!

Der Satz zeigt, daß Integrale längs geschlossener Kurven i.allg. nicht Null sind. Die Rechnung zeigt (mutatis mutandis), daß Integrale längs Kurven mit

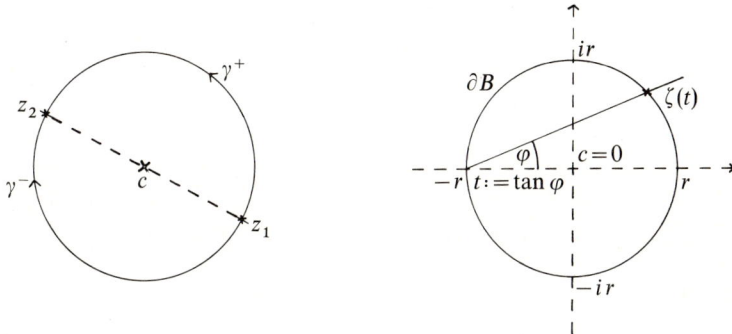

gleichem Anfangs- und Endpunkt verschieden sein können, so gilt (vgl. Figur links) für „Halbkreisbögen"

$$\int_{\gamma^+} \frac{d\zeta}{\zeta - c} = \pi i, \qquad \int_{\gamma^-} \frac{d\zeta}{\zeta - c} = -\pi i.$$

WEIERSTRASS hat 1841 in seinem Beweis des Satzes von LAURENT das Integral $\int_{\partial B} \zeta^{-1} d\zeta$ durch „rationale Parametrisierung" von ∂B bestimmt (vgl. [W_1] S. 52): er beschreibt (mit $c = 0$) den Kreisrand ∂B durch $\zeta(t) := r \frac{1 + t i}{1 - t i}$, $-\infty < t < \infty$; ersichtlich ist $\zeta(t)$ - wie man früher auf jeder Schule lernte - der 2. Schnittpunkt, den die durch $-r$ gehende Gerade mit Anstieg $t := \tan \varphi$ mit ∂B besitzt (vgl. Figur rechts). Da

$$\zeta'(t) = r \frac{2i}{(1 - t i)^2}, \qquad \zeta^{-1}(t) \zeta'(t) = \frac{2i}{1 + t^2},$$

so folgt:

$$\int_{\partial B} \frac{d\zeta}{\zeta} = 2i \int_{-\infty}^{\infty} \frac{dt}{1 + t^2} = 4i \int_{0}^{\infty} \frac{dt}{1 + t^2}.$$

WEIERSTRASS definiert(!) nun (was wir oben bewiesen haben):

$$\pi := \int_{-\infty}^{\infty} \frac{dt}{1 + t^2} = 4 \int_{0}^{1} \frac{dt}{1 + t^2},$$

die Reduktion auf ein endliches Integral wird durch Substitution von $t := \frac{1}{\tau}$ in $\int_{1}^{\infty} \frac{dt}{1 + t^2}$ erreicht. WEIERSTRASS bemerkt, daß es für seine weiteren Überlegungen ausreicht zu wissen, daß dieses Integral einen endlichen Wert $\neq 0$ hat, vgl. auch [Zahlen], 5.4.5.

Aufgabe. Es sei $R := \{z \in \mathbb{C}: -r < \operatorname{Re} z < r, \ -s < \operatorname{Im} z < s\}$, wobei $r > 0$, $s > 0$, ein achsenparalleles Rechteck. Berechnen Sie $\int_{\partial R} \zeta^{-1} d\zeta$, wobei der Rechteckrand ∂R der Streckenzug $[-r - is, r - is] + [r - is, r + is] + [r + is, -r + is] + [-r + is, -r - is]$ ist.

4. Historisches zur Integration im Komplexen. Die ersten Integrationen durch imaginäres Gebiet wurden 1813 von S.D. Poisson (französischer Mathematiker, 1781–1840, Professor an der École Polytechnique) veröffentlicht. Systematische Untersuchungen zur Integralrechnung im Komplexen machte indessen erst Cauchy in den beiden bereits in der Einleitung zum Kapitel 1 zitierten Abhandlungen $[C_1]$ und $[C_2]$. Die Arbeit $[C_1]$ wurde am 22. August 1814 in der Pariser Akademie vorgelegt, aber erst am 14. September 1825 in den „Mémoires présentés par divers Savants à l'Académie royale des Sciences de l'Institut de France" zum Druck eingereicht und 1827 publiziert. Die zweite, wesentlich kürzere Arbeit $[C_2]$ erschien 1825 in Paris als besondere Schrift (magistral mémoire). *Diese Schrift enthält bereits den Cauchyschen Integralsatz und gilt als die erste Darstellung der klassischen Funktionentheorie;* man pflegt wohl mit Recht (ungeachtet des Gaußschen Briefes an Bessel) die Geschichte der Funktionentheorie mit dieser Cauchyschen Abhandlung zu beginnen. Wir werden auf diese Schrift noch mehrfach hinweisen. Cauchy wurde nur allmählich dazu geführt, Integrale im Komplexen zu studieren. Seine Arbeiten machen deutlich, daß er lange über den Fragenkreis nachgedacht hat: erst *nachdem* er seine Probleme unter Trennung der Funktionen in Real- und Imaginärteil gelöst hatte, erkannte er, daß es besser ist, eine solche Trennung eben nicht vorzunehmen, sondern direkt die *beiden* Integrale

$$\int (u\,dx - v\,dy), \qquad \int (v\,dx + u\,dy),$$

welche in der mathematischen Physik beim Studium zweidimensionaler Strömungen inkompressibler Flüssigkeiten auftreten, zu einem *einzigen* Integral

$$\int f\,dz \quad \text{mit} \quad f := u + i\,v, \quad dz := dx + i\,dy$$

zu vereinigen. Eine gute Darstellung der Entwicklung der Integralrechnung im Komplexen mit ausführlichen Literaturhinweisen findet man bei P. Stäckel *Integration durch imaginäres Gebiet. Ein Beitrag zur Geschichte der Funktionentheorie,* Bibl. Math. (3), 1, 109–128 (1900) und als Ergänzung vom selben Autor *Beiträge zur Geschichte der Funktionentheorie im achtzehnten Jahrhundert,* Bibl. Math. (3), 2, 111–121 (1901).

5. Unabhängigkeit von der Parametrisierung. Wege sind Abbildungen $\gamma: I \to \mathbb{C}$. Man kann γ als „*Parametrisierung*" des Weges auffassen. Dann ist klar, daß diese Parametrisierung etwas Zufälliges ist: man wird Wege, die lediglich zu verschiedenen Zeiten mit verschiedenen Geschwindigkeiten durchlaufen werden, als gleich ansehen. Diese Vorstellung läßt sich leicht präzisieren:

Zwei stetig differenzierbare Wege $\gamma: I \to \mathbb{C}$, $\tilde{\gamma}: \tilde{I} \to \mathbb{C}$, wo $\tilde{I} = [\tilde{a}, \tilde{b}]$, heißen äquivalent, wenn es eine stetig differenzierbare Bijektion $\varphi: \tilde{I} \to I$ mit überall positiver Ableitung φ' gibt, so daß gilt: $\tilde{\gamma} = \gamma \circ \varphi$.

Die Abbildung φ heißt „*Parametertransformation*", sie ist wegen $\varphi' > 0$ *umkehrbar differenzierbar,* dabei gilt: $\varphi(\tilde{a}) = a$, $\varphi(\tilde{b}) = b$. Die Ungleichung $\varphi' > 0$ bedeutet anschaulich, daß sich bei Parametertransformationen die Durchlaufungsrichtung der Kurven nicht ändert (keine Zeitumkehr!).

Man stellt sofort fest, daß durch den eingeführten Äquivalenzbegriff in der Tat eine *Äquivalenzrelation* in der Gesamtheit aller in $\mathbb{C}$ stetig differenzierbaren Wege erklärt wird. *Äquivalente Wege haben denselben Träger.* Wir beweisen den wichtigen

Unabhängigkeitssatz. *Sind $\gamma, \tilde{\gamma}$ äquivalente stetig differenzierbare Wege, so gilt:*

$$\int_{\gamma} f \, dz = \int_{\tilde{\gamma}} f \, dz \qquad \text{für jede Funktion } f \in \mathscr{C}(|\gamma|).$$

Beweis. Mit den vorangehenden Bezeichnungen gilt $\tilde{\gamma}(t) = \gamma(\varphi(t))$ und also $\tilde{\gamma}'(t) = \gamma'(\varphi(t))\, \varphi'(t)$, $t \in \tilde{I}$. Daher folgt:

$$\int_{\tilde{\gamma}} f \, dz = \int_{\tilde{a}}^{\tilde{b}} f(\tilde{\gamma}(t)) \, \tilde{\gamma}'(t) \, dt = \int_{\tilde{a}}^{\tilde{b}} f(\gamma(\varphi(t))) \, \gamma'(\varphi(t)) \, \varphi'(t) \, dt.$$

Nach der Substitutionsregel 0.2, angewendet auf $f(\gamma(t))\,\gamma'(t)$, stimmt das Integral rechts mit dem Integral $\int\limits_{\varphi(\tilde{a})}^{\varphi(\tilde{b})} f(\gamma(t))\,\gamma'(t)\,dt$ überein. Wegen $\varphi(\tilde{a}) = a, \varphi(\tilde{b}) = b$ folgt mithin: $\int\limits_{\tilde{\gamma}} f\,dz = \int\limits_{a}^{b} f(\gamma(t))\,\gamma'(t)\,dt = \int\limits_{\gamma} f\,dz.$ $\square$

Der Wert eines Wegintegrals hängt also nicht ab von der zufälligen Parametrisierung des Weges; so liefern die Weierstraßsche Parametrisierung und die Standardparametrisierung von $\partial B_r(0)$ gleiche Integralwerte. Wollte man konsequent sein, so würde man fortan nur Äquivalenzklassen parametrisierter Wege betrachten, dabei wäre der Äquivalenzbegriff auch noch (in natürlicher Weise) auf stückweise stetig differenzierbare Wege auszudehnen. Dann müßte man aber bei allen Definitionen (wie Summen von Wegen, Negativen, Länge eines Weges etc.) jedesmal die Unabhängigkeit von der Vertreterwahl beweisen; die Darstellung würde schwerfälliger. Aus diesem Grunde arbeiten wir durchweg mit den Abbildungen selbst und nicht mit ihren Äquivalenzklassen.

6. Zusammenhang mit reellen Kurvenintegralen. Wird der stetig differenzierbare Weg γ durch $z(t) = x(t) + i\,y(t)$, $a \le t \le b$, gegeben, so definiert man in der reellen Analysis für stetige, reellwertige Funktionen p, q auf $|\gamma|$ reelle Wegintegrale bekanntlich durch

$$(*) \qquad \int_{\gamma} (p\,dx + q\,dy) := \int_{a}^{b} p(x(t), y(t))\,x'(t)\,dt + \int_{a}^{b} q(x(t), y(t))\,y'(t)\,dt \in \mathbb{R}.$$

Satz. *Für jede Funktion $f \in \mathscr{C}(|\gamma|)$ gilt, wenn $u := \operatorname{Re} f$, $v := \operatorname{Im} f$:*

$$\int_{\gamma} f \, dz = \int_{\gamma} (u\,dx - v\,dy) + i \int_{\gamma} (v\,dx + u\,dy).$$

Beweis. Wegen $f = u + i\,v$ und $z'(t) = x'(t) + i\,y'(t)$ gilt:

$$f(z(t))\,z'(t) = [u(x(t), y(t)) + i\,v(x(t), y(t))]\,[x'(t) + i\,y'(t)];$$

hieraus folgt die Behauptung durch Ausmultiplizieren. $\square$

Die Formel des Satzes ist leicht zu merken, wenn man $dz = dx + i\,dy$ schreibt und $f\,dz = (u + i\,v)(dx + i\,dy)$ „formal" ausmultipliziert; vgl. auch Abschnitt 4.

Man hätte grundsätzlich die komplexe Integralrechnung mit der Einführung der reellen Integrale $\int_\gamma (p\,dx + q\,dy)$ vermöge (∗) beginnen können. Es ist ausschließlich eine Frage des Geschmacks, welche Möglichkeit man vorzieht.   □

Man führt allgemein komplexe Wegintegrale der Form $\int_\gamma f\,dx$, $\int_\gamma f\,dy$, $\int_\gamma f\,d\bar z$ für stetig differenzierbare Wege γ ein, wobei $f \in \mathscr{C}(|\gamma|)$ beliebig ist: man versteht hierunter die komplexen Zahlen

$$\int_a^b f(z(t))\,x'(t)\,dt, \qquad \int_a^b f(z(t))\,y'(t)\,dt, \qquad \int_a^b f(z(t))\,\overline{z'(t)}\,dt.$$

Dann ergeben sich unmittelbar die Gleichungen

$$\int_\gamma f\,dx = \tfrac{1}{2}\left(\int_\gamma f\,dz + \int_\gamma f\,d\bar z\right), \qquad \int_\gamma f\,dy = \tfrac{1}{2i}\left(\int_\gamma f\,dz - \int_\gamma f\,d\bar z\right); \qquad \int_\gamma f\,d\bar z = \overline{\int_\gamma \bar f\,dz}.$$

§ 2. Eigenschaften komplexer Wegintegrale

Wir übertragen zunächst die Rechenregeln aus 0.1 auf Wegintegrale. Mit Hilfe des Begriffes der euklidischen Länge eines Weges ergibt sich die für Anwendungen unentbehrliche Standardabschätzung für Wegintegrale (Abschnitt 2), aus der z.B. Vertauschungssätze für solche Integrale unmittelbar folgen (Abschnitt 3).

1. Rechenregeln. *Für alle* $f, g \in \mathscr{C}(|\gamma|)$ *gilt*:

1) $\int_\gamma (f+g)\,dz = \int_\gamma f\,dz + \int_\gamma g\,dz, \qquad \int_\gamma cf\,dz = c\int_\gamma f\,dz \quad$ *für alle* $c \in \mathbb{C}$.

2) *Ist* $\hat\gamma$ *ein Weg, dessen Anfangspunkt der Endpunkt von* γ *ist, so gilt*:

$$\int_{\gamma+\hat\gamma} f\,dz = \int_\gamma f\,dz + \int_{\hat\gamma} f\,dz \quad \text{für alle } f \in \mathscr{C}(|\gamma+\hat\gamma|).$$

Beweis. Auf Grund der Definition (∗) in 1.2 genügt es, die Regel 1) für stetig differenzierbare Wege zu verifizieren. Dann folgt 1) sofort aus der entsprechenden Regel 1) in 0.1; z.B. gilt, falls γ durch $\gamma(t)$, $t \in [a,b]$, gegeben wird:

$$\int_\gamma cf\,dz = \int_a^b cf(\gamma(t))\,\gamma'(t)\,dt = c\int_a^b f(\gamma(t))\,\gamma'(t)\,dt = c\int_\gamma f\,dz.$$

Die Regel 2) ergibt sich unmittelbar aus der Definition (∗) in 1.2.   □

Um das Analogon der Umkehrregel 3) aus 0.1 zu erhalten, ordnen wir jedem Weg $\gamma: I \to \mathbb{C}$ vermöge $\gamma \circ \varphi: I \to \mathbb{C}$, wobei $\varphi: I \to I$, $t \mapsto \varphi(t) := a+b-t$, seinen *Umkehrweg* $-\gamma$ zu. Anschaulich ist $-\gamma$ der „umgekehrt durchlaufene Weg γ". Es existiert stets der Summenweg $\gamma + (-\gamma)$; für jeden Summenweg $\gamma + \hat\gamma$ gilt: $-(\gamma + \hat\gamma) = -\hat\gamma + (-\gamma)$.

γ und $-\gamma$ haben denselben Träger. Mit γ ist auch $-\gamma$ stückweise stetig differenzierbar. Die Wege γ, $-\gamma$ sind aber *nicht* vermöge φ äquivalent, da $\varphi'(t) = -1 < 0$. Integrale längs $-\gamma$ bestimmt man mittels der

Umkehrregel. $\int\limits_{-\gamma} f\,dz = -\int\limits_{\gamma} f\,dz$ *für alle* $f \in \mathscr{C}(|\gamma|)$.

Beweis. Man braucht nur stetig differenzierbare Wege γ zu betrachten. Anwendung der Substitutionsregel auf $f(\gamma(t))\gamma'(t)$ liefert wegen $\varphi(a)=b$, $\varphi(b)=a$:

$$\int\limits_{-\gamma} f\,dz = \int\limits_a^b f(\gamma(\varphi(t)))\,\gamma'(\varphi(t))\,\varphi'(t)\,dt = \int\limits_b^a f(\gamma(t))\,\gamma'(t)\,dt.$$

Die Umkehrregel 3) aus 0.1 ergibt nun $\int\limits_{-\gamma} f\,dz = -\int\limits_a^b f(\gamma(t))\,\gamma'(t)\,dt = -\int\limits_{\gamma} f\,dz.$ $\square$

Regel 4) aus 0.1 ist nicht übertragbar: i.allg. ist $\mathrm{Re}\int\limits_{\gamma} f\,dz \neq \int\limits_{\gamma}\mathrm{Re}\,f\,dz$, so gilt z.B. $\int\limits_{\gamma} dz = i$ für $\gamma := [0,i]$, also: $0 = \mathrm{Re}\int\limits_{\gamma} f\,dz$, aber $\int\limits_{\gamma}\mathrm{Re}\,f\,dz = i$ mit $f := 1$.

Wichtig ist die

Transformationsregel. *Es sei* $g: \hat{D} \to D$ *eine holomorphe Abbildung mit stetiger Ableitung* g'; *es sei* $\hat{\gamma}$ *ein Weg in* $\hat{D}$ *und* $\gamma := g \circ \hat{\gamma}$ *der Bildweg in* D. *Dann gilt*

$$\int\limits_{\gamma} f(z)\,dz = \int\limits_{\hat{\gamma}} f(g(\zeta))\,g'(\zeta)\,d\zeta \quad \textit{für alle } f \in \mathscr{C}(|\gamma|).$$

Beweis. Wir dürfen $\hat{\gamma} = \hat{\gamma}(t)$ als stetig differenzierbar annehmen. Dann folgt

$$\int\limits_{\gamma} f(z)\,dz = \int\limits_a^b f(g(\hat{\gamma}(t)))\,g'(\hat{\gamma}(t))\,\hat{\gamma}'(t)\,d\zeta = \int\limits_{\hat{\gamma}} f(g(\zeta))\,g'(\zeta)\,d\zeta.$$

2. Standardabschätzung. Für jeden stetig differenzierbaren Weg $\gamma: [a,b] \to \mathbb{C}$, $t \mapsto z(t) = x(t) + i\,y(t)$, heißt das (reelle) Integral

$$L(\gamma) := \int\limits_a^b |z'(t)|\,dt = \int\limits_a^b \sqrt{x'(t)^2 + y'(t)^2}\,dt$$

die *(euklidische) Länge von* γ (es läßt sich leicht zeigen, daß $L(\gamma)$ unabhängig von der Parametrisierung von γ ist); wir motivieren die Wortwahl durch zwei

Beispiele. 1) Die durch $z(t) = (1-t)z_0 + t z_1$, $t \in [0,1]$, gegebene Strecke $[z_0, z_1]$ hat wegen $z'(t) = z_1 - z_0$ die Länge

$$L([z_0, z_1]) = \int\limits_0^1 |z_1 - z_0|\,dt = |z_1 - z_0| \quad \text{(wie es sein soll)}.$$

2) Der durch $z(t) = c + r e^{it}$, $t \in [a,b]$, gegebene Kreisbogen γ auf der Kreisscheibe $B_r(c)$ hat wegen $|z'(t)| = |r\,i\,e^{it}| = r$ die Länge $L(\gamma) = r(b-a)$. Die Länge der gesamten Kreisperipherie $\partial B_r(c)$ ergibt sich mit $a := 0$, $b := 2\pi$ zu $L(\partial B_r(c)) = 2r\pi$ in Übereinstimmung mit der Elementargeometrie. $\square$

Ist $\gamma = \gamma_1 + \gamma_2 + \ldots + \gamma_m$ ein Weg mit stetig differenzierbaren Teilwegen γ_μ, so nennen wir

$$L(\gamma) := L(\gamma_1) + L(\gamma_2) + \ldots + L(\gamma_m)$$

die *(euklidische) Länge von* γ. Wir beweisen die fundamentale

Standardabschätzung für Wegintegrale. *Für jeden (stückweise stetig differenzierbaren) Weg γ in $\mathbb{C}$ und jede Funktion $f \in \mathscr{C}(|\gamma|)$ gilt:*

$$|\int_\gamma f\,dz| \le |f|_\gamma L(\gamma), \quad \textit{wobei } |f|_\gamma = \max_{t \in [a,b]} |f(z(t))|.$$

Beweis. Sei zunächst γ stetig differenzierbar. Dann folgt

$$|\int_\gamma f\,dz| = \left|\int_a^b f(z(t))\,z'(t)\,dt\right| \le \int_a^b |f(z(t))|\,|z'(t)|\,dt$$

auf Grund der Standardabschätzung 0.1. Da $|f(z(t))| \le |f|_\gamma$ für alle $t \in [a,b]$, so folgt die Behauptung wegen der Monotonie reeller Integrale.

Sei nun $\gamma = \gamma_1 + \gamma_2 + \ldots + \gamma_m$ irgendein Weg. Da $\int_\gamma f\,dz = \sum_1^m \int_{\gamma_\mu} f\,dz$ und $|f|_{\gamma_\mu} \le |f|_\gamma$ (wegen $|\gamma_\mu| \subset |\gamma|$), so folgt nach dem schon Bewiesenen:

$$|\int_\gamma f\,dz| \le \sum_1^m |\int_{\gamma_\mu} f\,dz| \le \sum_1^m |f|_{\gamma_\mu} L(\gamma_\mu) \le |f|_\gamma \sum_1^m L(\gamma_\mu) = |f|_\gamma L(\gamma). \qquad \square$$

In der Standardabschätzung gilt übrigens das Zeichen $<$ immer dann, wenn für wenigstens einen Punkt $c \in |\gamma|$ gilt $|f(c)| < |f|_\gamma$ (warum?). Diese Verschärfung wird in diesem Buch nirgends echt benutzt, als Anwendung zeigen wir hier:

$$|e^z - 1| < |z| \quad \textit{für alle } z \in \mathbb{C} \textit{ mit } \operatorname{Re} z < 0.$$

Beweis. Da $\int_0^z e^\zeta\,d\zeta = e^z - 1$ und $|e^\zeta| = e^{\operatorname{Re}\zeta} < 1$ für alle $\zeta \in \mathbb{C}$ mit $\operatorname{Re}\zeta < 0$, so folgt nach der verschärften Standardabschätzung (mit $\gamma = [0,z]$, $f(\zeta) := e^\zeta$):

$$|e^z - 1| = \left|\int_0^z e^\zeta\,d\zeta\right| < |z|, \quad \textit{falls } \operatorname{Re} z < 0.$$

Aufgabe. Sei $t_n(z) := 1 + z + \dfrac{1}{2!}z^2 + \ldots + \dfrac{1}{n!}z^n$ das n-te Taylorpolynom zu e^z. Zeigen Sie:

$$|e^z - t_n(z)| < |z|^{n+1}, \quad n \in \mathbb{N}, \ z \in \mathbb{C} \textit{ mit } \operatorname{Re} z < 0.$$

3. Vertauschungssätze. Mit Hilfe der Standardabschätzung folgt leicht, daß Integration und Limesbildung von Funktionen vertauschbar sind.

Vertauschungssatz für Folgen. *Es sei γ ein Weg und $f_n \in \mathscr{C}(|\gamma|)$ eine Funktionenfolge, die in $|\gamma|$ gleichmäßig gegen eine Funktion $f : |\gamma| \to \mathbb{C}$ konvergiert. Dann gilt:*

$$\lim_\gamma \int f_n\,dz = \int_\gamma (\lim f_n)\,dz = \int_\gamma f\,dz.$$

Beweis. Es gilt $f \in \mathscr{C}(|\gamma|)$ nach dem Stetigkeitssatz 3.1.2; daher existiert $\int_\gamma f\,dz$. Nach der Standardabschätzung folgt wegen $\lim|f_n - f|_\gamma = 0$:

$$|\int_\gamma f_n\,dz - \int_\gamma f\,dz| = |\int_\gamma (f_n - f)\,dz| \le |f_n - f|_\gamma L(\gamma) \to 0. \qquad \square$$

Durch Betrachtung von Partialsummen gewinnt man den

Vertauschungssatz für Reihen. *Es sei γ ein Weg und $\sum f_\nu$, $f_\nu \in \mathscr{C}(|\gamma|)$, eine Funktionenreihe, die in $|\gamma|$ gleichmäßig gegen eine Funktion $f: |\gamma| \to \mathbb{C}$ konvergiert. Dann gilt:*

$$\sum_\gamma \int f_\nu \, dz = \int_\gamma \left(\sum f_\nu\right) dz = \int_\gamma f \, dz.$$

Die große Bedeutung der Vertauschungssätze für die Funktionentheorie wird erst nach und nach klar werden; z.B. folgt aus ihnen der Weierstraßsche Satz über die Holomorphie der Grenzfunktion von kompakt konvergenten Folgen holomorpher Funktionen (vgl. 8.4.1). Im nächsten Abschnitt geben wir eine erste Anwendung; dabei sind (wie fast immer) die vorkommenden Reihen normal konvergent.

4. Das Integral $\dfrac{1}{2\pi i} \int\limits_{\partial B} \dfrac{d\zeta}{\zeta - z}$. Da der Rand ∂B der Kreisscheibe $B := B_r(c)$ durch $\zeta(t) = c + r e^{it}$, $t \in [0, 2\pi]$, gegeben wird, so gilt

$$\frac{1}{2\pi i} \int\limits_{\partial B} \frac{d\zeta}{\zeta - z} = \frac{r}{2\pi} \int\limits_0^{2\pi} \frac{e^{it} \, dt}{r e^{it} + (c - z)} \quad \text{für alle } z \in \mathbb{C} \smallsetminus \partial B.$$

Die unmittelbare Berechnung dieses Integrals macht Schwierigkeiten, falls $z \neq c$. Wir werten es daher nicht direkt aus, sondern reduzieren es (durch einen Trick) auf den Fall $z = c$. Dies gelingt mittels der geometrischen Reihe.

Lemma. *Es gelten folgende Gleichungen*

(1)
$$\frac{1}{\zeta - z} = \frac{1}{\zeta - c} \sum_0 \left(\frac{z - c}{\zeta - c}\right)^\nu \quad \textit{für alle } \zeta, z \textit{ mit } |z - c| < |\zeta - c|,$$

(2)
$$\frac{1}{\zeta - z} = \frac{-1}{z - c} \sum_0 \left(\frac{\zeta - c}{z - c}\right)^\nu \quad \textit{für alle } \zeta, z \textit{ mit } |z - c| > |\zeta - c|;$$

die Reihe (1) bzw. (2) konvergiert als Reihe in ζ bei vorgegebener Kreisscheibe $B = B_r(c)$ normal auf ∂B für jedes $z \in \mathbb{C} \smallsetminus \partial B$.

Zum Beweis von (1) setzt man $w := (z - c)(\zeta - c)^{-1}$ und schreibt

$$\frac{1}{\zeta - z} = \frac{1}{\zeta - c} \frac{1}{1 - w} = \frac{1}{\zeta - c} \sum_0 w^\nu \quad \text{für alle } w \in \mathbb{E},$$

entsprechend verifiziert man (2), indem man $(\zeta - z)^{-1} = -[(z - c)(1 - w)]^{-1}$ mit $w := (\zeta - c)(z - c)^{-1}$ in eine geometrische Reihe entwickelt.

Setzt man $q := |z - c| r^{-1}$, so gilt $0 \leq q < 1$ für festes $z \in B$ und $\max\limits_{\zeta \in \partial B} \left|\left(\dfrac{z - c}{\zeta - c}\right)^n\right| = q^n$, $n \in \mathbb{N}$. Daher ist die Reihe (1) in ζ auf ∂B normal konvergent. Entsprechend folgt die normale Konvergenz der Reihe (2).

Satz. $\dfrac{1}{2\pi i} \int\limits_{\partial B} \dfrac{d\zeta}{\zeta - z} = \begin{cases} 1 & \textit{für } z \in B \\ 0 & \textit{für } z \in \mathbb{C} \smallsetminus \bar{B}. \end{cases}$

Beweis. a) Im Falle $z \in B$ gilt $\int_{\partial B} \frac{d\zeta}{\zeta - z} = \sum_{0} (z-c)^{\nu} \int_{\partial B} \frac{d\zeta}{(\zeta - c)^{\nu + 1}}$ nach (1) und dem Vertauschungssatz 3 für Reihen. Nach 1.3 verschwinden rechts alle Integrale bis auf das erste, welches den Wert $2\pi i$ hat.

b) Im Falle $z \in \mathbb{C} \smallsetminus \bar{B}$ gilt $\int_{\partial B} \frac{d\zeta}{\zeta - z} = -\sum_{0} \frac{1}{(z-c)^{\nu + 1}} \int_{\partial B} (\zeta - c)^{\nu} d\zeta$ nach (2) und dem Vertauschungssatz. Jetzt verschwinden nach 1.3 rechts alle Integrale ausnahmslos. □

Der in diesem Abschnitt benutzte Trick der geometrischen Reihenentwicklung von $\frac{1}{\zeta - z}$ um c wird bei der Entwicklung holomorpher Funktionen in Potenzreihen wiederholt (vgl. auch 7.3.1).

In der *Indextheorie* wird für jeden *geschlossenen* Weg γ das Integral $\frac{1}{2\pi i} \int_{\gamma} \frac{d\zeta}{\zeta - z}$ als Funktion von $z \in \mathbb{C} \smallsetminus |\gamma|$ studiert. Wir werden dann sehen, daß diese Integralfunktion lokal-konstant ist, nur Werte in $\mathbb{Z}$ hat und für „große Werte" von z stets verschwindet (vgl. 13.1).

§ 3. Wegunabhängigkeit von Integralen. Stammfunktionen

Das Wegintegral $\int_{\gamma} f \, d\zeta$ ist bei vorgegebenem $f \in \mathscr{C}(D)$ eine *Funktion der in D verlaufenden Wege* γ. Zwei Punkte $z_A, z_E \in D$ lassen sich, wenn überhaupt, auf mannigfache Weise in D durch Wege γ verbinden. Wir sahen in 1.3, daß selbst für eine in D holomorphe Funktion das Integral $\int_{\gamma} f \, d\zeta$ i. allg. nicht nur vom Anfangspunkt z_A und Endpunkt z_E des Weges allein, sondern auch noch vom Verlauf des Weges γ in D selbst abhängt. Wir diskutieren hier Bedingungen, die eine *Wegunabhängigkeit* des Integrals $\int_{\gamma} f \, d\zeta$ in dem Sinne garantieren, daß sein Wert durch den Anfangs- und Endpunkt des Weges allein bestimmt ist.

1. Stammfunktionen. Der Fundamentalsatz 0.2 der Differential- und Integralrechnung für Intervalle legt es nahe, auch in Bereichen $D \subset \mathbb{C}$ den Begriff der Stammfunktion einzuführen.

Ist f stetig in D, so heißt eine in D holomorphe Funktion F eine Stammfunktion von f in D, wenn gilt: $F' = f$.

Der Fundamentalsatz 0.2 ist nun sofort verallgemeinerbar:

Satz. *Ist $F \in \mathcal{O}(D)$ eine Stammfunktion von $f \in \mathscr{C}(D)$, so gilt*

$$\int_{\gamma} f \, d\zeta = F(z) - F(w)$$

für jeden Weg γ in D mit Anfangspunkt w und Endpunkt z (d.h. das Integral ist wegunabhängig). Speziell gilt:

$$\int_\gamma f \, d\zeta = 0 \quad \text{für jeden geschlossenen Weg } \gamma \text{ in } D.$$

Beweis. Ist $\gamma\colon [a,b] \to \mathbb{C}$, $t \mapsto \zeta(t)$, stetig differenzierbar, so gilt

$$\int_\gamma f \, d\zeta = \int_a^b f(\zeta(t)) \, \zeta'(t) \, dt = \int_a^b F'(\zeta(t)) \, \zeta'(t) \, dt.$$

Da $F'(\zeta(t)) \, \zeta'(t) = \dfrac{d}{dt} F(\zeta(t))$ nach der Kettenregel (vgl. 0.2), so folgt wegen $w = \zeta(a)$ und $z = \zeta(b)$ auf Grund des Hauptsatzes 0.2:

$$\int_\gamma f \, d\zeta = \int_a^b \frac{d}{dt} F(\zeta(t)) \, dt = F(\zeta(b)) - F(\zeta(a)) = F(z) - F(w).$$

Ist nun $\gamma = \gamma_1 + \ldots + \gamma_m$ irgendein Weg in D von w nach z und bezeichnet $z_A(\gamma_\mu)$ bzw. $z_E(\gamma_\mu)$ den Anfangs- bzw. Endpunkt von γ_μ, $1 \leq \mu \leq m$, so gilt $w = z_A(\gamma_1)$, $z_E(\gamma_\mu) = z_A(\gamma_{\mu+1})$ für $\mu = 1, \ldots, m-1$, $z_E(\gamma_m) = z$, so daß nach dem schon Bewiesenen folgt:

$$\int_\gamma f \, d\zeta = \sum_{\mu=1}^m \int_{\gamma_\mu} f \, d\zeta = \sum_{\mu=1}^m (F(z_E(\gamma_\mu)) - F(z_A(\gamma_\mu))) = F(z) - F(w). \qquad \square$$

Der vorangehende Satz liefert ein wichtiges Hilfsmittel zur Berechnung komplexer Wegintegrale, da sich Stammfunktionen häufig direkt angeben lassen. So hat z.B. für jede ganze Zahl $n \neq -1$ die Funktion z^n in $\mathbb{C}^\times$ (bzw. in $\mathbb{C}$, falls $n \geq 0$) die Stammfunktion $\dfrac{z^{n+1}}{n+1}$; daher gilt: $\int_\gamma \zeta^n \, d\zeta = 0$ für *jeden* geschlossenen Weg γ in $\mathbb{C}^\times$ und alle $n \in \mathbb{Z}$, $n \neq -1$.

Da $\int_{\partial B} (\zeta - c)^{-1} \, d\zeta = 2\pi i$ nach Satz 2.4 für jede Kreisscheibe B um c gilt, so ist klar:

Ist $c \in \mathbb{C}$ irgendein Punkt, so gibt es keine Umgebung U von c, so daß die Funktion $(z-c)^{-1} \in \mathcal{O}(\mathbb{C} \setminus \{c\})$ in $U \setminus \{c\}$ eine Stammfunktion hat.

Für $c := 0$ reflektiert dies die bereits in 5.4.4 gewonnene Einsicht, daß es in $\mathbb{C}^\times$ keine Logarithmusfunktion gibt.

Jede konvergente Potenzreihe $f(z) = \sum a_\nu (z-c)^\nu$ hat in ihrem Konvergenzkreis $B_R(c)$ die konvergente Potenzreihe $F(z) = \sum \dfrac{a_\nu}{\nu+1} (z-c)^{\nu+1}$ zur Stammfunktion; dies folgt unmittelbar aus Satz 4.3.2. $\qquad \square$

Ist F holomorph in D und gilt $F' = 0$ in D, so ist F lokal-konstant in D.

Beweis. Nach Voraussetzung ist F Stammfunktion zur Nullfunktion 0. Da sich in jedem Kreis $B \subset D$ jeder Punkt $z \in B$ mit dem Mittelpunkt c radial verbinden läßt, so folgt:

$$F(z) - F(c) = \int_\gamma 0 \, d\zeta = 0, \quad \text{d.h.} \quad F(z) = F(c) \quad \text{für alle } z \in B. \qquad \square$$

Damit haben wir, wie in 1.3.3 angekündigt, einen weiteren Beweis für den wichtigen Satz 1.3.3. $\qquad \square$

Es folgt nun auch unmittelbar:

Sind $F, \hat{F} \in \mathcal{O}(D)$ Stammfunktionen zu f, so ist $\hat{F} - F$ lokal-konstant in D.

2. Allgemeines Integrabilitätskriterium. Jede Funktion $f \in \mathscr{C}(I)$ hat Stammfunktionen (Existenzaussage des Fundamentalsatzes 0.2). Geht man von Intervallen zu Bereichen D in $\mathbb{C}$ über, so bleibt diese Aussage nicht mehr ohne weiteres richtig. Es ist vielmehr eine besondere Eigenschaft einer Funktion $f \in \mathscr{C}(D)$, eine Stammfunktion in D zu haben. Man nennt solche Funktionen *integrabel in D*; nach Satz 1 ist klar, daß für eine in D integrable Funktion f alle Integrale $\int_\gamma f \, d\zeta$ längs geschlossener Wege γ in D verschwinden. Diese Eigenschaft ist charakteristisch für Integrabilität; wir erhalten so als Analogon zur Existenzaussage des Fundamentalsatzes 0.2 das

Integrabilitätskriterium. *Folgende Aussagen über eine im Gebiet G stetige Funktion f sind äquivalent:*

i) *f ist integrabel in G.*
ii) *Für jeden in G geschlossenen Weg γ gilt: $\int_\gamma f \, d\zeta = 0$.*

Ist ii) erfüllt, so gewinnt man eine Stammfunktion F zu f in G wie folgt: man fixiert einen Punkt $z_1 \in G$, wählt zu jedem Punkt $z \in G$ „irgendwie" einen Weg γ_z in G von z_1 nach z und setzt:

$$F(z) := \int_{\gamma_z} f \, d\zeta, \quad z \in G.$$

Beweis. Es ist nur die Implikation ii) $\Rightarrow$ i) zu verifizieren. Es genügt zu zeigen, daß F eine Stammfunktion zu f ist. Zunächst bemerkt man, daß die Definition von F wegunabhängig und also sinnvoll ist: hat man nämlich neben γ_z einen weiteren Weg γ in G von z_1 nach z, so ist der Weg $\gamma_z + (-\gamma)$ geschlossen, daher gilt nach Voraussetzung:

$$0 = \int_{\gamma_z + (-\gamma)} f \, d\zeta = \int_{\gamma_z} f \, d\zeta + \int_{-\gamma} f \, d\zeta = \int_{\gamma_z} f \, d\zeta - \int_\gamma f \, d\zeta.$$

Es bleibt zu zeigen, daß für jeden Punkt $c \in G$ gilt: $F'(c) = f(c)$. Es sei $\bar{B} \subset G$ eine Kreisscheibe um c. Dann ist $\gamma_c + [c, z] + (-\gamma_z)$ ein geschlossener Weg in G (vgl. Figur), nach Voraussetzung und Definition von F gilt daher:

$$F(z) = F(c) + \int\limits_{[c, z]} f \, d\zeta.$$

Setzt man

$$F_1(z) := \frac{1}{z - c} \int\limits_{[c, z]} f \, d\zeta \quad \text{für } z \in B \smallsetminus \{c\} \quad \text{und} \quad F_1(c) := f(c),$$

so folgt: $F(z) = F(c) + (z - c) F_1(z)$, $z \in B$. Zeigen wir noch, daß F_1 stetig in c ist, so folgt $F'(c) = F_1(c) = f(c)$. Für $z \in B \smallsetminus \{c\}$ gilt:

$$F_1(z) - F_1(c) = \frac{1}{z - c} \int\limits_{[c, z]} (f(\zeta) - f(c)) \, d\zeta \quad \text{wegen} \int\limits_{[c, z]} d\zeta = z - c.$$

Da die Strecke $[c, z]$ die Länge $|z - c|$ hat, so folgt (Standardabschätzung):

$$|F_1(z) - F_1(c)| \leq \frac{1}{|z - c|} |f - f(c)|_{[c, z]} \cdot |z - c| \leq |f - f(c)|_B$$

für alle $z \in B$. Da f stetig in c ist, so ergibt sich die Stetigkeit von F_1 in c. □

Das Integrabilitätskriterium gilt auch für Bereiche, zum Beispiel betrachtet man f auf den Zusammenhangskomponenten.

Wir werden in 8.2.1 sehen, daß integrable Funktionen stets holomorph sind. Schreibt man $f = u + iv$, so geht die eine komplexe Gleichung $\int\limits_{\gamma} f \, dz = 0$ auf Grund von Satz 1.6 über in die zwei reellen Gleichungen

$$\int\limits_{\gamma} (u \, dx - v \, dy) = 0 \quad \text{und} \quad \int\limits_{\gamma} (v \, dx + u \, dy) = 0$$

(vgl. hierzu auch 1.4).

3. Integrabilitätskriterium für Sterngebiete. Die Bedingung, daß *alle* Integrale $\int\limits_{\gamma} f \, d\zeta$ längs *aller* in G geschlossenen Wege γ verschwinden, ist in praxi nicht verifizierbar (sog. akademische Bedingung); daher ist das Integrabilitätskriterium 2 für Anwendungen weitgehend unbrauchbar. Es ist für die Cauchysche Theorie von fundamentaler Bedeutung, daß die in Rede stehende Bedingung für spezielle Gebiete in $\mathbb{C}$ wesentlich abgeschwächt werden kann.

Eine Menge $M \subset \mathbb{C}$ heißt *sternartig*, wenn es einen Punkt $z_1 \in M$ gibt, so daß für jeden Punkt $z \in M$ die Strecke $[z_1, z]$ in M liegt; alsdann heißt z_1 ein *Zentrum* von M (vgl. Figur S. 134 links). Es ist klar, daß jeder sternartige Bereich D in $\mathbb{C}$ ein Gebiet ist, solche Gebiete heißen *Sterngebiete*.

Eine Menge $M \subset \mathbb{C}$ heißt *konvex*, wenn *alle* Strecken $[w, z]$, $w, z \in M$, in M liegen; konvexe Mengen wurden bereits im Altertum von ARCHIMEDES anläßlich seiner Untersuchungen über Flächeninhalte eingeführt. Jede konvexe Menge ist sternartig mit jedem ihrer Punkte als Zentrum. Speziell ist jeder konvexe Bereich in $\mathbb{C}$, z.B. jede Kreisscheibe, ein Sterngebiet. Die längs der negativen

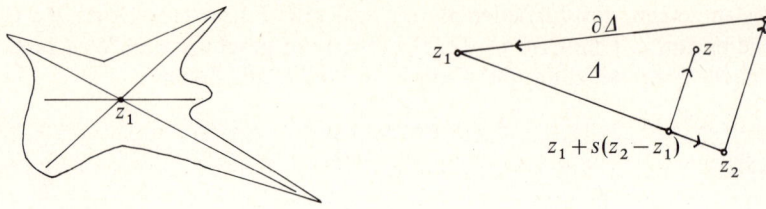

reellen Achse geschlitzte Ebene $\mathbb{C}^-$ (vgl. 2.2.4) ist ein (nicht konvexes) Sterngebiet, alle Punkte $x\in\mathbb{R}$, $x>0$, (und keine anderen) sind Zentren von $\mathbb{C}^-$. Die punktierte Ebene $\mathbb{C}^\times$ ist kein Sterngebiet.

Wir wollen zeigen, daß es beim Studium des Integrabilitätsproblems in Sterngebieten genügt, anstelle aller geschlossenen Wege nur Dreiecksränder zu betrachten. Sind $z_1, z_2, z_3 \in \mathbb{C}$ drei Punkte, so heißt die kompakte Menge

$$\Delta := \{z\in\mathbb{C}: z=z_1+s(z_2-z_1)+t(z_3-z_1), s\geq 0, t\geq 0, s+t\leq 1\}$$
$$= \{z\in\mathbb{C}: z=t_1 z_1 + t_2 z_2 + t_3 z_3, t_1\geq 0, t_2\geq 0, t_3\geq 0, t_1+t_2+t_3=1\}$$

das *(kompakte) Dreieck* mit den *Eckpunkten* z_1, z_2, z_3 *(baryzentrische Darstellung)*.

Der geschlossene Streckenzug

$$\partial\Delta := [z_1, z_2] + [z_2, z_3] + [z_3, z_1]$$

heißt *der Rand von* Δ (mit Anfangs- und Endpunkt z_1); der Träger $|\partial\Delta|$ ist wieder der mengentheoretische Rand von Δ (vgl. Figur rechts). Wir behaupten:

Integrabilitätskriterium für Sterngebiete. *Es sei G ein Sterngebiet mit Zentrum z_1. Es sei $f\in\mathscr{C}(G)$, für den Rand $\partial\Delta$ eines jeden Dreiecks $\Delta\subset G$, das z_1 als Eckpunkt hat, gelte:* $\int\limits_{\partial\Delta} f\, d\zeta = 0$.

Dann ist f integrabel in G, die Funktion

$$F(z) := \int\limits_{[z_1, z]} f\, d\zeta, \quad z\in G,$$

ist eine Stammfunktion zu f in G; speziell gilt: $\int\limits_\gamma f\, d\zeta = 0$ *für jeden geschlossenen Weg γ in G.*

Beweis. Da G ein Sterngebiet ist, so gilt $[z_1, z]\subset G$ für alle $z\in G$, daher ist F wohldefiniert. Sei $c\in G$ fixiert. Wird z nahe genug bei c gewählt, so liegt das Dreieck Δ mit den Eckpunkten z_1, c, z in G. Da nach Voraussetzung das Inte-

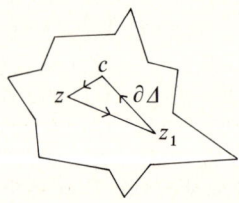

gral von f längs $\partial\Delta = [z_1, c] + [c, z] + [z, z_1]$ verschwindet, so gilt:

$$F(z) = F(c) + \int\limits_{[c,z]} f\, d\zeta, \qquad z \in G \text{ nahe bei } c.$$

Hieraus folgt wörtlich wie im Beweis des allgemeinen Integrabilitätskriteriums 2, daß F in c komplex differenzierbar ist, und daß gilt: $F'(c) = f(c)$. $\square$

Wir werden im nächsten Kapitel sehen, daß die Bedingung $\int\limits_{\partial\Delta} f\, d\zeta = 0$ des soeben bewiesenen Integrabilitätskriteriums (im Gegensatz zur allgemeineren Bedingung des Kriteriums 2) in wichtigen und nicht trivialen Fällen verifizierbar ist.

Kapitel 7. Integralsatz, Integralformel und Potenzreihenentwicklung

> Integralsatz und Integralformel sind zusammen von solcher Tragweite, dass man ohne Uebertreibung sagen kann, in diesen beiden Integralen liege die ganze jetzige Functionentheorie conzentrirt vor (L. KRONECKER 1894).

Das Zeitalter der komplexen Integration beginnt mit CAUCHY. Es ist somit nur folgerichtig, daß sein Name mit nahezu jedem wichtigen Resultat dieser Theorie verknüpft ist. In diesem Kapitel werden die Cauchyschen Hauptsätze in ihrer einfachsten Form hergeleitet und ausführlich diskutiert (Paragraphen 1 und 2). Als wichtigste Anwendung zeigen wir im Paragraphen 3, daß holomorphe Funktionen lokal in Potenzreihen entwickelbar sind. „Ceci marque un des plus grands progrès qui aient jamais été réalisés dans l'Analyse" ([Lin], S. 9/10). Als Folgerung aus dem Entwicklungssatz von CAUCHY-TAYLOR beweisen wir in 3.3 sofort den für viele Überlegungen unentbehrlichen Riemannschen Fortsetzungssatz. Im Paragraphen 4 besprechen wir weitere Konsequenzen des Entwicklungssatzes. In einem abschließenden Paragraphen betrachten wir die Taylorreihen der speziellen Funktionen $z \cot z$, $\tan z$, $z(\sin z)^{-1}$ um den Nullpunkt, die Koeffizienten dieser Reihen sind durch die sog. Bernoullischen Zahlen bestimmt. „La dévelloppement de Taylor rend d'importants services aux mathematiciens" (J. HADAMARD 1892).

§ 1. Cauchyscher Integralsatz für Sterngebiete

Um den Hauptsatz 2 dieses Paragraphen beweisen zu können, brauchen wir neben dem Integrabilitätskriterium 6.3.3 noch das

1. Integrallemma von GOURSAT. *Es sei f holomorph im Bereich D. Dann gilt für den Rand $\partial \Delta$ eines jeden Dreiecks $\Delta \subset D$*

$$\int_{\partial \Delta} f \, d\zeta = 0.$$

Zum Beweis benötigen wir zwei elementargeometrische Fakten über den Umfang von Dreiecken:

1) $\max\limits_{w,z \in \Delta} |w - z| \leq L(\partial \Delta)$.

2) $L(\partial \Delta') = \frac{1}{2} L(\partial \Delta)$ *für jedes der vier kongruenten Teildreiecke Δ', die durch Ziehen der Verbindungsstrecken der Seitenmittelpunkte von Δ entstehen* (vgl. Figur links).

Wir beweisen nun das Integrallemma. Wir setzen abkürzend $a(\Delta) := \int_{\partial \Delta} f \, d\zeta$.
Teilt man Δ durch Ziehen der Verbindungsstrecken der Seitenmittelpunkte in

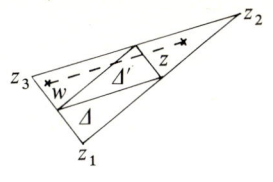

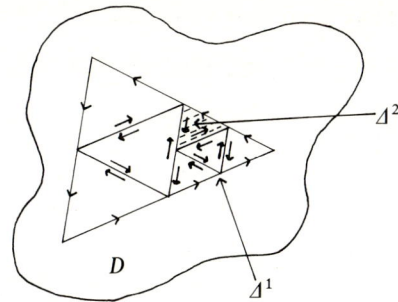

vier kongruente Teildreiecke Δ_ν, $1 \le \nu \le 4$, so gilt:

$$a(\Delta) = \sum_1^4 \int\limits_{\partial \Delta_\nu} f \, d\zeta = \sum_1^4 a(\Delta_\nu),$$

denn die Strecken zwischen den Seitenmittelpunkten werden je zweimal, und zwar entgegengesetzt, durchlaufen, so daß sich die zugehörigen Integrale wegheben (Umkehrregel), während die Summe der übrigen Seiten der Δ_ν gerade $\partial\Delta$ ist (vgl. Figur rechts).

Unter den vier Integralen $a(\Delta_\nu)$ wählen wir eines aus, das den größten Betrag hat. Wir bezeichnen das zugehörige Dreieck mit Δ^1, dann gilt also

$$|a(\Delta)| \le 4 |a(\Delta^1)|.$$

Man wendet nun das gleiche Unterteilungs- und Auswahlverfahren auf Δ^1 an. Man erhält ein Dreieck Δ^2, für das gilt: $|a(\Delta)| \le 4 |a(\Delta^1)| \le 4^2 |a(\Delta^2)|$. So fortfahrend entsteht eine absteigende Folge $\Delta^1 \supset \Delta^2 \supset \ldots \supset \Delta^n \supset \ldots$ von kompakten Dreiecken, so daß gilt:

(1) $$|a(\Delta)| \le 4^n |a(\Delta^n)|, \qquad n = 1, 2, \ldots .$$

Nach Vorbemerkung 2) folgt außerdem

(2) $$L(\partial\Delta^n) = \frac{1}{2^n} L(\partial\Delta), \qquad n = 1, 2, \ldots .$$

Der Durchschnitt $\bigcap\limits_1^\infty \Delta^\nu$ besteht aus *genau einem* Punkt $c \in \Delta$ *(Prinzip der Intervallschachtelung)*. Wegen $f \in \mathscr{O}(D)$ gibt es eine Funktion $g \in \mathscr{C}(D)$, so daß

$$f(\zeta) = f(c) + f'(c)(\zeta - c) + (\zeta - c) g(\zeta), \quad \zeta \in D, \quad \text{wobei } g(c) = 0.$$

Da (aus trivialen Gründen oder wegen der Existenz von Stammfunktionen)

$$\int\limits_{\partial\Delta^n} f(c) \, d\zeta = 0 \quad \text{und} \quad \int\limits_{\partial\Delta^n} f'(c)(\zeta - c) \, d\zeta = 0 \quad \text{für alle } n \ge 1,$$

so folgt:

$$a(\Delta^n) = \int\limits_{\partial\Delta^n} (\zeta - c) g(\zeta) \, d\zeta, \qquad n = 1, 2, \ldots .$$

Auf Grund der Standardabschätzung für Kurvenintegrale sowie Vorbemerkung 1) erhalten wir die Ungleichung

$$|a(\Delta^n)| \le \max_{\zeta \in \partial\Delta^n} (|\zeta - c| \, |g(\zeta)|) \, L(\partial\Delta^n) \le L(\partial\Delta^n)^2 \, |g|_{\partial\Delta^n}, \qquad n = 1, 2, \ldots .$$

Wegen (1) und (2) folgt weiter

$$|a(\Delta)| \leq 4^n |a(\Delta^n)| \leq L(\partial\Delta)^2 |g|_{\partial\Delta^n}, \qquad n = 1, 2, \ldots.$$

Wegen $g(c) = 0$ und der Stetigkeit von g in c gibt es zu jedem $\varepsilon > 0$ ein $\delta > 0$, so daß gilt $|g|_{B_\delta(c)} \leq \varepsilon$. Zu δ gibt es ein n_0, so daß $\Delta^n \subset B_\delta(c)$ für $n \geq n_0$. Damit ergibt sich: $|g|_{\partial\Delta^n} \leq \varepsilon$ für $n \geq n_0$, also

$$|a(\Delta)| \leq L(\partial\Delta)^2 \varepsilon.$$

Da $\varepsilon > 0$ beliebig wählbar und $L(\partial\Delta)$ eine feste Zahl ist, folgt $a(\Delta) = 0$. □

Es wird häufig mit Recht gesagt, daß sich aus dem Goursatschen Integrallemma die gesamte Cauchysche Funktionentheorie weitgehend ohne zusätzliche Rechnung entwickeln läßt.

2. Cauchyscher Integralsatz für Sterngebiete. *Es sei G ein Sterngebiet mit Zentrum c, es sei $f: G \to \mathbb{C}$ holomorph in G. Dann ist f integrabel in G; die Funktion $F(z) := \int\limits_{[c,z]} f \, d\zeta$, $z \in G$, ist eine Stammfunktion von f in G; speziell gilt:*

$$\int\limits_{\gamma} f \, d\zeta = 0 \qquad \textit{für jeden geschlossenen Weg } \gamma \textit{ in } G.$$

Beweis. Da $f \in \mathcal{O}(G)$, so gilt $\int\limits_{\partial\Delta} f \, d\zeta = 0$ für den Rand eines jeden Dreiecks $\Delta \subset G$ auf Grund des Goursatschen Integrallemmas. Die Behauptung ergibt sich nun aus dem Integrabilitätskriterium 6.3.3 für Sterngebiete. □

Anwendung. Im Sterngebiet $\mathbb{C}^-$ mit Zentrum 1 ist $\int\limits_{[1,z]} \dfrac{d\zeta}{\zeta}$ eine Stammfunktion von $\dfrac{1}{z}$. Wählt man als Weg von 1 nach $z = r e^{i\varphi}$ zunächst die Strecke $[1, r]$ und

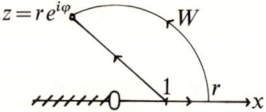

dann den Kreisbogen W von r nach z (vgl. Figur), so folgt wegen der Wegunabhängigkeit:

$$\int\limits_{[1,z]} \frac{d\zeta}{\zeta} = \int\limits_1^r \frac{dt}{t} + \int\limits_0^\varphi \frac{i r e^{it}}{r e^{it}} \, dt = \log r + i\,\varphi.$$

Die angegebene Stammfunktion ist also der Hauptzweig der Logarithmusfunktion in $\mathbb{C}^-$; dies ist ein weiterer Beweis für die Existenz des Hauptzweiges. □

Im zweiten Band wird gezeigt, daß die Aussage des Cauchyschen Integralsatzes für alle einfach-zusammenhängenden Gebiete G gilt.

3. Historisches zum Integralsatz. CAUCHY hat seinen Satz 1825 in [C₂] aufgestellt. Die Publikationsart dieser klassischen Arbeit ist sehr seltsam. Sie war bald vergriffen und wurde erst 1874/75 – lange nachdem bereits RIEMANN und WEIERSTRASS ihre Funktionentheorie geschaffen hatten – als „Mélanges" nachgedruckt im Bull. Sci. Math. Astron. 7, 265–304 (1874), nebst zwei Fortsetzungen im Bd. 8, 43–55 und 148–159 (1875). Eine deutsche Übersetzung *Abhandlung über bestimmte Integrale zwischen imaginären Grenzen* besorgte P. STÄCKEL 1900 in Ostwald's Klassikern, Nr. 112, 65 S.

Cauchys Schüler und Biograph VALSON lobt in seinem Werk *La vie et les travaux du baron Cauchy* (Paris 1868, 2 Bde, Nachdruck: Paris, Blanchard 1970) die in der Tat epochemachende Schrift bereits 1868 enthusiastisch: „Ce Mémoire peut être considéré comme le plus important des travaux de Cauchy, et les hommes compétents n'hésitent pas à le comparer à tout ce que l'ésprit humain a jamais produit de plus beau dans la domaine des sciences." Um so erstaunlicher mutet es an, daß in den 27 Bänden der *Œuvres Complètes D'Augustin Cauchy*, die von der französischen Akademie der Wissenschaften von 1882 bis 1974 herausgegeben wurden (1. Serie mit 12 Bänden, 2. Serie mit 15 Bänden), diese Cauchysche Arbeit in gekürzter Form erst 1958 im 2. Band der 2. Serie (57–65) und vollständig gar erst 1974 im letzten Band der 2. Serie steht (41–89).

CAUCHY formuliert seinen Satz für Rechteckränder (vgl. Ostwald's Klassiker 112, S. 7):

> *„Denken wir uns jetzt, die Function $f(x+iy)$ bleibe endlich und stetig, solange x zwischen den Grenzen x_0 und X und y zwischen den Grenzen y_0 und Y eingeschlossen bleibt. Dann beweist man leicht, daß der Werth des Integrals*

$$\int_{x_0+iy_0}^{X+iY} f(z)\,dz = \int_{t_0}^{T} [\varphi'(t)+i\chi'(t)]\,f[\varphi(t)+i\chi(t)]\,dt$$

> *unabhängig ist von der Natur der Functionen $x=\varphi(t)$, $y=\chi(t)$."*

Dies ist für Rechteckgebiete genau die Unabhängigkeit des Integrals vom Weg $\varphi(t)+i\chi(t)$, $t\in[t_0,T]$. Man ist erstaunt zu lesen, daß CAUCHY die Funktion f nur als endlich und stetig voraussetzt, im Beweis aber ohne Bedenken Existenz und Stetigkeit von f' benutzt. Hierin spiegelt sich die auf Eulersche Traditionen zurückgehende Überzeugung wider, an der auch CAUCHY – zumindest in den ersten Jahren seines Schaffens – festhielt: stetige Funktionen werden durch analytische Ausdrücke gegeben und sind also differenzierbar nach den Regeln der Differentialrechnung.

CAUCHY beweist den Integralsatz mit Methoden der Variationsrechnung: er ersetzt die Funktionen $\varphi(t)$, $\chi(t)$ durch „benachbarte" Funktionen $\varphi(t)+\varepsilon u(t)$, $\chi(t)+\varepsilon v(t)$, wobei $u(t_0)=v(t_0)=u(T)=v(T)=0$, und bestimmt die „Variation des Integrals" wie folgt (loc. cit. S. 7/8): „Das Integral wird einen entsprechenden Zuwachs erfahren, den man nach steigenden Potenzen von ε entwickeln kann. Man erhält auf diese Weise eine Reihe, bei der das unendlich kleine Glied erster Ordnung das Produkt ist von ε mit dem Integral

$$(*) \qquad \int_{t_0}^{T} [(u+iv)(x'+iy')f'(x+iy)+(u'+iv')f(x+iy)] \, dt.^{*)}$$

Nun findet man durch partielle Integration

$$\int_{t_0}^{T}(u'+iv')f(x+iy)\,dt = -\int_{t_0}^{T}(u+iv)(x'+iy')f'(x+iy)\,dt.$$

Mithin reduziert sich Integral $(*)$ von selbst auf Null." Damit hat CAUCHY festgestellt, daß die Variation des Integrals verschwindet, womit für ihn die Richtigkeit seines Satzes dargelegt ist. Diese Beweismethode, die sich streng begründen läßt, ist heute in der Funktionentheorie vergessen.

Der Satz „Ich behaupte nun, dass das Integral $\int \varphi x \cdot dx$ nach zweien verschiednen Übergängen immer einerlei Werth erhalte, …" im Gaußschen Brief an BESSEL vom 18.12.1811 (vgl. Einleitung zu Kapitel 6) zeigt, daß GAUSS bereits damals den Integralsatz kannte. „Aber es ist doch ein grosser Unterschied; ob Jemand eine mathematische Wahrheit mit vollem Beweise und der Darlegung ihrer ganzen Tragweite veröffentlicht, oder ob ein Anderer sie nur so nebenher einem Freunde unter Discretion mittheilt. Deshalb können wir den Satz mit Recht als das *Cauchy'sche Theorem* bezeichnen" (KRONECKER, 1894, in [Kr], S. 52).

4. Historisches zum Integrallemma. Edouard GOURSAT (1858–1936, französischer Mathematiker, Mitgl. der Académie des Sciences) hat seinen Beweis 1883 in einem Brief an HERMITE mitgeteilt (Démonstration du Théorème de Cauchy, Acta Math. 4, 197–200, 1884); er verwendet Rechtecke anstelle von Dreiecken und benutzt noch explizit die Stetigkeit der Ableitung (vgl. S. 199 unten). Er muß jedoch schon bald die Überflüssigkeit der Stetigkeitsannahme erkannt haben, so beginnt er 1899 seine Arbeit $[G_1]$ mit dem Satz: „J'ai reconnu depuis longtemps que la démonstration du théorème de Cauchy, que j'ai donnée en 1883, ne supposait pas la continuité de la dérivée." Und im letzten Satz dieser Arbeit sagt er: „On voit qu'en se plaçant au point de vue de Cauchy il *suffit*, pour édifier la théorie des fonctions analytiques, de supposer la *continuité* de $f(z)$ et l'*existence* de la dérivée."

GOURSAT betrachtete Gebiete G mit allgemeinem Rand und wandte seine Bisektionsmethode auch auf Rechtecke an, die zum Teil aus G herausragen. Auf die dadurch bedingten technischen Schwierigkeiten hat bereits 1901 Alfred PRINGSHEIM (1850–1941, deutscher Mathematiker in München; nach Selbstzeugnis „einer der markantesten Vertreter der specifisch Weierstrassischen »elementaren« Functionen-Theorie"; Besitzer von Kohlebergwerken in Schle-

---

*) Setzt man abkürzend $\zeta := \varphi + i\chi$, $\eta := u + iv$, so ergibt sich, wenn man $f(\zeta + \varepsilon\eta)$ in der Form $f(\zeta) + f'(\zeta) \cdot \varepsilon\eta +$ höhere Glieder in ε ansetzt, für den variierten Integranden:

$$f(\zeta+\varepsilon\eta)(\zeta'+\varepsilon\eta')=f(\zeta)\zeta'+[\eta\zeta'f'(\zeta)+\eta'f(\zeta)]\varepsilon+\text{höhere Glieder in }\varepsilon$$

und hieraus die Behauptung $(*)$.

sien; befreundet mit Richard WAGNER; Schwiegervater von Thomas MANN, der 1905 seine bereits gedruckte Novelle *Wälsungenblut* auf Druck der Pringsheim-Familie zurückzog) in seiner Arbeit *Über den Goursatschen Beweis des Cauchy-schen Integralsatzes* (Trans. Amer. Math. Soc. 2, 413–421), hingewiesen. PRINGSHEIM geht von Dreiecken aus, er sagt (S. 418): „Der wahre *Kern* jenes [Goursatschen] Integralsatzes liegt in seiner Gültigkeit für irgend einen *Spe-cial*-Bereich *einfachster* Art z. B. ein *Dreieck...*. Die Möglichkeit, ihn auf *krumm-linig* begrenzte Bereiche zu übertragen, beruht dagegen lediglich auf *Stetigkeits*-Eigenschaften, welche den Integralen *jeder stetigen* Function zukommen."

PRINGSHEIM vereinfacht durch seinen „*Dreiecks*"-Beweis die Goursatsche Schlußweise wesentlich und gibt ihr die elegante, bis heute finale Form. Die Dreiecksvariante hat den ökonomischen Vorteil, daß sich der Integralsatz so-fort für Sterngebiete ergibt, was mit der Rechtecksvariante nicht möglich ist.

5*. Reeller Beweis des Integrallemmas. In der reellen Analysis wird das Gour-satsche Lemma gern als Spezialfall der Formel von STOKES aufgefaßt. Für Dreiecke in $\mathbb{R}^2$ lautet sie:

Es seien p, q reell-wertige und stetig differenzierbare Funktionen in einem Be-reich $D \subset \mathbb{R}^2$. Dann gilt für den Rand $\partial \Delta$ eines jeden Dreiecks $\Delta \subset D$

$$\int_{\partial \Delta} (p\,dx + q\,dy) = \iint_{\Delta} \left(\frac{\partial q}{\partial x} - \frac{\partial p}{\partial y} \right) dx\,dy,$$

wobei $\iint \ldots dx\,dy$ das Flächenintegral über Δ bezeichnet.

Hieraus ergibt sich *sofort* das Integrallemma, *wenn man zusätzlich voraus-setzt, daß die Ableitung f' von f stetig in D ist:* dann sind nämlich $u = \operatorname{Re} f$ und $v = \operatorname{Im} f$ stetig reell differenzierbar, so daß folgt (vgl. 6.1.6):

$$\int_{\partial \Delta} f\,dz = \int_{\partial \Delta} (u\,dx - v\,dy) + i \int_{\partial \Delta} (v\,dx + u\,dy)$$

$$= -\iint_{\Delta} \left(\frac{\partial v}{\partial x} + \frac{\partial u}{\partial y} \right) dx\,dy + i \iint_{\Delta} \left(\frac{\partial u}{\partial x} - \frac{\partial v}{\partial y} \right) dx\,dy.$$

In diesen Doppelintegralen sind beide Integranden null auf Grund der Cau-chy-Riemannschen Differentialgleichungen; daher folgt: $\int_{\partial \Delta} f\,dz = 0$.   □

Den vorangehenden Beweis kannte CAUCHY 1846, wie seine Comptes Ren-dus-Note *Sur les intégrales qui s'étendent à tous les points d'une courbe fermée* (Œuvres 10, 1. Ser., 70–74) zeigt. Es ist möglich, daß CAUCHY durch die Arbei-ten von GREEN aus dem Jahre 1828 zu diesem Beweis angeregt wurde, den WEIERSTRASS übrigens schon 1842 gekannt haben soll. Die Stokes'sche Formel wird 1851 von RIEMANN ausgiebig diskutiert und verwendet ([R], Artikel 7ff.). Cauchys Name wird in der Riemannschen Arbeit nirgends erwähnt.   □

Wir haben mehrfach betont, daß man zum Aufbau der Cauchyschen Funk-tionentheorie – im Gegensatz zur reellen Analysis – lediglich die *Existenz der ersten Ableitung*, nicht aber deren Stetigkeit, benötigt. Es wird den Funktionentheoretikern gelegentlich vorgehalten, daß sie hier zu viel Aufhebens von einer Feinheit ihrer Theorie machen, die zudem für Anwendungen bedeutungslos sei. Es scheint in der Tat so zu sein, daß für alle in der mathematischen Natur vorkommenden holomorphen Funktionen f a fortiori die Stetigkeit von f' bekannt ist (meistens weiß man sogar von vornherein, daß f beliebig oft komplex differenzierbar ist!). Nichtsdestoweniger bleibt es eine überraschende und tiefe Einsicht, daß man die Stetigkeit von f' nicht zu postulieren braucht. Überdies ist der Goursatsche Beweis „anspruchsloser" als der reelle Beweis mit Hilfe der Stokes'schen Formel, die ja schließlich in der reellen Analysis auch nicht einfach vom Himmel fällt.

Diskussionen über Wert und besten Beweis eines mathematischen Satzes werden (und müssen wohl) immer aufs neue entflammen, solange Mathematik von Menschen gemacht wird: vielen Mathematikern indessen erscheinen die Polemiken dabei ebenso unverständlich wie der Streit der Byzantiner über das Geschlecht der Engel.

6*. Die Fresnelschen Integrale $\int\limits_{0}^{\infty} \cos t^2\, dt$, $\int\limits_{0}^{\infty} \sin t^2\, dt$ spielen in der Theorie der Lichtbeugung seit A.J. FRESNEL (1788–1827, französischer Ingenieur und Physiker) eine wichtige Rolle. Wir führen diese Integrale mit Hilfe des Cauchyschen Integralsatzes auf das „*Fehlerintegral*"

$$\lim_{R\to\infty} \int\limits_{0}^{R} e^{-t^2}\, dt = \int\limits_{0}^{\infty} e^{-t^2}\, dt = \tfrac{1}{2}\sqrt{\pi}$$

zurück (diese Formel wird später auf verschiedene Weise, u.a. mittels des Residuenkalküls, hergeleitet und verallgemeinert, vgl. 12.4.3, 12.4.6 sowie 14.3.2 und 14.3.3).

Satz. *Für alle* $a\in\mathbb{R}$ *mit* $|a|\leq 1$ *gilt:*

(1)
$$\int\limits_{0}^{\infty} e^{-(1+ia)^2 t^2}\, dt = \frac{1}{2}\frac{1-ia}{1+a^2}\sqrt{\pi}.$$

Beweis. Im Fall $a=0$ gilt die Formel nach Voraussetzung. Sei $a>0$. Mit $f(z) := e^{-z^2}$ gilt nach dem Integralsatz für alle $r>0$

(*)
$$\int\limits_{\gamma_3} f\, d\zeta = \int\limits_{\gamma_1} f\, d\zeta + \int\limits_{\gamma_2} f\, d\zeta,$$

da f in $\mathbb{C}$ holomorph und $\gamma_1 + \gamma_2 - \gamma_3$ ein geschlossener Weg ist (Figur). Wegen $\gamma_2(t) = r + it$, $0 \leq t \leq ar$ gilt:

$$|f(\gamma_2(t))| = e^{-r^2 + t^2} \leq e^{-r^2} e^{rt} \quad \text{für } t \leq r,$$

daher folgt wegen $\gamma_2'(t) = i$ und $a \leq 1$:

$$|\int\limits_{\gamma_2} f\, d\zeta| \leq \int\limits_{0}^{ar} |f(\gamma_2(t))|\, dt \leq e^{-r^2} \int\limits_{0}^{r} e^{rt}\, dt \leq \frac{1}{r}, \quad \text{d.h. } \lim_{r\to\infty} \int\limits_{\gamma_2} f\, d\zeta = 0.$$

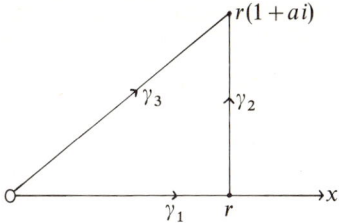

Wegen $\gamma_3(t) = (1 + ia)t$, $0 \le t \le r$, und $\gamma_3'(t) = 1 + ia$ folgt nun aus (∗)

$$(1 + ia) \int\limits_0^\infty e^{-(1+ia)^2 t^2}\, dt = \lim_{r \to \infty} \int\limits_{\gamma_3} f\, d\zeta = \lim_{r \to \infty} \int\limits_{\gamma_1} f\, d\zeta = \int\limits_0^\infty e^{-t^2}\, dt = \tfrac{1}{2}\sqrt{\pi}.$$

Analog wird der Fall $a < 0$ erledigt.   □

Zerlegung von (1) in Real- und Imaginärteil ergibt

(2)
$$\int\limits_0^\infty e^{(a^2-1)t^2} \cos 2a t^2\, dt = \frac{1}{2(1+a^2)}\sqrt{\pi}, \qquad -1 \le a \le 1,$$

$$\int\limits_0^\infty e^{(a^2-1)t^2} \sin 2a t^2\, dt = \frac{a}{2(1+a^2)}\sqrt{\pi}, \qquad -1 \le a \le 1.$$

Für $a := 1$ folgt, wenn man noch t statt $\sqrt{2}\,t$ substituiert:

(3)
$$\int\limits_0^\infty \cos t^2\, dt = \int\limits_0^\infty \sin t^2\, dt = \frac{1}{2}\sqrt{\frac{\pi}{2}}.$$

FRESNEL kannte diese Formeln um 1819, EULER waren die Gleichungen (2) schon 1781 vertraut. In seiner Arbeit *De Valoribus Integralium A Termino Variabilis* $x = 0$ *Usque Ad* $x = \infty$ *Extensorum* (Opera Omnia 19, 1. Ser., 217–227) gewinnt er mit Hilfe seiner Gammafunktion $\Gamma(z)$, deren Theorie wir erst im zweiten Band entwickeln werden, folgende Aussage (S. 225):

Für alle $p, q \in \mathbb{R}$ *mit* $p \ge 0$ *und* $f := \sqrt{p^2 + q^2} \ne 0$ *gilt*

$$\int\limits_0^\infty e^{-px} \frac{\cos qx}{\sqrt{x}}\, dx = \frac{\sqrt{\pi}}{f}\sqrt{\frac{f+p}{2}}, \qquad \int\limits_0^\infty e^{-px} \frac{\sin qx}{\sqrt{x}}\, dx = \frac{\sqrt{\pi}}{f}\sqrt{\frac{f-p}{2}}.$$

Substituiert man hier $t = \sqrt{x}$ und setzt man $p := 1 - a^2$, $q := 2a$, so entstehen die Gleichungen (2).

Aufgabe. Zeigen Sie: $\int\limits_{-\infty}^\infty e^{-u^2 x^2}\, dx = u^{-1}\sqrt{\pi}$ für alle $u \in \mathbb{C}^\times$ mit $|\operatorname{Im} u| \le \operatorname{Re} u$ (man darf also so tun, als ob man $t := ux$ substituieren dürfte).

§ 2. Cauchysche Integralformel für Kreisscheiben

Der Integralsatz 1.2 reicht noch nicht aus, um die Cauchysche Integralformel herzuleiten. Benötigt wird eine Verschärfung, die wir zunächst besprechen. Die Cauchysche Integralformel selbst ergibt sich dann in wenigen Zeilen.

1. Verschärfung des Cauchyschen Integralsatzes für Sterngebiete. *Es sei G ein Sterngebiet mit Zentrum c. Es sei $f: G \to \mathbb{C}$ stetig in G und holomorph im „punktierten" Gebiet $G \smallsetminus \{c\}$. Dann ist f integrabel in G.*

Dies beweist man wörtlich wie Satz 1.2, wobei man jetzt aber folgende Verschärfung des Goursatschen Integrallemmas heranzieht:

Es sei D ein Bereich und $c \in D$ ein Punkt. Es sei $f: D \to \mathbb{C}$ stetig in D und holomorph in $D \smallsetminus \{c\}$. Dann gilt

$$\int_{\partial \Delta} f \, d\zeta = 0 \quad \text{für jedes Dreieck } \Delta \subset D, \text{ das c als Eckpunkt hat.}$$

Der Beweis dieser Verschärfung wird auf das eigentliche Goursatsche Lemma zurückgeführt: man wählt auf den Seiten von Δ, die c als Endpunkt haben, irgendwie zwei Punkte und betrachtet die entstehenden Teildreiecke Δ_1, Δ_2, Δ_3, wobei c Eckpunkt von Δ_1 sei (vgl. Figur). Da sich die Integrale über die

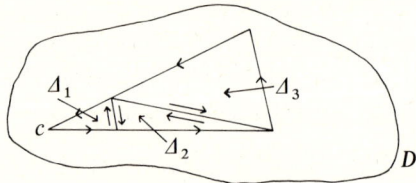

„inneren Wege" aufheben, und da die Integrale über $\partial \Delta_2$ und $\partial \Delta_3$ wegen $\Delta_2 \subset D \smallsetminus \{c\}$, $\Delta_3 \subset D \smallsetminus \{c\}$ und der Holomorphie von f in $D \smallsetminus \{c\}$ nach dem Goursatschen Integrallemma, angewendet auf $D \smallsetminus \{c\}$, verschwinden, so folgt:

$$\int_{\partial \Delta} f \, d\zeta = \int_{\partial \Delta_1} f \, d\zeta, \quad \text{also: } |\int_{\partial \Delta} f \, d\zeta| \leq |f|_\Delta L(\partial \Delta_1).$$

Da sich $L(\partial \Delta_1)$ beliebig klein machen läßt, folgt $\int_{\partial \Delta} f \, d\zeta = 0$.

Bemerkung. Die Aussagen dieses Abschnittes sind Vorstufen des Riemannschen Fortsetzungssatzes, der u.a. besagt, daß jede in D stetige und in $D \smallsetminus \{c\}$ holomorphe Funktion bereits in ganz D holomorph ist (vgl. 3.3). Die Verschärfung des Integralsatzes ist daher in Wahrheit gar keine; nur läßt sich dies hier noch nicht einsehen.

2. Cauchysche Integralformel für Kreisscheiben. *Es sei f holomorph im Bereich D; es sei $B := B_r(c)$, $r > 0$, eine Kreisscheibe, die nebst Rand ∂B in D liegt. Dann gilt für alle $z \in B$:*

$$f(z) = \frac{1}{2\pi i} \int_{\partial B} \frac{f(\zeta)}{\zeta - z} \, d\zeta.$$

Beweis. Sei $z \in B$ fest gewählt. Wir betrachten die Funktion

$$g(\zeta) := \frac{f(\zeta) - f(z)}{\zeta - z} \quad \text{für } \zeta \in D \smallsetminus \{z\}, \quad g(z) := f'(z).$$

Wegen $f \in \mathcal{O}(D)$ ist g holomorph in $D \smallsetminus \{z\}$ und stetig in D. Wegen $\bar{B} \subset D$ gibt es ein $s > r$, so daß gilt: $B' := B_s(c) \subset D$. Da B' konvex ist, so ist $g | B'$ nach dem verschärften Integralsatz 1 integrabel, speziell gilt also $\int_{\partial B} g(\zeta) d\zeta = 0$. Nach Definition von $g | \partial B$ gilt aber, wenn man noch Satz 6.2.4 heranzieht:

$$0 = \int_{\partial B} g(\zeta) d\zeta = \int_{\partial B} \frac{f(\zeta)}{\zeta - z} d\zeta - f(z) \int_{\partial B} \frac{d\zeta}{\zeta - z} = \int_{\partial B} \frac{f(\zeta)}{\zeta - z} d\zeta - 2\pi i f(z). \qquad \square$$

Die übergroße Bedeutung der Cauchyschen Integralformel für die Funktionentheorie wird sich erst nach und nach herausstellen. Sofort springt ins Auge, daß man jeden Wert $f(z)$, $z \in B$, ausrechnen kann, wenn man nur die Werte von f auf dem Kreisrand ∂B kennt. Hierzu gibt es in der reellen Analysis kein Analogon; dies ist eine Vorstufe des Identitätssatzes und ein erster Hinweis auf den (sit venia verbo) „analytischen Kitt" zwischen dem Wertevorrat holomorpher Funktionen. Im Integranden der Cauchyschen Integralformel kommt z nur noch *in expliziter Form vor als Parameter im Nenner, und nicht mehr gebunden an die Funktion f*! Wir werden viele Informationen über holomorphe Funktionen aus der einfachen Struktur der Funktion $\frac{1}{\zeta - z}$ gewinnen, u.a. die Potenzreihenentwicklung von f und die Cauchyschen Abschätzungen für höhere Ableitungen. Die Funktion $(\zeta - z)^{-1}$ wird häufig der *Cauchy-Kern (der Integralformel)* genannt.

Für den Kreismittelpunkt c geht die Integralformel, wenn man die Parametrisierung $c + r e^{i\varphi}$, $\varphi \in [0, 2\pi]$, von ∂B einträgt, über in die

Mittelwertgleichung. *Unter den Voraussetzungen von Satz 2 gilt:*

$$f(c) = \frac{1}{2\pi} \int_0^{2\pi} f(c + r e^{i\varphi}) d\varphi.$$

Hieraus folgt z.B. sofort auf Grund der Standardabschätzung 6.2.2 die

Mittelwertungleichung: $|f(c)| \leq |f|_{\partial B}$,

die aber nur ein Spezialfall der allgemeinen Cauchyschen Ungleichungen für Taylorkoeffizienten ist (vgl. 8.3.1).

3. Historisches zur Integralformel. CAUCHY hat seine berühmte Formel 1831 in der Turiner Verbannung gefunden. Die erste Veröffentlichung findet sich in einer lithographischen Abhandlung *Sur la mécanique céleste et sur un nouveau calcul appelé calcul des limites,* lu à l'Académie de Turin le 11 octobre 1831. Allgemein zugänglich wurde die Integralformel aber erst 1841, als CAUCHY – wieder in Paris – sie im Band 2 seiner *Exercises D'Analyse Et De Physique*

Mathématique publizierte (Œuvres 12, 2. Ser., 58–112). CAUCHY schreibt seine Formel für $c = 0$ folgendermaßen (loc. cit. S. 61)

$$f(x) = \frac{1}{2\pi} \int_{-\pi}^{\pi} \frac{\bar{x} f(\bar{x})}{\bar{x} - x} \, dp,$$

wobei er mit $\bar{x}$ die Integrationsvariable (und nicht das Konjugierte von x) bezeichnet und $\bar{x} = X e^{p\sqrt{-1}}$ schreibt (also $X = |\bar{x}|$). Diese Formel stimmt natürlich mit unserer Formel überein, wenn man den Kreisrand durch $\zeta = r e^{i\varphi}$, $-\pi \leq \varphi \leq \pi$, beschreibt:

$$\frac{1}{2\pi i} \int_{\partial B} \frac{f(\zeta)}{\zeta - z} \, d\zeta = \frac{1}{2\pi i} \int_{-\pi}^{\pi} \frac{f(\zeta)}{\zeta - z} i r e^{i\varphi} \, d\varphi = \frac{1}{2\pi} \int_{-\pi}^{\pi} \frac{\zeta f(\zeta)}{\zeta - z} \, d\varphi. \qquad \square$$

Die Mittelwertgleichung $f(c) = \dfrac{1}{2\pi} \displaystyle\int_0^{2\pi} f(c + r e^{i\varphi}) \, d\varphi$ findet sich schon 1823 bei POISSON in *Suite du Mémoire sur les intégrales définies et sur la sommation des séries*, Journ. de l'École polytechnique, Cahier 19, 404–509, insb. S. 498. POISSON hat die Tragweite seiner Formel nicht erkannt; sie wird „von gränzenlosen Zauberformeln dünenartig zugedeckt" (vgl. S. 120 der in 6.1.4 angegebenen Arbeit *Integration durch imaginäres Gebiet* von STÄCKEL; das Zitat findet sich in anderem Zusammenhang bei GOETHE *Über Mathematik und deren Mißbrauch*, II. Abt., 11. Band, S. 85, der Weimarer Ausgabe 1893, Verlag Hermann Böhlau).

4*. Die Cauchysche Integralformel für reell stetig differenzierbare Funktionen. Unter der Zusatzvoraussetzung der Stetigkeit von f' ist der Cauchysche Integralsatz ein Spezialfall des Satzes von STOKES (vgl. 1.5). Es wird daher nicht überraschen, daß auch die Cauchysche Integralformel unter derselben Zusatzvoraussetzung Spezialfall einer allgemeinen Integralformel für reell stetig differenzierbare Funktionen ist.

Satz. *Es sei* $f: D \to \mathbb{C}$ *reell stetig differenzierbar im Bereich* D; *es sei* $B := B_r(c)$, $r > 0$, *eine Kreisscheibe, die nebst Rand* ∂B *in* D *liegt. Dann gilt für alle* $z \in B$:

$$f(z) = \frac{1}{2\pi i} \int_{\partial B} \frac{f(\zeta)}{\zeta - z} \, d\zeta + \frac{1}{2\pi i} \iint_B \frac{\partial f}{\partial \bar{\zeta}} \frac{1}{\zeta - z} \, d\zeta \wedge d\bar{\zeta}.$$

Das Gebietsintegral rechts ist das „*Korrekturglied*", welches im Fall der Holomorphie von f verschwindet. Im allgemeinen Fall muß u.a. auch die Existenz dieses Integrals bewiesen werden; man beachte, daß zur Berechnung dieses Integrals die Werte von f überall in B bekannt sein müssen. Wir gehen auf diese Dinge nicht näher ein, da wir keine Anwendungen dieser sog. *inhomogenen Cauchyschen Integralformel* machen werden (bez. eines Beweises vgl. etwa [10]). Überhaupt war diese verallgemeinerte Integralformel in der klassischen Funktionentheorie unbekannt; sie scheint erstmals 1912 in einer Arbeit von D. POMPEIU *Sur une classe de fonctions d'une variable complexe …* Rend. Circ. Mat. Palermo 35, 277–281 (1913) aufzutreten. Erst in den fünfziger Jahren dieses Jahrhunderts benutzten DOLBEAULT und GROTHENDIECK die Formel in der Funktionentheorie mehrerer Veränderlicher.

5*. Schwarzsche Integralformel. Aus den Cauchyschen Sätzen lassen sich durch geschickte Manipulation unzählige weitere Integralformeln herleiten, z.B.:

Ist f holomorph in einer Umgebung von $\bar B = \bar B_s(0)$, so gilt

$$(1) \qquad \bar f(0) = \frac{1}{2\pi i} \int_{\partial B} \frac{\bar f(\zeta)}{\zeta - z} d\zeta \quad \text{für alle } z \in B.$$

Beweis. Für $z \in B$ ist $h(w) := \dfrac{\bar z f(w)}{s^2 - \bar z w}$ holomorph in einer Umgebung von $\bar B$; daher gilt $\int_{\partial B} h(\zeta) d\zeta = 0$ nach dem Integralsatz. Für $\zeta \in \partial B$ gilt

$$\frac{f(\zeta)}{\zeta} + h(\zeta) = \frac{f(\zeta)}{\zeta} \frac{\bar\zeta}{\bar\zeta - \bar z} \quad \text{(wegen } \zeta\bar\zeta = s^2),$$

somit erhält man auf Grund der Cauchyschen Integralformel

$$2\pi i f(0) = \int_{\partial B} \frac{f(\zeta)}{\zeta} d\zeta = \int_{\partial B} \left(\frac{f(\zeta)}{\zeta} + h(\zeta) \right) d\zeta = \int_{\partial B} \frac{f(\zeta)}{\zeta} \frac{\bar\zeta}{\bar\zeta - \bar z} d\zeta, \quad z \in B.$$

Da $\zeta d\bar\zeta + \bar\zeta d\zeta = 0$ für $\zeta\bar\zeta = s^2$, so folgt durch Konjugiertenbildung

$$-2\pi i \bar f(0) = \overline{\int_{\partial B} \frac{f(\zeta)}{\zeta} \frac{\bar\zeta}{\bar\zeta - \bar z} d\zeta} = \int_{\partial B} \frac{\bar f(\zeta)}{\bar\zeta} \frac{\zeta}{\zeta - z} d\bar\zeta = -\int_{\partial B} \frac{\bar f(\zeta)}{\zeta - z} d\zeta. \qquad \square$$

Die letzte Zeile im vorangehenden Beweis erhält man auch direkt, allerdings weniger elegant, wenn man statt der „Differential"-gleichung $\zeta d\bar\zeta = -\bar\zeta d\zeta$ die Parametrisierung $\zeta = s e^{i\varphi}$ für ∂B einträgt, das entstehende Integral $\int_0^{2\pi} \ldots$ konjugiert, und die Parametrisierung wieder rückgängig macht. Der vorsichtige Leser führe die kleine Rechnung durch.

Im Jahre 1870 gab Hermann Amandus SCHWARZ (1843–1921, deutscher Mathematiker in Halle, Zürich und Göttingen, ab 1892 als Nachfolger von WEIERSTRASS in Berlin) in seiner Arbeit *Zur Integration der partiellen Differentialgleichung* $\dfrac{\partial^2 u}{\partial x^2} + \dfrac{\partial^2 u}{\partial y^2} = 0$ (Math. Abhandl. II, 175–210) eine Integralformel für holomorphe Funktionen an, in der nur noch über den Realteil von f integriert wird; er zeigte (S. 186):

Schwarzsche Integralformel für Kreisscheiben um 0. *Ist f holomorph in einer Umgebung der Kreisscheibe $\bar B = \bar B_s(0)$, so gilt:*

$$f(z) = \frac{1}{2\pi i} \int_{\partial B} \frac{\mathrm{Re} f(\zeta)}{\zeta} \frac{\zeta + z}{\zeta - z} d\zeta + i \,\mathrm{Im} f(0) \quad \text{für alle } z \in B.$$

Beweis. Wegen $\dfrac{1}{\zeta}\dfrac{\zeta+z}{\zeta-z}=\dfrac{2}{\zeta-z}-\dfrac{1}{\zeta}$, $2\,\mathrm{Re}f=f+\bar f$ und der Cauchyschen Integralformel hat das Integral rechts den Wert

$$\int\limits_{\partial B}\frac{f(\zeta)+\bar f(\zeta)}{\zeta-z}\,d\zeta-\frac{1}{2}\int\limits_{\partial B}\frac{f(\zeta)+\bar f(\zeta)}{\zeta}\,d\zeta=2\pi\,if(z)+\int\limits_{\partial B}\frac{\bar f(\zeta)}{\zeta-z}\,d\zeta-\pi if(0)-\frac{1}{2}\int\limits_{\partial B}\frac{\bar f(\zeta)}{\zeta}\,d\zeta.$$

Nach (1) haben hier beide Integrale rechts den Wert $2\pi i\bar f(0)$, d.h.

$$\frac{1}{2\pi i}\int\limits_{\partial B}\frac{\mathrm{Re}f(\zeta)}{\zeta}\frac{\zeta+z}{\zeta-z}\,d\zeta=f(z)+\bar f(0)-\frac{1}{2}f(0)-\frac{1}{2}\bar f(0)=f(z)-i\,\mathrm{Im}f(0).\qquad\square$$

Die Schwarzsche Formel lehrt, daß jeder Wert $f(z)$, $z\in B$, bereits durch die Werte des Realteils von f auf ∂B und die Zahl $\mathrm{Im}f(0)$ festgelegt ist. Setzt man $u:=\mathrm{Re}f$, $\zeta=s\,e^{i\psi}$, so entsteht:

$$f(z)=\frac{1}{2\pi}\int\limits_{0}^{2\pi}u(s\,e^{i\psi})\frac{\zeta+z}{\zeta-z}\,d\psi+i\,\mathrm{Im}f(0),\qquad z\in B.$$

Übergang zum Realteil liefert wegen $\mathrm{Re}\dfrac{\zeta+z}{\zeta-z}=\dfrac{|\zeta|^2-|z|^2}{|\zeta-z|^2}$:

$$u(z)=\frac{1}{2\pi}\int\limits_{0}^{2\pi}u(s\,e^{i\psi})\frac{s^2-|z|^2}{|\zeta-z|^2}\,d\psi.$$

Dies ist die berühmte *Poissonsche Integralformel für harmonische Funktionen:* setzt man noch $z=r\,e^{i\varphi}$, so gilt $|\zeta-z|^2=s^2-2r\,s\cos(\psi-\varphi)+r^2$, und man erhält die Formel in ihrer klassischen Gestalt

$$u(r\,e^{i\varphi})=\frac{1}{2\pi}\int\limits_{0}^{2\pi}u(s\,e^{i\psi})\frac{s^2-r^2}{s^2-2r\,s\cos(\psi-\varphi)+r^2}\,d\psi.$$

§ 3. Entwicklung holomorpher Funktionen in Potenzreihen

Eine Funktion $f:D\to\mathbb{C}$ heißt im Kreis $B=B_r(c)\subset D$ in eine Potenzreihe $\sum a_\nu(z-c)^\nu$ um c *entwickelbar*, wenn die Potenzreihe in B gegen $f\,|\,B$ konvergiert. Aus der Vertauschbarkeit von Differentiation und Summation für Potenzreihen (Satz 4.3.2) folgt sofort:

Ist f in B um c in eine Potenzreihe $\sum a_\nu(z-c)^\nu$ entwickelbar, so ist f in B beliebig oft komplex differenzierbar; es gilt: $a_\nu=\dfrac{f^{(\nu)}(c)}{\nu!}$ *für alle $\nu\in\mathbb{N}$.*

Eine Potenzreihenentwicklung einer Funktion f um c ist also, unabhängig vom Radius r des Kreises B, *eindeutig durch die Ableitungen von f in c bestimmt* und hat immer die Form

$$f(z) = \sum \frac{f^{(\nu)}(c)}{\nu!}(z-c)^{\nu};$$

diese Reihe heißt (wie im Reellen) *die Taylorreihe von f um c.*

Als wichtigste Folgerung aus der Cauchyschen Integralformel gewinnt man für holomorphe Funktionen um jeden Punkt ihres Definitionsbereichs eine Potenzreihenentwicklung. Dieser Entwicklungssatz liefert leicht den Riemannschen Fortsetzungssatz und die Cauchyschen Integralformeln für Ableitungen.

Wir benutzen im folgenden den Begriff des Randabstandes $d_c(D)$, wie er in 0.6.5 eingeführt wurde.

1. Entwicklungssatz von CAUCHY-TAYLOR. *Es sei $c \in D$, und es sei $d = d_c(D)$ der Randabstand von c in D. Dann ist jede in D holomorphe Funktion f in $B_d(c)$ um c in eine Taylorreihe $\sum a_\nu(z-c)^\nu$ entwickelbar; die Taylorkoeffizienten a_ν werden gegeben durch die Integrale*

$$a_\nu = \frac{f^{(\nu)}(c)}{\nu!} = \frac{1}{2\pi i} \int_{\partial B} \frac{f(\zeta)\,d\zeta}{(\zeta-c)^{\nu+1}},$$

mit $\partial B := \partial B_r(c)$, wobei $r \in \mathbb{R}$, $0 < r < d$.

Den Beweis dieses Satzes stützen wir auf das folgende

Entwicklungslemma. *Es sei f stetig auf dem Rand ∂B der Kreisscheibe $B = B_r(c)$. Dann ist die Funktion*

$$F(z) := \frac{1}{2\pi i} \int_{\partial B} \frac{f(\zeta)}{\zeta-z}\,d\zeta, \qquad z \in B,$$

in B in eine Potenzreihe um c entwickelbar:

$$F(z) = \sum_0 a_\nu(z-c)^\nu \quad \text{mit } a_\nu := \frac{1}{2\pi i} \int_{\partial B} \frac{f(\zeta)\,d\zeta}{(\zeta-c)^{\nu+1}}, \qquad z \in B.$$

Beweis (wie 1831 bei CAUCHY). Nach Lemma 6.2.4(1) gilt

$$(*) \qquad \frac{f(\zeta)}{\zeta-z} = \sum_0 g_\nu(\zeta)(z-c)^\nu \quad \text{mit } g_\nu(\zeta) := \frac{f(\zeta)}{(\zeta-c)^{\nu+1}} \quad \text{für } z \in B,\ \zeta \in \partial B.$$

Da $|g_\nu|_{\partial B} = \frac{1}{r^{\nu+1}}|f|_{\partial B}$, so folgt $\max_{\zeta \in \partial B}|g_\nu(\zeta)(z-c)^\nu| = r^{-1}|f|_{\partial B} q^\nu$ mit $q := r^{-1}|z-c|$ ≥ 0. Da $q < 1$ für jedes $z \in B$, so konvergiert die Reihe $(*)$ in ζ normal auf ∂B, daher gilt nach dem Vertauschungssatz 6.2.3 für Reihen

$$F(z) = \sum_0 \left[\frac{1}{2\pi i} \int_{\partial B} g_\nu(\zeta)\,d\zeta\right](z-c)^\nu, \qquad z \in B. \qquad \square$$

Wir beweisen nun den Entwicklungssatz. Wegen $f \in \mathcal{O}(D)$ gilt für jeden Kreis $B_r(c)$, $0 < r < d$, die Cauchysche Formel (mit $S_r = \partial B_r$)

$$f(z) = \frac{1}{2\pi i} \int_{S_r} \frac{f(\zeta)}{\zeta-z}\,d\zeta, \qquad z \in B_r(c).$$

Nach dem Entwicklungslemma hat f also um c eine in $B_r(c)$ konvergente Taylorentwicklung. Jede Wahl von $r < d$ führt zur gleichen Reihe. $\qquad\qquad\square$

Das Entwicklungslemma beschreibt lediglich ein einfaches Verfahren, von gewissen Integralen zu Potenzreihen überzugehen; der Garant für die Anwendungsmöglichkeit dieses Verfahrens ist die Cauchysche Integralformel.

Da Potenzreihen holomorph sind, ist vermöge des Entwicklungslemmas ein $\mathbb{C}$-Vektorraumhomomorphismus $\mathscr{C}(\partial B) \to \mathcal{O}(B)$, $f \mapsto F$, definiert. Die Funktion F hat, wenn f nicht zusätzlich noch in B holomorph und in $\bar{B}$ stetig ist, bei Annäherung an ∂B i.allg. *nicht* die Werte von f als *Randwerte:* für $B := \mathbb{E}$ und $f(\zeta) := \zeta^{-1}$ auf $\partial\mathbb{E}$ gilt z.B. $F \equiv 0$ in $\mathbb{E}$ wegen

$$F(z) = \frac{1}{2\pi i} \int_{\partial\mathbb{E}} \frac{d\zeta}{\zeta(\zeta - z)} = -\frac{1}{2\pi i z}\left[\int_{\partial\mathbb{E}} \frac{d\zeta}{\zeta} - \int_{\partial\mathbb{E}} \frac{d\zeta}{\zeta - z}\right] = 0 \quad \text{für } z \in \mathbb{E} \smallsetminus \{0\}.$$

Dieses Beispiel zeigt auch, daß der Homomorphismus $\mathscr{C}(\partial B) \to \mathcal{O}(B)$ *nicht injektiv* ist.

2. Historisches zum Entwicklungssatz.

Bei Brook TAYLOR *Methodus incrementorum directa et inversa*, Londini 1715, findet sich auf S. 21 ff. die erste Formulierung und Herleitung des Satzes im Reellen. Eine ausführliche Analyse gibt A. PRINGSHEIM *Zur Geschichte des Taylorschen Lehrsatzes*, Bibl. Math. (3), 1, 433–479 (1900), wo auch auf Cauchys Beiträge ausführlich eingegangen wird.

CAUCHY hat sogleich erkannt, daß seine Integralformel durch Entwicklung ihres Kerns $(\zeta - z)^{-1}$ in eine geometrische Reihe den Entwicklungssatz impliziert; er drückt dies 1841 so aus (Œuvres 12, 2. Ser., S. 61 sowie Théorème I. auf S. 64):

„La fonction $f(x)$ sera développable par la formule de Maclaurin en une série convergente ordonnée suivant les puissances ascendantes de x, si le module [=Absolutbetrag] de la variable réelle ou imaginaire x conserve une valeur inférieure à celle pour laquelle la fonction (ou sa dérivée du premier ordre) cesse d'être finie et continue." Um die letzte Zeile dieses Cauchyschen Textes zu verstehen, muß man sich vergegenwärtigen, daß die einzigen Singularitäten, die zu Cauchys Zeit akzeptiert wurden, Pole waren.

CAUCHY gibt übrigens, nach dem Vorbild der reellen Analysis, auch eine Restglieddarstellung durch ein Integral; er beschreibt genau, *wie gut* das Restglied gegen 0 konvergiert. CAUCHY nannte seine Methode „calcul des limites". KRONECKER schreibt 1894 über die Integralformel ([Kr], S. 176): „in diese[r] hat man das Prius, in ih[r] liegt implicite schon die Reihenentwicklung, wie alle Eigenschaften der Functionen, wohl darum, weil in [ihrer] Geltung alle die höchst verwickelten Bedingungen, die für die Function $f(z)$ bestehen müssen, zusammengefaßt sind".

3. Riemannscher Fortsetzungssatz.

In 2.1 wurde bereits betont, daß die dortige Verschärfung des Cauchyschen Integralsatzes keine echte Verschärfung ist; vielmehr ist jede in D stetige Funktion, die überall in D bis auf einen Ausnahmepunkt $c \in D$ holomorph ist, automatisch in ganz D holomorph. Diese Aussage ist Spezialfall eines allgemeinen Fortsetzungssatzes für holomorphe Funktionen in *diskrete und abgeschlossene Ausnahmemengen*.

Ist A eine *abgeschlossene* Menge in D, und ist f holomorph in $D \smallsetminus A$, so heißt f *stetig bzw. holomorph nach A fortsetzbar*, wenn es eine in D stetige bzw. holomorphe Funktion $\hat{f}: D \to \mathbb{C}$ gibt mit $\hat{f}|D \smallsetminus A = f$. Wir führen nun den Begriff der diskreten Menge ein. Ist A eine Teilmenge eines metrischen Raumes X, so heißt ein Punkt $p \in A$ ein *isolierter Punkt von A*, wenn es eine Umgebung U von p mit $U \cap A = \{p\}$ gibt. Die Menge A heißt *diskret in X*, wenn alle Punkte von A isolierte Punkte von A sind. Eine Menge A ist genau dann diskret in X, wenn A keinen Häufungspunkt in X hat, der zu A gehört.

RIEMANNscher Fortsetzungssatz. *Ist A diskret und abgeschlossen in D, so sind folgende Aussagen über eine in $D \smallsetminus A$ holomorphe Funktion f äquivalent:*

   i) *f ist holomorph nach A fortsetzbar.*
  ii) *f ist stetig nach A fortsetzbar.*
 iii) *f ist in einer Umgebung $U \subset D$ eines jeden Punktes $c \in A$ beschränkt.*
 iv) *$\lim\limits_{z \to c}(z - c)f(z) = 0$ für jeden Punkt $c \in A$.*

Beweis. Man darf annehmen, daß A nur den Nullpunkt $c = 0$ enthält. i) $\Rightarrow$ ii) $\Rightarrow$ iii) $\Rightarrow$ iv): Trivial. Um iv) $\Rightarrow$ i) zu zeigen, betrachten wir die Funktionen

$$g(z) := z f(z) \quad \text{für } z \in D \smallsetminus \{0\}, \quad g(0) := 0; \quad h(z) := z g(z).$$

g *ist nach Annahme stetig in 0. Daher ist h wegen $h(z) = h(0) + z g(z)$ im Nullpunkt komplex differenzierbar mit $h'(0) = g(0) = 0$. Wegen $f \in \mathcal{O}(D \smallsetminus \{0\})$ ist h somit holomorph in D*; nach dem Entwicklungssatz 1 gestattet h also um 0 eine Taylorentwicklung $a_0 + a_1 z + a_2 z^2 + a_3 z^3 + \dots$. Wegen $h(0) = h'(0) = 0$ folgt $h(z) = z^2(a_2 + a_3 z + \dots)$. Da $h(z) = z^2 f(z)$ für $z \neq 0$, so ist $\hat{f}(z) := a_2 + a_3 z + \dots$ die holomorphe Fortsetzung von f nach D. $\square$

RIEMANN leitet 1851 die Implikation ii) $\Rightarrow$ i) in seiner Dissertation allgemeiner für „Linien" her ([R], Lehrsatz S. 23). Es hat im letzten Jahrhundert lange Diskussionen über richtige und falsche Beweise dieser Implikation gegeben. Der amerikanische Mathematiker William Fogg OSGOOD (1864–1943, Professor in Harvard und Peking; promovierte 1890 in Erlangen bei Max NOETHER; verfaßte 1906 sein Lehrbuch [Os]) hat 1896 darüber in einem lesenswerten Artikel *Some points in the elements of the theory of functions* (Bull. Amer. Math. Soc., 296–302) berichtet.

Die Implikation iii) $\Rightarrow$ i) war bereits 1841 von WEIERSTRASS bewiesen worden ([W$_1$], S. 63); er benutzt dazu den Satz von der Laurententwicklung in Kreisgebieten, den er damals vor LAURENT bewiesen hat (vgl. hierzu Kapitel 12.1.4). Die Weierstraßsche Arbeit wurde aber erst 1894 publiziert.

4. Cauchysche Integralformeln für Ableitungen. Für jede Funktion $f \in \mathscr{C}(\partial B)$ sei

$$F_k(z) := \frac{1}{2\pi i} \int_{\partial B} \frac{f(\zeta)}{(\zeta - z)^{k+1}} d\zeta, \quad z \in B, \ k \in \mathbb{N};$$

für $k = 0$ ist dies die Funktion F des Entwicklungslemmas. Wir zeigen

Verallgemeinertes Entwicklungslemma. *Für jede Funktion* $f \in \mathscr{C}(\partial B)$ *und jede natürliche Zahl* $k \geq 0$ *gilt:*

$$F_k(z) = \sum_{v=k} \binom{v}{k} a_v (z-c)^{v-k} \quad \text{mit} \quad a_v := \frac{1}{2\pi i} \int_{\partial B} \frac{f(\zeta)\,d\zeta}{(\zeta-c)^{v+1}}, \quad z \in B.$$

Beweis. Die in $\mathbb{E}$ konvergente Reihe $\dfrac{1}{(1-w)^{k+1}} = \sum_{v=k} \binom{v}{k} w^{v-k}$ liefert (mit $w :=$ $(z-c)(\zeta-c)^{-1}$):

$$\frac{1}{(\zeta-z)^{k+1}} = \sum_{v=k} \binom{v}{k} \frac{1}{(\zeta-c)^{v+1}} (z-c)^{v-k} \quad \text{für} \quad z \in B, \ \zeta \in \partial B.$$

Setzt man wieder (wie im Abschnitt 1) $g_v(\zeta) := \dfrac{f(\zeta)}{(\zeta-c)^{v+1}}$, so folgt jetzt

$$F_k(z) = \frac{1}{2\pi i} \int_{\partial B} \left[\sum_{v=k} \binom{v}{k} g_v(\zeta)(z-c)^{v-k} \right] d\zeta, \quad z \in B.$$

Die Summanden rechts sind auf ∂B durch $\dfrac{1}{r^{k+1}} |f|_{\partial B} \binom{v}{k} q^{v-k}$ beschränkt, wobei $q := r^{-1}|z-c|$. Da $\sum_{v=k} \binom{v}{k} q^{v-k} = (1-q)^{-k-1} < \infty$, so herrscht normale Konvergenz auf ∂B, so daß man Integration und Summation wieder vertauschen darf.   □

Es folgt nun schnell:

Cauchysche Integralformeln für Ableitungen. *Es sei* $f: D \to \mathbb{C}$ *holomorph; es sei* B *eine Kreisscheibe mit* $\bar{B} \subset D$. *Dann gilt:*

$$f^{(k)}(z) = \frac{k!}{2\pi i} \int_{\partial B} \frac{f(\zeta)\,d\zeta}{(\zeta-z)^{k+1}} \quad \text{für alle } z \in B \text{ und alle } k \in \mathbb{N}.$$

Beweis. Nach dem verallgemeinerten Entwicklungslemma gilt

$$(*) \qquad \frac{k!}{2\pi i} \int_{\partial B} \frac{f(\zeta)\,d\zeta}{(\zeta-z)^{k+1}} = \sum_{v=k} k! \binom{v}{k} a_v (z-c)^{v-k}, \quad z \in B = B_r(c),$$

wobei die Zahlen a_v die Taylorkoeffizienten der Potenzreihenentwicklung $\sum a_v(z-c)^v$ von f um c sind (Entwicklungssatz). Auf Grund von Satz 4.3.2 steht rechts in $(*)$ die k-te Ableitung von $\sum_0 a_v(z-c)^v$, d.h. $f^{(k)}(z)$.   □

Bemerkung. Die Formeln für $f^{(k)}(z)$ fließen wegen

$$\frac{d^k}{dz^k}\left(\frac{1}{\zeta-z}\right) = \frac{k!}{(\zeta-z)^{k+1}}, \quad k \in \mathbb{N},$$

sofort aus der Cauchyschen Integralformel für f, wenn man weiß, daß Differentiation und Integration vertauschbar sind. Im obigen Beweis wird dieser Vertauschungssatz nicht benutzt (statt dessen wird *Summation* mit *Differentiation und Integration* vertauscht). – Die Integralformeln für die Ableitungen $f^{(k)}(c)$ im Mittelpunkt c von B stehen bereits im Entwicklungssatz von CAUCHY-TAYLOR; hieraus folgt aber nicht automatisch ihre Gültigkeit für alle Punkte aus B.

Aufgabe. Es sei f holomorph in $B_r(0)$, $r > 1$. Berechnen Sie auf zweierlei Weise die Integrale $\int_{\partial\mathbb{E}} \left(2 \pm \left(\zeta + \frac{1}{\zeta}\right)\right) \frac{f(\zeta)}{\zeta} d\zeta$ und folgern Sie:

$$\frac{1}{\pi} \int_0^{2\pi} f(e^{i\varphi}) \cos^2 \frac{\varphi}{2} d\varphi = f(0) + \frac{1}{2} f'(0), \qquad \frac{1}{\pi} \int_0^{2\pi} f(e^{i\varphi}) \sin^2 \frac{\varphi}{2} d\varphi = f(0) - \frac{1}{2} f'(0).$$

§ 4. Diskussion des Entwicklungssatzes

Wir ziehen einige unmittelbare Folgerungen aus dem Entwicklungssatz, u.a. besprechen wir den Umbildungssatz und den Produktsatz für Potenzreihen. Auf das Prinzip der analytischen Fortsetzung wird kurz eingegangen; weiter werden Konvergenzradien von Potenzreihen „direkt" bestimmt.

1. Holomorphie und unendlich häufige komplexe Differenzierbarkeit. Aus dem Entwicklungssatz zusammen mit Satz 4.3.2 ergibt sich unmittelbar

Jede in D holomorphe Funktion ist beliebig oft komplex differenzierbar in D.

Diese Aussage demonstriert besonders deutlich, wie stark sich reelle und komplexe Differenzierbarkeit unterscheiden: im Reellen ist die Ableitung einer differenzierbaren Funktion i.allg. nicht einmal mehr stetig; z.B. ist die Ableitung von $f(x) := x^2 \cdot \sin \frac{1}{x}$ für $x \in \mathbb{R} \setminus \{0\}$, $f(0) := 0$, im Nullpunkt unstetig.

Der Entwicklungssatz hat im Reellen kein Analogon: es gibt *unendlich oft differenzierbare* Funktionen $f : \mathbb{R} \to \mathbb{R}$, die in *keiner Umgebung* des Nullpunktes in eine Potenzreihe entwickelbar sind; das Standardbeispiel

$$f(x) := \exp(-x^{-2}) \quad \text{für } x \neq 0, \quad f(0) := 0,$$

findet sich bereits 1823 bei CAUCHY in seinem „*Calcul Infinitésimal*" (Œuvres 4, 2. Ser., S. 230): hier gilt $f^{(n)}(0) = 0$ für alle $n \in \mathbb{N}$. Im Reellen lassen sich grundsätzlich die Werte aller Ableitungen in einem Punkt beliebig vorschreiben. Dies hat 1895 der französische Mathematiker Émile BOREL (1871–1956) in seiner Thèse bewiesen; er zeigte (Ann. Ecole Norm. 12(3), S. 44, auch Œuvres 1, S. 274):

Zu jeder Folge $(r_n)_{n \geq 0}$ reeller Zahlen gibt es eine in $\mathbb{R}$ unendlich oft differenzierbare Funktion $f : \mathbb{R} \to \mathbb{R}$ mit $f^{(n)}(0) = r_n$.

Wir werden diesen Satz und mehr in 9.5.5 beweisen.

Der Entwicklungssatz ermöglicht, wie in 4.4.2 angekündigt, einen „Zweizeilenbeweis" des dortigen Einheitenlemmas: Ist $e = 1 - b_1 z - b_2 z^2 - \dots$ eine konvergente Potenzreihe, so sind e und wegen $e(0) \neq 0$ auch $1/e$ um 0 holomorph; daher ist $1/e$ wieder eine konvergente Potenzreihe.

2. Umbildungssatz. *Ist $f(z) = \sum a_\nu (z - c)^\nu$ eine in $B_R(c)$ konvergente Potenzreihe, so ist f um jeden Punkt $z_1 \in B_R(c)$ in eine Potenzreihe $\sum b_\nu (z - z_1)^\nu$ entwickelbar; der Konvergenzradius dieser neuen Reihe ist mindestens $R - |z_1 - c|$. Es gilt:*

$$b_\nu = \sum_{j=\nu}^\infty \binom{j}{\nu} a_j (z_1 - c)^{j-\nu}, \quad \nu \in \mathbb{N}.$$

Beweis. Klar, da $f(z) = \sum \dfrac{f^{(\nu)}(z_1)}{\nu!}(z - z_1)^\nu$ auf Grund des Entwicklungssatzes

und da nach Satz 4.3.2 $\dfrac{f^{(\nu)}(z_1)}{\nu!} = \sum_{j=\nu}^\infty \binom{j}{\nu} a_j (z_1 - c)^{j-\nu}$. $\qquad \square$

Der Name „Umbildungssatz" ist folgendermaßen begründet: in der Situation des Satzes besteht die Gleichung

$$f(z) = \sum_0^\infty a_j [(z_1 - c) + (z - z_1)]^j = \sum_{j=0}^\infty \left[\sum_{\nu=0}^j a_j \binom{j}{\nu}(z_1 - c)^{j-\nu}(z - z_1)^\nu \right].$$

Bildet man die Doppelsumme rechts bedenkenlos so um, als wäre sie endlich, so erhält man die Doppelsumme

$$\sum_{\nu=0}^\infty \left[\sum_{j=\nu}^\infty \binom{j}{\nu} a_j (z_1 - c)^{j-\nu} \right] (z - z_1)^\nu,$$

d.h. genau die angegebene Entwicklung von f um z_1. Der hier rein formal durchgeführte Umbildungsprozeß läßt sich ohne den Satz von CAUCHY-TAYLOR streng rechtfertigen, wenn man benutzt, daß absolut konvergente Reihen bei beliebiger Umordnung zu unendlich vielen Teilreihen stets konvergent bleiben und denselben Limes behalten. Der so zu führende Beweis verläuft dann ganz im Weierstraßschen Rahmen und gilt für beliebige vollständig bewertete Grundkörper der Charakteristik 0.

3. Analytische Fortsetzung. Ist f holomorph im Gebiet G und entwickelt man f um $c \in G$ gemäß Satz 3.1 in die Taylorreihe, so ist der Konvergenzradius R dieser Reihe mindestens gleich dem Randabstand $d_c(G)$; er kann aber größer sein (vgl. Figur links). In diesem Fall sagt man, daß f über G hinaus „analytisch fortgesetzt" ist (genauer wäre es, von einer „holomorphen" Fortsetzung zu sprechen). So hat die geometrische Reihe $\sum z^\nu \in \mathcal{O}(\mathbb{E})$ um $c \in \mathbb{E}$ die Taylorreihe $\sum \dfrac{1}{(1-c)^{\nu+1}}(z - c)^\nu$ mit dem Konvergenzradius $|1 - c|$; im Falle $|1 - c| > 1$ hat man also eine analytische Fortsetzung $\Big($in diesem Beispiel ist natürlich $\dfrac{1}{1-z} \in \mathcal{O}(\mathbb{C} \setminus \{1\})$ die größtmögliche analytische Fortsetzung$\Big)$.

Das Prinzip der analytischen Fortsetzung spielt in der (Weierstraßschen) Funktionentheorie eine große Rolle. Wir können hierauf an dieser Stelle nicht

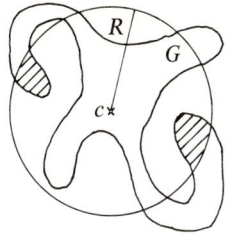 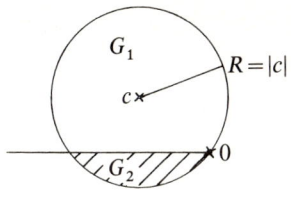

näher eingehen, wollen jedoch wenigstens noch auf das Problem der Mehrdeutigkeit hinweisen. Dies kann dann auftreten, wenn $B_R(c) \cap G$ unzusammenhängend ist; dann braucht die Taylorreihe keineswegs mehr in den Zusammenhangskomponenten von $B_R(c) \cap G$, die c nicht enthalten, die Ausgangsfunktion f darzustellen (in der Figur links sind dies die beiden schraffierten Gebiete)! Wir demonstrieren dieses Phänomen am Beispiel des in der geschlitzten Ebene $\mathbb{C}^-$ holomorphen Logarithmus $\log z$. Diese Funktion hat um $c \in \mathbb{C}^-$ die Taylorreihe

$$\log c + \sum_1 \frac{(-1)^{v-1}}{v} \frac{1}{c^v} (z-c)^v,$$

deren Konvergenzradius $|c|$ ist. Falls $\operatorname{Re} c < 0$, so zerfällt $\mathbb{C}^- \cap B_{|c|}(c)$ in zwei Zusammenhangskomponenten G_1, G_2 (vgl. Figur rechts); in G_1 stellt die Reihe den Hauptzweig $\log z$ dar, in G_2 hingegen nicht mehr, da der Hauptzweig längs der negativen reellen Achse, die G_1 von G_2 trennt, „um $\pm 2\pi i$ springt".

4. Produktsatz für Potenzreihen. *Es seien $f(z) = \sum a_\mu z^\mu$ bzw. $g(z) = \sum b_v z^v$ konvergent in Kreisen B_s bzw. B_t. Dann hat die Produktfunktion $(f \cdot g)(z)$ im Kreis B_r, wobei $r := \min(s,t)$, die Potenzreihendarstellung*

$$(f \cdot g)(z) = \sum p_\lambda z^\lambda \quad mit \; p_\lambda := \sum_{\mu + v = \lambda} a_\mu b_v \quad (Cauchyprodukt, \; vgl. \; 0.4.6).$$

Beweis. Als Produkt holomorpher Funktionen ist $f \cdot g$ in B_r holomorph und dort nach dem Entwicklungssatz in die Taylorreihe

$$\sum \frac{(f \cdot g)^{(\lambda)}(0)}{\lambda!} z^\lambda$$

entwickelbar. Die Leibnizsche Produktregel für höhere Ableitungen

$$(f \cdot g)^{(\lambda)}(0) = \sum_{\mu + v = \lambda} \frac{\lambda!}{\mu! \, v!} f^{(\mu)}(0) \cdot g^{(v)}(0), \quad \lambda \in \mathbb{N},$$

liefert wegen $f^{(\mu)}(0) = \mu! \, a_\mu$, $g^{(v)}(0) = v! \, b_v$ die Behauptung. $\square$

Mit Hilfe des Abelschen Grenzwertsatzes folgt sofort

Reihenproduktsatz von ABEL. *Sind die Reihen $\sum\limits_0^\infty a_\mu$, $\sum\limits_0^\infty b_v$ und $\sum\limits_0^\infty p_\lambda$, $p_\lambda := a_0 b_\lambda + \ldots + a_\lambda b_0$ konvergent, und sind a, b, p ihre Summen, so gilt: $ab = p$.*

Beweis. Die Reihen $f(z) := \sum a_\mu z^\mu$, $g(z) := \sum b_\nu z^\nu$ konvergieren im Einheitskreis $\mathbb{E}$; daher gilt auch $(f \cdot g)(z) = \sum p_\lambda z^\lambda$ in $\mathbb{E}$. Die Konvergenz der drei Reihen $\sum a_\mu$, $\sum b_\nu$, $\sum p_\lambda$ impliziert (vgl. 4.2.5):

$$\lim_{x \to 1-0} f(x) = a, \qquad \lim_{x \to 1-0} g(x) = b, \qquad \lim_{x \to 1-0} (f \cdot g)(x) = p.$$

Wegen $\lim\limits_{x \to 1-0} (f \cdot g)(x) = [\lim\limits_{x \to 1-0} f(x)][\lim\limits_{x \to 1-0} g(x)]$ folgt die Behauptung.   □

Den Reihenproduktsatz von Abel findet man in [A], S. 318. Der Leser vergleiche diesen Satz mit dem Reihenproduktsatz von Cauchy (0.4.6). Ein direkter Beweis des Reihenproduktsatzes von Abel läßt sich wie folgt führen (vgl. Césaro: Bull. Sci. Math. (2), 14 (1890), S. 114): Man setzt $s_n := a_0 + \ldots + a_n$, $t_n := b_0 + \ldots + b_n$, $q_n := p_0 + \ldots + p_n$ und verifiziert $q_n = a_0 t_n + a_1 t_{n-1} + \ldots + a_n t_0$ und weiter

$$q_0 + q_1 + \ldots + q_n = s_0 t_n + s_1 t_{n-1} + \ldots + s_n t_0.$$

Hieraus folgt auf Grund von Aufgabe 0.3.1

$$p = \lim \frac{s_0 t_n + s_1 t_{n-1} + \ldots + s_n t_0}{n+1} = ab.$$

5. Bestimmung von Konvergenzradien. Der Konvergenzradius R einer Taylorreihe $\sum a_\nu (z - c)^\nu$ ist durch die Koeffizienten bestimmt (Cauchy-Hadamardsche Formel 4.1.3 bzw. Quotientenkriterium 4.1.4). Der Entwicklungssatz gestattet es häufig, die Zahl R mit einem Blick aus Eigenschaften der zugehörigen holomorphen Funktion, ohne Kenntnis der Koeffizienten, abzulesen. So gilt z.B.

Es seien f und g holomorph in $\mathbb{C}$ und ohne gemeinsame Nullstellen in $\mathbb{C}^\times$, es sei $c \in \mathbb{C}^\times$ eine „kleinste" Nullstelle $\neq 0$ von g (d.h. es gelte $|w| \geq |c|$ für jede weitere Nullstelle $w \neq 0$ von g). Ist dann die in $B_{|c|}(0) \setminus \{0\}$ holomorphe Funktion f/g holomorph in den Nullpunkt fortsetzbar, so hat die Taylorreihe von f/g um 0 den Konvergenzradius $|c|$.

Beweis. Klar nach dem Entwicklungssatz 3.1, da f/g bei Annäherung an c wegen $f(c) \neq 0$ gegen ∞ strebt.   □

Beispiele. 1) Die Taylorreihe von $\tan z = \dfrac{\sin z}{\cos z}$ um 0 hat den Konvergenzradius $\frac{1}{2}\pi$, da $\frac{1}{2}\pi$ eine „kleinste" Nullstelle von $\cos z$ ist.

2) Die Funktionen $z \cot z = \dfrac{z \cos z}{\sin z}$, $\dfrac{z}{\sin z}$, $\dfrac{z}{e^z - 1}$ sind holomorph nach 0 fortsetzbar (sämtlich mit Wert 1, denn die Potenzreihen der Nennerfunktionen um 0 beginnen alle mit dem Term z). Da π bzw. $2\pi i$ eine „kleinste" Nullstelle von $\sin z$ bzw. $e^z - 1$ ist, so ist π der Konvergenzradius von $z \cot z$ und $z/\sin z$ um 0; hingegen hat die Taylorreihe von $z/(e^z - 1)$ um 0 den Konvergenzradius 2π.   □

Die Konvergenzradien all dieser reellen Reihen lassen sich mit der Formel von Cauchy-Hadamard bzw. dem Quotientenkriterium nur mühsam bestimmen (vgl. 11.3.1). Der elegante Weg durchs Komplexe ist bei der Funktion $z/(e^z - 1)$ besonders eindrucksvoll, da ihr Nenner keine reellen Nullstellen

± 0 hat (!); wir haben hier ein sehr schönes Beispiel für die prophetischen GAUSS-Worte (vgl. Historische Einführung), nach denen die vollständige Kenntnis der Natur einer analytischen Funktion im Komplexen oft für die richtige Beurteilung der Gebarung der Funktion im Reellen unentbehrlich ist.

Das hier beschriebene Verfahren zur Bestimmung von Konvergenzradien läßt sich zu einer *Approximationsmethode* für Nullstellen umkehren. Ist etwa g ein Polynom mit lauter reellen Nullstellen ± 0, so entwickele man $1/g$ in die Taylorreihe $\sum a_v z^v$ um 0 und betrachte die Folge $\dfrac{a_v}{a_{v+1}}$: existiert deren Limes r, so ist r oder $-r$ die kleinste Nullstelle von g. Dieses Verfahren wurde 1732 und 1738 von Daniel BERNOULLI (1700–1782) entwickelt und wird von EULER in [E], § 335ff., ausführlich diskutiert; bez. der Bernoullischen Originalarbeiten, mit Kommentaren von L.P. BOUCKAERT, siehe auch *Die Werke von Daniel Bernoulli*, Bd. 2, Birkhäuser Verlag Basel Boston Stuttgart 1982.

§ 5.* Spezielle Taylorreihen. Bernoullische Zahlen

Die in 4.2.1 angegebenen Reihenentwicklungen für $\exp z$, $\cos z$, $\sin z$, $\log(1+z)$ usw. sind die Taylorreihen dieser Funktionen um den Nullpunkt. Im Mittelpunkt dieses Paragraphen steht die Taylorreihe (um 0) der um 0 holomorphen Funktion

$$g(z) := \frac{z}{e^z - 1} \quad \text{für } z \neq 0, \ g(0) := 1,$$

die in der klassischen Analysis eine große Rolle spielt. Diese Funktion ist auf Grund von 5.2.5 durch die Gleichungen

(1) $$\cot z = i + z^{-1} g(2iz),$$

(2) $$\tan z = \cot z - 2 \cot 2z$$

mit der Cotangens- und Tangensfunktion verknüpft. Daher erhalten wir aus der Taylorreihe von $g(z)$ die Taylorreihen von $z \cot z$ und $\tan z$ um 0.

Die Taylorkoeffizienten der Potenzreihe von $g(z)$ um den Nullpunkt sind im wesentlichen die in vielen analytischen und zahlentheoretischen Problemen vorkommenden sog. *Bernoullischen Zahlen*. Diese Zahlen werden uns in 11.2.4 wieder begegnen. Es sei betont, daß die Überlegungen dieses Paragraphen elementar sind; den Entwicklungssatz benötigt man nicht, da die genaue Kenntnis der Konvergenzradien der auftretenden Reihen für die Betrachtungen ohne Belang ist.

1. Taylorreihe von $z(e^z - 1)^{-1}$. Bernoullische Zahlen. Aus historischen Gründen schreibt man die Taylorreihe von $g(z) = z(e^z - 1)^{-1}$ um 0 in der Form

$$\frac{z}{e^z - 1} = \sum \frac{B_v}{v!} z^v, \quad B_v \in \mathbb{C}.$$

Da $\cot z$ eine ungerade Funktion ist, so ist $z \cot z$ gerade. Da $g(z) + \frac{1}{2} z$ $= \dfrac{z}{2i} \cot\left(\dfrac{1}{2i} z\right)$ nach Gleichung (1) der Einleitung, so ist auch $g(z) + \frac{1}{2} z$ eine *gerade* Funktion. Mithin gilt:

$$B_1 = -\tfrac{1}{2}; \quad B_{2v+1} = 0 \quad \text{für alle } v \geq 1,$$

also:

(1)
$$\frac{z}{e^z - 1} = 1 - \frac{z}{2} + \sum_1 \frac{B_{2v}}{(2v)!} z^{2v}.$$

Aus $1 = \dfrac{e^z - 1}{z} \cdot \dfrac{z}{e^z - 1} = \left(\sum_1 \dfrac{z^{v-1}}{v!} \right) \left(\sum_0 \dfrac{B_v}{v!} z^v \right)$ gewinnt man durch Ausmultiplizieren und Koeffizientenvergleich (Eindeutigkeit der Taylorreihe, vgl. 4.3.2) die Formel

$$\binom{n}{0} B_0 + \binom{n}{1} B_1 + \binom{n}{2} B_2 + \ldots + \binom{n}{n-1} B_{n-1} = 0.$$

Die Zahlen B_{2v} heißen *Bernoullische Zahlen*[*)], sie lassen sich aus der letzten Gleichung *rekursiv* bestimmen:

Jede Bernoullische Zahl B_{2v} ist rational, es gilt

(2)
$$B_0 = 1, \quad B_2 = \tfrac{1}{6}, \quad B_4 = -\tfrac{1}{30}, \quad B_6 = \tfrac{1}{42},$$
$$B_8 = -\tfrac{1}{30}, \quad B_{10} = \tfrac{5}{66}, \quad B_{12} = -\tfrac{691}{2730}, \quad B_{14} = \tfrac{7}{6}, \ldots.$$

Da 2π der Konvergenzradius der Reihe (1) ist, so sieht man weiter:

Die Folge B_{2v} der Bernoullischen Zahlen ist unbeschränkt.

Die expliziten Werte der ersten Bernoullischen Zahlen vermitteln also einen falschen Eindruck vom Verhalten der Folgenglieder; so gilt $B_{26} = \frac{8553103}{6}$, und B_{122} hat einen 107-stelligen Zähler und gleichfalls den Nenner 6.

2. Taylorreihen von $z \cot z$, $\tan z$ und $\dfrac{z}{\sin z}$. Aus den Gleichungen (1) und (2) der Einleitung und der Identität 1. (1) erhält man sofort

(1)
$$\cot z = \frac{1}{z} + \sum_1 (-1)^v \frac{4^v}{(2v)!} B_{2v} z^{2v-1},$$

(2)
$$\tan z = \sum_1 (-1)^{v-1} \frac{4^v(4^v - 1)}{(2v)!} B_{2v} z^{2v-1}$$
$$= z + \tfrac{1}{3} z^3 + \tfrac{2}{15} z^5 + \tfrac{17}{315} z^7 + \ldots.$$

Die Gleichung (1) gilt in einer punktierten Kreisscheibe $B_R(0) \setminus \{0\}$, (es ist nicht nötig zu wissen, daß $R = \pi$ nach 4.5). Wir werden später sehen, daß $(-1)^{v-1} B_{2v}$ stets positiv ist (vgl. 11.2.4), daher sind in (1) alle Reihenkoeffizienten negativ und in (2) alle positiv.

Die Reihen (1) und (2) stammen von EULER, sie finden sich z.B. im 9. und 10. Kapitel seiner *Introductio* [E]; die Gleichung (1) läßt sich auch in der

---

[*)] Die Numerierung der Bernoullischen Zahlen ist in der Literatur nicht einheitlich. So werden häufig die verschwindenden Zahlen B_{2v+1} überhaupt nicht bezeichnet, und statt B_{2v} wird $(-1)^{v-1} B_v$ gesetzt.

anmutigen Form schreiben:

(1')
$$\tfrac{1}{2}\, z \cot \tfrac{1}{2}\, z = 1 - B_2 \frac{z^2}{2!} + B_4 \frac{z^4}{4!} - B_6 \frac{z^6}{6!} + - \dots.$$

Da $\cot z + \tan \tfrac{1}{2}\, z = \dfrac{1}{\sin z}$ (vgl. 5.2.5), so folgt aus (1) und (2) weiter

(3)
$$\frac{z}{\sin z} = \sum_0 (-1)^{\nu-1} \frac{(4^\nu - 2)}{(2\nu)!} B_{2\nu} z^{2\nu}.$$

Aufgabe. Leiten Sie aus (2) durch Differentiation die Taylorreihe von $(\tan z)^2$ um 0 her.

3. Potenzsummen und Bernoullische Zahlen. *Für alle* $n, k \in \mathbb{N} \smallsetminus \{0\}$ *gilt:*

$$1^k + 2^k + \dots + n^k = \frac{1}{k+1}\, n^{k+1} + \frac{1}{2}\, n^k + \sum_2^k \frac{B_\kappa}{\kappa} \binom{k}{\kappa-1} n^{k+1-\kappa}.$$

Beweis. Mit $S(n^k) := \sum_1^n \nu^k$ und $S(n^0) := n+1$ folgt:

$$E_n(w) := 1 + e^w + \dots + e^{nw} = \sum_0^\infty \frac{1}{k!} S(n^k)\, w^k.$$

Andererseits hat man

$$E_{n-1}(w) = \frac{w}{e^w - 1}\, \frac{e^{nw} - 1}{w} = \left(\sum_{\kappa=0} \frac{B_\kappa}{\kappa!} w^\kappa \right) \left(\sum_{\lambda=0} \frac{n^{\lambda+1}}{(\lambda+1)!} w^\lambda \right).$$

Nach dem Produktsatz 4.4 gilt, da $\dfrac{k!}{\kappa!(k+1-\kappa)!} = \dfrac{1}{\kappa} \dbinom{k}{\kappa-1}$ und $B_0 = 1$, $B_1 = -\tfrac{1}{2}$:

$$S((n-1)^k) = \sum_{\kappa+\lambda=k} \frac{k!}{\kappa!(\lambda+1)!} B_\kappa\, n^{\lambda+1} = \frac{1}{k+1}\, n^{k+1} - \frac{1}{2}\, n^k + \sum_{\kappa=2}^k \frac{B_\kappa}{\kappa} \binom{k}{\kappa-1} n^{k+1-\kappa}.$$

Dies ist wegen $S(n^k) = S((n-1)^k) + n^k$ die Behauptung.   □

Bemerkung. Jakob BERNOULLI (1655–1705) hat die nach ihm benannten Zahlen bei der Berechnung der Potenzsummen gefunden. In seiner 1713 posthum gedruckten *Ars Conjectandi* schreibt er A, B, C, D für B_2, B_4, B_6, B_8; er gibt die Summen $\sum_1^n \nu^k$ für $1 \le k \le 10$ explizit an, einen allgemeinen Beweis gibt er nicht (vgl. *Die Werke von Jakob Bernoulli*, Bd. 3, Birkhäuser Basel 1975, S. 166/167; siehe auch W. WALTER: *Analysis 1*, Grundwissen Mathematik).

Führt man die *rationalen* Polynome $(k+1)$-ten Grades

$$\Phi_k(w) := \frac{1}{k+1}(w-1)^{k+1} + \tfrac{1}{2}(w-1)^k + \sum_{\kappa=2}^k \frac{B_\kappa}{\kappa} \binom{k}{\kappa-1}(w-1)^{k+1-\kappa} \in \mathbb{Q}[w], \qquad k = 1, 2, \dots,$$

ein, so besagt der Bernoullische Satz

(∗)
$$1^k + 2^k + \dots + (n-1)^k = \Phi_k(n), \qquad n = 1, 2, \dots.$$

Man verifiziert $\Phi_k(w) = \dfrac{1}{k+1}\, w^{k+1} - \tfrac{1}{2}\, w^k +$ niedere Glieder, z.B.

$$\Phi_1 = \tfrac{1}{2}(w^2 - w), \qquad \Phi_2 = \tfrac{1}{6}(2w^3 - 3w^2 + w), \qquad \Phi_3 = \tfrac{1}{4}(w^4 - 2w^3 + w^2).$$

Man hat ferner die Formel

$$\Phi_4 = \tfrac{1}{30}(6w^5 - 15w^4 + 10w^3 - w) = \tfrac{1}{10}(w-1)\,w(2w-1)\,(w^2 - w - \tfrac{1}{3}),$$

also nach (∗):

$$1^4 + 2^4 + \ldots + (n-1)^4 = \tfrac{1}{10}(n-1)\,n(2n-1)\,(n^2 - n - \tfrac{1}{3}), \qquad n = 2, 3, \ldots,$$

was rechnungsfreudige Leser auch sogleich durch Induktion nach n bestätigen. Die Gleichungen (∗) charakterisieren die Polynomfolge $\Phi_1, \Phi_2, \ldots$: ist nämlich $\Phi(w)$ irgendein (komplexes!) Polynom, so daß (∗) bei festem $k \geq 1$ für alle $n \geq 1$ gilt, so verschwindet $\Phi(w) - \Phi_k(w)$ für alle $w \in \mathbb{N}$, $w \geq 1$, d.h. $\Phi = \Phi_k$.

Aufgabe. Zeigen Sie, daß gilt:

$$\frac{e^{wz} - e^z}{e^z - 1} = \sum_0 \frac{\Phi_\nu(w)}{\nu!} z^\nu \qquad \text{mit } \Phi_0(w) := w - 1.$$

4. Bernoullische Polynome. Für jede komplexe Zahl w ist die Funktion $\dfrac{z\,e^{wz}}{e^z - 1}$ holomorph in $\mathbb{C} \smallsetminus \{\pm 2\nu\pi i : \nu = 1, 2, \ldots\}$. Nach dem Entwicklungssatz haben wir für jedes $w \in \mathbb{C}$ (im Kreis vom Radius 2π) um 0 eine Taylorentwicklung

$$(1) \qquad\qquad F(w, z) := \frac{z\,e^{wz}}{e^z - 1} = \sum \frac{B_k(w)}{k!}\, z^k.$$

Die Funktionen $B_k(w)$ lassen sich explizit angeben.

Satz. $B_k(w)$ *ist ein normiertes rationales Polynom k-ten Grades*

$$(2) \qquad B_k(w) = \sum_{\kappa=0}^{k} \binom{k}{\kappa} B_\kappa\, w^{k-\kappa} = w^k - \tfrac{1}{2} k w^{k-1} + \ldots + B_k, \qquad k \in \mathbb{N},$$

speziell ist $B_k(0)$ die k-te Bernoullische Zahl.

Beweis. Wegen $F(w, z) = e^{wz} \dfrac{z}{e^z - 1}$ und $\dfrac{z}{e^z - 1} = \sum \dfrac{B_\nu}{\nu!} z^\nu$ gilt

$$\sum_k \frac{B_k(w)}{k!}\, z^k = \left(\sum_\mu \frac{1}{\mu!}\, w^\mu z^\mu \right) \left(\sum_\nu \frac{B_\nu}{\nu!}\, z^\nu \right) \qquad \text{um } 0.$$

Hieraus folgt nach dem Produktsatz 4.4

$$B_k(w) = \sum_{\mu+\nu=k} \frac{k!}{\mu!\,\nu!}\, B_\nu\, w^\mu = \sum_{\mu=0}^{k} \binom{k}{\mu} B_\mu\, w^{k-\mu}. \qquad\qquad \square$$

Man nennt $B_k(w)$ das k-te *Bernoullische Polynom*. Wir notieren drei interessante Formeln:

$$(3) \qquad B_k'(w) = k B_{k-1}(w), \qquad\qquad k \geq 1 \qquad \textit{(Ableitungsformel)}$$

$$(4) \qquad B_k(w+1) - B_k(w) = k w^{k-1}, \qquad k \geq 1 \qquad \textit{(Differenzengleichung)}$$

$$(5) \qquad B_k(1-w) = (-1)^k B_k(w), \qquad k \geq 1 \qquad \textit{(Ergänzungsformel)}.$$

Die Beweise ergeben sich, wenn man etwas rechnen will, direkt aus (2). Eleganter geht es, wenn man $F(w, z)$ als holomorphe Funktion in w auffaßt und die drei evidenten Gleichungen

$$\frac{d}{dw} F(w, z) = z F(w, z), \quad F(w+1, z) - F(w, z) = z e^{wz}, \quad F(1-w, z) = F(w, -z)$$

benutzt: durch Vergleich der Koeffizienten in den entsprechenden Potenzreihen (wobei man gliedweise nach w differenzieren darf, da die Reihe (1) in der Variablen w in $\mathbb{C}$ normal konvergiert) folgen (3)-(5) direkt. – Aus (4) erhält man sofort

$$1^k + 2^k + \ldots + n^k = \frac{1}{k+1} [B_{k+1}(n+1) - B_{k+1}(1)].$$

Es besteht ein einfacher Zusammenhang zwischen den im vorigen Abschnitt eingeführten Polynomen $\Phi_k(w)$ und den Bernoullischen Polynomen. Da

$$\frac{d}{dw} \left(\frac{e^{wz} - e^z}{e^z - 1} \right) = \frac{z e^{wz}}{e^z - 1} \quad \text{und} \quad \frac{e^{wz} - e^z}{e^z - 1} = \frac{1}{z} (F(w, z) - F(1, z)),$$

so folgt unter Benutzung von Aufgabe 3 unmittelbar:

(6) $B_k(w) = \Phi_k'(w), \quad k \Phi_{k-1}(w) = B_k(w) - B_k(1), \quad k = 1, 2, \ldots$.

Man sieht speziell: $\Phi_k(1) = 0$ für alle $k \in \mathbb{N}$. – *Die ersten Bernoullischen Polynome sind:*

$$B_0(w) = 1, \quad B_1(w) = w - \tfrac{1}{2}, \quad B_2(w) = w^2 - w + \tfrac{1}{6},$$
$$B_3(w) = w^3 - \tfrac{3}{2} w^2 + \tfrac{1}{2} w, \quad B_4(w) = w^4 - 2w^3 + w^2 - \tfrac{1}{30}.$$

Kapitel 8. Fundamentalsätze über holomorphe Funktionen

Die Theorie der Integration im Komplexen findet in der Cauchyschen Integralformel und dem Entwicklungssatz von CAUCHY-TAYLOR ihren vorläufigen Abschluß. Die Kraft dieser Aussagen ist bereits deutlich geworden; dieses Kapitel bringt weitere überzeugende Beispiele. Zunächst beweisen und diskutieren wir im Paragraphen 1 den Identitätssatz, der eine Aussage über die „Solidarität des Werteverhaltens holomorpher Funktionen" macht. Im Paragraphen 2 beleuchten wir den Holomorphiebegriff von verschiedenen Seiten. Im Paragraphen 3 werden die Cauchyschen Abschätzungen besprochen, als Anwendung gewinnen wir u.a. den Satz von LIOUVILLE und im Paragraphen 4 den Konvergenzsatz von WEIERSTRASS. Offenheitssatz und Maximumprinzip werden im Paragraphen 5 bewiesen.

§ 1. Identitätssatz

Eine holomorphe Funktion wird lokal *eindeutig* durch ihre Taylorreihe dargestellt. Hierin ist bereits ein Identitätssatz enthalten, nämlich:

Sind f, g holomorph in D und gibt es einen Punkt $c \in D$ nebst einer (evtl. sehr kleinen) Umgebung $U \subset D$ von c, so daß $f|U = g|U$, so gilt bereits $f|B_d(c) = g|B_d(c)$, wobei $d := d_c(D)$ der Randabstand von c in D ist.

Das ist klar, weil die Taylorreihen von f und g um c diese Funktionen in $B_d(c)$ darstellen und wegen $f|U = g|U$ dieselben Taylorkoeffizienten haben.
Ein weiterer Identitätssatz folgt unmittelbar aus der Integralformel:

Sind f, g holomorph in einer Umgebung einer abgeschlossenen Kreisscheibe $\bar{B}$ und gilt $f|\partial B = g|\partial B$, so gilt bereits: $f|\bar{B} = g|\bar{B}$.

Wir werden im folgenden einen Identitätssatz kennenlernen, der diese Aussagen als Spezialfälle enthält. Als Anwendung des Identitätssatzes zeigen wir u.a. (Abschnitt 5), daß Potenzreihen auf dem Rand ihres Konvergenzkreises irgendwo singulär werden müssen.

1. Identitätssatz. *Folgende Aussagen über zwei in einem Gebiet $G \subset \mathbb{C}$ holomorphe Funktionen f, g sind äquivalent:*

i) $f = g$.

ii) *Die „Identitätsmenge" $\{w \in G: f(w) = g(w)\}$ hat einen Häufungspunkt in G.*

iii) *Es gibt einen Punkt $c \in G$, so daß gilt: $f^{(n)}(c) = g^{(n)}(c)$ für alle $n \in \mathbb{N}$.*

Beweis. i) ⇒ ii) ist trivial. – ii) ⇒ iii): Wir setzen $h := f - g \in \mathcal{O}(G)$. Die Nullstellenmenge $M := \{w \in G: h(w) = 0\}$ von h hat nach Voraussetzung einen Häufungspunkt $c \in G$. Gäbe es ein $m \in \mathbb{N}$ mit $h^{(m)}(c) \neq 0$, so wählen wir m minimal. Dann gilt

$$h(z) = (z - c)^m h_m(z) \quad \text{mit } h_m(z) := \sum_m \frac{h^{(\mu)}(c)}{\mu!}(z - c)^{\mu - m} \in \mathcal{O}(B)$$

für jeden Kreis $B \subset G$ um c nach dem Entwicklungssatz, wobei $h_m(c) \neq 0$. Aus Stetigkeitsgründen ist h_m dann in einer Umgebung $U \subset B$ von c nullstellenfrei. Es folgt $M \cap (U \smallsetminus \{c\}) = \emptyset$, d.h. c wäre kein Häufungspunkt von M. Mithin gilt $h^{(n)}(c) = 0$ und also $f^{(n)}(c) = g^{(n)}(c)$ für alle $n \in \mathbb{N}$.

iii) ⇒ i): Wir setzen wieder $h := f - g$. Jede Menge $S_k := \{w \in G: h^{(k)}(w) = 0\}$ ist wegen der Stetigkeit von $h^{(k)} \in \mathcal{O}(G)$ abgeschlossen in G; daher ist auch der Durchschnitt $S := \bigcap_0^\infty S_k$ *abgeschlossen in G.* Diese Menge S ist indessen auch *offen in G:* ist nämlich $z_1 \in S$, so ist die Taylorreihe von h um z_1 in jedem Kreis $B \subset G$ die Nullreihe; dies impliziert $h^{(k)}|B \equiv 0$ für alle $k \in \mathbb{N}$, also $B \subset S$. Da G zusammenhängend und S wegen $c \in S$ nicht leer ist, folgt $S = G$ nach 0.6.1, also $f = g$. □

Für die Gültigkeit des Identitätssatzes ist der Zusammenhang von G, der beim Beweis der Implikation iii) ⇒ i) benutzt wird, wesentlich: ist z.B. D die Vereinigung zweier disjunkter Kreisscheiben B_0, B_1 und setzt man

$$f(z) :\equiv 0 \text{ in } D; \quad g(z) := 0 \text{ für } z \in B_0, \quad g(z) := 1 \text{ für } z \in B_1,$$

so sind f und g holomorph in D, sie haben die Eigenschaften ii) und iii), aber es gilt $f \neq g$ in D. – Die Äquivalenz ii) ⇔ iii) gilt für beliebige Bereiche.

Die Bedingungen ii) und iii) des Identitätssatzes sind ihrem Wesen nach grundverschieden: die letzte verlangt die Gleichheit *aller* Ableitungen in einem *einzigen* Punkt, in der anderen kommen keine Ableitungen vor, dafür wird die Gleichheit der Funktionswerte in *genügend vielen* Punkten gefordert.

Der Leser beweise folgende Variante der Implikation iii) ⇒ i) des Identitätssatzes:

Sind f und g holomorph in G und existiert ein Punkt $c \in G$, so daß fast alle Ableitungen von f und g in c übereinstimmen, so gibt es ein Polynom $p \in \mathbb{C}[z]$, so daß gilt: $f(z) = g(z) + p(z)$, $z \in G$.

Eine im Gebiet G holomorphe Funktion f ist auf Grund des Identitätssatzes *vollständig bestimmt* durch ihre Werte auf „sehr dünnen" Teilmengen von G, etwa auf einem noch so kleinen Kurvenstück W. Eigenschaften von f, die sich durch analytische Identitäten ausdrücken lassen, brauchen daher nur auf W verifiziert zu werden; sie setzen sich automatisch „von W nach ganz G analytisch fort". Wir illustrieren dieses *Permanenzprinzip* am Beispiel der Potenzregel $e^{w+z} = e^w e^z$. Kennt man diese Identität für reelle Argumente, so gilt sie von selbst für alle komplexen Argumente: zunächst stimmen für jede reelle Zahl $w := u$ die in z holomorphen Funktionen e^{u+z} und $e^u e^z$ für alle $z \in \mathbb{R}$ und also für alle $z \in \mathbb{C}$ überein; mithin stimmen bei festem $z \in \mathbb{C}$ die in w holomorphen Funktionen e^{w+z} und $e^w e^z$ für alle $w \in \mathbb{R}$ und also für alle $w \in \mathbb{C}$ überein.   □

Wir sehen jetzt auch, daß die Definition der Funktionen exp, cos und sin durch ihre reellen Potenzreihen die *einzige* Möglichkeit ist, diese Funktionen vom Reellen holomorph ins Komplexe zu erweitern; allgemein gilt:

Ist $f: I \to \mathbb{R}$ eine im reellen Intervall $I := \{x \in \mathbb{R} : a < x < b\}$ definierte Funktion, und ist G ein I umfassendes Gebiet, so existiert höchstens eine holomorphe Funktion $F: G \to \mathbb{C}$ mit $F|I = f$.   □

Eine wichtige Konsequenz des Identitätssatzes ist die Charakterisierung des Zusammenhangs durch die Nullteilerfreiheit.

Folgende Aussagen über einen Bereich $D \neq \emptyset$ in $\mathbb{C}$ sind äquivalent:
   i) *D ist zusammenhängend (also ein Gebiet).*
   ii) *Die Algebra $\mathcal{O}(D)$ ist ein Integritätsring (also ohne Nullteiler $\neq 0$).*

Beweis. i) $\Rightarrow$ ii): Seien $f, g \in \mathcal{O}(D)$; es sei $f \cdot g = 0$, d.h. $f(z)g(z) = 0$ für alle $z \in D$. Sei $f \neq 0$ in $\mathcal{O}(D)$. Dann gibt es ein $c \in D$ mit $f(c) \neq 0$ und aus Stetigkeitsgründen eine Umgebung $U \subset D$ von c, so daß $f|U$ nullstellenfrei ist. Dann ist $g|U$ die Nullfunktion. Da D ein Gebiet ist, so ist g nach dem Identitätssatz das Nullelement von $\mathcal{O}(D)$.

ii) $\Rightarrow$ i): Wäre D nicht zusammenhängend, so gäbe es nicht leere disjunkte Bereiche D_1, D_2 in $\mathbb{C}$ mit $D_1 \cup D_2 = D$. Die durch

$$f(z) := \begin{cases} 0 & \text{für } z \in D_1, \\ 1 & \text{für } z \in D_2, \end{cases} \qquad g(z) := \begin{cases} 1 & \text{für } z \in D_1, \\ 0 & \text{für } z \in D_2, \end{cases}$$

definierten Funktionen f, g sind holomorph in D, es gilt $f \neq 0$, $g \neq 0$, $f \cdot g = 0$ im Widerspruch zur Nullteilerfreiheit von $\mathcal{O}(D)$.   □

Der Leser vergleiche die eben bewiesene Aussage mit Satz 0.6.1.

In der reellen Analysis spielen *Funktionen mit kompaktem Träger* eine große Rolle: darunter versteht man unendlich oft differenzierbare reelle Funktionen, deren Träger, d.i. die abgeschlossene Hülle der Menge der Nichtnullstellen, kompakt im Definitionsbereich liegt. Diese Funktionen benutzt man bekanntlich zur Konstruktion *unendlich oft differenzierbarer Partitionen der Eins*. In der Funktionentheorie gibt es keine holomorphen Partitionen der Eins, denn der Träger einer im Gebiet G holomorphen Funktion ist entweder leer oder – auf Grund des Identitätssatzes – ganz G.

2. Historisches zum Identitätssatz. Im 1827 erschienenen 2. Band des Crelleschen Journals steht auf S. 286:

Aufgaben und Lehrsätze,
erstere aufzulösen, letztere zu beweisen.

1.

(Von Herrn *N. H. Abel.*)

49. **T**heorème. Si la somme de la série infinie

$$a_0 + a_1 x + a_2 x^2 + a_3 x^3 + \cdots + a_m x^m + \cdots$$

est égale à zéro pour toutes les valeurs de x entre deux limites réelles α et β; on aura nécessairement

$$a_0 = 0, \quad a_1 = 0, \quad a_2 = 0 \cdots a_m = 0 \cdots$$

en vertu de ce que la somme de la série s'évanouira pour une valeur quelconque de x.

Dies ist in nuce der Identitätssatz; nur im Fall $\alpha \le 0 < \beta$ ist die Behauptung sofort ersichtlich, da die Reihe dann um 0 die Nullfunktion ist und alle Taylorkoeffizienten folglich verschwinden müssen. Den Fall $\alpha \le 0 < \beta$ behandelte 1748 bereits EULER ([E], § 214). GAUSS hat 1840 in einem Artikel *Allgemeine Lehrsätze in Beziehung auf die im verkehrten Verhältnisse des Quadrats der Entfernung wirkenden Anziehungs- und Abstossungs-Kräfte* (Werke 5, 197–242) einen Identitätssatz für Potentiale von Massen ausgesprochen (S. 223), den RIEMANN 1851 in die Funktionentheorie übertrug und wie folgt aussprach ([R], S. 28): „Eine Function $w = u + iv$ von z kann nicht längs einer Linie constant sein, wenn sie nicht überall constant ist." Die Beweise von GAUSS und RIEMANN verwenden Integralformeln; sie sind nicht stichhaltig, man muß wohl oder übel Reihenentwicklungen und Stetigkeitsargumente heranziehen.

Ein Identitätssatz kommt auch bereits 1845 bei CAUCHY vor, er formuliert wie folgt (Œuvres 9, 1. Ser., S. 39): „Supposons que deux fonctions [holomorphes] de x soient toujours égales entre elles pour des valeurs de x très voisines d'une valeur donnée. Si l'on vient à faire varier x par degrés insensibles, ces deux fonctions seront encore égales tant qu'elles resteront l'une et l'autre fonctions continues [– holomorphes] de x." Anwendungen des Identitätssatzes macht CAUCHY nicht; die große Bedeutung des Satzes haben erst RIEMANN und WEIERSTRASS erkannt.

Einer Vorlesungsnachschrift des italienischen Mathematikers PINCHERLE (*Saggio di una introduzione alla teoria delle funzioni analitiche secondo i principii del Prof. C. Weierstraß, compilato dal Dott. S. Pincherle*, Giorn. Math. 18, 178–254 und 317–357 (1880)) entnimmt man (S. 343/44), daß WEIERSTRASS in seinen Vorlesungen 1877/78 für Potenzreihen die Implikation ii) $\Rightarrow$ i) mittels der Cauchyschen Ungleichungen für Taylorkoeffizienten herleitete; man muß zweifeln, ob WEIERSTRASS wirklich so umständlich argumentiert hat wie es bei PINCHERLE steht.

3. Diskretheit und Abzählbarkeit der *a*-Stellen. *Es sei $f: G \to \mathbb{C}$ holomorph und nicht konstant. Dann ist für jede Zahl $a \in \mathbb{C}$ die Menge*

$$f^{-1}(a) := \{z \in \mathbb{C} : f(z) = a\}$$

der a-Stellen von f diskret und abgeschlossen in G (evtl. leer). Insbesondere ist
für jedes Kompaktum $K \subset G$ die Menge $f^{-1}(a) \cap K$, $a \in \mathbb{C}$, endlich, speziell hat f
höchstens abzählbar unendlich viele a-Stellen in G.

Beweis. Da f stetig ist, so ist jede Faser $f^{-1}(a)$ abgeschlossen in G. Gäbe es
eine Faser $f^{-1}(\hat{a})$ mit Häufungspunkt in G, so würde nach Satz 1 folgen
$f(z) \equiv \hat{a}$, was ausgeschlossen ist. Wäre $K \cap f^{-1}(a)$ für ein Kompaktum $K \subset G$
und ein $a \in \mathbb{C}$ unendlich, so gäbe es Folgen von paarweise verschiedenen Punkten in $K \cap f^{-1}(a)$. Solche Folgen hätten, da $K \cap f^{-1}(a)$ *kompakt* ist, Häufungspunkte in $K \cap f^{-1}(a)$, was unmöglich ist, da alle Punkte von $f^{-1}(a)$ isoliert
liegen. Da jeder Bereich in $\mathbb{C}$ die Vereinigung abzählbar vieler Kompakta ist
(vgl. 0.2.5), so folgt weiter, daß $f^{-1}(a)$ höchstens abzählbar unendlich ist.   □

Der oben bewiesene Satz besagt insbesondere:

Die Nullstellenmenge einer in G nicht identisch verschwindenden holomorphen
Funktion liegt diskret und abgeschlossen in G.

Man erinnere sich, daß die Nullstellen reeller unendlich oft differenzierbarer
Funktionen diese Eigenschaft nicht haben: so ist etwa die Funktion

$$f(x) := \exp\left(-\frac{1}{x^2}\right) \cdot \sin\frac{1}{x} \quad \text{für} \quad x \in \mathbb{R}, x \neq 0; f(0) := 0,$$

in $\mathbb{R}$ beliebig oft differenzierbar (mit $f^{(n)}(0) = 0$ für alle $n \in \mathbb{N}$), und der Nullpunkt ist Häufungspunkt der übrigen Nullstellen $\frac{1}{\pi n}$, $n \in \mathbb{Z} \setminus \{0\}$.   □

Die Nullstellen holomorpher Funktionen $f \in \mathcal{O}(G)$ können sich sehr wohl
gegen den Rand von G häufen! So hat etwa die Funktion $\sin\frac{z+1}{z-1} \in \mathcal{O}(\mathbb{C} \setminus \{1\})$
die Nullstellenmenge $\left\{\frac{n\pi + 1}{n\pi - 1} : n \in \mathbb{Z}\right\}$ mit 1 als Häufungspunkt.

4. Nullstellenordnung und Vielfachheit. Ist f holomorph und nicht identisch null
um c, so gibt es auf Grund des Identitätssatzes eine natürliche Zahl m, so daß
gilt: $f(c) = f'(c) = \ldots = f^{(m-1)}(c) = 0$, $f^{(m)}(c) \neq 0$ (diese Aussage ist eine starke
Verallgemeinerung des Satzes, daß holomorphe Funktionen f mit $f' \equiv 0$ lokal-
konstant sind). Wir setzen

$$o_c(f) := m = \min\{v \in \mathbb{N} : f^{(v)}(c) \neq 0\},$$

$o_c(f)$ mißt den Grad des Verschwindens von f in c und heißt die *Nullstellen-*
ordnung oder einfach *Ordnung von f in c*. Es gilt

$$f(c) = 0 \Leftrightarrow o_c(f) > 0.$$

Für die Nullfunktion f um c setzt man ergänzend $o_c(f) := \infty$.

Beispiele. Für z^n, $n \in \mathbb{N}$, gilt $o_0(z^n) = n$, $o_c(z^n) = 0$ für $c \neq 0$. Die Funktion $\sin \pi z$ hat in allen Punkten von $\mathbb{Z}$ die Ordnung 1 und überall sonst die Ordnung 0.   □

Man verifiziert direkt (mit den üblichen Verabredungen $n + \infty = \infty$, $\min(n, \infty) = n$):

Rechenregeln. *Für alle um c holomorphen Funktionen f, g gilt:*
   1) $o_c(fg) = o_c(f) + o_c(g)$ *(Produktregel),*
   2) $o_c(f + g) \geq \min(o_c(f), o_c(g))$, *dabei besteht Gleichheit stets dann, wenn $o_c(f)$ $\neq o_c(g)$.*

In 4.4.1 wurde für die Algebra $\mathscr{A}$ der konvergenten Potenzreihen die Ordnungsfunktion $\upsilon : \mathscr{A} \to \mathbb{N} \cup \{\infty\}$ eingeführt. Ist $f = \sum a_\nu (z - c)^\nu$ holomorph um c, so gehört die vermöge $\tau_c(z) := z + c$ translatierte Funktion $f \circ \tau_c = \sum a_\nu z^\nu$ zu $\mathscr{A}$, ersichtlich gilt:

$$o_c(f) = \upsilon(f \circ \tau_c).$$

Neben der Ordnung betrachtet man auch häufig die Zahl

$$v(f, c) := o_c(f - f(c)).$$

Man sagt, daß f den Wert $f(c)$ mit der *Vielfachheit* $v(f, c)$ annimmt; statt Vielfachheit spricht man auch von der *Multiplizität*. Es gilt immer $v(f, c) \geq 1$; man stellt sofort die Äquivalenz folgender Aussagen fest:

   i) *f hat in c die Vielfachheit $n < \infty$.*
   ii) *Es gilt $f(z) = f(c) + (z - c)^n \hat{f}(z)$, wobei $\hat{f}$ um c holomorph ist mit $\hat{f}(c) \neq 0$.*

5. Existenz singulärer Punkte. *Auf dem Rand des Konvergenzkreises einer Potenzreihe $f(z) = \sum a_\nu (z - c)^\nu$ liegt immer mindestens ein singulärer Punkt von f.*

Beweis (per absurdum). Sei $B := B_R(c)$ der Konvergenzkreis von f, wir dürfen $R < \infty$ annehmen. Wäre die Behauptung falsch, so gäbe es zu jedem Punkt $w \in \partial B$ eine Kreisscheibe $B_r(w)$ mit Radius $r = r(w) > 0$ und eine Funktion $g \in \mathcal{O}(B_r(w))$, so daß f und g in $B \cap B_r(w)$ übereinstimmen. Da ∂B kompakt ist, überdecken endlich viele dieser Kreise $B_r(w)$, etwa $K_1, \ldots, K_l$, bereits ∂B. Es sei $g_\lambda \in \mathcal{O}(K_\lambda)$ so gewählt, daß $f|B \cap K_\lambda = g_\lambda|B \cap K_\lambda$, $1 \leq \lambda \leq l$. Es gibt ein $\hat{R} > R$, so daß $\hat{B} := B_{\hat{R}}(c) \subset B \cup K_1 \cup \ldots \cup K_l$. Wir definieren nun in $\hat{B}$ eine Funktion $\hat{f}$ wie folgt: für $z \in B$ soll $\hat{f}(z) := f(z)$ sein. Liegt dagegen z in $\hat{B} \setminus B$, so wählen wir einen Kreis K_j mit $z \in K_j$ und setzen $\hat{f}(z) := g_j(z)$. Diese Definition ist unabhängig von der Wahl des Kreises K_j: ist nämlich K_k ein weiterer Kreis mit $z \in K_k$, so ist

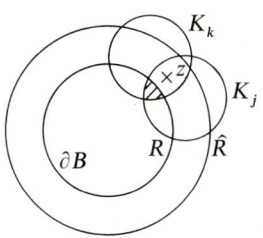

$K_k \cap K_j \cap B$ nicht leer (Figur), hier stimmen g_k und g_j mit f überein; daraus folgt nach dem Identitätssatz, daß g_k und g_j im (konvexen) Gebiet $K_j \cap K_k$ übereinstimmen, also gilt $g_j(z) = g_k(z)$.

Die soeben definierte Funktion $\hat{f}$ ist holomorph in $\hat{B}$ und also nach dem Satz von CAUCHY-TAYLOR um c in eine in $\hat{B}$ konvergente Potenzreihe entwickelbar. Da diese Potenzreihe auch die Potenzreihe von f um c ist, so wäre B nicht der Konvergenzkreis von f. Widerspruch! $\qquad\square$

HURWITZ ([12], S. 51) nennt die eben bewiesene Aussage einen „fundamentalen Satz", er gibt einen direkten, wohl auf WEIERSTRASS zurückgehenden Beweis, der nicht den Cauchy-Taylorschen Satz heranzieht.

Die geometrische Reihe $\sum z^v = \dfrac{1}{1-z}$ hat $z := 1$ als einzigen singulären Punkt. Eine wesentliche Verallgemeinerung dieses Beispiels hat zuerst 1893 G. VIVANTI beschrieben (*Sulle serie di potenze*, Rivista di Matematica 3, 111–114) und 1894 PRINGSHEIM bewiesen (*Über Functionen, welche in gewissen Punkten endliche Differentialquotienten jeder endlichen Ordnung, aber keine Taylor'sche Reihenentwicklung besitzen*, Math. Ann. 44, 41–56):

Satz. *Die Potenzreihe $f(z) = \sum a_v z^v$ habe einen positiven Konvergenzradius $R < \infty$, und fast alle Koeffizienten a_v seien reell und nicht negativ. Dann ist $z := R$ ein singulärer Punkt von f.*

Beweis. Wir dürfen $R = 1$ und $a_v \geq 0$ für alle v annehmen. Wäre f in 1 nicht singulär, so wäre die Taylorreihe von f um $\frac{1}{2}$ holomorph in 1, d.h. $\sum \dfrac{1}{v!} f^{(v)}(\frac{1}{2})(z - \frac{1}{2})^v$ hätte einen Konvergenzradius $s > \frac{1}{2}$. Da für alle ζ mit $|\zeta| = \frac{1}{2}$ gilt

$$\left| \frac{1}{n!} f^{(n)}(\zeta) \right| = \left| \sum_n \binom{v}{n} a_v \zeta^{v-n} \right| \leq \sum_n \binom{v}{n} a_v \left(\frac{1}{2} \right)^{v-n} = \frac{1}{n!} f^{(n)} \left(\frac{1}{2} \right)$$

wegen $a_v \geq 0$, so hätte die Taylorreihe $\sum \dfrac{1}{v!} f^{(v)}(\zeta)(z - \zeta)^v$ von f um jeden Punkt ζ mit $|\zeta| = \frac{1}{2}$ einen Konvergenzradius $\geq s > \frac{1}{2}$, d.h. kein Punkt von $\partial \mathbb{E}$ wäre singulärer Punkt von f. Widerspruch! $\qquad\square$

Auf Grund des eben bewiesenen Satzes ist 1 z.B. ein singulärer Punkt der Reihe $\sum \dfrac{1}{v^2} z^v$, die in ganz $\mathbb{E} \cup \partial \mathbb{E}$ normal konvergiert. Zum Satz von VIVANTI-PRINGSHEIM vgl. auch [Lan], § 17.

§ 2. Der Holomorphiebegriff

Holomorphie ist laut Definition dasselbe wie komplexe Differenzierbarkeit in offenen Mengen. In diesem Paragraphen beschreiben wir weitere Möglichkeiten, den Fundamentalbegriff der Holomorphie einzuführen. Die Liste von Äquivalenzen ließe sich ohne sonderliche Mühe erheblich erweitern. Wir haben nur solche Charakterisierungen der Holomorphie aufgenommen, die besonders wichtig und historisch bedeutsam sind und die ein Student unbedingt kennen sollte.

1. Holomorphie, lokale Integrabilität und konvergente Potenzreihen. Eine in D stetige Funktion f heißt *lokal-integrabel* in D, wenn jeder Punkt $c \in D$ eine offene Umgebung $U \subset D$ besitzt, so daß $f|U$ integrabel in U ist. Jede in D integrable Funktion f ist lokal-integrabel.

Theorem. *Folgende Aussagen über eine stetige Funktion $f: D \to \mathbb{C}$ sind äquivalent:*

i) *f ist holomorph ($=komplex\ differenzierbar$) in D.*
ii) *Für jedes Dreieck $\Delta \subset D$ gilt:* $\int_{\partial \Delta} f(\zeta)\,d\zeta = 0$.
iii) *f ist lokal-integrabel in D* (MORERA-*Bedingung*).
iv) *Für jede Kreisscheibe B mit $\bar{B} \subset D$ gilt:*

$$f(z) = \frac{1}{2\pi i} \int_{\partial B} \frac{f(\zeta)}{\zeta - z}\,d\zeta \quad \text{für alle } z \in B.$$

v) *f ist um jeden Punkt $c \in D$ in eine konvergente Potenzreihe entwickelbar.*

Beweis. Im folgenden Schema

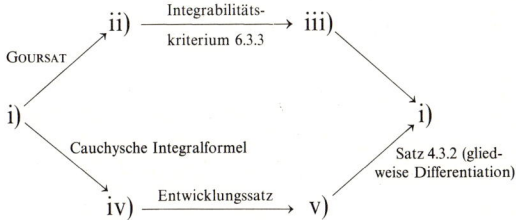

sind alle Implikationen auf Grund der angegebenen Hinweise klar bis auf iii) $\Rightarrow$ i); hier schließt man wie folgt: ist $B \subset D$ irgendeine Kreisscheibe, so hat $f|B$ eine Stammfunktion F in B, d.h. $F' = f|B$. Da F nach 7.4.1 in B beliebig oft komplex differenzierbar ist, folgt die Holomorphie von f in D.   □

Wir sehen, daß die Gültigkeit der Cauchyschen Integralformel zur Charakterisierung holomorpher Funktionen dienen kann. Viel wichtiger ist aber, daß es bis heute keinen überzeugenden anderen Weg gibt, die Implikation i) $\Rightarrow$ v) ohne Verwendung von Integralen herzuleiten (vgl. hierzu auch 5.1).

Unter allen Holomorphiekriterien hat die Äquivalenz der Begriffe „komplex differenzierbar" und „in eine Potenzreihe entwickelbar" in der Geschichte der Funktionentheorie die Hauptrolle gespielt. Geht man vom Differenzierbarkeitsbegriff aus, so spricht man vom *Cauchyschen* bzw. *Riemannschen Aufbau;* stellt man konvergente Potenzreihen an die Spitze, so spricht man vom *Weierstraßschen Aufbau.* Ergänzende Bemerkungen hierzu finden sich im Abschnitt 3 dieses Paragraphen.

Die Implikation iii) ⇒ i) von Theorem 1 heißt in der Literatur der Satz von MORERA: *Jede in D lokal-integrable Funktion ist holomorph in D.*

Der italienische Mathematiker Giacinto MORERA (1856–1909, Professor der analytischen Mechanik in Genua und ab 1900 in Turin) bewies diese „Umkehrung des Cauchyschen Integralsatzes" 1886 in seiner Arbeit *Un teorema fondamentale nella teorica delle funzioni di una variabile complessa,* Rend. Reale Istituto Lombardo di scienze e lettere, 2. Reihe, Bd. 19, S. 304. OSGOOD hat 1896 in seiner bereits in 7.3.3 zitierten Arbeit wohl als erster die Äquivalenz i) ⇔iii) herausgestellt und Holomorphie durch *lokale* Integrabilität erklärt, er kannte damals noch nicht die Morerasche Arbeit.

2. Holomorphie, Winkel- und Orientierungstreue (endgültige Fassung). In 2.1.2 wurde Holomorphie durch Winkel- und Orientierungstreue charakterisiert; die eventuellen Nullstellen der Ableitung, wo die Winkeltreue verletzt ist, zwangen allerdings zu Vorsichtsmaßnahmen. Identitätssatz und Riemannscher Fortsetzungssatz ermöglichen es, jene Resultate in eine Form zu bringen, in der die Bedingung $f'(z) \neq 0$ nicht mehr vorkommt.

Satz. *Folgende Aussagen über eine reell stetig differenzierbare Funktion $f: D \to \mathbb{C}$ sind äquivalent:*

i) *f ist holomorph und nirgends lokal-konstant in D.*

ii) *Es gibt eine in D diskrete und abgeschlossene Menge A, so daß f in $D \smallsetminus A$ winkel- und orientierungstreu ist.*

Beweis. i) ⇒ ii): Da f' nirgends identisch verschwindet, so ist die Nullstellenmenge A von f' nach 1.3 diskret und abgeschlossen in D. In $D \smallsetminus A$ ist f nach Satz 2.1.2 überall winkel- und orientierungstreu.

ii) ⇒ i): In $D \smallsetminus A$ ist f wegen Satz 2.1.2 holomorph. Nach dem Riemannschen Fortsetzungssatz 7.3.3 ist f dann in ganz D holomorph.

3. Cauchyscher, Riemannscher und Weierstraßscher Standpunkt. Das Glaubensbekenntnis von WEIERSTRASS. CAUCHY übernimmt die Differenzierbarkeit, ohne überhaupt davon zu reden, einfach aus dem Reellen; für RIEMANN ist die „Aehnlichkeit in den kleinsten Theilen", d.h. die Winkel- und Orientierungstreue, der tiefere Grund, komplex differenzierbare Funktionen zu studieren; WEIERSTRASS stellt konvergente Potenzreihen an die Spitze. Die Cauchy-Riemannsche Auffassung der Holomorphie als komplexe Differenzierbarkeit steht uns, seitdem das Studium der Mathematik mit reeller Analysis begonnen wird, näher als die von WEIERSTRASS, wenngleich dessen Zugang nur einen einzigen Grenzprozeß benötigt: lokal-gleichmäßige Konvergenz; dadurch erhält dieser Aufbau eine große innere Geschlossenheit. Eine einwandfreie Entwicklung der Cauchy-Riemannschen Theorie, in der Wegintegrale im Mittelpunkt stehen, wurde erst möglich, nachdem die Infinitesimalrechnung streng begründet worden war (u.a. gerade durch WEIERSTRASS).

Man darf nicht übersehen, daß WEIERSTRASS die Integration im Komplexen von Jugend an durchaus geläufig war; er hat sie schon 1841, also lange vor

RIEMANN und unabhängig von CAUCHY, zum Beweis für den Laurentschen Satz benutzt (und wohl oder übel benutzen müssen, vgl. [W₁]). Die Vorsicht, mit der WEIERSTRASS damals im Komplexen integrierte, zeigt deutlich, daß er die Schwierigkeiten eines Aufbaus der komplexen Integralrechnung klar gesehen hat; vielleicht liegt hier die Wurzel für seine spätere Phobie gegen die Cauchy-theorie.*⁾

Heute fallen alle diese Hemmungen fort. Integralbegriff und Integralsätze sind in einfacher, befriedigender Weise begründet; so erscheint der Cauchy-Riemannsche Ausgangspunkt natürlicher. Und es ist gerade die komplexe Integration, welche die elegantesten Methoden entwickelt hat und insbesondere für den einfachen Äquivalenznachweis der Cauchy-Riemannschen und Weier-straßschen Theorie unentbehrlich ist. Will man allerdings eine Funktionenthe-orie über allgemeinen vollständig bewerteten Körpern $K \neq \mathbb{R}$, $\mathbb{C}$ entwickeln (sog. p-adische Funktionentheorie), so kann man nur die Weierstraßsche Definition verwenden, da die Körper K dann *total-unzusammenhängend* sind und aus diesem Grunde keine Integralrechnung über K existiert; hier ist also allein der Weierstraßsche Standpunkt fruchtbar. Ein indischer Mathematiker hat einmal in diesem Zusammenhang geschrieben: WEIERSTRASS, the prince of analysis, was an algebraist.

D. HILBERT hat gelegentlich bemerkt, daß jede mathematische Disziplin drei Entwicklungsperioden hat: die *naive*, die *formale* und die *kritische*. In der Funktionentheorie ist die Zeit vor EULER gewiß die naive Periode, mit EULER beginnt die formale Periode. Die kritische Periode beginnt mit CAUCHY und erreicht 1860 mit WEIERSTRASS' Wirken in Berlin ihren Höhepunkt.

F. KLEIN [G5], S. 70, sagt, daß sich CAUCHY „mit seinen glänzenden Leistungen auf allen Gebieten der Mathematik fast neben Gauß stellen kann"; über RIEMANN und WEIERSTRASS urteilt er (S. 246): „Riemann ist der Mann der glänzenden Intuition. Wo sein Interesse geweckt ist, beginnt er neu, ohne sich durch Tradition beirren zu lassen und ohne den Zwang der Systematik anzuer-kennen. Weierstraß ist in erster Linie Logiker; er geht langsam, systematisch, schrittweise vor. Wo er arbeitet, erstrebt er die abschließende Form." Man vergleiche diese Sätze mit dem in der Historischen Einführung dieses Buches zitierten Urteil von POINCARÉ.

In einem Brief vom 3. Oktober 1875 an SCHWARZ faßt WEIERSTRASS sein „Glaubensbekenntnis, in welchem ich besonders durch eingehendes Studium der Theorie der analytischen Functionen mehrerer Veränderlichen bekräftigt worden bin", in folgenden Sätzen zusammen (Math. Werke 2, S. 235):

„Je mehr ich über die Principien der Functionentheorie nachdenke – und ich thue dies unablässig –, um so fester wird meine Überzeugung, dass diese auf dem Fundamente algebraischer Wahrheiten aufgebaut werden muss, und dass es deshalb nicht der richtige Weg ist, wenn umgekehrt zur Begründung

---

*⁾ WEIERSTRASS soll CAUCHY kaum zitiert haben. Im hochinteressanten Artikel *Eléments d'analyse de Karl Weierstrass* von P. DUGAC, Arch. Hist. Ex. Sci, 10, 41–176 (1973), lesen wir sogar (S. 61), daß WEIERSTRASS 1882 der französischen Akademie nicht einmal den Empfang des ihm zugesandten 1. Bandes von Cauchys Werken bestätigt hat.

einfacher und fundamentaler algebraischer Sätze das »Transcendente«, um mich kurz auszudrücken, in Anspruch genommen wird – so bestechend auch auf den ersten Anblick z.B. die Betrachtungen sein mögen, durch welche Riemann so viele der wichtigsten Eigenschaften algebraischer Functionen entdeckt hat. (Dass dem Forscher, so lange er sucht, jeder Weg gestattet sein muss, versteht sich von selbst; es handelt sich nur um die systematische Begründung).“

§ 3. Cauchysche Abschätzungen und Ungleichungen für Taylorkoeffizienten

Holomorphe Funktionen genügen nach 7.2.2 der Mittelwertungleichung $|f(c)| \leq |f|_{\partial B}$. Diese Abschätzung läßt sich wesentlich verallgemeinern.

1. Cauchysche Abschätzungen für Ableitungen. *Es sei f holomorph in einer Umgebung des abgeschlossenen Kreises $\bar{B} = B_r(c)$. Dann gilt für jedes $k \in \mathbb{N}$ und jedes $z \in B$ die Abschätzung*

$$|f^{(k)}(z)| \leq k! \, \frac{r}{d_z^{k+1}} |f|_{\partial B} \quad \text{mit} \quad d_z := d_z(B) = \min_{\zeta \in \partial B} |\zeta - z|.$$

Beweis. Auf Grund der Cauchyschen Integralformeln für Ableitungen 7.3.4 gilt

$$f^{(k)}(z) = \frac{k!}{2\pi i} \int_{\partial B} \frac{f(\zeta)}{(\zeta - z)^{k+1}} \, d\zeta, \quad z \in B.$$

Wendet man auf das Integral die Standardabschätzung 6.2.2 für Kurvenintegrale an, so folgt die Behauptung, da $L(\partial B) = 2\pi r$ und

$$\max_{\zeta \in \partial B} \frac{|f(\zeta)|}{|\zeta - z|^{k+1}} \leq |f|_{\partial B} (\min_{\zeta \in \partial B} |\zeta - z|)^{-k-1} = |f|_{\partial B} \, d_z^{-k-1}.$$

Korollar. *Ist f holomorph in einer Umgebung von $\bar{B}$, so gilt für jedes $k \in \mathbb{N}$ und jede positive Zahl $d \leq r$ die Abschätzung*

$$|f^{(k)}(z)| \leq k! \, \frac{r}{d^{k+1}} |f|_{\partial B} \quad \text{für alle } z \in \bar{B}_{r-d}(c).$$

Für $d := r$ erhält man die

Cauchyschen Ungleichungen für Taylorkoeffizienten. *Es sei $f(z) = \sum a_\nu (z-c)^\nu$ eine Potenzreihe mit Konvergenzradius $> r$, es sei $M(r) := \max_{|z-c|=r} |f(z)|$. Dann gilt:*

$$|a_\nu| \leq \frac{M(r)}{r^\nu}, \quad \nu \in \mathbb{N}. \qquad \square$$

Ein einfaches Überdeckungsargument führt sofort zu folgender Variante der Cauchyschen Abschätzungen für Ableitungen:

Es seien D ein Bereich in $\mathbb{C}$ und $K \subset D$ ein Kompaktum. Dann gibt es zu jeder kompakten Umgebung $L \subset D$ von K und zu jedem $k \in \mathbb{N}$ eine (nur von D, K und L abhängende) Konstante $M_k > 0$, so daß gilt:

$$|f^{(k)}|_K \le M_k |f|_L \quad \text{für alle } f \in \mathcal{O}(D).$$

Man beachte, daß man nicht $L = K$ wählen darf. Für $f_n := z^n \in \mathcal{O}(\mathbb{C})$ und $K := \overline{\mathbb{E}}$ gilt z.B. $|f_n|_K = 1$, aber $|f'_n|_K = n$, $n \in \mathbb{N}$.

2. Gutzmersche Formel. Die Ungleichungen für Taylorkoeffizienten lassen sich auch ohne Heranziehung der Integralformel für Ableitungen direkt herleiten und vertiefen, wenn man bemerkt, daß Potenzreihen $\sum a_\nu (z-c)^\nu$ auf Kreislinien $z(\varphi) = c + r e^{i\varphi}$, $0 \le \varphi \le 2\pi$, *trigonometrische Reihen* $\sum a_\nu r^\nu e^{i\nu\varphi}$ sind. Die „Ortho-normalitätsrelationen"

$$\frac{1}{2\pi} \int_0^{2\pi} e^{i(m-n)\varphi} d\varphi = \begin{cases} 0 & \text{für } m \ne n \\ 1 & \text{für } m = n \end{cases}$$

geben sofort, da $f(c + r e^{i\varphi}) e^{-in\varphi} = \sum a_\nu r^\nu e^{i(\nu-n)\varphi}$ in $[0, 2\pi]$ normal konvergiert, folgende Darstellung der Taylorkoeffizienten:

Hat die Reihe $f(z) = \sum a_\nu (z-c)^\nu$ einen Konvergenzradius $> r$, so gilt

$$(*) \qquad a_n r^n = \frac{1}{2\pi} \int_0^{2\pi} f(c + r e^{i\varphi}) e^{-in\varphi} d\varphi, \qquad n \in \mathbb{N}.$$

Hieraus folgt unmittelbar die

Gutzmersche Formel. *Es sei $f(z) = \sum a_\nu (z-c)^\nu$ eine Potenzreihe mit Konvergenzradius $> r$, es sei $M(r) := \max\limits_{|z-c|=r} |f(z)|$. Dann gilt:*

$$\sum |a_\nu|^2 r^{2\nu} = \frac{1}{2\pi} \int_0^{2\pi} |f(c + r e^{i\varphi})|^2 d\varphi \le M(r)^2.$$

Beweis. Wegen $\overline{f(c + r e^{i\varphi})} = \sum \bar{a}_\nu r^\nu e^{-i\nu\varphi}$ gilt $|f(c + r e^{i\varphi})|^2 = \sum \bar{a}_\nu r^\nu f(c + r e^{i\varphi}) e^{-i\nu\varphi}$. Diese Reihe konvergiert normal in $[0, 2\pi]$; auf Grund von $(*)$ folgt:

$$\int_0^{2\pi} |f(c + r e^{i\varphi})|^2 d\varphi = \sum \bar{a}_\nu r^\nu \int_0^{2\pi} f(c + r e^{i\varphi}) e^{-i\nu\varphi} d\varphi = 2\pi \sum |a_\nu|^2 r^{2\nu}.$$

Die Abschätzung $\int_0^{2\pi} |f(c + r e^{i\varphi})|^2 d\varphi \le 2\pi M(r)^2$ ist trivial.   □

Die Ungleichungen $|a_\nu| r^\nu \le M(r)$, $\nu \in \mathbb{N}$, sind natürlich in der Gutzmerschen Formel enthalten, überdies folgt direkt:

Konvergiert $f(z) = \sum a_\nu (z-c)^\nu$ in $B_s(c)$, und gibt es ein $m \in \mathbb{N}$ und ein r mit $0 < r < s$ und $|a_m| r^m = M(r)$, so gilt bereits: $f(z) = a_m (z-c)^m$.

Beweis. Nach GUTZMER gilt $\sum\limits_{\nu \ne m} |a_\nu|^2 r^{2\nu} \le 0$, also $a_\nu = 0$ für alle $\nu \ne m$.   □

Für $m=0$ ist die eben bewiesene Aussage eine lokale Form des Maximumprinzips.

Die Menge aller Potenzreihen um c mit Konvergenzradius $>r$ bildet einen komplexen Vektorraum V. Durch

$$\langle f,g\rangle := \frac{1}{2\pi} \int_0^{2\pi} f(c+re^{i\varphi})\overline{g(c+re^{i\varphi})}\, d\varphi, \quad f,g\in V,$$

wird eine *hermitesche Bilinearform* in V eingeführt. Die Familie $e_n := r^{-n}(z-c)^n$, $n\in\mathbb{N}$, bildet ein *Orthonormalsystem* in V:

$$\langle e_m, e_n\rangle = \begin{cases} 0 & \text{für } m\neq n \\ 1 & \text{für } m=n. \end{cases}$$

Jedes $f=\sum a_\nu(z-c)^\nu\in V$ ist eine *Orthonormalreihe* $f=\sum_0^\infty \langle f,e_\nu\rangle e_\nu$ mit den „Fourierkoeffizienten" $\langle f,e_\nu\rangle = a_\nu r^\nu$; Gutzmers Gleichung ist die

Parsevalsche Vollständigkeitsrelation:

$$\|f\|^2 := \langle f,f\rangle = \sum_0^\infty |\langle f,e_\nu\rangle|^2.$$

Es gilt $\|f\|=0 \Leftrightarrow \langle f,e_\nu\rangle = a_\nu r^\nu = 0$ für alle $\nu\in\mathbb{N} \Leftrightarrow f=0$. Daher ist V bezüglich $\langle\ ,\ \rangle$ ein unitärer *Vektorraum*. V ist nicht vollständig, also *kein Hilbertraum*: für $c:=0$, $r:=1$ sind z.B. die Polynome $p_n := \sum_1^n \frac{z^\nu}{\nu}$ wegen

$$\|p_m-p_n\|^2 = \sum_{m+1}^n \frac{1}{\nu^2} \quad \text{für } m<n$$

eine Cauchyfolge in V bez. $\|\ \|$ ohne Limes in V, da der einzige Limeskandidat $\sum_1^\infty \frac{z^\nu}{\nu}$ den Konvergenzradius 1 hat.

Aufgabe. Verallgemeinern Sie die Gutzmersche Gleichung zu

$$\langle f,g\rangle = \sum_0^\infty a_\nu \bar{b}_\nu r^{2\nu} \quad \text{für } f=\sum_0^\infty a_\nu(z-c)^\nu, \quad g=\sum_0^\infty b_\nu(z-c)^\nu\in V.$$

3. Ganze Funktionen. Satz von LIOUVILLE.

Nach WEIERSTRASS ([W$_3$], S. 84) heißen Funktionen, die überall in $\mathbb{C}$ holomorph sind, *ganze Funktionen*. Alle Polynome sind *ganze* und rationale Funktionen. Eine ganze Funktion heißt *transzendent*, wenn sie nicht rational, d.h. kein Polynom ist; $\exp z$, $\cos z$, $\sin z$ sind ganze transzendente Funktionen.

Die Cauchyschen Ungleichungen implizieren unmittelbar den berühmten

Satz von LIOUVILLE. *Jede beschränkte ganze Funktion f ist konstant.*

Beweis. Die Taylorentwicklung $f(z)=\sum a_\nu z^\nu$ von f in 0 konvergiert *überall* in $\mathbb{C}$ (Entwicklungssatz 7.3.1); nach Abschnitt 1 gilt

$$r^\nu |a_\nu| \leq \max_{|z|=r} |f(z)| \quad \text{für alle } r>0, \quad \nu=0,1,2,\dots.$$

Da f beschränkt ist, gibt es ein $M > 0$, so daß $|f(z)| \leq M$ für alle $z \in \mathbb{C}$. Es folgt $r^\nu |a_\nu| \leq M$ *für alle* $r > 0$ *und alle* $\nu \in \mathbb{N}$. Da r beliebig groß werden kann, folgt $a_\nu = 0$ für alle $\nu \geq 1$, d.h. $f(z) = a_0$. $\qquad \square$

Variante des Beweises: Man benutzt die Cauchysche Ungleichung nur für $\nu = 1$, verwendet sie aber für jeden Punkt $c \in \mathbb{C}$; man erhält: $|f'(c)| \leq M r^{-1}$ für alle $r > 0$, also $f'(c) = 0$, d.h. $f' \equiv 0$, also $f \equiv \text{const}$. $\qquad \square$

Wir geben einen zweiten *direkten* Beweis mittels der Cauchyschen Integralformel. Sei $c \in \mathbb{C}$, $c \neq 0$, beliebig. Für $r > |c|$ und $S := \partial B_r(0)$ gilt:

$$f(c) - f(0) = \frac{1}{2\pi i} \int_S \left(\frac{1}{\zeta - c} - \frac{1}{\zeta} \right) f(\zeta) \, d\zeta = \frac{c}{2\pi i} \int_S \frac{f(\zeta) \, d\zeta}{(\zeta - c)\zeta}.$$

Wählt man $r \geq 2|c|$, so gilt $|\zeta - c| \geq \frac{1}{2} r$ für $\zeta \in S$; es folgt

$$|f(c) - f(0)| \leq \frac{|c|}{2\pi} \max_{|\zeta| = r} \left| \frac{f(\zeta)}{(\zeta - c)\zeta} \right| 2\pi r \leq 2|c| \, M r^{-1},$$

wenn M eine Schranke für f ist. Läßt man r wachsen, so folgt $f(c) = f(0)$ für alle $c \in \mathbb{C}$. $\qquad \square$

Der Satz von L\textsc{iouville} folgt auch direkt aus der Gültigkeit der Mittelwertgleichung aus 7.2.2, einen eleganten Beweis findet man bei E. N\textsc{elson}, *A Proof of Liouville's Theorem*, Proc. AMS 12 (1961), S. 995.

Wir werden den Satz von L\textsc{iouville} in 9.1.2 zu einem Beweis des Fundamentalsatzes der Algebra heranziehen. Als unmittelbare Anwendung des Satzes von L\textsc{iouville} erhalten wir:

Jede holomorphe Abbildung $f: \mathbb{C} \to \mathbb{E}$ *ist konstant, es gibt also keine biholomorphe Abbildung* $\mathbb{E} \overset{\sim}{\to} \mathbb{C}$ *bzw.* $\mathbb{H} \overset{\sim}{\to} \mathbb{C}$.

Es ist aber sehr wohl möglich, die Ebene *topologisch*, ja sogar *reell analytisch*, auf den Einheitskreis abzubilden. Eine solche Abbildung ist z.B. $\mathbb{C} \to \mathbb{E}$,

$$z \mapsto \frac{z}{\sqrt{1 + |z|^2}} \text{ mit der Umkehrabbildung } \mathbb{E} \to \mathbb{C}, \ z \mapsto \frac{z}{\sqrt{1 - |z|^2}}.$$

Aufgabe. Beweisen Sie für $f \in \mathcal{O}(\mathbb{C})$ als Verschärfung des Satzes von L\textsc{iouville}:

1) *Es gebe ein* $n \in \mathbb{N}$ *und positive Konstanten* R, M, *so daß gilt:* $|f(z)| \leq M|z|^n$ *für* $|z| \geq R$. *Dann ist* f *ein Polynom vom Grad* $\leq n$.

2) *Ist die Funktion* $\operatorname{Re} f(z)$ *beschränkt, so ist* f *konstant*.

Bemerkung. Die Algebra $\mathcal{O}(\mathbb{C})$ der ganzen Funktionen umfaßt die Polynomalgebra $\mathbb{C}[z]$. Die Reichhaltigkeit von $\mathcal{O}(\mathbb{C})$ an Funktionen gegenüber $\mathbb{C}[z]$ wird durch zwei Approximationssätze überzeugend deutlich: nach W\textsc{eierstrass} (Math. Werke 3, S. 5) lassen sich alle stetigen Funktionen $f: \mathbb{R} \to \mathbb{C}$ auf kompakten Intervallen durch Polynome gleichmäßig approximieren. Auf ganz $\mathbb{R}$ geht dies nicht mehr, z.B. ist $\sin x$ gewiß nicht auf ganz $\mathbb{R}$ gleichmäßig durch Polynome approximierbar. Mit ganzen Funktionen kann man aber alles, was auf $\mathbb{R}$ stetig ist, gleichmäßig auf $\mathbb{R}$ approximieren. T. C\textsc{arleman} hat 1927 in seiner Arbeit *Sur un théorème de Weierstrass*, Ark. Mat. Astron. Fys. 20B, 1–5, gezeigt:

Es sei $\varepsilon\colon \mathbb{R}\to\mathbb{R}$ stetig und positiv (sog. „Fehlerfunktion"). Dann gibt es zu jeder stetigen Funktion $f\colon \mathbb{R}\to\mathbb{C}$ eine ganze Funktion $g\in\mathcal{O}(\mathbb{C})$, sodaß für alle $x\in\mathbb{R}$ gilt:

$$|f(x)-g(x)|<\varepsilon(x).$$

Einen Beweis findet man im Buch von D. GAIER: *Vorlesungen über Approximation im Komplexen*, Birkhäuser Verlag Basel Boston Stuttgart 1980, S. 135.

4. Historisches zu den Cauchyschen Ungleichungen und zum Satz von LIOU-VILLE. CAUCHY kannte die nach ihm benannten Ungleichungen für Taylorkoeffizienten spätestens 1835 (vgl. z. B. Œuvres 11, 2. Ser., S. 434). WEIERSTRASS hat 1841 die Cauchyschen Ungleichungen elementar bewiesen, er benutzt anstelle von Integralen eine arithmetische Mittelbildung ([W$_2$], 67-74 und [W$_4$], 224-226); wir reproduzieren diesen schönen Beweis im nächsten Abschnitt. August GUTZMER (1860-1925, o. Prof. in Halle, von 1901-1921 alleiniger Herausgeber der niveauvollen Jahresberichte der Deutschen Mathematiker-Vereinigung) hat seine Formel 1888 mitgeteilt in *Ein Satz über Potenzreihen*, Math. Ann. 32, 596-600.

Joseph LIOUVILLE (1809-1882, französischer Mathematiker, Professor am Collège de France) stellte 1847 den Satz „Une fonction doublement périodique qui ne devient jamais infinie est impossible" an den Anfang seiner *Leçons sur les fonctions doublement périodique*. Carl Wilhelm BORCHARDT (1817-1880, deutscher Mathematiker in Berlin, Schüler von JACOBI und enger Freund von WEIERSTRASS, von 1855-1880 Nachfolger Crelles als Herausgeber des „Journal für die reine und angewandte Mathematik") hörte 1847 Liouvilles Vorlesungen, gab sie 1879 im Crelleschen Journal 88, 277-310, heraus und benannte den Satz nach LIOUVILLE (vgl. Fußnote auf S. 277). Der Satz stammt aber von CAUCHY, der ihn 1844 in seiner Note *Mémoires sur les fonctions complémentaires* (Œuvres 8, 1. Ser., 378-385, théorème II auf S. 378) mittels seines Residuenkalküls herleitete. Die direkte Herleitung aus den Cauchyschen Ungleichungen gab 1883 der französische Mathematiker Camille JORDAN (1838-1921, Professor an der École Polytechnique) im 2. Band seines *Cours D'Analyse*, théorème 312 auf S. 312 (in der 1913 erschienenen 3. Aufl. des 2. Bandes, die 1959 von Gauthier-Villars nachgedruckt wurde, siehe théorème 338 auf S. 364).

5*. Beweis der Cauchyschen Ungleichungen nach WEIERSTRASS. Kernstück ist folgendes

Lemma. *Es seien $m, n\in\mathbb{N}$, es sei $q(z)=\sum\limits_{-m}^{n} a_v(z-c)^v$. Dann gilt:*

$$|a_0|\leq M(r):=\max_{|\zeta-c|=r}|q(\zeta)| \quad \text{für alle } r>0.$$

Beweis. Wir dürfen $c:=0$ annehmen. Wir fixieren r und setzen $M:=M(r)$. Es sei $\lambda\in S^1$ so gewählt, daß für alle $v\in\mathbb{Z}\setminus\{0\}$ gilt: $\lambda^v\neq 1$, z. B. $\lambda:=(2-i)(2+i)^{-1}$. Dann folgt, wenn $\sum'$ Ausschluß des Summationsindex 0 andeutet:

$$\sum_{j=0}^{k-1} q(r\,\lambda^j)=k\,a_0+\sum_{-m}^{n}{}' a_v\,r^v\frac{\lambda^{vk}-1}{\lambda^v-1}, \quad k\geq 1.$$

Da stets $|q(r\lambda^j)| \le M$ wegen $|r\lambda^j| = r$, so ergibt sich

$$|a_0| \le M + \frac{1}{k}\sum_{-m}^{n}{}' |a_\nu| \frac{2r^\nu}{|\lambda^\nu - 1|}, \quad k \ge 1.$$

Da der Wert der Summe rechts von k unabhängig ist, und da k beliebig groß gewählt werden darf, folgt $|a_0| \le M$.

Satz. *Es sei $m \in \mathbb{N}$, es sei $f(z) = \sum_{-m}^{\infty} a_\nu(z - c)^\nu$ holomorph in einer punktierten Kreisscheibe $B_s(c) \smallsetminus \{c\}$. Dann gilt für jedes r, $0 < r < s$:*

$$|a_\mu| \le \frac{M(r)}{r^\mu} \quad mit \ \ M(r) := \max_{|z-c|=r} |f(z)|, \quad \mu \ge -m.$$

Beweis. Sei wieder $c = 0$. Sei zunächst $\mu := 0$. Sei $\varepsilon > 0$ vorgegeben. Wir wählen $n \in \mathbb{N}$ so groß, daß für die Restreihe $g(z) := \sum_{n+1}^{\infty} a_\nu z^\nu$ gilt: $\max_{|z|=r} |g(z)| \le \varepsilon$. Dann gilt

$$\max_{|z|=r} |q(z)| \le M(r) + \varepsilon \quad \text{für} \ \ q(z) := f(z) - g(z) = \sum_{-m}^{n} a_\nu z^\nu.$$

Nach dem Lemma folgt $|a_0| \le M(r) + \varepsilon$. Da $\varepsilon > 0$ beliebig ist, folgt $|a_0| \le M(r)$.

Sei nun $\mu \ge -m$ beliebig. Die Funktion $z^{-\mu} f(z) = \sum_{-(m+\mu)}^{\infty} a_{\mu+\nu} z^\nu$ ist ebenfalls holomorph in $B_s(c) \smallsetminus \{c\}$. Da a_μ ihr konstantes Glied ist, und da $\max_{|z|=r} |z^{-\mu} f(z)| = r^{-\mu} M(r)$, so folgt $|a_\mu| \le r^{-\mu} M(r)$.

§ 4. Konvergenzsatz von Weierstrass

In diesem Paragraphen zeigen wir, daß in der Funktionentheorie – anders als in der reellen Analysis – im Falle kompakter Konvergenz Differentiation und Limesbildung immer vertauschbar sind, und daß die Folge der Ableitungen wiederum kompakt konvergiert. Als Folgerung erhalten wir Differentiationssätze für Reihen.

1. Weierstraßscher Konvergenzsatz. *Es sei f_n eine Folge von in D holomorphen Funktionen, die in D kompakt gegen $f: D \to \mathbb{C}$ konvergiert. Dann ist f holomorph in D, und für jedes $k \in \mathbb{N}$ konvergiert die Folge $f_n^{(k)}$ der k-ten Ableitungen in D kompakt gegen $f^{(k)}$.*

Beweis. a) Zunächst ist die Grenzfunktion f stetig in D (Stetigkeitssatz 3.1.2). Für jedes Dreieck $\Delta \subset D$ gilt (Vertauschungssatz 6.2.3 für Folgen):

$$\int_{\partial\Delta} f \, d\zeta = \lim_{n\to\infty} \int_{\partial\Delta} f_n \, d\zeta.$$

Da alle Integrale rechts wegen $f_n \in \mathcal{O}(D)$ verschwinden (GOURSAT), so ist f in D holomorph (Theorem 2.1 ii) ⇒ i)).

b) Es genügt, die Konvergenzbehauptung für $k=1$ zu zeigen. Es sei $K \subset D$ ein Kompaktum. Nach den Cauchyschen Abschätzungen für Ableitungen gibt es ein Kompaktum $L \subset D$ und eine Konstante $M > 0$, so daß $|f_n' - f'|_K \le M |f_n - f|_L$ für alle n. Da $\lim |f_n - f|_L = 0$ nach Voraussetzung, so folgt $\lim |f_n' - f'|_K = 0$. □

Die Holomorphie der Grenzfunktion f beruht in diesem Beweis auf der simplen Tatsache, daß sich bei kompakter Konvergenz lokale Integrabilität auf die Grenzfunktion vererbt, den Rest erledigt der Satz von MORERA. Daß die Funktionen in Potenzreihen entwickelbar sind, ist bei dieser Schlußweise belanglos. Im Reellen ist der Konvergenzsatz aus mehreren Gründen falsch: Grenzfunktionen von kompakt konvergenten Folgen reell differenzierbarer Funktionen sind i.allg. nicht reell differenzierbar, vgl. hierzu Abschnitt 2 der Einleitung von Kapitel 3.

Die oben im Teil a) des Beweises benutzte Schlußweise findet sich so bereits 1886 in der in 2.1 zitierten Originalarbeit von MORERA (S. 306); das gleiche Argument gibt 1896 OSGOOD (S. 297/298 der in 7.3.3 angegebenen Arbeit), er schreibt: „It is to be noticed that this proof belongs to the most elementary class of proofs, in that it calls for no explicit representation of the functions entering (e.g., by Cauchy's integral or by a power series)". MORERA und OSGOOD betrachten Reihen statt Folgen.

2. Differentiationssätze für Reihen. Da Folgen f_n und Reihen $\sum (f_\nu - f_{\nu-1})$ dasselbe Konvergenzverhalten haben, so folgt aus Satz 1 sogleich:

Weierstraßscher Differentiationssatz für kompakt konvergente Reihen. *Eine Reihe $\sum f_\nu$ von in D holomorphen Funktionen, die in D kompakt konvergiert, hat eine in D holomorphe Grenzfunktion f. Für jedes $k \in \mathbb{N}$ konvergiert die k-fach gliedweise differenzierte Reihe $\sum f_\nu^{(k)}$ in D kompakt gegen $f^{(k)}$:*

$$f^{(k)}(z) = \sum f_\nu^{(k)}(z), \quad z \in D.$$

Dies ist die Verallgemeinerung des Satzes, daß konvergente Potenzreihen holomorphe Funktionen darstellen und „gliedweise differenziert" werden dürfen (man wähle für f_ν ein Monom $a_\nu(z-c)^\nu$). – Für Anwendungen benötigt man häufig

Weierstraßscher Differentiationssatz für normal konvergente Reihen. *Konvergiert die Reihe $\sum f_\nu$, $f_\nu \in \mathcal{O}(D)$, in D normal gegen $f \in \mathcal{O}(D)$, so konvergiert die Reihe $\sum f_\nu^{(k)}$, $k \in \mathbb{N}$, in D normal gegen $f^{(k)}$.*

Beweis. Sei $K \subset D$ kompakt. Nach den Cauchyschen Abschätzungen gibt es ein Kompaktum $L \supset K$ in D und zu jedem $k \ge 1$ eine Konstante M_k, so daß $|f^{(k)}|_K \le M_k |f|_L$ für alle $f \in \mathcal{O}(D)$. Dies impliziert $\sum |f_\nu^{(k)}|_K \le M_k \sum |f_\nu|_L < \infty$, d.h. alle abgeleiteten Reihen konvergieren überall in D normal. Der Limes ist jeweils $f^{(k)}$, da die Reihen auch kompakt konvergieren. □

Beispiel. Die in 5.5.4 eingeführte Riemannsche Zetafunktion $\zeta(z)$ ist in der rechten Halbebene $\{z \in \mathbb{C} : \operatorname{Re} z > 1\}$ holomorph, da die ζ-Reihe $\sum_1 n^{-z}$ dort normal konvergiert (Satz 5.5.4).

Wir erwähnen noch folgendes Korollar zum Reihenproduktsatz 3.3.1.

Reihenproduktsatz für normal konvergente Reihen holomorpher Funktionen. *Sind $f = \sum_0 f_\mu$, $g = \sum_0 g_\nu$ in D normal konvergente Reihen von in D holomorphen Funktionen, so konvergiert jede Produktreihe $\sum_0 h_\lambda$, wo $h_0, h_1, \ldots$ irgendwie genau einmal alle Produkte $f_\mu g_\nu$ durchlaufen, in X normal gegen $fg \in \mathcal{O}(D)$. Insbesondere gilt $fg = \sum_0 p_\lambda$ mit $p_\lambda := \sum_{\mu + \nu = \lambda} f_\mu g_\nu$ (Cauchyprodukt).*

Diese Aussage wird falsch, wenn man nur kompakte Konvergenz der Reihen voraussetzt: dann kann $\sum_0 p_\lambda$ sogar divergieren.

3. Weierstraßscher Doppelreihensatz. *Es seien $f_\nu(z) = \sum_{\mu = 0} a_\mu^{(\nu)} (z - c)^\mu$, $\nu \in \mathbb{N}$, Potenzreihen, die sämtlich im Kreis B um c konvergieren. Die Reihe $f(z) = \sum_0 f_\nu(z)$ sei in B kompakt konvergent. Dann hat f in B die dort konvergente Potenzreihendarstellung*

$$f(z) = \sum_0 b_\mu (z - c)^\mu \quad \text{mit } b_\mu := \sum_{\nu = 0} a_\mu^{(\nu)} \in \mathbb{C}.$$

Beweis. Nach dem Differentiationssatz 2 für Reihen gilt $f \in \mathcal{O}(B)$ und $f^{(\mu)} = \sum_{\nu = 0}^{\infty} f_\nu^{(\mu)}$ für $\mu \in \mathbb{N}$. Nach dem Entwicklungssatz 7.3.1 hat daher f in B die dort konvergente Taylorreihe

$$\sum_0 \frac{f^{(\mu)}(c)}{\mu!} (z - c)^\mu \quad \text{mit } \frac{f^{(\mu)}(c)}{\mu!} = \sum_{\nu = 0} \frac{f_\nu^{(\mu)}(c)}{\mu!} = \sum_{\nu = 0} a_\mu^{(\nu)}. \qquad \square$$

Die Bezeichnung „Doppelreihensatz" versteht sich von selbst: man hat für f in B die Doppelreihe

$$f(z) = \sum_{\nu = 0} \left(\sum_{\mu = 0} a_\mu^{(\nu)} (z - c)^\mu \right),$$

und der Satz besagt, daß man die Summationen wie bei Polynomen vertauschen und gliedweise addieren darf, ohne die Konvergenz in B zu zerstören:

$$f(z) = \sum_{\mu = 0} \left(\sum_{\nu = 0} a_\mu^{(\nu)} \right) (z - c)^\mu.$$

WEIERSTRASS hat seinen Doppelreihensatz bereits 1841 in seiner Jugendarbeit $[W_2]$ für Funktionen in mehreren komplexen Veränderlichen ausgespro-

chen und bewiesen (S. 70ff.), ohne Kenntnis von der Cauchyschen Funktionentheorie zu haben; allerdings setzt er hier neben der kompakten Konvergenz
von $\sum f_v(z)$ noch zusätzlich die unbedingte (=absolute) Konvergenz dieser Reihe in allen Punkten von B voraus. Der Weierstraßsche Beweis ist elementar:
als Hilfsmittel werden lediglich die Cauchyschen Ungleichungen für Taylorkoeffizienten benutzt; diese Ungleichungen leitet WEIERSTRASS *direkt* ohne Verwendung von Integralen wie in 3.5 her.

Aus dem Doppelreihensatz ergibt sich natürlich auch umgekehrt der Differentiationssatz für kompakt konvergente Reihen, da jene Aussage „lokal" ist
und man alle Funktionen f_v um jeden Punkt $c \in D$ in ihre Taylorreihen entwickeln kann, die sämtlich in einem festen Kreis $B \subset D$ um c konvergieren. Auf
diese Weise hat WEIERSTRASS 1841 den Differentiationssatz hergeleitet [W_2],
S. 73/74.

4*. Eine Bemerkung WEIERSTRASS' zur Holomorphie. In [W_4] ist WEIERSTRASS
1880 noch einmal auf seinen Konvergenzsatz für Reihen zurückgekommen; er
fordert aber nicht mehr die unbedingte Konvergenz. Weiter beschäftigt er sich
dort ausführlich mit folgendem Problem:

Es sei $\sum f_v$ eine Reihe *rationaler* Funktionen, die in einem Bereich D, der in
disjunkte Gebiete $G_1, G_2, \ldots$ zerfällt, kompakt gegen $f \in \mathcal{O}(D)$ konvergiert. Welche „analytischen Zusammenhänge" bestehen dann zwischen den Grenzfunk-
tionen $f|G_1, f|G_2, \ldots$ auf den verschiedenen Gebieten? (Natürlich ist WEIER-
STRASS in seiner Formulierung präziser: er fragt, ob $f|G_1$ und $f|G_2$ „Zweige"
ein und derselben „monogenen" holomorphen Funktion sind, d.h. ob sie
durch „analytische Fortsetzung auseinander hervorgehen".)

WEIERSTRASS stellt zu seiner Überraschung fest, daß *keinerlei* Zusammen-
hänge zwischen $f|G_1$ und $f|G_2$ zu bestehen brauchen (S. 216), daß vielmehr
disjunkte Gebiete G_1 und G_2 in $\mathbb{C}$ existieren, so daß eine Reihe $\sum f_v$ von
rationalen und in $G_1 \cup G_2$ holomorphen Funktionen f_v existiert, die in $G_1 \cup G_2$
kompakt konvergiert, und zwar gegen $+1$ in G_1 und gegen -1 in G_2.
WEIERSTRASS entdeckt hier also Spezialfälle des in der heutigen Funktionentheorie zentralen Rungeschen Approximationssatzes. – Wir geben zunächst ein
ganz einfaches Beispiel für Folgen.

Die Folge $\dfrac{1}{1-z^n}$ *von rationalen und in* $\mathbb{C} \smallsetminus \partial \mathbb{E}$ *holomorphen Funktionen kon-*
vergiert in $\mathbb{C} \smallsetminus \partial \mathbb{E}$ *kompakt gegen die Funktion*

$$h(z) := \begin{cases} 1 & \text{für } |z| < 1 \\ 0 & \text{für } |z| > 1 \end{cases}.$$

Hieraus folgt sofort:

Es seien $f, g \in \mathcal{O}(\mathbb{C})$ *beliebig vorgegeben. Dann konvergiert die Folge*

$$f_n(z) := g(z) + \frac{f(z) - g(z)}{1 - z^n}$$

in $\mathbb{C} \setminus \partial \mathbb{E}$ *kompakt gegen*

$$G(z) := \begin{cases} f(z) & \text{für } |z| < 1 \\ g(z) & \text{für } |z| > 1 \end{cases}.$$

Beweis. Klar wegen $G = g + (f - g)h$. □

Im letzten Jahrhundert betrachtete man statt Folgen vorwiegend Reihen, die man als „geschlossene analytische Ausdrücke" interpretierte. Hier gilt z.B.:

Die Reihe $\dfrac{1}{1-z} + \dfrac{z}{z^2 - 1} + \dfrac{z^2}{z^4 - 1} + \dfrac{z^4}{z^8 - 1} + \dfrac{z^8}{z^{16} - 1} + \dots$ *von rationalen und in* $\mathbb{C} \setminus \partial \mathbb{E}$ *holomorphen Funktionen konvergiert in* $\mathbb{C} \setminus \partial \mathbb{E}$ *kompakt gegen die Funktion*

$$F(z) := \begin{cases} 1 & \text{für } |z| < 1 \\ 0 & \text{für } |z| > 1 \end{cases}.$$

Beweis. Klar wegen

$$\sum_1^n \frac{z^{2^{\nu-1}}}{z^{2^\nu} - 1} = \sum_1^n \left(\frac{1}{1 - z^{2^\nu}} - \frac{1}{1 - z^{2^{\nu-1}}} \right) = \frac{1}{1 - z^{2^n}} - \frac{1}{1 - z}. \qquad \square$$

Der Beispieltyp der Reihe für $F(z)$ geht auf TANNERY zurück; dessen Beispiel war

$$\frac{1+z}{1-z} + \frac{2z}{z^2 - 1} + \frac{2z^2}{z^4 - 1} + \frac{2z^4}{z^8 - 1} + \frac{2z^8}{z^{16} - 1} + \dots = \begin{cases} 1 & \text{für } |z| < 1 \\ -1 & \text{für } |z| > 1 \end{cases};$$

der Leser führe den Nachweis (vgl. auch [W$_4$], 231/232). WEIERSTRASS hat das weitaus kompliziertere Beispiel $\sum\limits_1^\infty \dfrac{1}{z^n + z^{-n}}$ angegeben; für ihn war übrigens dieses Konvergenzphänomen Anlaß, kritisch zum Begriff der holomorphen Funktion Stellung zu nehmen; er schreibt (loc. cit. S. 210):

„...so ist damit bewiesen, dass der Begriff einer monogenen Function einer complexen Veränderlichen mit dem Begriff einer durch (arithmetische) Grössenoperationen ausdrückbaren Abhängigkeit sich nicht vollständig deckt. Daraus aber folgt dann, dass mehrere der wichtigsten Sätze der neueren Functionenlehre nicht ohne Weiteres auf Ausdrücke, welche im Sinne der älteren Analysten (Euler, Lagrange u.A.) Functionen einer complexen Veränderlichen sind, dürfen angewandt werden."

WEIERSTRASS vertritt damit einen anderen Standpunkt als RIEMANN, der in seiner Dissertation [R] am Schluß des § 20, S. 39, noch eine gegenteilige Ansicht vertritt.

Aufgabe. Zeigen Sie, daß die Reihe $\dfrac{1}{z - z^{-1}} + \dfrac{1}{z^2 - z^{-2}} + \dots + \dfrac{1}{z^{2^n} - z^{-2^n}} + \dots$ in $\mathbb{C} \setminus \partial \mathbb{E}$ kompakt konvergiert und bestimmen Sie die Grenzfunktion.

5*. Eine Konstruktion von WEIERSTRASS. Eine Zahl $\alpha \in \mathbb{C}$ heißt *algebraisch*, wenn es ein Polynom $p \in \mathbb{Z}[z]$, $p \neq 0$, mit $p(\alpha) = 0$ gibt. In der Algebra wird gezeigt, daß die Menge K aller algebraischen Zahlen ein abzählbarer Oberkörper $\neq \mathbb{C}$ von $\mathbb{Q}$ ist. WEIERSTRASS hat 1886 in einem Brief an L. KOENIGSBERGER (veröffentlicht in Acta Math. 39, 238–239 (1923)) folgendes gezeigt:

Es gibt ganze transzendente Funktionen $f(z) = \sum a_\nu z^\nu$ mit $a_\nu \in \mathbb{Q}$ für alle ν, so daß $f(K) \subset K$ und $f(\mathbb{Q}) \subset \mathbb{Q}$.

Beweis. Wir wählen eine Folge $p_0, p_1, \ldots$ von Polynomen aus $\mathbb{Z}[z]$, so daß jedes $\alpha \in K$ ein p_n annulliert, und setzen $q_n := p_0 p_1 \cdot \ldots \cdot p_n \in \mathbb{Z}[z]$, $n \in \mathbb{N}$. Bezeichnet r_n den Grad von q_n, so definieren wir eine Folge $m_n \in \mathbb{N}$ induktiv durch

$$m_0 := 0, \ m_1 := m_0 + r_0 + 1, \ldots, m_{n+1} := m_n + r_n + 1.$$

Für jede rationale Zahl $k_n \neq 0$ enthält dann das Polynom $k_n q_n(z) z^{m_n}$ höchstens die Potenzen z^l mit $l = m_n, \ldots, m_n + r_n$, wobei der Term $z^{m_n + r_n}$ wirklich vorkommt. Verschieden indizierte Polynome haben daher keine Potenzen gemeinsam, somit ist $f(z) := \sum_0 k_n q_n(z) z^{m_n}$ eine formale Potenzreihe mit rationalen Koeffizienten, in der alle Summanden $z^{m_n + r_n}$, $n \in \mathbb{N}$, wirklich vorkommen. Wählt man nun k_n so klein, daß alle Koeffizienten von $k_n q_n(z) z^{m_n}$ kleiner als $[(m_n + r_n)!]^{-1}$ sind, so folgt $f \in \mathcal{O}(\mathbb{C})$, $f \notin \mathbb{C}[z]$.

Ist $\alpha \in K$ Nullstelle von p_s, so gilt $q_n(\alpha) = 0$ für alle $n \geq s$ und daher

$$f(\alpha) = \sum_0^{s-1} k_n q_n(\alpha) \alpha^{m_n} \in K; \quad \text{im Falle } \alpha \in \mathbb{Q} \text{ folgt } f(\alpha) \in \mathbb{Q}. \qquad \square$$

Die elegante Konstruktion von WEIERSTRASS wirkte seinerzeit sensationell, zumal die damals noch keineswegs allgemein akzeptierte Abzählungsmethode von CANTOR wesentlich benutzt wird. Im Anschluß an WEIERSTRASS schrieb P. STÄCKEL 1895 eine Arbeit *Über arithmetische Eigenschaften analytischer Funktionen*, Math. Ann. 46, 513–520, wo er zeigte:

Ist $A \subset \mathbb{C}$ abzählbar und B dicht in $\mathbb{C}$, so gibt es ganze transzendente Funktionen f mit $f(A) \subset B$.

Insbesondere gibt es also ganze transzendente Funktionen, deren Wert für *jedes* algebraische Argument *transzendent* ($:=$ nicht algebraisch) ist; die Exponentialfunktion hat nach dem berühmten Satz von LINDEMANN-GELFOND-SCHNEIDER für alle algebraischen Argumente $\neq 0$ transzendente Werte. G. FABER konstruierte 1904, Math. Ann. 58, 545–557, ganze transzendente Funktionen, die an allen algebraischen Stellen samt allen ihren Ableitungen algebraische Werte annehmen.

Die Weierstraßsche Konstruktion widerlegt die Vorstellung, daß ganze Funktionen mit rationalen Koeffizienten, die an allen rationalen Argumenten rationale Werte haben, selbst rational, d.h. Polynome sind. Unter zusätzlichen Voraussetzungen ist dies allerdings richtig, so bemerkt HILBERT bereits 1892 am Ende seiner Arbeit *Über die Irreduzibilität ganzer rationaler Funktionen mit ganzzahligen Koeffizienten* (Crelles Journ. 110, 104–129; auch Ges. Abh. Bd. II, 264–286), daß eine Potenzreihe $f(z)$ mit positivem Konvergenzradius immer dann ein Polynom ist, wenn sie eine *algebraische* Funktion ist (d.h. wenn es ein Polynom $p(w, z) \neq 0$ in 2 Veränderlichen mit $p(f(z), z) \equiv 0$ gibt) und für alle rationalen Argumente eines beliebig kleinen reellen Intervalles stets rationale Werte annimmt.

§ 5. Offenheitssatz und Maximumprinzip

Die Fasern $f^{-1}(a)$ nicht konstanter holomorpher Funktionen f bestehen aus isolierten Punkten (vgl. 1.3) und sind also sehr „dünn". Die Bildmengen $f(U)$ von offenen Mengen U werden dementsprechend „dick" sein. Diese Vorstellung wird jetzt präzisiert. Dazu führen wir eine bequeme Redeweise ein.

Eine stetige Abbildung $f: X \to Y$ zwischen topologischen Räumen X, Y heißt *offen*, wenn das Bild $f(U)$ jeder in X offenen Menge U offen in Y ist (im Gegensatz hierzu bedeutet Stetigkeit, daß jede in Y offene Menge V ein in X offenes Urbild $f^{-1}(V)$ hat). Jede topologische Abbildung ist offen. Die Abbildung $\mathbb{R} \to \mathbb{R}$, $x \mapsto x^2$, ist *nicht* offen. Dieses Phänomen tritt bei holomorphen Abbildungen nicht auf; vielmehr gilt

1. Offenheitssatz. *Es sei f holomorph und nirgends lokal konstant im Bereich D. Dann ist die Abbildung $f: D \to \mathbb{C}$ offen.*

Den Beweis stützen wir auf einen an sich interessanten

Existenzsatz für Nullstellen. *Es sei V eine Kreisscheibe um c mit $\bar{V} \subset D$; es sei f holomorph in D, und es gelte:* $\min_{z \in \partial V} |f(z)| > |f(c)|$. *Dann hat f eine Nullstelle in V.*

Beweis. Wäre f nullstellenfrei in V, so wäre f nullstellenfrei in einer offenen Umgebung $U \subset D$ von $\bar{V}$. Die Funktion $g: U \to \mathbb{C}$, $z \mapsto 1/f(z)$, wäre also holomorph in U, und die Mittelwertungleichung würde implizieren

$$|f(c)|^{-1} = |g(c)| \le \max_{z \in \partial V} |g(z)| = \max_{z \in \partial V} \frac{1}{|f(z)|} = (\min_{z \in \partial V} |f(z)|)^{-1},$$

also $|f(c)| \ge \min_{z \in \partial V} |f(z)|$ im Widerspruch zur Voraussetzung.   □

Nun ist der Beweis des Offenheitssatzes schnell geführt: Sei $U \subset D$ offen und sei $c \in U$. Wir müssen zeigen, daß $f(U)$ eine Kreisscheibe B um $f(c)$ enthält. Wir dürfen $f(c) = 0$ annehmen (andernfalls betrachte man $f(z) - f(c)$). Da f um c nicht konstant ist, gibt es eine Kreisscheibe V um c mit $\bar{V} \subset U$, so daß $0 \notin f(\partial V)$ (Identitätssatz). Daher gilt: $2\delta := \min_{z \in \partial V} |f(z)| > 0$. Wir setzen nun $B := B_\delta(0)$ und behaupten $f(U) \supset B$. Für $b \in B$ gilt $|b| < \delta$ und also $|f(z) - b| \ge |f(z)| - |b| \ge \delta$ für alle $z \in \partial V$. Es folgt $\min_{z \in \partial V} |f(z) - b| > |b|$. Nach dem Existenzsatz für Nullstellen gibt es daher ein $\hat{z}$ in V mit $b = f(\hat{z})$. Dies bedeutet $B \subset f(U)$.   □

Der Offenheitssatz hat wichtige Konsequenzen. So ist z.B. sofort klar, daß holomorphe Funktionen mit konstantem Real- oder Imaginärteil oder Betrag selbst konstant sind. Allgemeiner mache sich der Leser klar:

Ist $P(X, Y) \in \mathbb{R}[X, Y]$ ein reelles, vom Nullpolynom verschiedenes Polynom, so ist jede im Gebiet G holomorphe Funktion f, für welche $P(\operatorname{Re} f(z), \operatorname{Im} f(z))$ konstant ist, selbst konstant.

Der Offenheitssatz wird häufig auch ausgesprochen als

Satz von der Gebietstreue. *Es sei f holomorph und nicht konstant im Gebiet G. Dann ist f(G) wieder ein Gebiet.*

Beweis. Da f nach dem Identitätssatz nirgends lokal konstant in G ist, so ist $f(G)$ nach dem Offenheitssatz offen. Da f stetig ist, so ist mit G auch $f(G)$ zusammenhängend. □

Unser Beweis des Offenheitssatzes geht auf CARATHÉODORY zurück ([5], 139/140), entscheidendes Hilfsmittel ist die Mittelwertungleichung und damit die Cauchysche Integralformel. Es ist möglich, wenngleich recht langwierig, den Beweis integralfrei zu führen, vgl. etwa G.T. WHYBURN: *Topological Analysis*, Princeton University Press, 1958, S. 76. Mittels des Offenheitssatzes läßt sich elementar zeigen, daß holomorphe Funktionen lokal in Potenzreihen entwickelbar sind (siehe z.B. P. PORCELLI und E.H. CONNELL: *A Proof Of The Power Series Expansion Without Cauchy's Formula*, Bull. Amer. Math. Soc. 67, 177–181 (1961)).

2. Maximumprinzip. *Es sei f holomorph im Gebiet G. Es gebe einen Punkt $c \in G$, so daß f in c ein lokales Maximum hat, d.h. es gebe eine Umgebung $U \subset G$ von c mit $|f(c)| = |f|_U$. Dann ist f konstant in G.*

Beweis. Da $|f(z)| \leq |f(c)|$ für alle $z \in U$, so gilt

$$f(U) \subset \{w \in \mathbb{C} : |w| \leq |f(c)|\}.$$

Die Menge $f(U)$ ist also *keine* Umgebung von $f(c)$, d.h. f ist nicht offen. Nach dem Offenheitssatz ist f konstant (da G ein Gebiet ist). □

Deutet man die reelle Zahl $|f(z)|$ als Höhe im Punkt z (senkrecht zur z-Ebene), so gewinnt man über $G \subset \mathbb{C} = \mathbb{R}^2$ eine Fläche im $\mathbb{R}^3$, die man häufig die *analytische Landschaft von f* nennt. Das Maximumprinzip läßt sich dann suggestiv so aussprechen:

In der analytischen Landschaft einer holomorphen Funktion gibt es keine echten Gipfel.

Das Maximumprinzip wird oft in folgender Variante benutzt:

Maximumprinzip für beschränkte Gebiete. *Es sei G ein beschränktes Gebiet, und es sei f eine in $\bar{G} = G \cup \partial G$ stetige und in G holomorphe Funktion. Dann nimmt $|f|$ das Maximum auf ∂G an:*

$$|f(z)| \leq |f|_{\partial G} \quad \text{für alle } z \in \bar{G},$$

d.h. die Funktion f nimmt ihr Maximum auf dem Rand von G an.

Der Leser lege sich einen Beweis zurecht. Die Voraussetzung der Beschränktheit von G ist wesentlich; so wird die Aussage falsch für die Funktion

$h(z) := \exp(\exp z)$ im Streifengebiet $S := \{z \in \mathbb{C} : -\frac{1}{2}\pi < \operatorname{Im} z < \frac{1}{2}\pi\}$; in diesem Beispiel gilt $|h|_{\partial G} = 1$, aber $h(x) = \exp(e^x) \to \infty$ für $x \in \mathbb{R}$, $x \to \infty$. □

Anwendung des Maximumprinzips auf $1/f$ führt unmittelbar zum

Minimumprinzip. *Es sei f holomorph in G. Es gebe einen Punkt $c \in G$, so daß f in c ein lokales Minimum hat, d.h. es gebe eine Umgebung $U \subset G$ von c mit $|f(c)| = \inf\limits_{z \in U} |f(z)|$. Dann gilt $f(c) = 0$, oder f ist konstant in G.*

Minimumprinzip für beschränkte Gebiete. *Es sei G beschränkt, und es sei f stetig in $\bar{G}$ und holomorph in G. Dann hat f Nullstellen in G, oder $|f|$ nimmt das Minimum auf ∂G an:*

$$|f(z)| \geq \min_{\zeta \in \partial G} |f(\zeta)| \quad \text{für alle } z \in G.$$

Offensichtlich ist das Minimumprinzip eine Verallgemeinerung des Existenzsatzes für Nullstellen aus Abschnitt 1.

3. Historisches zum Maximumprinzip. RIEMANN schreibt 1851 (vgl. [R], S. 22): „*Eine harmonische Function u kann nicht in einem Punkt im Innern ein Minimum oder ein Maximum haben, wenn sie nicht überall constant ist.*" BURKHARDT formuliert 1897 diesen Satz für Real- und Imaginärteil holomorpher Funktionen auf S. 126 seines Lehrbuches [Bu]; OSGOOD behandelt 1906 in seinem Werk [Os] das Maximum- und Minimumprinzip auch nur für harmonische Funktionen (S. 652).

Es scheint schwierig zu sein herauszufinden, wann und wo der Satz erstmals für holomorphe Funktionen formuliert und ohne Reduktion auf den harmonischen Fall bewiesen wird; auch Experten für die Geschichte der Funktionentheorie konnten mir nicht sagen, ob das Maximumprinzip schon bei CAUCHY vorkommt. SCHOTTKY spricht 1892 von „einem Satz der Functionentheorie" (näheres hierzu findet der Leser in 11.2.2). C. CARATHÉODORY (deutscher Mathematiker griechischer Abstammung, 1873-1950, ursprünglich Ingenieur, Assistent von A. SOMMERFELD; ab 1924 in München) gibt 1912 in [Ca], S. 110, seinen einfachen Beweis des Schwarzschen Lemmas mittels des Maximumprinzips für holomorphe Funktionen (vgl. 9.2.5), er sagt dabei aber nichts zu diesem wichtigen Satz. HURWITZ bespricht den Satz in seinen *Vorlesungen über allgemeine Funktionentheorie und elliptische Funktionen*, die erst 1922 bei Julius Springer, Berlin publiziert wurden ([12], S. 107).

1915 schreibt L. BIEBERBACH (1886-1982) in seinem Göschenbändchen *Einführung in die konforme Abbildung* ([3], S. 8): „*Wenn $f(z)$ im Inneren eines Gebietes G regulär und endlich ist, so besitzt $|f(z)|$ kein Maximum im Inneren des Gebietes. Die Behauptung (bekanntlich eine leichte Folgerung des Cauchyschen Integralsatzes) kann auch unmittelbar aus der Gebietstreue [= Offenheitssatz] gefolgert werden.*" Im 1927 erschienenen 2. Band seines Werkes [4] spricht BIEBERBACH auf S. 70 vom „Prinzip des Maximums".

4. Verschärfung des Weierstraßschen Konvergenzsatzes. Mit Hilfe des Maximumprinzips erhält man sofort ein Konvergenzkriterium, das auch WEIERSTRASS schon kannte.

Konvergenzkriterium. *Es sei G beschränkt und f_n eine Folge von in $\bar{G}$ stetigen und in G holomorphen Funktionen. Die Folge $f_n|\partial G$ sei gleichmäßig konvergent in ∂G. Dann konvergiert die Folge f_n gleichmäßig in $\bar{G}$ gegen eine in $\bar{G}$ stetige und in G holomorphe Funktion.*

Beweis. Nach dem Maximumprinzip für beschränkte Gebiete gilt:

$$|f_m - f_n|_{\bar{G}} = |f_m - f_n|_{\partial G}.$$

Da $f_n|\partial G$ eine Cauchy-Folge bez. der Supremum-Seminorm $|\ |_{\partial G}$ ist, so ist $f_n|\bar{G}$ eine Cauchy-Folge bez. $|\ |_{\bar{G}}$. Nach dem Cauchyschen Konvergenzkriterium 3.2.1, dem Stetigkeitssatz 3.1.2 und dem Weierstraßschen Konvergenzsatz 4.1 folgt die Behauptung.   □

Als einfache Folgerung aus dem Konvergenzkriterium gewinnt man die

Verschärfung des Konvergenzsatzes von WEIERSTRASS. *Es sei D ein Bereich und A eine in D diskrete und abgeschlossene Menge. Es sei $f_n \in \mathcal{O}(D)$ eine Folge, so daß die auf $D \smallsetminus A$ eingeschränkte Folge $f_n|(D \smallsetminus A)$ in $D \smallsetminus A$ kompakt konvergiert. Dann ist f_n in ganz D kompakt konvergent.*

Der Leser führe den Beweis aus und zeige weiter:

Es sei f_n eine Folge von in G holomorphen Funktionen, es gebe ein $g \in \mathcal{O}(G)$, $g \neq 0$, so daß die Folge $g f_n$ in G kompakt konvergiert. Dann konvergiert bereits die Folge f_n kompakt in G.

Kapitel 9. Miscellanea

> Wer vieles bringt, wird manchem
> etwas bringen (J.W. von GOETHE).

Sobald die Cauchysche Integralformel zur Verfügung steht, läßt sich eine Fülle von klassischen Themen der Funktionentheorie direkt und unabhängig voneinander behandeln. Diese Freiheit der Themenwahl zwingt zur Selbstbeschränkung; bei CARATHÉODORY liest man ([5], S. 6): „Die größte Schwierigkeit bei der Planung eines Lehrbuches der Funktionentheorie liegt in der Auswahl des Stoffes. Man muß sich von vornherein entschließen, alle Fragen wegzulassen, deren Darstellung zu große Vorbereitungen verlangt."

Die in diesem Kapitel ausgewählten Themen gehören bis auf den Satz von RITT über asymptotische Potenzreihenentwicklungen zum kanonischen Stoff der Funktionentheorie. Der Satz von RITT verdient, der Vergessenheit entrissen zu werden: seine überraschende Aussage verallgemeinert einen alten Satz von E. BOREL über die Willkür des Werteverhaltens unendlich oft differenzierbarer reeller Funktionen; dieser klassische Satz der reellen Analysis findet so eine funktionentheoretische Interpretation.

§ 1. Fundamentalsatz der Algebra

Wir haben in [Zahlen], Kapitel 4, ausführlich über den Fundamentalsatz der Algebra und seine Geschichte berichtet und dort u.a. die Beweise von ARGAND und LAPLACE wiedergegeben. Im folgenden werden vier funktionentheoretische Beweise mitgeteilt.

1. Fundamentalsatz der Algebra. *Jedes nicht-konstante komplexe Polynom hat mindestens eine komplexe Nullstelle.*

Dieser Existenzsatz heißt bei GAUSS *Grundlehrsatz* der Theorie der algebraischen Gleichungen (vgl. Werke 3, S. 73); er ist, da sich Nullstellen stets als Linearfaktoren abspalten (vgl. hierzu z.B. [Zahlen], 4.3), äquivalent zum

Faktorisierungssatz. *Jedes Polynom $p(z) = a_0 + a_1 z + \ldots + a_n z^n \in \mathbb{C}[z]$ vom Grad n (d.h. $a_n \neq 0$) ist eindeutig (bis auf die Reihenfolge der Faktoren) darstellbar als Produkt*

$$p(z) = a_n(z - c_1)^{m_1}(z - c_2)^{m_2} \cdot \ldots \cdot (z - c_r)^{m_r},$$

wobei $c_1, \ldots, c_r \in \mathbb{C}$ paarweise verschieden, $m_1, \ldots, m_r \in \mathbb{N} \setminus \{0\}$, $n = m_1 + \ldots + m_r$.

Für reelle Polynome $p(z) \in \mathbb{R}[z]$ folgt hieraus, da dann wegen $\overline{p(z)} = p(\bar{z})$ mit c auch stets $\bar{c}$ eine Nullstelle ist und $(z-c)(z-\bar{c}) \in \mathbb{R}[z]$ gilt:

Jedes reelle Polynom $p(z)$ vom Grad $n \geq 1$ ist eindeutig darstellbar als Produkt reeller Linearfaktoren und reeller quadratischer Polynome.

Unter Benutzung der Ordnungsfunktion o_z läßt sich der Fundamentalsatz der Algebra auch als eine Gleichung formulieren:

Für jedes komplexe Polynom p vom Grad n gilt $\sum\limits_{z \in \mathbb{C}} o_z(p) = n$.

Für ganze transzendente Funktionen hat man kein Analogon, z.B. gilt:

$$\sum_{z \in \mathbb{C}} o_z(\exp) = 0, \quad \sum_{z \in \mathbb{C}} o_z(\sin) = \infty.$$

Alle Beweise des Fundamentalsatzes benutzen, daß Polynome positiven Grades mit wachsendem z gleichmäßig gegen ∞ streben. Wir präzisieren diese Aussage im

Wachstumslemma. *Es sei $p = \sum\limits_{0}^{n} a_\nu z^\nu \in \mathbb{C}[z]$ ein Polynom n-ten Grades. Dann gibt es ein $R > 0$, so daß für alle $z \in \mathbb{C}$ mit $|z| \geq R$ gilt:*

$$(1) \qquad \tfrac{1}{2}|a_n|\,|z|^n \leq |p(z)| \leq 2|a_n|\,|z|^n, \; \text{speziell: } \lim_{z \to \infty} \frac{|z|^\nu}{|p(z)|} = 0, \; 0 \leq \nu < n.$$

Beweis. Sei $n \geq 1$, sei $r(z) := \sum\limits_{0}^{n-1} |a_\nu|\,|z|^\nu$. Dann gilt stets:

$$|a_n|\,|z|^n - r(z) \leq |p(z)| \leq |a_n|\,|z|^n + r(z).$$

Für $|z| \geq 1$ und $\nu < n$ gilt $|z|^\nu \leq |z|^{n-1}$ und also $r(z) \leq m|z|^{n-1}$ mit $m := \sum\limits_{0}^{n-1} |a_\nu|$. Daher leistet $R := \max\{1, 2m|a_n|^{-1}\}$ das Verlangte. $\qquad \square$

Der eben geführte Beweis ist anspruchslos insofern, als er nur Rechenregeln für den Absolutbetrag verwendet; das Wachstumslemma gilt daher für Polynome über jedem *bewerteten* Körper.

2. Vier Beweise des Fundamentalsatzes. Die ersten drei Beweise werden indirekt geführt; wir nehmen also an, es gäbe ein Polynom $q = \sum\limits_{0}^{n} a_\nu z^\nu$ vom Grad $n \geq 1$ ohne Nullstellen.

1. Beweis (allein mittels des Cauchyschen Integralsatzes). Für $q^* := \sum\limits_{0}^{n} \bar{a}_\nu z^\nu \in \mathbb{C}[z]$ gilt stets $q^*(\bar{c}) = \overline{q(c)}$, $c \in \mathbb{C}$; daher ist $g := q\,q^* \in \mathbb{C}[z]$ nullstellenfrei vom Grad $2n$ mit $g(x) = |q(x)|^2 > 0$, $x \in \mathbb{R}$. Da $1/g$ in $\mathbb{C}$ holomorph ist, so gilt

$$0 = \int_{-r}^{r} \frac{dx}{|q(x)|^2} + \int_{\gamma_r} \frac{d\zeta}{g(\zeta)}$$

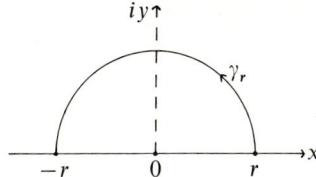

nach dem Cauchyschen Integralsatz für alle $r>0$, wobei $\gamma_r(t)=re^{it}$, $0\leq t\leq\pi$ (Figur). Nach dem Wachstumslemma gilt $|g(z)|^{-1}\leq M|z|^{-2n}$ mit $M:=2|a_n|^{-2}$ für $|z|\geq r$, wenn r hinreichend groß ist. Für solche r folgt

$$\left|\int_{\gamma_r}\frac{d\zeta}{g(\zeta)}\right|\leq |1/g|_{\gamma_r}\,\pi r\leq\pi Mr^{-(2n-1)},\quad\text{d.h.}\quad\lim_{r\to\infty}\int_{\gamma_r}\frac{d\zeta}{g(\zeta)}=0\ \text{wegen}\ n\geq 1.$$

Es wäre also $0=\lim\limits_{r\to\infty}\int_{-r}^{r}\dfrac{dx}{|q(x)|^2}$, was wegen $|q(x)|>0$ absurd ist.

2. *Beweis* (mittels der Mittelwertungleichung). Da q nullstellenfrei ist, so ist $f:=1/q$ holomorph in $\mathbb{C}$; daher gilt $|f(0)|\leq|f|_{\partial B_r}$ für jeden Kreis ∂B_r vom Radius $r>0$ um den Nullpunkt (vgl. 7.2.2). Da $\lim\limits_{z\to\infty}|f(z)|=0$ nach dem Wachstumslemma, so folgt $f(0)=0$ im Widerspruch zu $f(0)=q(0)^{-1}\neq 0$.

3. *Beweis* (mittels des Satzes von LIOUVILLE). Wie im 2. Beweis benutzen wir, daß für $f:=1/q\in\mathcal{O}(\mathbb{C})$ gilt: $\lim\limits_{z\to\infty}|f(z)|=0$. Daher wäre f in $\mathbb{C}$ beschränkt und also nach LIOUVILLE konstant, was wegen $n\geq 1$ nicht zutrifft.

4. *Beweis* (direkt, mittels des Minimumprinzips). Es sei $p=\sum\limits_{0}^{n}a_\nu z^\nu\in\mathbb{C}[z]$, $a_n\neq 0$, ein nichtkonstantes Polynom. Wir bestimmen $s>0$ so, daß gilt $|p(0)|<\frac{1}{2}|a_n|s^n$. Nach dem Wachstumslemma folgt (evtl. ist s zu vergrößern): $|p(0)|<\min\limits_{|z|=s}|p(z)|$. Daher hat $|p(z)|$ in einem Punkt $a\in B_s(0)$ ein lokales Minimum. Nach dem Minimumprinzip folgt $p(a)=0$ (man kann übrigens auch direkt mit dem Existenzsatz 8.5.1 für Nullstellen schließen).

3. Satz von GAUSS über die Lage der Nullstellen von Ableitungen. Ist $p(z)$ ein komplexes Polynom n-ten Grades, und sind $c_1,\ldots,c_n\in\mathbb{C}$ die (nicht notwendig verschiedenen) Nullstellen von $p(z)$, so gilt

(1)
$$\frac{p'(z)}{p(z)}=\frac{1}{z-c_1}+\ldots+\frac{1}{z-c_n}=\sum_1^n\overline{\frac{z-c_\nu}{|z-c_\nu|^2}};$$

dies ergibt sich durch Induktion nach n, da aus $p(z)=(z-c_1)q(z)$ folgt $p'(z)=q(z)+(z-c_1)q'(z)$ und also $p'(z)p(z)^{-1}=(z-c_1)^{-1}+q'(z)q(z)^{-1}$. Mit Hilfe von (1) folgt schnell:

Satz (GAUSS, Werke 3, S. 112). *Sind $c_1,\ldots,c_n$ die (nicht notwendig verschiedenen) Nullstellen des Polynoms $p(z)\in\mathbb{C}[z]$, so gibt es zu jeder Nullstelle $c\in\mathbb{C}$ der Ableitung $p'(z)$ reelle Zahlen $\lambda_1,\lambda_2,\ldots,\lambda_n$, so daß gilt:*

$$c=\sum_1^n\lambda_\nu c_\nu,\quad\lambda_1\geq 0,\ldots,\lambda_n\geq 0,\quad\sum_1^n\lambda_\nu=1.$$

Beweis. Sei c Nullstelle von p'. Falls c zugleich Nullstelle c_j von p ist, so setze man $\lambda_\nu := 0$ für $\nu \neq j$ und $\lambda_j := 1$. Gilt aber $p(c) \neq 0$, so folgt aus (1)

$$0 = \overline{\frac{p'(c)}{p(c)}} = \sum_{1}^{n} \frac{c - c_\nu}{|c - c_\nu|^2}$$

und weiter

$$mc = \sum_{1}^{n} m_\nu c_\nu \quad \text{mit} \quad m := \sum_{1}^{n} |c - c_\nu|^{-2} > 0, \quad m_\nu := |c - c_\nu|^{-2} > 0.$$

Mithin haben $\lambda_1 := m_1/m, \ldots, \lambda_n := m_n/m$ die behauptete Eigenschaft. $\qquad\square$

Für jede Menge $A \subset \mathbb{C}$ heißt der Durchschnitt aller A umfassenden *konvexen* Mengen die *konvexe Hülle* conv A von A. Es gilt

$$\text{conv}\, \{c_1, \ldots, c_n\} = \left\{ z \in \mathbb{C} : z = \sum_{1}^{n} \lambda_\nu c_\nu;\ \lambda_1 \geq 0, \ldots, \lambda_n \geq 0, \sum_{1}^{n} \lambda_\nu = 1 \right\}.$$

Der Satz von GAUSS läßt sich folglich so aussprechen:

Jede Nullstelle von $p'(z)$ liegt in der konvexen Hülle der Nullstellenmenge von $p(z)$.

§ 2. Schwarzsches Lemma und die Gruppen Aut $\mathbb{E}$, Aut $\mathbb{H}$

Ziel dieses Paragraphen ist es zu zeigen, daß die in 2.3.1–3 beschriebenen Automorphismen des Einheitskreises $\mathbb{E}$ bzw. der oberen Halbebene $\mathbb{H}$ *alle* Automorphismen von $\mathbb{E}$ bzw. $\mathbb{H}$ sind. Das Hilfsmittel dazu ist ein auf H.A. SCHWARZ zurückgehendes Lemma über mittelpunktstreue Abbildungen des Einheitskreises.

1. Schwarzsches Lemma. *Für jede holomorphe Abbildung $f: \mathbb{E} \to \mathbb{E}$ mit $f(0) = 0$ gilt:*

$$|f(z)| \leq |z| \quad \text{für alle } z \in \mathbb{E}, \quad |f'(0)| \leq 1.$$

Gibt es wenigstens einen Punkt $c \in \mathbb{E} \setminus \{0\}$ mit $|f(c)| = |c|$, oder gilt $|f'(0)| = 1$, so ist f eine Drehung um 0, d.h. es gibt ein $a \in S^1$, so daß gilt:

$$f(z) = a \cdot z \quad \text{für alle } z \in \mathbb{E}.$$

Beweis. Da $f(0) = 0$, so wird in $\mathbb{E}$ durch

$$g(z) := \frac{f(z)}{z} \quad \text{für } z \in \mathbb{E} \setminus \{0\}, \quad g(0) := f'(0)$$

eine holomorphe Funktion g gegeben. Da stets $|f(z)| < 1$, so gilt:

$$\max_{|z| = r} |g(z)| \leq \frac{1}{r} \quad \text{für jede positive reelle Zahl } r < 1.$$

Nach dem Maximumprinzip folgt: $|g(z)| \leq r^{-1}$ für $z \in B_r(0)$, $0 < r < 1$. Für $r \to 1$ folgt $|g(z)| \leq 1$, d.h. $|f(z)| \leq |z|$ für alle $z \in \mathbb{E}$ und $|f'(0)| = |g(0)| \leq 1$. Falls $|f'(0)| = 1$ oder $|f(c)| = |c|$ mit $c \in \mathbb{E} \smallsetminus \{0\}$, so gilt $|g(0)| = 1$ oder $|g(c)| = 1$, d.h. g nimmt in $\mathbb{E}$ ein Maximum an. Nach dem Maximumprinzip ist g dann eine Konstante vom Betrag 1.   □

Aufgabe. Man beweise folgende Verschärfung des Schwarzschen Lemmas (Bezeichnung wie eben): *Falls* $o_0(f) = n \in \mathbb{N}$, $n \geq 1$, *so gilt:*

$$|f(z)| \leq |z|^n \quad \text{für alle } z \in \mathbb{E}, \quad |f^{(n)}(0)| \leq 1.$$

Es gilt $f(z) = a \cdot z^n$, $a \in S^1$, *wenn wenigstens ein Punkt* $c \neq 0$ *in* $\mathbb{E}$ *mit* $|f(c)| = |c|^n$ *existiert, oder wenn gilt* $|f^{(n)}(0)| = 1$.

2. Mittelpunktstreue Automorphismen von $\mathbb{E}$. Die Gruppen Aut $\mathbb{E}$ und Aut $\mathbb{H}$.
Für jeden Punkt c eines Bereiches D in $\mathbb{C}$ und jede Untergruppe L von Aut D ist die Menge aller Automorphismen aus L, die c festhalten, eine Untergruppe von L. Man nennt sie *die Isotropiegruppe von* c *bez.* L; im Falle $L = \text{Aut}\, D$ bezeichnen wir sie mit $\text{Aut}_c D$. Für die Gruppe $\text{Aut}_0 \mathbb{E}$ aller *mittelpunktstreuen* Automorphismen von $\mathbb{E}$ gilt:

Satz. *Jeder Automorphismus* $f: \mathbb{E} \to \mathbb{E}$ *mit* $f(0) = 0$ *ist eine Drehung:*

$$\text{Aut}_0 \mathbb{E} = \{f: \mathbb{E} \to \mathbb{E}, \; z \mapsto f(z) = a\,z : a \in S^1\}.$$

Beweis. Sicher gehören alle Drehungen zu $\text{Aut}_0 \mathbb{E}$. Sei umgekehrt $f \in \text{Aut}_0 \mathbb{E}$, also auch $f^{-1} \in \text{Aut}_0 \mathbb{E}$. Dann folgt nach dem Schwarzschen Lemma:

$$|f(z)| \leq |z| \quad \text{und} \quad |z| = |f^{-1}(f(z))| \leq |f(z)| \quad \text{für } z \in \mathbb{E},$$

d.h. stets $|f(z)| = |z|$. Also ist $|f(z) \cdot z^{-1}| = 1$ in $\mathbb{E} \smallsetminus \{0\}$, d.h. $f(z) z^{-1} = a \in S^1$.   □

Die explizite Angabe aller Automorphismen von $\mathbb{E}$ ist nun einfach. Wir stützen uns auf folgenden elementaren

Hilfssatz. *Es sei* J *eine Untergruppe von* Aut D *mit folgenden Eigenschaften:*
1) *J wirkt transitiv auf D.*
2) *J enthält eine Isotropiegruppe* $\text{Aut}_c D$, $c \in D$.
Dann gilt: $J = \text{Aut}\, D$.

Beweis. Sei $h \in \text{Aut}\, D$. Wegen 1) gibt es ein $g \in J$ mit $g(h(c)) = c$. Wegen 2) folgt $f := g \circ h \in J$, also $h = g^{-1} \circ f \in J$.   □

Theorem. $\text{Aut } \mathbb{E} = \left\{ \dfrac{a\,z+b}{\bar{b}\,z+\bar{a}} : a, b \in \mathbb{C}, |a|^2 - |b|^2 = 1 \right\} = \left\{ e^{i\varphi} \dfrac{z-w}{\bar{w}\,z-1} : w \in \mathbb{E}, 0 \leq \varphi < 2\pi \right\}.$

Beweis. Die beiden Mengen rechts sind gleich und bilden eine Untergruppe J von Aut $\mathbb{E}$, die transitiv auf $\mathbb{E}$ wirkt (vgl. 2.3.2-4). Auf Grund des obigen Satzes gilt $\mathrm{Aut}_0\,\mathbb{E}=\{e^{i\varphi}z:0\leq\varphi<2\pi\}\subset J$, daher folgt $J=\mathrm{Aut}\,\mathbb{E}$ aus dem Hilfssatz.   □

Nach 2.3.2 ist die Abbildung Aut $\mathbb{E}\to$ Aut $\mathbb{H}$, $h\mapsto h_{C'}\circ h\circ h_C$, wo $h_C,h_{C'}$ die Cayleyabbildungen bezeichnen, ein Gruppenisomorphismus. Da

$$\left\{\frac{\alpha z+\beta}{\gamma z+\delta}:\begin{pmatrix}\alpha&\beta\\\gamma&\delta\end{pmatrix}\in SL(2,\mathbb{R})\right\}=\left\{h_{C'}\circ\frac{a z+b}{\bar{b}z+\bar{a}}\circ h_C:a,b\in\mathbb{C},\,|a|^2-|b|^2=1\right\}$$

nach 2.3.2, so folgt als

Korollar. Aut $\mathbb{H}=\left\{\dfrac{\alpha z+\beta}{\gamma z+\delta}:\begin{pmatrix}\alpha&\beta\\\gamma&\delta\end{pmatrix}\in SL(2,\mathbb{R})\right\}$.

Aufgabe. Es sei G eine Untergruppe von Aut $\mathbb{E}$, es gelte: $\mathrm{Aut}_0\,\mathbb{E}\subset G$. Zeigen Sie:

$$G=\mathrm{Aut}_0\,\mathbb{E}\quad\text{oder}\quad G=\mathrm{Aut}\,\mathbb{E}.$$

Hinweis. Sei $h_{w,\psi}$ der Automorphismus $z\mapsto e^{i\psi}\dfrac{z-w}{\bar{w}z-1}$ von $\mathbb{E}$. Mit $h_{w,\psi}\in G$ gilt auch $h_{a,\alpha}\in G$ für alle $\alpha\in\mathbb{R}$ und alle $a\in\mathbb{C}$ mit $|a|=|w|$. Betrachten Sie nun $h_{|w|,0}\circ h_{|w|,\alpha}\in G$ für beliebiges $\alpha\in\mathbb{R}$.

3. Fixpunkte von Automorphismen. Da die Gleichung $\dfrac{a z+b}{c z+d}=z$ höchstens zwei Lösungen hat (es sei denn, daß $b=c=0$ und $a=d$), so haben Automorphismen $\neq$ id von $\mathbb{E}$ bzw. $\mathbb{H}$ höchstens zwei Fixpunkte; dabei versteht man unter einem *Fixpunkt* einer Abbildung $f:D\to\mathbb{C}$ jeden Punkt $p\in D$ mit $f(p)=p$.

Satz. *Jeder Automorphismus h von $\mathbb{E}$ bzw. $\mathbb{H}$ mit zwei verschiedenen Fixpunkten ist die Identität.*

Beweis. Wegen der Isomorphie der Gruppen Aut $\mathbb{E}$ und Aut $\mathbb{H}$ genügt es, den Satz für $\mathbb{E}$ zu zeigen. Da $\mathbb{E}$ homogen ist, dürfen wir annehmen, daß ein Fixpunkt der Nullpunkt ist. Dann gilt bereits $h(z)=a z$, $a\in S^1$, nach Satz 2. Gibt es nun noch einen Punkt $\hat{a}\neq 0$ mit $h(\hat{a})=a\hat{a}=\hat{a}$, so folgt $a=1$, d.h. $h=$ id.   □

Wie in 2.2.1 bezeichne $h_A\in$ Aut $\mathbb{H}$ den durch die Matrix $A=\begin{pmatrix}\alpha&\beta\\\gamma&\delta\end{pmatrix}\in SL(2,\mathbb{R})$ gegebenen Automorphismus $z\mapsto\dfrac{\alpha z+\beta}{\gamma z+\delta}$ von $\mathbb{H}$. Die Zahl Spur $A:=\alpha+\delta$ heißt die *Spur* von A. Eine direkte Verifikation zeigt:

Satz. *Der Automorphismus $h_A\in$ Aut $\mathbb{H}$, $A\in SL(2,\mathbb{R})\setminus\{\pm E\}$ hat genau dann einen Fixpunkt, wenn $|\mathrm{Spur}\,A|<2$.*

Alle Automorphismen $h_A:\mathbb{H}\xrightarrow{\sim}\mathbb{H}$, $h_A\neq$ id, mit $|\mathrm{Spur}\,A|\geq 2$ sind also *fixpunktfrei*, darunter sind insbesondere alle *Translationen* $z\mapsto z+2\tau$,

$\tau \in \mathbb{R} \smallsetminus \{0\}$. Diesen Translationen entsprechen in $\mathbb{E}$ die fixpunktfreien Automorphismen

$$z \mapsto \frac{(1+i\tau)z-i}{iz+(1-i\tau)}, \quad \tau \neq 0 \qquad \text{(Beweis!)}.$$

4. Satz von PICK. Wir bezeichnen mit $g_c \colon \mathbb{E} \overset{\sim}{\to} \mathbb{E}$ den Automorphismus
$z \mapsto \dfrac{z-c}{\bar{c}z-1}$, $c \in \mathbb{E}$; es gilt $g_c \circ g_c = \mathrm{id}$ (vgl. 2.3.3). Man rechnet nach

$$(*) \qquad \frac{|f'(z)|}{1-|f(z)|^2} = \frac{1}{1-|z|^2} \qquad \text{für alle } f = e^{i\varphi}g_c \text{ und alle } z \in \mathbb{E}.$$

Wir zeigen, daß diese Formel die Automorphismen von $\mathbb{E}$ charakterisiert.

Satz (PICK). *Für jede holomorphe Abbildung $f \colon \mathbb{E} \to \mathbb{E}$ gilt:*

$$(1) \qquad \frac{|f'(z)|}{1-|f(z)|^2} \leq \frac{1}{1-|z|^2} \qquad \text{für alle } z \in \mathbb{E}.$$

Existiert ein Punkt $\zeta \in \mathbb{E}$, für den in (1) das Gleichheitszeichen gilt, so ist f bereits ein Automorphismus von $\mathbb{E}$, und zwar gilt dann

$$(2) \qquad f(z) = g_{f(\zeta)}(e^{i\varphi}g_\zeta(z)), \quad 0 \leq \varphi < 2\pi.$$

Beweis. Sei $a \in \mathbb{E}$ beliebig, sei $b := f(a) \in \mathbb{E}$. Dann ist $h := g_b \circ f \circ g_a$ eine holomorphe Abbildung von $\mathbb{E}$ in sich mit $h(0) = 0$; daher folgt $|h'(0)| \leq 1$ nach dem Schwarzschen Lemma. Es gilt $f = g_b \circ h \circ g_a$ und also

$$f'(a) = g_b'(0)\,h'(0)\,g_a'(a) = (|b|^2-1)(|a|^2-1)^{-1}h'(0).$$

Dies gibt (1) für alle $a \in \mathbb{E}$.

Besteht in (1) Gleichheit für $z := \zeta$, so gilt $|h'(0)| = 1$ für $a := \zeta$; nach dem Schwarzschen Lemma folgt $h(z) = e^{i\varphi}z$ und also (2). $\qquad \square$

Für $z := 0$ geht (1) über in $|f'(0)| \leq 1 - |f(0)|^2$; im Falle $f(0) = 0$ ist dies im Schwarzschen Lemma enthalten. Aus verständlichen Gründen nennt man in der Literatur den Satz von PICK auch das Lemma von SCHWARZ-PICK. Es kennzeichnet u.a. die Automorphismen von $\mathbb{E}$ unter allen holomorphen Abbildungen von $\mathbb{E}$ in sich durch eine *Extremaleigenschaft*. Diese Charakterisierung ermöglicht einen neuen Beweis, daß die Abbildungen $f = e^{i\varphi}g_c$ bereits alle Automorphismen von $\mathbb{E}$ sind (Theorem 2):

Ist nämlich $f \in \mathrm{Aut}\,\mathbb{E}$ mit $f(c) = 0$ vorgegeben, so gilt $\check{f}'(0)f'(c) = 1$ für das Inverse $\check{f}$ von f (Kettenregel). Da $|f'(c)| \leq (1-|c|^2)^{-1}$ und $|\check{f}'(0)| \leq 1 - |c|^2$ nach (1), so steht hier jeweils das Gleichheitszeichen. Wegen $g_{f(c)} = g_0 = \mathrm{id}$ folgt $f(z) = e^{i\varphi}g_c(z)$ auf Grund von (2).

Der Satz von PICK wird im zweiten Band beim Studium der nichteuklidischen hyperbolischen Geometrie des Einheitskreises eine zentrale Rolle spielen.

Aufgabe. Zeigen Sie (unter Heranziehung der Cayleyabbildung h_C aus 2.2.2): Ist $f\colon \mathbb{E}\to\mathbb{H}$ holomorph und gilt $f(0)=\frac{1}{2}i$, so gilt $|f'(0)|\leq 1$; das Gleichheitszeichen gilt genau dann, wenn f biholomorph und gebrochen linear ist.

5. Historisches zum Schwarzschen und zum Pickschen Lemma. H.A. SCHWARZ, Lieblingsschüler von WEIERSTRASS, hat 1869 in der Arbeit *Zur Theorie der Abbildung* (Programm der eidgenössischen polytechnischen Schule in Zürich für das Schuljahr 1869–70; Math. Abhandl. II, 108–132) einen lange nicht beachteten Satz aufgestellt und bei einem Konvergenzargument im Beweis des Riemannschen Abbildungssatzes benutzt; SCHWARZ formuliert seine Aussage im wesentlichen wie folgt (vgl. 109–111):

Es sei $f\colon \mathbb{E}\to G$ eine biholomorphe Abbildung des Einheitskreises $\mathbb{E}$ auf ein Gebiet G in $\mathbb{C}$ mit $f(0)=0\in G$. Es bezeichne ρ_1 den kleinsten und ρ_2 den größten Wert der Abstandsfunktion $|z|$, $z\in\partial G$, (vgl. Figur). Dann gilt:

$$\rho_1|z|\leq|f(z)|\leq\rho_2|z| \quad \text{für alle } z\in\mathbb{E}.$$

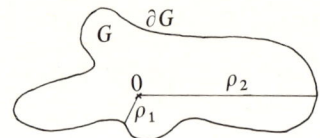

SCHWARZ beweist dies durch Betrachtung des Realteils der Funktion $\log\dfrac{f(z)}{z}$; einfacher gewinnt man seine Abschätzung nach oben bzw. unten durch Anwendung des Maximumprinzips auf $\dfrac{f(z)}{z}$ bzw. $\dfrac{z}{f(z)}$.

Erst im Jahre 1912 hat CARATHÉODORY in seiner Arbeit [Ca] die Wichtigkeit des von SCHWARZ benutzten Satzes für die Funktionentheorie herausgestellt und vorgeschlagen, eine besonders wichtige Variante des Satzes das Schwarzsche Lemma zu nennen (S. 110); der im Abschnitt 1 geführte und heute allgemein übliche elegante Beweis mittels des Maximumprinzips findet sich in dieser Carathéodoryschen Arbeit.

Der österreichische Mathematiker Georg PICK (geb. 1859 in Wien; 1892 o. Prof. in Prag; gest. 1942 Ghetto Theresienstadt) hat 1915 in seiner Arbeit *Über eine Eigenschaft der konformen Abbildung kreisförmiger Bereiche* (Math. Ann. 77, 1–6) bemerkt, daß die Formel 4. (∗) die Automorphismen von $\mathbb{E}$ charakterisiert; er benutzt die Sprache der nichteuklidischen Geometrie des Einheitskreises.

§ 3. Holomorphe Logarithmen und holomorphe Wurzeln

In 5.4.1 wurden holomorphe Logarithmusfunktionen $l(z)$ durch die Forderung $\exp(l(z))=z$ eingeführt; in 7.1.2 sahen wir, daß in der geschlitzten Ebene $\mathbb{C}^-$ der Hauptzweig $\log z$ des Logarithmus die Integraldarstellung $\displaystyle\int_{[1,z]}\frac{d\zeta}{\zeta}$ besitzt.

Ist f irgendeine im Gebiet G holomorphe Funktion, so nennen wir jede in G holomorphe Funktion g, die der Gleichung

$$\exp(g(z)) = f(z)$$

genügt, einen *(holomorphen) Logarithmus zu f in G.* Besitzt f in G einen Logarithmus, so ist f *nullstellenfrei in G.* Im Abschnitt 1 beweisen wir Existenzaussagen, welche die Integraldarstellung des Hauptzweiges $\log z$ verallgemeinern; im Abschnitt 2 gewinnen wir als Folgerung einen Existenzsatz für holomorphe Wurzeln. Im Abschnitt 3 wird u.a. die Ganzzahligkeit aller Integrale $\dfrac{1}{2\pi i}\int\limits_{\gamma}\dfrac{f'(\zeta)}{f(\zeta)}\,d\zeta$ für geschlossene Wege γ hergeleitet.

Die Überlegungen des vorliegenden Paragraphen benutzen von der allgemeinen Theorie der Kapitel 7 und 8 nur den Cauchyschen Integralsatz 7.1.2 für Sterngebiete und hätten somit auch schon viel früher angestellt werden können, z.B. bereits unmittelbar im Anschluß an die Herleitung der Integraldarstellung für den Hauptzweig $\log z$.

1. Logarithmische Ableitung. Existenz holomorpher Logarithmusfunktionen. Ist g ein Logarithmus zu f in G, so gilt $f = e^g$ und also:

(1) $$g' = \frac{f'}{f}.$$

Man nennt allgemein für jede in G nullstellenfreie holomorphe Funktion f den Quotienten f'/f die *logarithmische Ableitung von f* (die Bezeichnung wird durch die gefährliche Schreibweise $g = \log f$ suggeriert, die man im Fall der Existenz eines Logarithmus gern benutzt). Die Produktregel $(f\hat{f})' = f'\hat{f} + f\hat{f}'$ wird für logarithmische Ableitungen eine

Summenformel:

$$\frac{(f\hat{f})'}{f\hat{f}} = \frac{f'}{f} + \frac{\hat{f}'}{\hat{f}}.$$

Existenzlemma. *Folgende Aussagen über eine in G holomorphe und dort nullstellenfreie Funktion f sind äquivalent:*

i) *Es gibt einen holomorphen Logarithmus zu f in G.*

ii) *Die logarithmische Ableitung $\dfrac{f'}{f}$ ist integrabel in G.*

Beweis. i) $\Rightarrow$ ii): Jeder Logarithmus zu f ist wegen (1) eine Stammfunktion von f'/f.

ii) $\Rightarrow$ i): Sei $F \in \mathcal{O}(G)$ eine Stammfunktion von f'/f in G. Für $h := f \cdot \exp(-F)$ gilt dann $h' = 0$ in G wegen $fF' = f'$. Die Funktion h ist also konstant in G; es folgt $f = a \exp F$, wobei $a \neq 0$ wegen $f \neq 0$. Zu a existiert ein b mit $a = e^b$. Für $g := F + b$ folgt nun $\exp g = f$. $\qquad\qquad\square$

Da f'/f in Sterngebieten stets integrabel ist (vgl. Satz 7.1.2), so folgt

Existenzsatz für holomorphe Logarithmen. *Ist G ein Sterngebiet, so besitzt jede in G holomorphe und dort nullstellenfreie Funktion einen holomorphen Logarithmus in G.*

In einem Sterngebiet G, speziell in $\mathbb{C}$ und in der geschlitzten Ebene $\mathbb{C}^-$, ist also jede nullstellenfreie holomorphe Funktion stets in der Form $f = e^g$ darstellbar. Die Funktion $g(z)$ läßt sich dabei explizit anschreiben: ist $c \in G$ fixiert und γ_z irgendein Weg in G von c nach z, so gilt:

$$(2) \qquad g(z) = \int_{\gamma_z} \frac{f'(\zeta)}{f(\zeta)} d\zeta + b \quad \text{mit } e^b = f(c),$$

speziell folgt:

$$(3) \qquad f(z) = f(c) \exp \int_{\gamma_z} \frac{f'(\zeta)}{f(\zeta)} d\zeta;$$

dies sind die natürlichen Verallgemeinerungen der Gleichungen

$$\log z = \int_{[1,z]} \frac{d\zeta}{\zeta} \quad \text{und} \quad z = \exp(\log z), \quad (\text{man setze } f(z) := z).$$

Aufgabe. Man bestimme alle Paare f_1, f_2 von ganzen Funktionen, für die gilt:

$$f_1^2 + f_2^2 = 1.$$

2. Holomorphe Wurzelfunktionen.

Es sei $n \geq 1$ eine natürliche Zahl. Eine Funktion $q \in \mathcal{O}(G)$ heißt eine *(holomorphe) n-te Wurzel aus* $f \in \mathcal{O}(G)$, wenn gilt $q^n = f$.

Ist q eine n-te Wurzel aus $f \neq 0$, so sind q, ζq, $\zeta^2 q, \ldots, \zeta^{n-1} q$ mit

$$\zeta := \exp\left(\frac{2\pi i}{n}\right) \text{ alle } n\text{-ten Wurzeln aus } f.$$

Beweis. Wegen $f \neq 0$ gibt es eine Kreisscheibe $B \subset G$, so daß $1/q$ in B holomorph ist. Ist nun $\tilde{q} \in \mathcal{O}(G)$ irgendeine n-te Wurzel aus f, so gilt $(\tilde{q}/q)^n = 1$ in B. In B nimmt $\tilde{q}/q$ also nur die Werte $1, \zeta, \ldots, \zeta^{n-1}$ an, es folgt $\tilde{q} = \zeta^k q$ in B mit $0 \leq k < n$. Auf Grund des Identitätssatzes folgt $\tilde{q} = \zeta^k q$ in ganz G.   □

Wurzelsatz. *Ist $g \in \mathcal{O}(G)$ ein Logarithmus zu f in G, so ist $q := \exp(\frac{1}{n} g)$ eine n-te Wurzel aus f, $n = 1, 2, 3, \ldots$.*

Beweis. Nach dem Additionstheorem der Exponentialfunktion gilt:

$$q^n = [\exp(\tfrac{1}{n} g)]^n = \exp g = f.   \qquad □$$

Aus dem Existenzsatz 1 folgt jetzt sofort:

Existenzsatz für holomorphe Wurzeln. *Ist G ein Sterngebiet und $f \in \mathcal{O}(G)$ nullstellenfrei in G, so existiert für jedes $n \geq 1$ eine n-te Wurzel aus f.*

Für beliebige Gebiete ist diese Aussage nicht richtig, der Leser zeige:

Im Kreisring $\{z \in \mathbb{C} : 1 < |z| < 2\}$ *hat* $f(z) := z$ *keine Quadratwurzel.*

3. Die Gleichung $f(z) = f(c) \exp \int\limits_{\gamma} \dfrac{f'(\zeta)}{f(\zeta)} d\zeta$**.** In Sterngebieten ist $\int\limits_{\gamma} \dfrac{f'(\zeta)}{f(\zeta)} d\zeta$ wegunabhängig. Im Allgemeinfall ist dies Integral selbst zwar nicht mehr wegunabhängig, wohl aber sein Exponential.

Satz. *Es sei G irgendein Gebiet, und es sei f holomorph und nullstellenfrei in G. Dann gilt für jeden Weg γ in G mit Anfangspunkt c und Endpunkt z die Gleichung*

$$f(z) = f(c) \exp \int\limits_{\gamma} \frac{f'(\zeta)}{f(\zeta)} d\zeta.$$

Beweis. Es sei $\gamma : [a,b] \to G$. Wir wählen endlich viele Punkte $a =: t_0 < t_1 < \ldots < t_n := b$ und Kreisscheiben $U_1, \ldots, U_n$ in G, so daß der Weg $\gamma_\nu := \gamma | [t_{\nu-1}, t_\nu]$ ganz in U_ν verläuft. Dann gilt (vgl. 1.(3)):

$$\exp \int\limits_{\gamma_\nu} \frac{f'(\zeta)}{f(\zeta)} d\zeta = \frac{f(\gamma(t_\nu))}{f(\gamma(t_{\nu-1}))}, \qquad 1 \le \nu \le n.$$

Da $\gamma = \gamma_1 + \gamma_2 + \ldots + \gamma_n$, so folgt (Additionstheorem)

$$\exp \int\limits_{\gamma} \frac{f'(\zeta)}{f(\zeta)} d\zeta = \prod_{\nu=1}^{n} \exp \int\limits_{\gamma_\nu} \frac{f'(\zeta)}{f(\zeta)} d\zeta = \frac{f(\gamma(b))}{f(\gamma(a))} = \frac{f(z)}{f(c)}.$$

Korollar. *Es sei f holomorph und nullstellenfrei im Gebiet G, es sei γ irgendein geschlossener Weg in G. Dann gilt*

$$\int\limits_{\gamma} \frac{f'(\zeta)}{f(\zeta)} d\zeta \in 2\pi i \mathbb{Z}.$$

Beweis. Auf Grund des Satzes gilt $\exp \int\limits_{\gamma} \dfrac{f'(\zeta)}{f(\zeta)} d\zeta = 1$; hieraus folgt wegen Kern$(\exp) = 2\pi i \mathbb{Z}$ die Behauptung. $\qquad \square$

Das Korollar wird in 13.1.1 benutzt, um die Ganzzahligkeit der Indexfunktion herzuleiten; mit dem Integral $\int\limits_{\gamma} \dfrac{f'(\zeta)}{f(\zeta)} d\zeta$ wird in 13.4.2 die Anzahl der Null- und Polstellen von f gezählt.

Als Anwendung des Korollars zeigen wir hier die Umkehrung des Wurzelsatzes 2:

Ist $M \subset \mathbb{N}$ eine unendliche Menge, und hat $f \in \mathcal{O}(G)$ für jedes $n \in M$ eine holomorphe n-te Wurzel in G, so hat f einen holomorphen Logarithmus in G.

Beweis. Zunächst ist f nullstellenfrei in G: ist nämlich $q_n \in \mathcal{O}(G)$ eine n-te Wurzel, so gilt $o_z(f) = n \, o_z(q_n)$, $z \in G$. Hieraus folgt $o_z(f) = 0$ für alle $z \in G$, da sonst die rechte Seite beliebig groß wird.

Nach dem Existenzlemma 1 genügt es nun zu zeigen, daß f'/f integrabel in G ist, d.h. daß für jeden geschlossenen Weg γ in G gilt (vgl. Satz 6.3.2): $\int\limits_{\gamma} f'/f \, d\zeta = 0$. Aus $q_n^n = f$

folgt $n q_n^{n-1} q' = f'$, also:

$$\int_\gamma \frac{f'(\zeta)}{f(\zeta)} d\zeta = n \int_\gamma \frac{q_n'(\zeta)}{q_n(\zeta)} d\zeta.$$

Nach dem Korollar haben beide Integrale Werte in $2\pi i \mathbb{Z}$. Durchläuft daher n alle Zahlen aus M, so muß die rechte Seite irgendwann verschwinden, da ihr Absolutbetrag sonst $\geq 2n\pi$, also beliebig groß würde. Mithin folgt $\int_\gamma f'/f \, d\zeta = 0$.

§ 4. Biholomorphe Abbildungen. Lokale Normalform

Die reelle Funktion $\mathbb{R} \to \mathbb{R}$, $x \mapsto x^3$ ist stetig umkehrbar und beliebig oft differenzierbar, indessen ist die Umkehrfunktion $\mathbb{R} \to \mathbb{R}$, $y \mapsto \sqrt[3]{y}$ im Nullpunkt nicht differenzierbar. Dieses Phänomen kann im Komplexen nicht auftreten; holomorphe Injektionen sind von selbst biholomorph (Abschnitt 1). Wie im Reellen sind Funktionen f mit $f'(c) \neq 0$ in einer Umgebung von c injektiv. Wir geben hierfür zwei Beweise (Abschnitt 2): einen mittels Integralrechnung (der auch im Reellen gilt) und einen mittels Potenzreihen. Insgesamt folgt, daß holomorphe Abbildungen f um jeden Punkt c mit $f'(c) \neq 0$ lokal-biholomorph sind. Hieraus ergibt sich weiter, daß nicht konstante holomorphe Funktionen f im Kleinen eine eindeutige Normalform

$$f(z) = f(c) + h(z)^n \quad \text{mit } h'(c) \neq 0$$

haben (Abschnitt 3). Dies bedeutet abbildungstheoretisch, daß f um c eine Überlagerungsabbildung ist, die höchstens in c verzweigt ist (Abschnitt 4).

1. Biholomorphiekriterium. *Es sei $f: D \to \mathbb{C}$ eine holomorphe Injektion. Dann ist $D' := f(D)$ ein Bereich in $\mathbb{C}$, und es gilt $f'(z) \neq 0$ für alle $z \in D$.*

Die Abbildung $f: D \to D'$ ist biholomorph; für die Umkehrabbildung f^{-1} gilt:

$$(f^{-1})'(w) = \frac{1}{f'(f^{-1}(w))}.$$

Beweis. a) Da f nirgends lokal-konstant ist, so ist f nach dem Offenheitssatz offen, daher ist D' ein Bereich. Die Umkehrabbildung $f^{-1}: D' \to D$ ist *stetig*, denn für jede in D offene Menge U ist das f^{-1}-Urbild $(f^{-1})^{-1}(U) = f(U)$ offen in D'.

Die Ableitung f' ist wegen der Injektivität lokal nirgends identisch null in D, nach dem Identitätssatz ist daher die Nullstellenmenge $N(f')$ diskret und abgeschlossen in D. Wegen der Offenheit von f ist dann $M := f(N(f'))$ *diskret und abgeschlossen in D'.*

b) Sei $d \in D' \smallsetminus M$ und sei $c := f^{-1}(d)$. Es gilt $f(z) = f(c) + (z-c) f_1(z)$, wobei $f_1: D \to \mathbb{C}$ in c stetig ist mit $f_1(c) = f'(c) \neq 0$. Setzt man $z = f^{-1}(w)$, $w \in D'$, so folgt $w = d + (f^{-1}(w) - c) f_1(f^{-1}(w))$. Die Funktion $q := f_1 \circ f^{-1}$ ist stetig in d mit $q(d) = f'(c) \neq 0$, daher folgt

$$f^{-1}(w) = f^{-1}(d) + (w-d) \frac{1}{q(w)} \quad \text{für alle } w \in D' \text{ nahe bei } d.$$

Hieraus entnehmen wir, daß f^{-1} in d komplex differenzierbar ist, und daß

$$(f^{-1})'(d) = \frac{1}{f'(c)} = \frac{1}{f'(f^{-1}(d))} \quad \text{für alle } d \in D' \smallsetminus M.$$

c) Nach dem eben Gezeigten ist f^{-1} in $D' \smallsetminus M$ holomorph. Da f^{-1} stetig in D' ist, folgt $f^{-1} \in \mathcal{O}(D')$ auf Grund des Riemannschen Fortsetzungssatzes 7.3.3. Die in $D' \smallsetminus M$ bestehende Gleichung $(f^{-1})'(w) \cdot f'(f^{-1}(w)) = 1$ gilt nun aus Stetigkeitsgründen in ganz D', speziell folgt $f'(z) \neq 0$ für alle $z \in D$.

Im eben geführten Beweis wurden der Offenheitssatz, der Identitässatz und der Riemannsche Fortsetzungssatz benutzt; in diesem Sinne ist der Beweis „anspruchsvoll". Teil b) des Beweises ist völlig elementar (Variante der Kettenregel).

Aufgabe. Es seien $g: D \to \mathbb{C}, h: D' \to \mathbb{C}$ stetige Abbildungen mit $g(D) \subset D'$; es seien h und $h \circ g$ holomorph, h sei nirgends lokal-konstant in D. Dann ist auch g holomorph.

2. Lokale Injektivität und lokal-biholomorphe Abbildungen. Um das Biholomorphiekriterium anwenden zu können, benötigt man Bedingungen für die Injektivität holomorpher Abbildungen. Wie im Reellen gilt

Injektivitätslemma. *Es sei $f: D \to \mathbb{C}$ holomorph, es sei $c \in D$ ein Punkt mit $f'(c) \neq 0$. Dann gibt es eine Umgebung $U \subset D$ von c, so daß die Einschränkung $f|U: U \to \mathbb{C}$ injektiv ist.*

1. Beweis. Wir benutzen, daß Differentialquotienten durch Differenzenquotienten gleichmäßig approximierbar sind, genauer:

Approximationslemma. *Ist $B \subset D$ eine Kreisscheibe um c, und ist f holomorph in D, so gilt*

$$(*) \qquad \left| \frac{f(w) - f(z)}{w - z} - f'(c) \right| \leq |f' - f'(c)|_B \quad \text{für alle } w, z \in B, \; w \neq z.$$

Zum Beweis bemerke man, daß $f(\zeta) - f'(c)\zeta$ eine Stammfunktion von $f'(\zeta) - f'(c)$ in D ist; daher gilt

$$f(w) - f(z) - f'(c)(w - z) = \int_z^w (f'(\zeta) - f'(c)) \, d\zeta \quad \text{für alle } w, z \in B,$$

wobei längs der Strecke $[z, w] \subset B$ integriert wird; die Standardabschätzung für Integrale liefert $\left| \int_z^w (f'(\zeta) - f'(c)) \, d\zeta \right| \leq |f' - f'(c)|_B |w - z|$ und also $(*)$. $\square$

Der Beweis des Injektivitätslemmas ist nun trivial: Ist nämlich $f'(c) \neq 0$, so läßt sich aus Stetigkeitsgründen $r > 0$ so klein wählen, daß

$$|f' - f'(c)|_B < |f'(c)| \quad \text{für } B := B_r(c).$$

Für alle $w, z \in B, \; w \neq z$, gilt dann $f(w) \neq f(z)$, denn sonst ergäbe sich auf Grund von $(*)$ der Widerspruch $|f'(c)| < |f'(c)|$. Mithin ist $f|B: B \to \mathbb{C}$ injektiv. $\square$

2. Beweis. Wir benutzen folgendes

Injektivitätslemma für Potenzreihen. *Es sei* $f(z) = \sum_0 a_\nu (z-c)^\nu$ *konvergent in* $B :=$
$B_r(c)$, $r > 0$; *es gelte:* $|a_1| > \sum_2 \nu |a_\nu| r^{\nu-1}$. *Dann ist* $f: B \to \mathbb{C}$ *injektiv.*

Das verifiziert man durch Nachrechnen: Für $w, z \in B$ mit $f(w) = f(z)$ gilt, wenn
man $p := w - c$, $q := z - c$ setzt: $0 = \sum a_\nu (p^\nu - q^\nu)$. Da

$$p^\nu - q^\nu = (w - z)(p^{\nu-1} + p^{\nu-2} q + \ldots + q^{\nu-1}),$$

so folgt $-a_1 = \sum_2 a_\nu (p^{\nu-1} + \ldots + q^{\nu-1})$, falls $w \neq z$. Da $|p| < r$ und $|q| < r$, so folgt
der Widerspruch $|a_1| \leq \sum_2 |a_\nu| \nu r^{\nu-1}$.   □

Der Beweis des Injektivitätslemmas ist nun wiederum trivial: man be-
trachtet die Taylorreihe $\sum a_\nu (z-c)^\nu$ von f um c. Da $a_1 = f'(c) \neq 0$ und da
$\sum_2 \nu |a_\nu| t^{\nu-1}$ um $t = 0$ stetig ist, so gibt es ein $r > 0$ mit $\sum_2 \nu |a_\nu| r^{\nu-1} < |a_1|$, mit-
hin ist $f | B_r(c)$ injektiv.   □

Eine holomorphe Abbildung $f: D \to \mathbb{C}$ heißt *lokal-biholomorph um* $c \in D$,
wenn es eine offene Umgebung $U \subset D$ von c gibt, so daß die Einschränkung
$f | U : U \to f(U)$ biholomorph ist. Aus dem Biholomorphiekriterium und dem Injektivitätslemma folgt unmittelbar

Lokales Biholomorphiekriterium. *Eine holomorphe Abbildung* $f: D \to \mathbb{C}$ *ist genau
dann lokal-biholomorph um* $c \in D$, *wenn* $f'(c) \neq 0$.

Beweis. Falls $f'(c) \neq 0$, so gibt es nach dem Injektivitätslemma eine offene Um-
gebung $U \subset D$ von c, so daß $f | U : U \to \mathbb{C}$ injektiv ist. Nach dem Biholomorphie-
kriterium ist $f | U : U \to f(U)$ dann biholomorph. Die Umkehrung folgt trivial.

Beispiel. Jede Funktion $f_n : \mathbb{C}^\times \to \mathbb{C}$, $z \mapsto z^n$, $n = \pm 1, \pm 2, \ldots$ ist überall lokal-biholomorph, aber im Fall $n \neq \pm 1$ nie biholomorph.

Aufgabe. Die Tangensfunktion $\tan z = \dfrac{\sin z}{\cos z}$ ist im Kreis vom Radius $\frac{1}{2}\pi$ um 0 holomorph. Zeigen Sie, daß $\tan z$ um 0 lokal-biholomorph ist, und geben Sie für die Umkehrfunktion die Potenzreihe explizit an.

3. Lokale Normalform. *Es sei* $f \in \mathcal{O}(D)$ *nicht konstant um* $c \in D$. *Dann gilt*

1) *Existenzaussage: Es gibt eine Kreisscheibe* $B \subset D$ *um* c *und eine biholomorphe Abbildung* $h: B \xrightarrow{\sim} h(B)$, *so daß*

(∗) $f | B = f(c) + h^n$ *mit* $n := v(f, c)$ (= *Vielfachheit von* f *in* c).

2) *Eindeutigkeitsaussage: Ist* $\hat{B} \subset D$ *eine Kreisscheibe um* c *und* $\hat{h}$ *holomorph
in* $\hat{B}$ *mit*

$$f | \hat{B} = f(c) + \hat{h}^m, \quad m \in \mathbb{N} \quad und \quad \hat{h}'(c) \neq 0,$$

so folgt $m = n$, *und es gibt eine n-te Einheitswurzel* ζ, *so daß* $\hat{h}(z) = \zeta h(z)$ *für* $z \in B \cap \hat{B}$, *wobei h die Funktion aus* 1) *ist.*

Beweis. ad 1) Nach 8.1.4 gilt um c eine Gleichung $f(z) = f(c) + (z-c)^n g(z)$, wobei $1 \leq n = v(f,c) < \infty$ und g um c holomorph mit $g(c) \neq 0$. Wir wählen $B \subset D$ um c so klein, daß g holomorph und nullstellenfrei in B ist. Nach dem Existenzsatz 3.2 für holomorphe Wurzeln existiert ein $q \in \mathcal{O}(B)$ mit $q^n = g \mid B$. Wir setzen nun $h := (z-c) q \in \mathcal{O}(B)$. Dann gilt (∗), wegen $q^n(c) = g(c) \neq 0$ folgt weiter $h'(c) = q(c) \neq 0$. Nach dem lokalen Biholomorphiekriterium kann man B so verkleinern, daß $h: B \to h(B)$ biholomorph ist.

ad 2) In $B \cap \hat{B}$ gilt $h^n = \hat{h}^m$ mit $h(c) = \hat{h}(c) = 0$. Da $h'(c) \neq 0$ und $\hat{h}'(c) \neq 0$, so folgt $o_c(h) = o_c(\hat{h}) = 1$ und also $n = o_c(h^n) = o_c(\hat{h}^m) = m$. Es gilt somit $h^n = \hat{h}^n$ in $B \cap \hat{B}$, d.h. h und $\hat{h}$ sind n-te Wurzeln aus h^n. Da dies nicht die Nullfunktion ist, folgt $\hat{h} = \zeta h$ in $B \cap \hat{B}$ mit $\zeta^n = 1$ nach 3.2. ☐

Die durch (∗) gegebene Darstellung von $f \mid B$ heißt *lokale Normalform* von f um c. Der Leser vergleiche die Resultate dieses Abschnittes mit den Resultaten von 4.4.3.

4. Geometrische Interpretation der lokalen Normalform. Die geometrische Signifikanz der Vielfachheit $v(f,c)$ wird durch folgende abbildungstheoretische Interpretation der Existenzaussage 3.1) deutlich:

Satz. *Es sei $f \in \mathcal{O}(D)$, es gelte $n := v(f,c) < \infty$ im Punkt $c \in D$. Dann gibt es ein Gebiet $G \subset D$ mit $c \in G$, so daß gilt:*

1) *Das Bild $f(G)$ ist eine Kreisscheibe V um $f(c)$; jede Menge $f^{-1}(v) \cap G$, $v \in V \setminus \{f(c)\}$, besteht aus genau n verschiedenen Punkten.*

2) *Die Abbildung $f \mid G$ is lokal-biholomorph um jeden Punkt $z \in G \setminus \{c\}$.*

Beweis. Da die Behauptungen lokaler Natur sind, dürfen wir annehmen (evtl. ist D zu verkleinern), daß die Ableitung f' in $D \setminus \{c\}$ nullstellenfrei ist. Dann gilt 2) für ganz $D \setminus \{c\}$ nach dem lokalen Biholomorphiekriterium 2.

Um 1) zu verifizieren, sei $d := f(c)$. Nach Satz 3 gibt es eine Kreisscheibe $B \subset D$ um c und eine biholomorphe Abbildung $h: B \xrightarrow{\sim} h(B)$, so daß $f \mid B = d + h^n$, d.h. $f \mid B: B \to \mathbb{C}$ ist die Komposition $g \circ h$ der Abbildungen $h: B \xrightarrow{\sim} h(B)$ und $g: \mathbb{C} \to \mathbb{C}$, $w \mapsto g(w) := d + w^n$. Das g-Urbild jeder Kreisscheibe $V_s := B_{s^n}(d)$, $s > 0$, ist die Kreisscheibe $B_s(0)$, und zwar hat jeder Punkt $v \in V_s \setminus \{d\}$ genau n verschiedene g-Urbildpunkte in $B_s(0)$, da die Gleichung $w^n = v - d \neq 0$ genau n verschiedene Wurzeln $w_1, \ldots, w_n$ vom Betrag $\sqrt[n]{|v-d|} < s$ hat. Wir wählen s so klein, daß $B_s(0) \subset h(B)$, dies ist wegen $h(c) = 0$ möglich. Setzt man nun $V := V_s$, $G := h^{-1}(B_s(0))$, so hat $f \mid G$ die Faktorisierung

$$G \xrightarrow[h]{\sim} B_s(0) \xrightarrow{g} V.$$

Hieraus folgt wegen der Biholomorphie von h und der gegebenen Beschreibung der Fasern von g die Aussage 1) unmittelbar. ☐

Gebiete mit den Eigenschaften des Satzes gibt es offenbar (!) in jeder Umgebung von c. Es existieren also „beliebig kleine" Gebiete um c, so daß f in jeweils *genau n verschiedenen* Punkten aus ihnen denselben Wert $\neq f(c)$ hat. Es ist daher nur folgerichtig zu sagen, daß der Wert von f in c selbst n-fach angenommen wird.

Setzt man $G^* := G \setminus \{c\}$, $V^* := V \setminus \{c\}$, so hat die Abbildung $f | G^*: G^* \to V^*$ wegen 1) und 2) folgende Eigenschaft: jeder Punkt aus V^* hat eine offene Kreisumgebung $W \subset V^*$, deren Urbild $(f | G^*)^{-1}(W)$ aus genau n offenen Zusammenhangskomponenten $U_1, \ldots, U_n$ besteht, so daß jede induzierte Abbildung $f | U_\nu: U_\nu \to W$ biholomorph ist, $1 \leq \nu \leq n$. Diesen Sachverhalt drückt man in der Topologie so aus:

Die Abbildung $f | G^*: G^* \to V^*$ ist eine unbegrenzte, unverzweigte holomorphe Überlagerung von V^* durch G^* mit n Blättern.

Anschaulich „verzweigen" sich diese n Blätter im Punkt c. Im Fall $n \geq 2$ (d.h. wenn f um c nicht lokal-biholomorph ist) ist c ein *Verzweigungspunkt* und $f | G: G \to V$ eine in c *verzweigte* holomorphe Überlagerung. Das typische Beispiel ist die Funktion $\mathbb{E} \to \mathbb{E}$, $z \mapsto z^n$, die $\mathbb{E}$ zu einer n-blättrigen holomorphen Überlagerung von sich selbst macht: der Nullpunkt ist Verzweigungspunkt, die Überlagerung $\mathbb{E} \setminus \{0\} \to \mathbb{E} \setminus \{0\}$, $z \mapsto z^n$ ist unbegrenzt und unverzweigt.

§ 5*. Asymptotische Potenzreihenentwicklungen

Mit G wird in diesem Paragraphen stets ein Gebiet bezeichnet, das den *Nullpunkt* 0 *als Randpunkt* hat. Wir wollen zeigen, daß gewisse in G holomorphe Funktionen in $0 \in \partial G$, wo sie i. allg. gar nicht definiert sind, „in Potenzreihen entwickelbar" sind. Eine besondere Rolle spielen *Kreissektoren* um 0, das sind Gebiete der Form

$$S = S(r, \alpha, \beta) = \{z = |z| e^{i\varphi}: 0 < |z| < r, \alpha < \varphi < \beta\}, \quad r > 0.$$

Unser Hauptresultat ist ein Satz von RITT über das asymptotische Verhalten holomorpher Funktionen in der „Spitze" 0 solcher Kreissektoren (Abschnitt 4). Dieser Satz von RITT enthält den bereits in 7.4.1 angegebenen Satz von E. BOREL als Spezialfall (Abschnitt 5). Hilfsmittel zum Beweis des Rittschen Satzes ist der Weierstraßsche Konvergenzsatz, zur Herleitung des Borelschen Satzes benötigt man überdies noch die Cauchyschen Abschätzungen für Ableitungen (vgl. Abschnitt 3).

Als weiterführende Literatur zu diesem Paragraphen verweisen wir auf W. WASOW: *Asymptotic Expansions for Ordinary Differential Equations*, Interscience Publishers New York, London, Sydney 1965, insb. Chapter III.

Mit $\mathscr{A}$ bezeichnen wir (wie im Kapitel 4.4) die $\mathbb{C}$-Algebra der formalen Potenzreihen um 0.

1. Definition und elementare Eigenschaften. Eine formale Potenzreihe $\sum a_\nu z^\nu$ heißt *asymptotische Entwicklung bzw. Darstellung von* $f \in \mathcal{O}(G)$ *in* $0 \in \partial G$, wenn gilt:

$$(1) \qquad \lim_{z \to 0} z^{-n} \left[f(z) - \sum_0^n a_\nu z^\nu \right] = 0 \quad \text{für alle } n \in \mathbb{N}.$$

Eine Funktion $f \in \mathcal{O}(G)$ hat *höchstens eine* asymptotische Entwicklung in 0; aus (1) folgen nämlich sogleich die Rekursionsformeln

$$a_0 = \lim_{z \to 0} f(z), \quad a_n = \lim_{z \to 0} z^{-n} \left[f(z) - \sum_0^{n-1} a_\nu z^\nu \right] \quad \text{für } n > 0.$$

Wir schreiben $f \sim_G \sum a_\nu z^\nu$, wenn die Reihe rechts die asymptotische Entwicklung von f in 0 ist. Die Bedingung (1) besagt

(1') *Es gibt eine Folge $f_n \in \mathcal{O}(G)$, so daß für jedes $n \in \mathbb{N}$ gilt:*

$$f(z) = \sum_0^n a_\nu z^\nu + f_n(z) z^n \quad und \quad \lim_{z \to 0} f_n(z) = 0.$$

Die Existenz asymptotischer Entwicklungen hängt wesentlich vom Gebiet G ab. So hat $\exp \frac{1}{z} \in \mathcal{O}(\mathbb{C}^\times)$ *keine* asymptotische Entwicklung in 0; hingegen gilt, wenn man $\exp \frac{1}{z}$ nur in der linken Halbebene $L := \{z \in \mathbb{C}: \operatorname{Re} z < 0\}$ betrachtet:

$$\exp \frac{1}{z} \sim_L \sum a_\nu z^\nu, \quad \text{wobei stets } a_\nu = 0 \text{ (Beweis!)}.$$

Hat $f \in \mathcal{O}(G)$ eine holomorphe Fortsetzung $\hat{f}$ in ein Gebiet $\hat{G} \supset G$ mit $0 \in \hat{G}$, so ist *die* Taylorentwicklung von $\hat{f}$ um 0 die asymptotische Entwicklung von f in 0. Mittels des Riemannschen Fortsetzungssatzes und der Gleichung $a_0 = \lim_{z \to 0} f(z)$ folgt sofort:

Ist 0 ein isolierter Randpunkt von G, so hat $f \in \mathcal{O}(G)$ genau dann eine asymptotische Entwicklung $\sum a_\nu z^\nu$ in 0, wenn f um 0 beschränkt ist; alsdann ist $\sum a_\nu z^\nu$ die Taylorreihe von f in 0.

Wir bezeichnen mit $\mathscr{B}$ die Menge aller Elemente aus $\mathcal{O}(G)$, die eine asymptotische Entwicklung in 0 besitzen.

Satz. *$\mathscr{B}$ ist eine $\mathbb{C}$-Unteralgebra von $\mathcal{O}(G)$; die Abbildung*

$$\varphi: \mathscr{B} \to \mathscr{A}, \ f \mapsto \sum a_\nu z^\nu, \quad wenn \ f \sim_G \sum a_\nu z^\nu,$$

ist ein $\mathbb{C}$-Algebrahomomorphismus.

Der Beweis ist kanonisch: um z.B. $\varphi(fg) = \varphi(f)\varphi(g)$ einzusehen, schreibe man $f(z) = \sum_0^n a_\nu z^\nu + f_n(z) z^n$, $g(z) = \sum_0^n b_\nu z^\nu + g_n(z) z^n$, wobei für alle $n \in \mathbb{N}$ gilt: $\lim_{z \to 0} f_n(z) = \lim_{z \to 0} g_n(z) = 0$. Mit $c_\nu := \sum_{\kappa + \lambda = \nu} a_\kappa b_\lambda$ gilt dann

$$f(z) g(z) = \sum_0^n c_\nu z^\nu + h_n(z) z^n,$$

wobei

$$h_n \in \mathcal{O}(G) \quad und \quad \lim_{z \to 0} h_n(z) = 0, \quad n \in \mathbb{N}.$$

Es folgt $fg \sim_G \sum c_\nu z^\nu$. Da die Reihe rechts das Produkt der Reihen $\sum a_\nu z^\nu$, $\sum b_\nu z^\nu$ ist, folgt $\varphi(fg) = \varphi(f)\varphi(g)$. $\qquad\square$

Der Homomorphismus φ ist i.allg. *nicht injektiv*, wie obiges Beispiel $\exp\frac{1}{z} \sim_L \sum 0 z^\nu$ zeigt. Im Fall $G := \mathbb{C}^\times$ ist φ injektiv, aber *nicht surjektiv*. Vgl. auch Abschnitt 4.

2. Eine hinreichende Bedingung für die Existenz asymptotischer Entwicklungen.
Es sei G ein Gebiet mit $0 \in \partial G$ derart, daß es zu jedem Punkt $z \in G$ eine Nullfolge c_k gibt, so daß jede Strecke $[c_{k'} z]$ in G liegt. Ist dann f eine in G holomorphe Funktion, für die alle Limiten $f^{(\nu)}(0) := \lim_{z \to 0} f^{(\nu)}(z)$, $\nu \in \mathbb{N}$, existieren, so hat f in 0 die asymptotische Entwicklung $\sum_0 \frac{f^{(\nu)}(0)}{\nu!} z^\nu$.

Beweis. Sei $n \in \mathbb{N}$ beliebig, aber fest gewählt. Da $\lim_{z \to 0} f^{(n)}(z)$ existiert, gibt es eine Kreisscheibe B um 0, so daß $|f^{(n+1)}|_{B \cap G} \leq M$ mit geeignetem $M > 0$. Seien nun $c, z \in B \cap G$ derart, daß $[c, z] \subset B \cap G$. Wie im Reellen gilt für alle $m \in \mathbb{N}$ die Taylorsche Formel mit Restglied

$$f(z) = \sum_0^m \frac{f^{(\nu)}(c)}{\nu!}(z-c)^\nu + r_{m+1}(z),$$

wobei

$$r_{m+1}(z) := \frac{1}{m!} \int_{[c, z]} f^{(m+1)}(\zeta)(z-\zeta)^m \, d\zeta.$$

(Dies folgt durch Induktion nach m, indem man das Integral für r_{m+1} partiell integriert). Für r_{m+1} hat man die Abschätzung

$$|r_{m+1}(z)| \leq \frac{1}{m!}|f^{(m+1)}|_{[c,z]} \left| \int_c^z (z-\zeta)^m \, d\zeta \right| = \frac{1}{(m+1)!}|f^{(m+1)}|_{[c,z]}|z-c|^{m+1}.$$

Wählt man $m = n$ und eine Nullfolge c_k mit $[c_k, z] \subset G$, so ergibt sich im Limes

$$\left| f(z) - \sum_0^n \frac{f^{(\nu)}(0)}{\nu!} z^\nu \right| \leq \frac{M}{(n+1)!}|z|^{n+1}.$$

Hieraus folgt $\lim_{z \to 0} z^{-n}\left[f(z) - \sum_0^n \frac{f^{(\nu)}(0)}{\nu!} z^\nu \right] = 0$ für jedes $n \in \mathbb{N}$. $\qquad\square$

Die über die Ableitungen von f gemachten Limesvoraussetzungen sind naheliegend, wenn man sich an der Gestalt der Taylorschen Formel orientiert: dann wird man im Fall $f(z) \sim_G \sum a_\nu z^\nu$ die Gleichungen $\nu! \, a_\nu = \lim_{z \to 0} f^{(\nu)}(z)$ erwarten. Die gewählte Schreibweise $f^{(\nu)}(0)$ für $\lim_{z \to 0} f^{(\nu)}(z)$ ist suggestiv; natürlich ist $f^{(\nu)}(0)$ keine Ableitung.

Die über G gemachte Voraussetzung ist für alle *Kreissektoren* um 0 erfüllt.

3. Asymptotische Entwicklungen und Differentiation. Wir betrachten Kreissektoren $S = S(r, \alpha, \beta)$, $T = S(r, \gamma, \delta)$ um 0 mit gleichem Radius. Wir setzen $S \doteqdot B_r(0) \setminus \{0\}$

voraus, d.h. $\beta - \alpha \leq 2\pi$. Wir nennen T *echt in* S *enthalten*, wenn $T \subset S$ und beide Randstrecken $[0, re^{i\gamma}]$ und $[0, re^{i\delta}]$ von T in S liegen (vgl. Figur); wir schreiben dann $T \Subset S$.

Lemma. *Es seien S, T Kreissektoren um 0 mit $T \Subset S$, es sei g holomorph in S, und es gelte:* $\lim\limits_{z \in S, z \to 0} g(z) = 0.$ *Dann folgt:* $\lim\limits_{z \in T, z \to 0} z g'(z) = 0.$

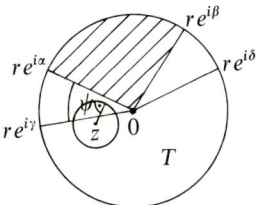

Beweis. Es gibt ein $a > 0$, so daß für jeden Punkt $z \in T, |z| < \frac{1}{2} r$, der kompakte Kreis $\overline{B}_{a|z|}(z)$ in S liegt (z.B. $a := \sin \psi$ in der Figur). Nach den Cauchyschen Abschätzungen 8.3.1 folgt

$$|g'(z)| \leq \frac{1}{a|z|} |g|_{\overline{B}_{a|z|}(z)}, \quad \text{also} \quad a|zg'(z)| \leq |g|_{\overline{B}_{a|z|}(z)}$$

für alle $z \in T$ mit $|z| < \frac{1}{2} r$. Da a konstant ist und die rechte Seite nach Voraussetzung bei Annäherung an 0 gegen 0 strebt, folgt die Behauptung.

Satz. *Es sei f holomorph im Kreissektor $S \neq B_r(0) \setminus \{0\}$ um 0 und es gelte $f \sim_S \sum\limits_0 a_\nu z^\nu$. Dann folgt $f' \sim_T \sum\limits_1 \nu a_\nu z^{\nu - 1}$ für jeden Kreissektor $T \Subset S$.*

Beweis. Für alle $n \in \mathbb{N}$ gilt $f(z) = \sum\limits_0^n a_\nu z^\nu + f_n(z) z^n$, wobei $f_n \in \mathcal{O}(S)$ und $\lim\limits_{z \in S, z \to 0} f_n(z) = 0$. Es folgt

$$f'(z) = \sum\limits_1^n \nu a_\nu z^{\nu - 1} + g_n(z) z^{n - 1} \quad \text{mit} \quad g_n(z) := z f_n'(z) + n f_n(z) \in \mathcal{O}(S),$$

wobei $\lim\limits_{z \in T, z \to 0} g_n(z) = 0$ auf Grund des Lemmas. $\qquad\square$

Es folgt jetzt schnell, daß die Limesbedingungen des Abschnittes 2 für $f^{(n)}$ bei Kreissektoren auch notwendig sind; genauer gilt

Korollar. *Ist f holomorph im Kreissektor S um 0 und gilt $f \sim_S \sum a_\nu z^\nu$, so folgt $\lim\limits_{z \in T, z \to 0} f^{(n)}(z) = n! \, a_n$ für alle $n \in \mathbb{N}$ und jeden Kreissektor $T \Subset S$.*

Beweis. Durch n-malige Anwendung des Satzes erhält man

$$f^{(n)}(z) \sim_T \sum\limits_n \nu(\nu - 1) \cdot \ldots \cdot (\nu - n + 1) a_\nu z^{\nu - n}.$$

Dies impliziert $\lim\limits_{z \in T, z \to 0} f^{(n)}(z) = n! \, a_n$ laut Definition 1.(1). $\qquad\square$

Das hier bewiesene Korollar wird im Abschnitt 5 wesentlich benutzt.

4. Satz von RITT. Die Frage, welche Bedingungen Potenzreihen erfüllen müssen, um als asymptotische Entwicklung holomorpher Funktionen aufzutreten, hat für Kreissektoren S um 0 eine überraschend einfache Antwort: es gibt keine solchen Bedingungen. Wir werden zu *jeder* formalen Potenzreihe $\sum a_\nu z^\nu$, also auch zu $\sum \nu^\nu z^\nu$, eine in S holomorphe Funktion f konstruieren, für die gilt: $f \sim_S \sum a_\nu z^\nu$. Die Konstruktionsidee ist einfach: Man ersetzt die vorgelegte Potenzreihe durch eine Funktionenreihe des Typs

$$f(z) := \sum_0^\infty a_\nu f_\nu(z) z^\nu,$$

wobei die „Konvergenzfaktoren" $f_\nu(z)$ wie folgt zu wählen sind:

1) Die Reihe soll in S normal konvergieren: dies verlangt, daß die $f_\nu(z)$ für große ν schnell klein werden.

2) Es soll $f \sim_S \sum a_\nu z^\nu$ gelten: dies verlangt, daß $f_\nu(z)$ bei festem ν schnell gegen 1 strebt, wenn z gegen 0 geht.

Wir werden sehen, daß Funktionen des Typs

$$f_\nu(z) := 1 - \exp(-b_\nu/\sqrt{z}), \quad \text{wobei } \sqrt{z} = e^{\frac{1}{2}\log z} \in \mathcal{O}(\mathbb{C}^-),$$

diese Wunscheigenschaften haben, wenn $b_\nu > 0$ geeignet gewählt wird. Wir benötigen folgenden

Hilfssatz. *Es sei* $S := S(1, -\pi+\psi, \pi-\psi)$, $0 < \psi < \pi$, *ein Kreissektor um 0 in der geschlitzten Ebene* $\mathbb{C}^-$. *Dann hat die in* $\mathbb{C}^-$ *holomorphe Funktion* $h(z) := 1 - \exp(-b/\sqrt{z})$, $b \in \mathbb{R}$, $b > 0$, *folgende Eigenschaften:*

1) $|h(z)| \leq b/|\sqrt{z}|$ *für* $z \in S$.

2) $\lim\limits_{z \in \mathbb{C}^-, z \to 0} z^{-m}(1-h(z)) = 0$ *für jedes* $m \in \mathbb{N}$.

Beweis. ad 1). Jedes $z \in S$ hat die Form $z = |z| e^{i\varphi} \in \mathbb{C}^\times$ mit $|\varphi| < \pi-\psi$. Für $w := b/\sqrt{z}$ gilt dann $\operatorname{Re} w = b e^{-\frac{1}{2}\log|z|} \cos\frac{1}{2}\varphi > 0$ wegen $b > 0$ und $|\frac{1}{2}\varphi| < \frac{1}{2}\pi$, da $\cos x$ im Intervall $(-\frac{1}{2}\pi, \frac{1}{2}\pi)$ positiv ist. Daher folgt $|h(z)| = |1-\exp(-b/\sqrt{z})| \leq b/|\sqrt{z}|$ für $z \in S$, denn allgemein gilt $|1-e^{-w}| \leq |w|$, falls $\operatorname{Re} w > 0$ (vgl. 6.2.2).

ad 2). Es gilt $z^{-m}(1-h(z)) = z^{-m} \exp(-b/\sqrt{z})$ und also

$$|z^{-m}(1-h(z))| = |z^{-m}| |\exp(-b/\sqrt{z})| = |z|^{-m} \exp(-b|z|^{-\frac{1}{2}} \cos\tfrac{1}{2}\varphi).$$

Für $z \in S$ gilt $|\varphi| < \pi-\psi$, also $\cos\frac{1}{2}\varphi > \cos\frac{1}{2}(\pi-\psi) = \sin\frac{1}{2}\psi$. Es folgt wegen $b > 0$:

$$|z^{-m}(1-h(z))| < |z|^{-m} \exp(-b|z|^{-\frac{1}{2}} \sin\tfrac{1}{2}\psi) \quad \text{für } z \in S.$$

Setzt man $t := b/\sqrt{|z|}$, so folgt wegen $\sin\frac{1}{2}\psi > 0$:

$$\lim_{z \in S, z \to 0} |z^{-m}(1-h(z))| = b^{-2m} \lim_{t \to +\infty} t^{2m} e^{-t \sin\frac{1}{2}\psi} = 0 \quad \text{für jedes } m \in \mathbb{N},$$

da $e^{-tq}, q > 0$, mit wachsendem t schneller als jede Potenz von t gegen null strebt.   □

Ein Kreissektor $S = S(r, \alpha, \beta)$ heißt *echt*, wenn $B_r(0) \smallsetminus S$ innere Punkte[*)] hat, d.h. wenn $\beta - \alpha < 2\pi$. Wir behaupten:

Satz von RITT. *Ist S ein echter Kreissektor um 0, so existiert zu jeder formalen Potenzreihe $\sum a_\nu z^\nu$ eine in S holomorphe Funktion f, so daß gilt:* $f \sim_S \sum a_\nu z^\nu$.

Beweis. Dreht man S vermöge $z \mapsto e^{i\gamma} z$ in einen Kreissektor S^* und gilt $f^*(z) \sim_{S^*} \sum a_\nu e^{i\nu\gamma} z^\nu$ mit $f^* \in \mathcal{O}(S^*)$, so gilt $f(z) \sim_S \sum a_\nu z^\nu$ mit $f(z) := f^*(e^{-i\gamma} z) \in \mathcal{O}(S)$. Da S ein echter Kreissektor ist, können wir somit voraussetzen, daß S die Gestalt $S(r, -\pi + \psi, \pi - \psi)$ mit $0 < \psi < \pi$ hat. Sei zunächst $r = 1$. Wir setzen $f(z) := \sum_0 a_\nu f_\nu(z) z^\nu$, wobei $f_\nu(z) := 1 - \exp(-b_\nu/\sqrt{z})$ und

$$b_\nu := |a_\nu|^{-1} \quad \text{falls } a_\nu \neq 0, \qquad b_\nu := 0 \quad \text{sonst,} \qquad \nu \in \mathbb{N}.$$

Nach Aussage 1) des Hilfssatzes gilt dann $|a_\nu f_\nu(z) z^\nu| \leq |z|^{\nu - \frac{1}{2}}$ für $z \in S$. Da $\sum_0 t^{\nu - \frac{1}{2}} = t^{-\frac{1}{2}}(1-t)^{-1}$ für jedes $t \in (0, 1)$, so konvergiert die angesetzte Reihe normal in S. Nach dem Weierstraßschen Konvergenzsatz (vgl. 8.4.2) folgt $f \in \mathcal{O}(S)$. In der rechten Seite der Gleichung

$$z^{-n}(f(z) - \sum_0^n a_\nu z^\nu) = -\sum_0^n a_\nu(1 - f_\nu(z)) z^{-(n-\nu)} + \sum_{n+1} a_\nu f_\nu(z) z^{\nu - n}$$

konvergiert die erste Summe gegen 0, falls $z \in S$ gegen 0 strebt, da jeder Summand nach Aussage 2) des Hilfssatzes diese Eigenschaft hat. Für die zweite Summe gilt

$$|\sum_{n+1} a_\nu f_\nu(z) z^{\nu - n}| \leq \sum_{n+1} |a_\nu f_\nu(z) z^{\nu - n}| \leq \sum_{n+1} |z|^{\nu - \frac{1}{2} - n} < \frac{\sqrt{|z|}}{1 - |z|},$$

daher konvergiert auch dieser Term gegen 0, falls $z \in S$ gegen 0 strebt. Hat S den Radius r, so verläuft der Beweis wie eben, wenn man jetzt im Fall $a_\nu \neq 0$ setzt $b_\nu := (|a_\nu| r^\nu)^{-1}$.   □

In der Terminologie des Abschnittes 1 haben wir gezeigt:

Für jeden echten Kreissektor S um 0 ist der Homomorphismus $\varphi: \mathscr{B} \to \bar{\mathscr{A}}$ surjektiv.

Der hier bewiesene Satz wurde in Spezialfällen 1916 von dem amerikanischen Mathematiker J.F. RITT in seiner Arbeit *On the derivatives of a function at a point*, Ann. Math. 18 (2. Ser.), 18–23, bewiesen. RITT benutzt etwas andere Konvergenzfaktoren $f_\nu(z)$, indessen weist er bereits darauf hin, daß die oben

---

[*)] Allgemein heißt ein Punkt x einer Teilmenge A eines topologischen Raumes X ein innerer Punkt von A, wenn es eine Umgebung U von x in X gibt, die in A enthalten ist.

benutzten Funktionen mit $\sqrt{z}$ im Nenner des Argumentes von exp wohl am besten geeignet sind (S. 21). Vergleiche hierzu auch das Buch von WASOW, 41/42.

Aus dem Satz von RITT erhält man sofort den

5. Satz von E. BOREL. *Es sei $q_0, q_1, q_2, \ldots$ irgendeine Folge reeller Zahlen; es sei $I := (-r, r), 0 < r < \infty$, ein reelles Intervall. Dann gibt es eine Funktion $g: I \to \mathbb{R}$ mit folgenden Eigenschaften:*

1) In $I \smallsetminus \{0\}$ ist g reell-analytisch, d.h. um jeden Punkt von $I \smallsetminus \{0\}$ in eine konvergente Potenzreihe entwickelbar.

2) In I ist g unendlich oft differenzierbar, es gilt: $g^{(n)}(0) = q_n$ für alle $n \in \mathbb{N}$.

Beweis. Wir wählen einen echten Kreissektor S um 0 vom Radius r, der $I \smallsetminus \{0\}$ enthält. Nach Satz 4 gibt es ein $f \in \mathcal{O}(S)$ mit $f \sim_S \sum \frac{q_\nu}{\nu!} z^\nu$. Setzt man $g(x) := \operatorname{Re} f(x)$ für $x \in I \smallsetminus \{0\}$, so ist $g: I \smallsetminus \{0\} \to \mathbb{R}$ reell-analytisch, insbesondere existieren alle Ableitungen $g^{(n)}: I \smallsetminus \{0\} \to \mathbb{R}$. Da q_n reell ist, so gilt

$$\lim_{x \to 0} g^{(n)}(x) = \lim_{x \to 0} f^{(n)}(x) = n! \frac{q_n}{n!} = q_n \quad \text{für alle } n \in \mathbb{N}$$

(vgl. Abschnitt 3); mithin wird $g^{(n)}$ vermöge $g^{(n)}(0) := q_n$ zu einer stetigen Funktion $I \to \mathbb{R}$ fortgesetzt. Da $g^{(n)}$ in $I \smallsetminus \{0\}$ die Ableitung von $g^{(n-1)}$ ist, gilt dies auch noch im Nullpunkt (sind nämlich $u: I \to \mathbb{R}$ und $v: I \to \mathbb{R}$ stetig und ist u in $I \smallsetminus \{0\}$ differenzierbar und gilt $u' = v$ in $I \smallsetminus \{0\}$, so ist u auch in 0 differenzierbar, und es gilt $u'(0) = v(0)$. Beweis!). Mithin ist $g^{(n)}: I \to \mathbb{R}$ die n-te Ableitung von $g = g^{(0)}$ in I. Da $g^{(n)}(0) = q_n$, so ist der Satz bewiesen. □

Übrigens hat RITT den Borelschen Satz neu entdeckt; erst nach Abfassung seiner Arbeit erfuhr er (vgl. Einleitung seiner Arbeit) von der Borelschen Dissertation, in der übrigens nur die Existenz einer in I unendlich oft differenzierbaren Funktion g mit in 0 vorgegebenen Ableitungen bewiesen wird.

Der Satz von BOREL hat, was nicht recht verständlich ist, kaum Eingang in die Lehrbuchliteratur zur reellen Analysis gefunden. Man findet den Satz etwa im Buch von R. NARASIMHAN: *Analysis on Real and Complex Manifolds*, North-Holland, Amsterdam 1968, auf den Seiten 28–31 für den Fall des $\mathbb{R}^n$; als Problem wird der Satz dem Leser gestellt bei J. DIEUDONNÉ: *Foundations of Modern Analysis*, Bd. I, Academic Press New York London 1969 (S. 192 für beliebig oft differenzierbare Abbildungen zwischen Banachräumen); vgl. auch die deutsche Übersetzung *Grundzüge der modernen Analysis*, Bd. I, Vieweg Verlag, Braunschweig 1971, S. 193.

Dabei gibt es ganz kurze reelle Beweise (die allerdings nicht zeigen, daß g in $I \smallsetminus \{0\}$ sogar reell-analytisch gewählt werden kann), man kann z.B. wie folgt vorgehen (nach H. MIRKIL: *Differentiable Functions, Formal Power Series, And Moments*, Proc. AMS 7 (2), 650–652 (1956):

Man verschafft sich zunächst – etwa mittels der CAUCHY-Funktion $\exp\left(-\dfrac{1}{x^2}\right)$ – eine unendlich oft differenzierbare Funktion $\varphi: \mathbb{R} \to \mathbb{R}$, so daß gilt: $\varphi(x) = 1$ für $x \in [-1, 1]$, $\varphi(x) = 0$ für $x \in \mathbb{R} \smallsetminus (-2, 2)$. Man setzt nun

$$g_\nu(x) := \frac{q_\nu}{\nu!} x^\nu \varphi(r_\nu x), \quad \nu \in \mathbb{N},$$

wobei die positiven Zahlen $r_0, r_1, r_2, \ldots$ so gewählt werden, daß gilt:

$$|g_\nu^{(n)}|_{\mathbb{R}} < \frac{1}{2^\nu} \quad \text{für} \quad n = 0, 1, \ldots, \nu - 1, \quad \nu \in \mathbb{N};$$

dies ist nach Wahl von φ möglich. Nun ist $g(x) := \sum_0 g_\nu(x)$ nach geläufigen Konvergenzsätzen der reellen Analysis unendlich oft differenzierbar in $\mathbb{R}$. Da φ in $[-1, 1]$ konstant ist, folgt für $x \in [-r_\nu^{-1}, r_\nu^{-1}]$:

$$g_\nu^{(n)}(x) = \frac{q_\nu}{(\nu - n)!} x^{\nu - n} \varphi(r_\nu x) \quad \text{für} \quad n = 0, 1, \ldots, \nu;$$

$$g_\nu^{(n)}(x) = 0 \quad \text{für} \quad n > \nu.$$

Man sieht $g_\nu^{(n)}(0) = 0$ für $\nu \neq n$ und $g_n^{(n)}(0) = q_n$, also $g^{(n)}(0) = q_n$, $n \in \mathbb{N}$.

Kapitel 10. Isolierte Singularitäten. Meromorphe Funktionen

Funktionen mit Singularitäten sind aus der Infinitesimalrechnung wohlbekannt; z.B. sind die Funktionen

$$\frac{1}{x}, \ x\sin\frac{1}{x}, \ \exp\left(\frac{-1}{x^2}\right), \quad x\in\mathbb{R}\smallsetminus\{0\},$$

im Nullpunkt singulär. Das Problem der Klassifizierung isolierter Singularitäten ist im Reellen nicht befriedigend lösbar. Ganz anders liegen die Verhältnisse im Komplexen. Wir zeigen im Paragraphen 1, daß sich isolierte Singularitäten holomorpher Funktionen in einfacher Weise beschreiben lassen; als Anwendungen studieren wir im Paragraphen 2 die Automorphismen punktierter Bereiche; wir zeigen u.a., daß jeder Automorphismus von $\mathbb{C}$ linear ist.

Im Paragraphen 3 wird der Begriff der holomorphen Funktion wesentlich erweitert. Es werden meromorphe Funktionen eingeführt. In dieser größeren Funktionenalgebra kann man auch dividieren. Es gilt wie für holomorphe Funktionen ein Identitätssatz.

§ 1. Isolierte Singularitäten

Ist f holomorph in einem Bereich D mit Ausnahme eines Punktes c, so heißt der Punkt c eine *isolierte Singularität von f*. Ziel dieses Paragraphen ist zu zeigen, daß es für holomorphe Funktionen lediglich drei Arten von isolierten Singularitäten gibt:

1) *hebbare* Singularitäten, die bei näherem Hinsehen überhaupt keine Singularitäten sind,

2) *Pole*, die durch Reziprokenbildung holomorpher Funktionen mit Nullstellen entstehen und in deren Nähe die Funktion *gleichmäßig über alle Grenzen wächst*,

3) *wesentliche* Singularitäten, in deren Nähe die Funktion sich so sprunghaft verhält, daß sie jedem Wert beliebig nahe kommt.

Singularitäten, wie sie die reellen Funktionen $|x|$ oder $x\sin\dfrac{1}{x}$ im Nullpunkt haben, gibt es in der Funktionentheorie nicht.

Wir schreiben im folgenden durchweg $D\smallsetminus c$ statt $D\smallsetminus\{c\}$.

1. Hebbare Singularitäten. Pole. Eine isolierte Singularität c einer holomorphen Funktion $f\in\mathcal{O}(D\smallsetminus c)$ heißt *hebbar*, wenn f holomorph nach c fortsetzbar ist (vgl. 7.3.3).

Beispiel. Die Funktionen $\dfrac{z^2-1}{z-1}$, $\dfrac{z}{e^z-1}$ haben hebbare Singularitäten in 1 bzw. in 0.

Aus dem Riemannschen Fortsetzungssatz 7.3.3 folgt direkt der

Hebbarkeitssatz. *Der Punkt* c *ist genau dann eine hebbare Singularität von* $f\in\mathcal{O}(D\smallsetminus c)$, *wenn* f *in einer Umgebung* $U\subset D$ *von* c *beschränkt ist.*

Ist c keine hebbare Singularität von $f\in\mathcal{O}(D\smallsetminus c)$, so ist f um c also *nicht* beschränkt. Dann ist es naheliegend zu fragen, ob eventuell ein Produkt $(z-c)^n f$ für hinreichend großes $n\in\mathbb{N}$ um c beschränkt bleibt. Trifft dies zu, so nennt man c einen *Pol* von f, alsdann heißt die natürliche Zahl

$$m := \min\{v\in\mathbb{N}: (z-c)^v f \text{ ist beschränkt um } c\}\geq 1$$

die *Ordnung des Pols* c von f. Polordnungen sind also stets positiv. Die Funktion $(z-c)^{-m}$, $m\geq 1$, hat in c einen Pol der Ordnung m. Pole erster Ordnung heißen *einfach*.

Theorem. *Folgende Aussagen über* $f\in\mathcal{O}(D\smallsetminus c)$ *und* $m\in\mathbb{N}$, $m\geq 1$, *sind äquivalent:*
  i) f *hat in* c *einen Pol der Ordnung* m.
  ii) *Es gibt eine Funktion* $g\in\mathcal{O}(D)$ *mit* $g(c)\neq 0$, *so daß gilt:*

$$f(z) = \frac{g(z)}{(z-c)^m} \quad \text{für } z\in D\smallsetminus c.$$

  iii) *Es gibt eine offene Umgebung* $U\subset D$ *von* c *und eine in* $U\smallsetminus c$ *nullstellenfreie Funktion* $h\in\mathcal{O}(U)$ *mit einer Nullstelle* m-*ter Ordnung in* c, *so daß* $f=1/h$ *in* $U\smallsetminus c$.
  iv) *Es gibt eine Umgebung* $U\subset D$ *von* c *und Konstanten* $M>0$, $\hat{M}>0$, *so daß für* $z\in U\smallsetminus c$ *gilt:* $M|z-c|^{-m}\leq |f(z)|\leq \hat{M}|z-c|^{-m}$.

Beweis. i) $\Rightarrow$ ii): Da $(z-c)^m f\in\mathcal{O}(D\smallsetminus c)$ um c beschränkt ist, gibt es nach dem Hebbarkeitssatz ein $g\in\mathcal{O}(D)$ mit $g=(z-c)^m f$ in $D\smallsetminus c$. Wäre $g(c)=0$, so wäre $g=(z-c)\hat{g}$ mit $\hat{g}\in\mathcal{O}(D)$, und es würde folgen $\hat{g}(z)=(z-c)^{m-1}f$ in $D\smallsetminus c$. Damit wäre $(z-c)^{m-1}f$, wo $m-1\geq 0$, um c beschränkt, was der Minimalität von m widerspricht.

ii) $\Rightarrow$ iii): Wegen $g(c)\neq 0$ ist g in einer offenen Umgebung $U\subset D$ von c nullstellenfrei. Dann leistet $h(z):=(z-c)^m g(z)^{-1}\in\mathcal{O}(U)$ das Verlangte.

iii) $\Rightarrow$ iv): Wird U klein genug gewählt, so gilt $h=(z-c)^m\hat{h}$ mit einer nullstellenfreien Funktion $\hat{h}\in\mathcal{O}(U)$, so daß $M:=\inf_{z\in U}(|\hat{h}(z)|^{-1})>0$, $\hat{M}:=\sup_{z\in U}(|\hat{h}(z)|^{-1})<\infty$. Wegen $|f(z)|=|z-c|^{-m}|\hat{h}(z)|^{-1}$ folgt die Behauptung.

iv) $\Rightarrow$ i): Da $|(z-c)^m f(z)|\leq \hat{M}$ für $z\in U\smallsetminus c$, so ist $(z-c)^m f$ um c beschränkt. Da $|(z-c)^{m-1}f(z)|\geq M|z-c|^{-1}$, so ist $(z-c)^{m-1}f$ um c nicht beschränkt. Daher ist c ein Pol von f der Ordnung m. □

Pole entstehen also auf Grund von i) $\Leftrightarrow$ iii) grundsätzlich aus Nullstellen durch *Reziprokenbildung*. Die Äquivalenz i) $\Leftrightarrow$ iv) charakterisiert Pole durch das *Werteverhalten* von f um c. Man sagt, daß f *um* c *gleichmäßig gegen* ∞ *wächst*, wenn es zu jedem $M > 0$ eine Umgebung $U \subset D$ von c gibt mit $\inf_{z \in U \smallsetminus c} |f(z)| \geq M$; man schreibt dann $\lim_{z \to c} f(z) = \infty$. (Der Leser mache sich klar, daß die Gleichung $\lim_{z \to c} f(z) = \infty$ genau dann besteht, wenn für jede Folge z_n, $z_n \in U \smallsetminus c$, mit $\lim_{n \to \infty} z_n = c$ gilt: $\lim_{n \to \infty} |f(z_n)| = \infty$). Dies gilt genau dann, wenn $\lim_{z \to c} 1/f(z) = 0$. Daher folgt aus i) $\Leftrightarrow$ iii) direkt (Abschwächung von iv)):

Korollar. *Die Funktion* $f \in \mathcal{O}(D \smallsetminus c)$ *hat genau dann einen Pol in* c, *wenn gilt:*

$$\lim_{z \to c} f(z) = \infty.$$

Aufgabe. Zeigen Sie, daß die Funktion $\exp(z^{-1}) \in \mathcal{O}(\mathbb{C}^\times)$ in 0 weder eine hebbare Singularität noch einen Pol hat.

2. Entwicklung von Funktionen um Polstellen. *Es sei* f *holomorph in* $D \smallsetminus c$, *und es sei* c *ein Pol* m-*ter Ordnung von* f. *Dann gibt es komplexe Zahlen* $b_1, \dots, b_m$ *mit* $b_m \neq 0$ *und eine in* D *holomorphe Funktion* $\tilde{f}$, *so daß gilt:*

$$(1) \qquad f(z) = \frac{b_m}{(z-c)^m} + \frac{b_{m-1}}{(z-c)^{m-1}} + \dots + \frac{b_1}{z-c} + \tilde{f}(z), \qquad z \in D \smallsetminus c;$$

die Zahlen $b_1, \dots, b_m$ *und die Funktion* $\tilde{f}$ *sind eindeutig durch* f *bestimmt.*

Umgekehrt hat jede Funktion $f \in \mathcal{O}(D \smallsetminus c)$, *für die eine Gleichung* (1) *gilt, in* c *einen Pol der Ordnung* m.

Beweis. Nach Theorem 1 gibt es eine in D holomorphe Funktion g mit $g(c) \neq 0$ und $f(z) = (z-c)^{-m} g(z)$, $z \in D \smallsetminus c$; dabei ist g eindeutig durch f bestimmt. Die Taylorreihe von g um c läßt sich schreiben

$$g(z) = b_m + b_{m-1}(z-c) + \dots + b_1(z-c)^{m-1} + (z-c)^m \tilde{f}(z) \quad \text{mit} \quad b_m = g(c) \neq 0,$$

wobei $\tilde{f}$ in einer Kreisscheibe $B \subset D$ um c holomorph ist. Einsetzen der Reihe von g in die Gleichung $f(z) = (z-c)^{-m} g(z)$ liefert (1) für die Kreisscheibe B. In $D \smallsetminus B$ benutze man (1) zur Definition von $\tilde{f}$. Die Eindeutigkeitsbehauptung ist klar wegen der Eindeutigkeit von g, ebenso ist die Umkehraussage evident. $\square$

Die Reihe (1) ist eine „Laurentreihe mit endlichem Hauptteil"; solche Reihen und Verallgemeinerungen werden im Kapitel 12 intensiv studiert. Aus (1) folgt

$$(2) \qquad f'(z) = \frac{-m b_m}{(z-c)^{m+1}} + \dots + \frac{-b_1}{(z-c)^2} + \tilde{f}'(z),$$

damit ist wegen $m b_m \neq 0$ klar:

Ist c *ein Pol der Ordnung* $m \geq 1$ *von* $f \in \mathcal{O}(D \smallsetminus c)$, *so hat* $f' \in \mathcal{O}(D \smallsetminus c)$ *in* c *einen Pol der Ordnung* $m+1$; *in der Entwicklung von* f' *um* c *kommt kein Term* $\dfrac{a}{z-c}$ *vor.*

Die Zahl 1 ist also niemals die Polstellenordnung der Ableitung einer holomorphen Funktion, die als isolierte Singularitäten nur Pole hat. Wir zeigen darüber hinaus, daß es überhaupt keine holomorphe Funktion mit isolierten Singularitäten irgendwelcher Art gibt, deren Ableitung irgendwo einen Pol erster Ordnung hat.

Ist f holomorph in $D \smallsetminus c$ und hat f' in c einen Pol k-ter Ordnung, so gilt $k \geq 2$, und f hat in c einen Pol der Ordnung $k - 1$.

Beweis. Wir dürfen $c = 0$ annehmen. Nach dem Entwicklungssatz gilt

$$f'(z) = d_k z^{-k} + \ldots + d_1 z^{-1} + h(z), \quad h \in \mathcal{O}(D), \quad d_k \neq 0, \quad z \in D \smallsetminus 0.$$

Für jede Kreisscheibe $\bar{B} \subset D$ folgt, da f Stammfunktion von f' in $D \smallsetminus 0$ ist:

$$0 = \int_{\partial B} f' d\zeta = 2\pi i d_1 + \int_{\partial B} h \, d\zeta \quad \text{wegen} \int_{\partial B} \zeta^{-\kappa} d\zeta = 0 \quad \text{für } \kappa > 1.$$

Da $\int_{\partial B} h d\zeta = 0$ nach dem Cauchyschen Integralsatz, so folgt $d_1 = 0$. Wegen $d_k \neq 0$ ergibt sich $k > 1$. Für

$$F(z) := -\frac{1}{k-1} d_k z^{-(k-1)} - \ldots - d_2 z^{-1} + H(z),$$

wobei $H \in \mathcal{O}(B)$ mit $H' = h|B$, folgt $f' = F'$, also $f = F + \text{const}$ in $B \smallsetminus 0$. Mit F hat also auch f in 0 einen Pol der Ordnung $k - 1$.

3. Wesentliche Singularitäten. Satz von CASORATI und WEIERSTRASS.

Eine isolierte Singularität c von $f \in \mathcal{O}(D \smallsetminus c)$ heißt *wesentlich*, wenn c keine hebbare Singularität und kein Pol von f ist; z.B. ist der Nullpunkt eine wesentliche Singularität von $\exp(z^{-1})$ (vgl. Aufgabe 1).

Aufgabe. Zeigen Sie, daß eine nicht hebbare Singularität c von $f \in \mathcal{O}(D \smallsetminus c)$ stets eine wesentliche Singularität von $\exp f(z)$ ist.

Hat f in c eine wesentliche Singularität, so sind einerseits alle Produkte $(z - c)^n f(z)$, $n \in \mathbb{N}$, unbeschränkt um c; andererseits gibt es aber Folgen z_n in $D \smallsetminus c$ mit $\lim z_n = c$, so daß $\lim f(z_n)$ existiert und *endlich* ist. Unter Benutzung des in 0.2.3 eingeführten Begriffs der dichten Menge zeigen wir mehr:

Satz (CASORATI, WEIERSTRASS). *Folgende Aussagen über eine in $D \smallsetminus c$ holomorphe Funktion f sind äquivalent:*

i) *Der Punkt c ist eine wesentliche Singularität von f.*

ii) *Für jede Umgebung $U \subset D$ von c liegt das Bild $f(U \smallsetminus c)$ dicht in $\mathbb{C}$.*

iii) *Es gibt eine Folge z_n in $U \smallsetminus c$ mit $\lim z_n = c$, so daß die Bildfolge $f(z_n)$ keinen Limes in $\mathbb{C} \cup \{\infty\}$ hat.*

Beweis. i) $\Rightarrow$ ii): Indirekt. Wir nehmen an, es gäbe eine Umgebung $U \subset D$ von c, so daß $f(U \smallsetminus c)$ nicht dicht in $\mathbb{C}$ liegt. Dann gibt es eine Kreisscheibe $B_r(a)$, $r > 0$, mit $f(U \smallsetminus c) \cap B_r(a) = \emptyset$, d.h. $|f(z) - a| \geq r$ für $z \in U \smallsetminus c$; die Funktion $g(z) := (f(z) - a)^{-1}$ ist also holomorph in $U \smallsetminus c$ und hat, da sie durch r^{-1} beschränkt ist, eine hebbare Singularität in c. Dann hat $f(z) = a + g(z)^{-1}$ im Fall

$\lim\limits_{z \to c} g(z) \neq 0$ eine hebbare Singularität und im Fall $\lim\limits_{z \to c} g(z) = 0$ einen Pol in c, also keine wesentliche Singularität im Widerspruch zur Voraussetzung.

ii) $\Rightarrow$ iii) $\Rightarrow$ i): Trivial. □

Da nicht konstante holomorphe Funktionen offene Abbildungen sind, so ist in der Situation des Satzes von CASORATI-WEIERSTRASS jede Menge $f(U \smallsetminus c)$ sogar *offen und dicht* in $\mathbb{C}$ (falls U offen ist). Es läßt sich – weit darüber hinausgehend – zeigen, daß $f(U \smallsetminus c)$ *entweder stets ganz* $\mathbb{C}$ *ist* (wie im Fall $f(z) = \sin(z^{-1})$) *oder stets* $\mathbb{C}$ *mit Ausnahme eines einzigen Punktes ist* (wie im Fall $f(z) = \exp(z^{-1})$, wo 0 nicht angenommen wird); dies ist der berühmte große Satz von PICARD, den wir im zweiten Band herleiten werden.

Wir ziehen eine einfache Folgerung aus dem Satz von CASORATI-WEIERSTRASS.

Ist $f(z)$ ganz transzendent, so gibt es zu jeder Zahl $a \in \mathbb{C}$ eine Folge z_n in $\mathbb{C}$ mit $\lim |z_n| = \infty$ und $\lim f(z_n) = a$.

Dieser „Satz von CASORATI und WEIERSTRASS für ganze Funktionen" ergibt sich mit Hilfe des oben bewiesenen Satzes direkt aus folgendem

Lemma. *Die Funktion $f \in \mathcal{O}(\mathbb{C})$ ist genau dann ganz transzendent, wenn die in $\mathbb{C}^\times$ holomorphe Funktion $f^\times : \mathbb{C}^\times \to \mathbb{C}$, $z \mapsto f(z^{-1})$, im Nullpunkt eine wesentliche Singularität hat.*

Beweis. Sei $f = \sum a_\nu z^\nu$ ganz transzendent. Wäre 0 keine wesentliche Singularität von $f^\times$, so wäre $z^n f^\times(z) = \sum\limits_0 a_\nu z^{n-\nu} \in \mathcal{O}(\mathbb{C}^\times)$ für fast alle $n \in \mathbb{N}$ holomorph nach $0 \in \mathbb{C}$ fortsetzbar. Der Cauchysche Integralsatz impliziert

$$0 = \int\limits_{\partial \mathbb{E}} \zeta^n f^\times(\zeta)\, d\zeta = \sum\limits_0 a_\nu \int\limits_{\partial \mathbb{E}} \zeta^{n-\nu}\, d\zeta = 2\pi i\, a_{n+1}$$

für fast alle n, d.h. f wäre ein Polynom. Widerspruch!

Sei $f^\times$ in 0 wesentlich singulär. Wäre f ein Polynom $a_0 + a_1 z + \ldots + a_n z^n$, so würde gelten

$$f(z^{-1}) = f^\times(z) = a_n z^{-n} + \ldots + a_1 z^{-1} + a_0$$

und der Nullpunkt wäre nach Satz 2 ein Pol bzw. im Fall $n = 0$ eine hebbare Singularität von $f^\times$. □

Das Lemma folgt auch direkt aus Satz 12.2.3.

4. Historisches zur Charakterisierung isolierter Singularitäten. Die Beschreibung von Polen durch das Wachstumsverhalten sowie den Entwicklungssatz 2 findet man bereits 1851 bei RIEMANN ([R], Art. 13). Das Wort „Pol" wurde 1875 von BRIOT und BOUQUET eingeführt ([BB], 2. Aufl., S. 15); WEIERSTRASS benutzt die Redeweise „außerwesentliche singuläre Stelle" als Gegensatz zu den „wesentlich singulären Stellen" ([W₃], S. 78).

Üblicherweise nennt man die Implikation i) $\Rightarrow$ ii) des Satzes 3 den Satz von CASORATI-WEIERSTRASS. Dieser Satz wurde 1868 von dem italienischen Mathematiker Felice CASORATI (1835–1890, Professor in Padua) gefunden, der hier wiedergegebene Beweis geht auf ihn zurück (*Un teorema fondamentale nella teorica delle discontinuita delle funzioni*, Opere 1, 279–281). WEIERSTRASS hat den Satz 1876 unabhängig von CASORATI angegeben; er formuliert ihn so ([W$_3$], S. 124):

„Hiernach ändert sich die Function $f(x)$ in einer unendlich kleinen Umgebung der Stelle c in der Art discontinuirlich, dass sie jedem willkürlich angenommenen Werthe beliebig nahe kommen kann, für $x = c$ also einen bestimmten Werth nicht besitzt."

Den Satz von CASORATI und WEIERSTRASS für ganze Funktionen kannten BRIOT und BOUQUET bereits 1859, ihre Formulierung ist allerdings inkorrekt ([BB], 1. Aufl., § 38).

§ 2*. Automorphismen punktierter Bereiche

Die Resultate des Paragraphen 1 gestatten es, Automorphismen von $D \smallsetminus c$ zu Automorphismen von D fortzusetzen. Damit ist es möglich, die Gruppen Aut $\mathbb{C}$ und Aut $\mathbb{C}^\times$ explizit anzugeben, ferner lassen sich beschränkte Gebiete angeben, die überhaupt keine von der identischen Abbildung verschiedenen Automorphismen haben (Starrheit).

1. Isolierte Singularitäten holomorpher Injektionen. *Es sei A diskret und abgeschlossen in D; es sei $f: D \smallsetminus A \to \mathbb{C}$ holomorph und injektiv. Dann gilt:*

a) *Kein Punkt $c \in A$ ist eine wesentliche Singularität von f.*

b) *Ist $c \in A$ ein Pol von f, so ist c ein Pol 1. Ordnung.*

c) *Ist jeder Punkt von A eine hebbare Singularität von f, so ist die holomorphe Fortsetzung $\hat{f}: D \to \mathbb{C}$ injektiv.*

Beweis. a) Sei B eine Kreisscheibe um c, so daß $B \cap A = \{c\}$ und $D' := D \smallsetminus (A \cup \bar{B}) \neq \emptyset$. Dann ist $f(D')$ nicht leer und offen (Offenheitssatz). Da $f(B \smallsetminus c)$ wegen der Injektivität die Menge $f(D')$ nicht trifft, so ist c nach dem Satz von CASORATI-WEIERSTRASS keine wesentliche Singularität von f.

b) Ist c ein Pol von f der Ordnung $m \geq 1$, so gibt es eine Umgebung $U \subset D$ von c mit $U \cap A = \{c\}$, so daß $g := (1/f)|U$ in U holomorph ist und in c eine Nullstelle der Ordnung m hat, vgl. Theorem 1.1. Mit f ist $g: U \smallsetminus c \to \mathbb{C} \smallsetminus 0$ injektiv, daher ist auch $g: U \to \mathbb{C}$ injektiv. Nach Satz 9.4.1 folgt $g'(c) \neq 0$, d.h. $m = 1$.

c) Gibt es zwei verschiedene Punkte $a, a' \in D$ mit $p := \hat{f}(a) = \hat{f}(a')$, so wählen wir Kreisscheiben B, B' um a, a' mit $B \cap B' = \emptyset$ und $B \smallsetminus a \subset D \smallsetminus A$, $B' \smallsetminus a' \subset D \smallsetminus A$. Dann ist $\hat{f}(B) \cap \hat{f}(B')$ eine Umgebung von p, es gibt also Punkte $b \in B \smallsetminus a$, $b' \in B' \smallsetminus a'$ mit $f(b) = f(b')$. Da $b \neq b'$ und $b, b' \in D \smallsetminus A$, so haben wir einen Widerspruch zur Injektivität von f.

2. Die Gruppen Aut $\mathbb{C}$ und Aut $\mathbb{C}^\times$. Jede Abbildung $\mathbb{C} \to \mathbb{C}$, $z \mapsto az + b$, $a \in \mathbb{C}^\times$, $b \in \mathbb{C}$, ist biholomorph, speziell eine holomorphe Injektion. Wir zeigen umgekehrt:

Satz. *Jede injektive holomorphe Abbildung* $f: \mathbb{C} \to \mathbb{C}$ *ist linear:*

$$f(z) = a\,z + b, \qquad a \in \mathbb{C}^\times,\ b \in \mathbb{C}.$$

Beweis. Mit f ist auch $f^\times: \mathbb{C}^\times \to \mathbb{C}$, $z \mapsto f(z^{-1})$ injektiv. Nach Satz 1.a) mit $D := \mathbb{C}$, $A := \{0\}$ ist 0 keine wesentliche Singularität von $f^\times \in \mathcal{O}(\mathbb{C}^\times)$, nach Lemma 1.3 ist f dann ein Polynom, also auch f'. Da f' wegen der Injektivität von f keine Nullstellen hat, ist f' nach dem Fundamentalsatz der Algebra konstant, f mithin linear.   □

Holomorphe Injektionen $\mathbb{C} \to \mathbb{C}$ bilden also $\mathbb{C}$ stets biholomorph auf $\mathbb{C}$ ab, speziell folgt

$$\operatorname{Aut}\mathbb{C} = \{f: \mathbb{C} \to \mathbb{C},\ z \mapsto a\,z + b: a \in \mathbb{C}^\times, b \in \mathbb{C}\}.$$

Diese sog. *affine* Gruppe von $\mathbb{C}$ ist nicht abelsch. Die Menge

$$T := \{f \in \operatorname{Aut}\mathbb{C}: f(z) = z + b,\ b \in \mathbb{C}\}$$

der Translationen ist eine abelscher Normalteiler von $\operatorname{Aut}\mathbb{C}$; die Ebene $\mathbb{C}$ ist homogen bezüglich T.

Die hier betrachtete Gruppe $\operatorname{Aut}\mathbb{C}$ darf nicht mit der Gruppe der *Körper*-automorphismen von $\mathbb{C}$ verwechselt werden.   □

Die Abbildungen $z \mapsto a\,z$ und $z \mapsto a\,z^{-1}$, $a \in \mathbb{C}^\times$, sind Automorphismen von $\mathbb{C}^\times$. Die Umkehrung enthält folgender

Satz. *Jede injektive holomorphe Abbildung* $f: \mathbb{C}^\times \to \mathbb{C}^\times$ *hat die Form*

$$f(z) = a\,z \quad oder \quad f(z) = a\,z^{-1}, \qquad a \in \mathbb{C}^\times.$$

Beweis. Nach Satz 1 mit $D := \mathbb{C}$, $A := \{0\}$ sind zwei Fälle möglich:

a) Der Nullpunkt ist hebbare Singularität von f. Die holomorphe Fortsetzung $f: \mathbb{C} \to \mathbb{C}$ ist dann injektiv; es folgt $f(z) = a\,z + b$, $a \in \mathbb{C}^\times$, $b \in \mathbb{C}$ nach obigem Satz. Wegen $f(\mathbb{C}^\times) \subset \mathbb{C}^\times$ und $f(-b\,a^{-1}) = 0$ folgt $b = 0$.

b) Der Nullpunkt ist ein Pol (1. Ordnung) von f. Da $w \mapsto w^{-1}$ ein Automorphismus von $\mathbb{C}^\times$ ist, so ist auch $z \mapsto g(z) := 1/f(z)$ eine injektive holomorphe Abbildung von $\mathbb{C}^\times$ in sich. Da 0 nach Theorem 1.1 eine Nullstelle von g ist, folgt $g(z) = d\,z$, $d \in \mathbb{C}^\times$, nach a), also $f(z) = a\,z^{-1}$ mit $a := d^{-1}$.   □

Holomorphe Injektionen $\mathbb{C}^\times \to \mathbb{C}^\times$ bilden also stets $\mathbb{C}^\times$ biholomorph auf $\mathbb{C}^\times$ ab, speziell folgt:

$$\operatorname{Aut}\mathbb{C}^\times = \{f: \mathbb{C}^\times \to \mathbb{C}^\times,\ z \mapsto a\,z;\ a \in \mathbb{C}^\times\} \cup \{f: \mathbb{C}^\times \to \mathbb{C}^\times,\ z \mapsto a\,z^{-1};\ a \in \mathbb{C}^\times\}.$$

Diese Gruppe ist nicht abelsch, sie zerfällt in zwei „zu $\mathbb{C}^\times$ isomorphe Zusammenhangskomponenten"; die Komponente $L := \{f: \mathbb{C}^\times \to \mathbb{C}^\times, z \mapsto a\,z; a \in \mathbb{C}^\times\}$ ist ein abelscher Normalteiler von $\operatorname{Aut}\mathbb{C}^\times$; die punktierte Ebene $\mathbb{C}^\times$ ist homogen bezüglich L.

3. Automorphismen punktierter beschränkter Bereiche. Für jede Teilmenge M von D ist die Menge

$$\operatorname{Aut}_M D := \{f \in \operatorname{Aut}D: f(M) = M\}$$

aller Automorphismen von D, die M (bijektiv) auf sich abbilden, eine Untergruppe von Aut D; besteht M aus einem einzigen Punkt c, so ist dies gerade die in 9.2.2 eingeführte Isotropiegruppe von c bez. Aut D. Ist $D \smallsetminus M$ wieder ein Bereich, so bestimmt jede Abbildung $f \in \text{Aut}_M D$ vermöge Einschränkung auf $D \smallsetminus M$ einen Automorphismus von $D \smallsetminus M$. Damit ist ein Gruppenhomomorphismus $\text{Aut}_M D \to \text{Aut}(D \smallsetminus M)$ definiert. Hat $D \smallsetminus M$ innere Punkte in jeder Zusammenhangskomponente von D, so ist diese Abbildung *injektiv* (denn dann ist jeder Automorphismus $g \in \text{Aut}_M D$, der auf $D \smallsetminus M$ die Identität ist, nach dem Identitätssatz auf ganz D die Identität); speziell gilt also:

Ist M abgeschlossen in D und hat M keine inneren Punkte in D, so ist $\text{Aut}_M D$ in natürlicher Weise eine Untergruppe von $\text{Aut}(D \smallsetminus M)$.

In interessanten Fällen ist $\text{Aut}_M D$ bereits die volle Gruppe $\text{Aut}(D \smallsetminus M)$.

Satz. *Ist D beschränkt und hat D keine isolierten Randpunkte, so ist für jede diskrete und abgeschlossene Teilmenge A von D der Homomorphismus $\text{Aut}_A D \to \text{Aut}(D \smallsetminus A)$ bijektiv.*

Beweis. Es ist nur zu zeigen, daß zu jedem $f \in \text{Aut}(D \smallsetminus A)$ ein $\hat{f} \in \text{Aut}_A D$ mit $\hat{f}|D \smallsetminus A = f$ existiert. Da D beschränkt ist, so sind f und $g := f^{-1}$ wegen $f(D \smallsetminus A) = g(D \smallsetminus A) = D \smallsetminus A \subset D$ beschränkt. Da A diskret und abgeschlossen in D ist, und da f und g um jeden Punkt von A beschränkt sind, so sind f und g nach dem Riemannschen Fortsetzungssatz zu holomorphen Funktionen $\hat{f} : D \to \mathbb{C}$, $\hat{g} : D \to \mathbb{C}$ fortsetzbar. Nach Satz 1.c) sind $\hat{f}$ und $\hat{g}$ injektiv.

Wir zeigen als nächstes: $\hat{f}(D) \subset D$. Da $\hat{f}$ insbesondere stetig ist, so liegt $\hat{f}(D)$ jedenfalls in der abgeschlossenen Hülle $\bar{D}$ von D. Gäbe es einen Punkt $p \in D$ mit $\hat{f}(p) \in \partial D$, so wäre $p \in A$, und es gäbe, da A diskret ist, eine Kreisscheibe B um p mit $B \smallsetminus p \subset D \smallsetminus A$. Da $\hat{f}$ offen abbildet, so wäre $\hat{f}(B)$ eine Umgebung von $\hat{f}(p)$; da $\hat{f}$ injektiv ist, würde folgen

$$\hat{f}(B) \smallsetminus \hat{f}(p) = \hat{f}(B \smallsetminus p) = f(B \smallsetminus p) \subset D,$$

d.h. $\hat{f}(p)$ wäre isolierter Randpunkt von D im Widerspruch zur Voraussetzung. Es folgt $\hat{f}(D) \subset D$. Ebenso zeigt man $\hat{g}(D) \subset D$. Mithin sind die Abbildungen $\hat{f} \circ \hat{g} : D \to \mathbb{C}$ und $\hat{g} \circ \hat{f} : D \to \mathbb{C}$ wohldefiniert. Da $f \circ g = g \circ f = \text{id}$ auf $D \smallsetminus A$, so folgt $\hat{f} \circ \hat{g} = \hat{g} \circ \hat{f} = \text{id}$ auf D, d.h. $\hat{f} \in \text{Aut} D$. Wegen $\hat{f}(D \smallsetminus A) = D \smallsetminus A$ folgt $\hat{f}(A) = A$, d.h. $\hat{f} \in \text{Aut}_A D$. $\qquad\square$

Beispiel. Für den punktierten Einheitskreis $\mathbb{E}^\times := \mathbb{E} \smallsetminus 0$ ist $\text{Aut}\,\mathbb{E}^\times$ zur Kreisgruppe S^1 isomorph:

$$\text{Aut}\,\mathbb{E}^\times = \{ f : \mathbb{E}^\times \to \mathbb{E}^\times, z \mapsto a z; a \in S^1 \}.$$

Beweis. Nach unserem Satz gilt $\text{Aut}\,\mathbb{E}^\times = \text{Aut}_0\,\mathbb{E}$; daher folgt die Behauptung aus Satz 9.2.2. $\qquad\square$

Der in diesem Abschnitt bewiesene Satz ist ein Fortsetzungssatz für Automorphismen von $D \smallsetminus A$ zu Automorphismen von D. Die Beschränktheit von D

ist wesentlich, wie das Beispiel $D := \mathbb{C}$, $A := \{0\}$, $f(z) := z^{-1}$ zeigt. Der Satz wird ebenfalls falsch, wenn D isolierte Randpunkte hat: setzt man etwa $D := \mathbb{E}^{\times}$ (0 ist isolierter Randpunkt von $\mathbb{E}^{\times}$), $A := \{c\}$, $c \in \mathbb{E}^{\times}$, so folgt $\mathrm{Aut}_c \mathbb{E}^{\times} = \{\mathrm{id}\}$ auf Grund des vorangehenden Beispiels, indessen ist

$$z \longmapsto \frac{z-c}{\bar{c}\,z-1}$$

ein Automorphismus $\neq \mathrm{id}$ von $\mathbb{E}^{\times} \smallsetminus c$ (der als Automorphismus von $\mathbb{E}$ die Punkte 0 und c vertauscht!) (vgl. auch Korollar 1 im nächsten Abschnitt).

4. Starre Gebiete. Ein Bereich D heißt *starr*, wenn D keinen Automorphismus $\neq \mathrm{id}$ besitzt. Wir wollen starre beschränkte Gebiete konstruieren. Dazu beweisen wir vorbereitend

Satz. *Es sei $A \subset \mathbb{E}^{\times}$ nicht leer und endlich. Dann gibt es einen natürlichen Gruppenmonomorphismus π: $\mathrm{Aut}(\mathbb{E}^{\times} \smallsetminus A) \to \mathrm{Perm}(A \cup \{0\})$ in die (zu einer symmetrischen Gruppe $\mathfrak{S}_n$ isomorphe) Permutationsgruppe der Menge $A \cup \{0\}$.*

Beweis. Wegen $\mathbb{E}^{\times} \smallsetminus A = \mathbb{E} \smallsetminus (A \cup \{0\})$ gilt $\mathrm{Aut}(\mathbb{E}^{\times} \smallsetminus A) = \mathrm{Aut}_{A \cup \{0\}} \mathbb{E}$ nach Satz 3. Jeder Automorphismus f von $\mathbb{E}^{\times} \smallsetminus A$ bildet also $A \cup \{0\}$ bijektiv auf sich ab und induziert folglich eine Permutation $\pi(f)$ von $A \cup \{0\}$. Es ist klar, daß die Zuordnung $f \mapsto \pi(f)$ ein Gruppenhomomorphismus π: $\mathrm{Aut}(\mathbb{E}^{\times} \smallsetminus A) \to \mathrm{Perm}(A \cup \{0\})$ ist. Da Automorphismen $\neq \mathrm{id}$ von $\mathbb{E}$ höchstens einen Fixpunkt haben (Satz 9.2.3), so ist π wegen $A \neq \emptyset$ injektiv.

Korollar 1. *Jede Gruppe $\mathrm{Aut}(\mathbb{E}^{\times} \smallsetminus c)$, $c \in \mathbb{E}^{\times}$, ist zur zyklischen Gruppe $\mathfrak{S}_2$ isomorph; die Abbildung $g(z) := \dfrac{z-c}{\bar{c}\,z-1}$ ist der einzige Automorphismus $\neq \mathrm{id}$ von $\mathbb{E}^{\times} \smallsetminus c$.*

Beweis. Nach dem Satz ist $\mathrm{Aut}(\mathbb{E}^{\times} \smallsetminus c)$ isomorph zu einer Untergruppe von $\mathrm{Perm}\{0, c\} \cong \mathfrak{S}_2$; nach Satz 2.3.3 gilt $g \in \mathrm{Aut}(\mathbb{E}^{\times} \smallsetminus c)$.

Korollar 2. *Es seien $a, b \in \mathbb{E}^{\times}$, $a \neq b$. Dann gilt $\mathrm{Aut}(\mathbb{E}^{\times} \smallsetminus \{a, b\}) \neq \{\mathrm{id}\}$ genau dann, wenn a und b einer der folgenden vier Bedingungen genügen:*

$$a = -b \quad oder \quad 2b = a + \bar{a}\,b \quad oder \quad 2a = b + \bar{b}\,a \quad oder$$

$$|a| = |b| \quad und \quad a^2 + b^2 = a\,b(1 + |b|^2).$$

Beweis. Da $\mathrm{Aut}(\mathbb{E}^{\times} \smallsetminus \{a, b\}) = \mathrm{Aut}_{\{0, a, b\}} \mathbb{E}$ nach Satz 3, so hat nach Theorem 9.2.2 jedes $f \in \mathrm{Aut}(\mathbb{E}^{\times} \smallsetminus \{a, b\})$ die Form $f(z) = e^{i\varphi} \dfrac{z-w}{\bar{w}\,z-1}$, $w \in \mathbb{E}$. Es gilt $f \neq \mathrm{id}$ genau dann, wenn $f: \{0, a, b\} \to \{0, a, b\}$ nicht die identische Abbildung ist. Es sind *fünf* Fälle möglich, von denen wir zwei diskutieren:

$$f(0) = 0, \ f(a) = b, \ f(b) = a \quad \Leftrightarrow \quad f(z) = e^{i\varphi} z \ \text{mit} \ e^{i\varphi} a = b \ \text{und} \ e^{i\varphi} b = a.$$

Das tritt genau dann ein, wenn $e^{2i\varphi} = 1$, d.h. wenn $e^{i\varphi} = \pm 1$, d.h. wenn $a = -b$ (wegen $a \neq b$).

$$f(0) = a, \ f(a) = b, \ f(b) = 0 \quad \Leftrightarrow \quad f(z) = e^{i\varphi} \dfrac{z-b}{\bar{b}\,z-1} \ \text{mit} \ a = e^{i\varphi} b \ \text{und} \ b(\bar{b}\,a - 1) = e^{i\varphi}(a - b).$$

Dies führt zum Fall $|a|=|b|$ und $a^2+b^2=ab(1+|b|^2)$. Analog werden die restlichen drei Fälle erledigt.

Folgerung. *Das Gebiet* $\mathbb{E} \smallsetminus \{0, \frac{1}{2}, \frac{3}{4}\}$ *ist starr.*

§ 3. Meromorphe Funktionen

Holomorphe Funktionen mit Polen spielten in der Funktionentheorie seit Anbeginn eine so große Rolle, daß für sie schon früh ein eigener Name eingeführt wurde. Bereits 1875 nennen BRIOT und BOUQUET solche Funktionen *meromorph* ([BB], 2. Aufl., S. 15): „Lorsqu'une fonction est holomorphe dans une partie du plan, excepté en certains pôles, nous dirons qu'elle est *méromorphe* dans cette partie du plan, c'est-à-dire semblable aux fractions rationnelles."

Meromorphe Funktionen lassen sich nicht nur addieren, subtrahieren und multiplizieren, sondern auch – und das ist ihr großer Vorteil gegenüber holomorphen Funktionen – dividieren; dadurch wird ihre algebraische Struktur im Vergleich zu holomorphen Funktionen einfacher; speziell bilden die in einem Gebiet meromorphen Funktionen einen Körper.

In den Abschnitten 1 bis 4 werden die algebraischen Grundlagen der Theorie der meromorphen Funktionen besprochen; im Abschnitt 5 wird die Ordnungsfunktion o_c auf meromorphe Funktionen erweitert.

1. Definition der Meromorphie. Eine Funktion f heißt *meromorph* in D, wenn es eine (von f abhängende) diskrete Teilmenge $P(f)$ von D gibt, so daß f in $D \smallsetminus P(f)$ holomorph ist und in jedem Punkt von $P(f)$ einen Pol hat. Die Menge $P(f)$ heißt die *Polstellenmenge* von f, offensichtlich ist $P(f)$ *stets abgeschlossen in D*.

Man beachte, daß der Fall einer leeren Polstellenmenge zugelassen wird:

in D holomorphe Funktionen sind also meromorph in D.

Da $P(f)$ diskret und abgeschlossen in D ist, so folgt wie für a-Stellen (vgl. 8.1.3):

Die Polstellenmenge einer jeden in D meromorphen Funktion ist leer oder endlich oder abzählbar unendlich.

In D meromorphe Funktionen f mit $P(f) \neq \emptyset$ sind *keine* Abbildungen $D \to \mathbb{C}$. Im Hinblick auf Korollar 1.1 ist es natürlich und bequem, als Funktionswert in einem Pol das Element ∞ zu wählen:

$$f(z) := \infty \quad \text{für} \ z \in P(f).$$

Meromorphe Funktionen in D sind dann spezielle Abbildungen $D \to \mathbb{C} \cup \{\infty\}$.

Beispiele. 1) Jede *rationale* Funktion

$$h(z) = \frac{a_0 + a_1 z + \ldots + a_m z^m}{b_0 + b_1 z + \ldots + b_n z^n}, \quad b_n \neq 0, \ m, n \in \mathbb{N},$$

ist meromorph in $\mathbb{C}$, die Polstellenmenge von $h(z)$ ist *endlich* und in der Nullstellenmenge des Nennerpolynoms enthalten.

2) Die Cotangensfunktion $\cot \pi z = \dfrac{\cos \pi z}{\sin \pi z}$ ist meromorph, aber nicht rational in $\mathbb{C}$; die Polstellenmenge ist abzählbar unendlich: $P(\cot \pi z) = N(\sin \pi z)$
$= \mathbb{Z}$.   □

Eine Funktion f heißt meromorph in c, wenn f in einer Umgebung von c
meromorph ist. Nach dem Entwicklungssatz 1.2 hat jede solche Funktion $f \neq 0$
um c eine Darstellung

$$f(z) = \sum_{v=m}^{\infty} a_v (z-c)^v$$

mit *eindeutig bestimmten* Zahlen $a_v \in \mathbb{C}$, $a_m \neq 0$, $m \in \mathbb{Z}$; man nennt $\sum\limits_{m}^{-1} a_v(z-c)^v$ *den*
Hauptteil von f in c (falls $m \geq 0$, so sei der Hauptteil null).

Da $\sin \pi z = (-1)^n \pi (z-n) + \dots$ und $\cos \pi z = (-1)^n + a(z-n)^2 + \dots$, so folgt

(1) $\pi \cot \pi z = \dfrac{1}{z-n} + \text{Potenzreihe in } (z-n)$ für jedes $n \in \mathbb{Z}$.

Diese Gleichung wird in 11.2.1 zur Gewinnung der Partialbruchreihe des Cotangens herangezogen.

2. Die $\mathbb{C}$-Algebra $\mathscr{M}(D)$ der in D meromorphen Funktionen. Für die Gesamtheit
aller in D meromorphen Funktionen gibt es keine allgemein verbindliche Bezeichnung. In neuerer Zeit hat sich, vor allem in der Funktionentheorie mehrerer Veränderlicher, die Notation

$$\mathscr{M}(D) := \{h : h \text{ ist meromorph in } D\}$$

durchgesetzt, die auch wir benutzen werden. Es gilt $\mathscr{O}(D) \subsetneq \mathscr{M}(D)$.

Meromorphe Funktionen lassen sich addieren, subtrahieren und multiplizie-
ren. Sind nämlich $f, g \in \mathscr{M}(D)$ mit Polstellenmengen $P(f)$, $P(g)$ gegeben, so ist
$P(f) \cup P(g)$ wieder diskret und abgeschlossen in D, in $D \setminus (P(f) \cup P(g))$ sind
f und g holomorph, daher sind die holomorphen Funktionen $f \pm g$
und $f \cdot g$ in $D \setminus (P(f) \cup P(g))$ eindeutig bestimmt. Zu jedem Punkt
$c \in P(f) \cup P(g)$ gibt es natürliche Zahlen m, n und eine Umgebung $U \subset D$ von c
mit $U \cap (P(f) \cup P(g)) = c$, so daß $(z-c)^m f(c)$ und $(z-c)^n g(z)$ beschränkt in $U \setminus c$
sind (vgl. Theorem 1.1; es ist $m=0$ bzw. $n=0$, falls $c \notin P(f)$ bzw. $c \notin P(g)$). Dann
ist auch jede Funktion

$$(z-c)^{m+n} \cdot [f(z) \pm g(z)]$$

beschränkt in $U \setminus c$. Der Punkt c ist also, falls er keine hebbare Singularität ist,
ein Pol von $f \pm g$. Die Polstellenmengen dieser Funktionen sind also Teilmengen von $P(f) \cup P(g)$ und als solche wieder diskret, damit folgt $f \pm g \in \mathscr{M}(D)$. Die
Rechenregeln für holomorphe Funktionen implizieren:

$\mathscr{M}(D)$ ist eine $\mathbb{C}$-Algebra (bezüglich punktweiser Addition, Subtraktion und
Multiplikation). Die $\mathbb{C}$-Algebra $\mathscr{O}(D)$ ist eine $\mathbb{C}$-Unteralgebra von $\mathscr{M}(D)$. Für alle
$f, g \in \mathscr{M}(D)$ gilt:

$$P(-f) = P(f), \qquad P(f \pm g) \subset P(f) \cup P(g).$$

$P(f \dotplus g)$ ist i.allg. echt kleiner als $P(f) \cup P(g)$. Setzt man für $D := \mathbb{C}$ z.B. $f(z) := z^{-1}, g(z) := z - z^{-1}$, so gilt $P(f) = P(g) = \{0\}$, aber $P(f+g) = \emptyset \dotplus P(f) \cup P(g)$; für $f(z) := z^{-1}$, $g(z) := z$ gilt $P(f) = \{0\}$, $P(g) = \emptyset$, aber $P(fg) = \emptyset \dotplus P(f) \cup P(g)$. $\square$

Die $\mathbb{C}$-Algebra $\mathcal{M}(D)$ ist wie $\mathcal{O}(D)$ abgeschlossen bezüglich Differentiation, genauer gilt (auf Grund der Ergebnisse aus 1.2):

Mit f ist auch f' meromorph in D; f und f' haben dieselbe Polstellenmenge: $P(f') = P(f)$; ist q der Hauptteil von f, so ist q' der Hauptteil von f'.

Aufgabe. Es sei f meromorph in D mit endlicher Polstellenmenge. Zeigen Sie: Es gibt eine in $\mathbb{C}$ rationale Funktion h mit $P(h) = P(f)$ und eine in D holomorphe Funktion g, so daß gilt: $f = (h|D) + g$.

3. Division von meromorphen Funktionen. Im Ring $\mathcal{O}(D)$ der in D holomorphen Funktionen darf man genau dann durch $g \in \mathcal{O}(D)$ dividieren, wenn g nullstellenfrei in D ist. Im Ring $\mathcal{M}(D)$ darf man - und das ist von großem Vorteil - auch durch Funktionen dividieren, die Nullstellen haben. Unter der *Nullstellenmenge* $N(f)$ *einer meromorphen Funktion* $f \in \mathcal{M}(D)$ verstehen wir die Nullstellenmenge der holomorphen Funktion $f|D \smallsetminus P(f) \in \mathcal{O}(D \smallsetminus P(f))$. Offensichtlich ist $N(f)$ abgeschlossen in D, ferner gilt $N(f) \cap P(f) = \emptyset$.

Einheitensatz. *Folgende Aussagen über eine meromorphe Funktion $e \in \mathcal{M}(D)$ sind äquivalent:*
  i) *e ist Einheit in $\mathcal{M}(D)$, d.h. es gilt $e\,\hat{e} = 1$ mit $\hat{e} \in \mathcal{M}(D)$.*
  ii) *Die Nullstellenmenge $N(e)$ ist diskret in D.*
Ist i) *erfüllt, so gilt:* $P(\hat{e}) = N(e)$, $N(\hat{e}) = P(e)$.

Beweis. i) $\Rightarrow$ ii): Die Gleichung $e\,\hat{e} = 1$ impliziert unmittelbar:

$$e(c) = 0 \Leftrightarrow \hat{e}(c) = \infty \quad \text{und} \quad e(c) = \infty \Leftrightarrow \hat{e}(c) = 0.$$

Dies bedeutet $N(e) = P(\hat{e})$ und $P(e) = N(\hat{e})$, insbesondere ist also $N(e)$ als Polstellenmenge einer in D meromorphen Funktion diskret in D.

  ii) $\Rightarrow$ i): Die Menge $A := N(e) \cup P(e)$ ist diskret und abgeschlossen in D. In $D \smallsetminus A$ ist $\hat{e} := 1/e$ holomorph. Jeder Punkt von $N(e)$ ist ein Pol von $\hat{e}$ (vgl. Theorem 1.1); jeder Punkt $c \in P(e)$ ist wegen $\lim\limits_{z \to c} \dfrac{1}{e(z)} = 0$ eine hebbare Singularität (Nullstelle) von $\hat{e}$. Dies bedeutet $\hat{e} \in \mathcal{M}(D)$. $\square$

Auf Grund des Einheitensatzes ist im Ring $\mathcal{M}(D)$ der Quotient f/g zweier Elemente $f, g \in \mathcal{M}(D)$ genau dann definiert, wenn $N(g)$ diskret in D ist. Insbesondere gilt $f/g \in \mathcal{M}(D)$ für $f, g \in \mathcal{O}(D)$, falls $N(g)$ diskret in D ist.

Eine wichtige Folgerung aus dem Einheitensatz ist

Korollar. *Die $\mathbb{C}$-Algebra $\mathcal{M}(G)$ aller in einem Gebiet G meromorphen Funktionen ist ein Körper.*

Beweis. Sei $f \in \mathscr{M}(G)$ nicht das Nullelement. Dann ist $f|G \smallsetminus P(f)$ nicht das Nullelement von $\mathscr{O}(G \smallsetminus P(f))$. Da mit G auch $G \smallsetminus P(f)$ ein Gebiet ist (Beweis!), so ist $N(f)$ diskret in G (vgl. 8.1.3). Nach dem Einheitensatz sind folglich alle Elemente $\neq 0$ aus $\mathscr{M}(G)$ Einheiten in $\mathscr{M}(G)$. $\qquad\square$

Der Körper $\mathscr{M}(\mathbb{C})$ enthält den Körper $\mathbb{C}(z)$ der rationalen Funktionen als *echten* Unterkörper, da z.B. $\exp z$, $\cot z \notin \mathbb{C}(z)$.

Jeder Integritätsring besitzt einen kleinsten ihn umfassenden Körper, seinen sog. *Quotientenkörper*. Der Quotientenkörper von $\mathscr{O}(G)$, der aus allen Quotienten f/g, $f, g \in \mathscr{O}(G)$, $g \neq 0$, besteht, ist mithin im Körper $\mathscr{M}(G)$ enthalten. Eine selbst für $G = \mathbb{C}$ nichttriviale Einsicht, die wir erst im zweiten Band mittels des Weierstraßschen Produktsatzes beweisen werden, ist:

Der Körper $\mathscr{M}(G)$ ist der Quotientenkörper von $\mathscr{O}(G)$.

4. Weitere Eigenschaften. Ist $g: D \to D'$ eine holomorphe Abbildung, so ist auf Grund der Kettenregel die Abbildung

$$g^*: \mathscr{O}(D') \to \mathscr{O}(D), \qquad h \mapsto h \circ g$$

wohldefiniert. Man verifiziert direkt, daß g^* ein $\mathbb{C}$-Algebrahomomorphismus ist. Ersichtlich ist g^* *genau dann injektiv*, wenn g nirgends lokal-konstant ist und $g(D)$ jede Zusammenhangskomponente von D' trifft. Alsdann läßt sich g^* zu einer Abbildung $\mathscr{M}(D') \to \mathscr{M}(D)$ erweitern; der Einfachheit halber formulieren wir die Aussage nur für Gebiete G, G'.

Ist $g: G \to G'$ eine nicht konstante holomorphe Abbildung, so ist die Abbildung $g^*: \mathscr{O}(G') \to \mathscr{O}(G)$ zu einem $\mathbb{C}$-Algebramonomorphismus $g^*: \mathscr{M}(G') \to \mathscr{M}(G)$ des Körpers der in G' meromorphen Funktionen in den Körper der in G meromorphen Funktionen fortsetzbar; für jedes $h \in \mathscr{M}(G')$ gilt dabei $P(g^*(h)) = g^{-1}(P(h))$.

Beweis. Da g nicht konstant und jede Menge $P(h)$, $h \in \mathscr{M}(G')$, abgeschlossen und diskret in G' ist, so ist $g^{-1}(P(h))$ stets abgeschlossen und diskret in G (siehe 8.1.3). In $G \smallsetminus g^{-1}(P(h))$ ist $h \circ g$ holomorph. Da

$$\lim_{z \to c}(h \circ g)(z) = \lim_{w \to g(c)} h(w) = \infty \qquad \text{für alle } c \in g^{-1}(P(h)),$$

so ist $g^*(h) := h \circ g$ meromorph in G mit der Polstellenmenge $g^{-1}(P(h))$. Offensichtlich ist die so definierte Abbildung g^* ein $\mathbb{C}$-Algebramonomorphismus von $\mathscr{M}(G')$ in $\mathscr{M}(G)$. $\qquad\square$

Der Identitätssatz 8.1.1 wird verallgemeinert zum

Identitätssatz für meromorphe Funktionen. *Folgende Aussagen über zwei in einem Gebiet G meromorphe Funktionen f, g sind äquivalent:*
   i) $f = g$.
   ii) *Die Menge $\{w \in G \smallsetminus (P(f) \cup P(g)): f(w) = g(w)\}$ hat einen Häufungspunkt in $G \smallsetminus (P(f) \cup P(g))$.*

iii) *Es gibt einen Punkt $c \in G \smallsetminus (P(f) \cup P(g))$, so daß gilt:*

$$f^{(n)}(c) = g^{(n)}(c) \quad \text{für alle } n \in \mathbb{N}.$$

Beweis. Da mit G auch $G \smallsetminus (P(f) \cup P(g))$ ein Gebiet ist und da f, g in $G \smallsetminus (P(f) \cup P(g))$ holomorph sind, folgen die Äquivalenzen aus 8.1.1.

5. Die Ordnungsfunktion o_c. Ist $f \neq 0$ meromorph in c, so hat f eine eindeutige Entwicklung

$$f(z) = \sum_{m}^{\infty} a_v (z-c)^v \quad \text{mit } a_v \in \mathbb{C},\ a_m \neq 0,\ m \in \mathbb{Z} \quad \text{(vgl. Abschnitt 1)}.$$

Die durch diese Gleichung *eindeutig bestimmte ganze Zahl m heißt die Ordnung von f in c*; wir setzen $o_c(f) := m$. Ist f holomorph in c, so ist dies die bereits in 8.1.4 eingeführte Ordnung. Aus der Definition folgt unmittelbar:

Es sei f meromorph in c. Dann gilt:
1) *f ist holomorph in c $\Leftrightarrow o_c(f) \geq 0$.*
2) *Falls $m = o_c(f) < 0$, so ist c ein Pol von f der Ordnung $-m$.*

Polstellen von f sind also genau die Stellen, wo die Ordnung von f negativ ist. Es ist ein unglücklicher Zufall, daß dem Wort „Ordnung" bei meromorphen Funktionen eine doppelte Bedeutung zukommt: zum einen hat f in c stets eine evtl. negative Ordnung, zum anderen kann f in c einen Pol von notwendig positiver Ordnung haben. Der Leser lasse sich hierdurch nicht verwirren.

Wie in 8.1.4 hat man auch jetzt wieder die

Rechenregeln für die Ordnungsfunktion. *Für alle in c meromorphen Funktionen f, g gilt:*
1) *$o_c(f g) = o_c(f) + o_c(g)$ (Produktregel),*
2) *$o_c(f+g) \geq \min(o_c(f), o_c(g))$, dabei besteht Gleichheit stets dann, wenn $o_c(f) \neq o_c(g)$.*

Der Beweis kann dem Leser überlassen bleiben.

Die Menge aller in c meromorphen Funktionen ist in kanonischer Weise der Quotientenkörper $\mathcal{M}_c$ des Integritätsringes $\mathcal{O}_c$ aller in c holomorphen Funktionen (dabei sieht man zwei Funktionen um c als gleich an, wenn sie in einer (evtl. sehr kleinen) Umgebung von c übereinstimmen). Alsdann ist die hier eingeführte Ordnungsfunktion nichts anderes als die natürliche Fortsetzung der Ordnungsfunktion von $\mathcal{O}_c$ zu einer nichtarchimedischen Bewertung von $\mathcal{M}_c$, vgl. hierzu auch 4.4.3.

Kapitel 11. Konvergente Reihen meromorpher Funktionen

Der Berliner Mathematiker Gotthold EISENSTEIN (Studierenden aus Algebra-vorlesungen durch sein Irreduzibilitätskriterium bekannt) hat 1847 in die Theorie der trigonometrischen Funktionen die heute vielfach nach ihm be-nannten Reihen

$$\sum_{v=-\infty}^{\infty} \frac{1}{(z+v)^k}, \quad k=1,2,\ldots$$

eingeführt. Diese Eisensteinschen Reihen sind die einfachsten Beispiele von in $\mathbb{C}$ normal konvergenten Reihen meromorpher Funktionen. In diesem Kapitel wird im Paragraphen 1 zunächst allgemein der Begriff einer kompakt bzw. nor-mal konvergenten Reihe meromorpher Funktionen eingeführt. Im Paragra-phen 2 wird die Partialbruchreihe der Cotangensfunktion

$$\pi \cot \pi z = \frac{1}{z} + \sum_1 \frac{2z}{z^2 - v^2} = \frac{1}{z} + \sum_1 \left(\frac{1}{z+v} + \frac{1}{z-v} \right)$$

studiert, die zu den fruchtbarsten Reihenentwicklungen der klassischen Analy-sis gehört. Durch Koeffizientenvergleich der Taylorreihen von $\sum_1 \frac{2z}{z^2 - v^2}$ und $\pi \cot \pi z - \frac{1}{z}$ um 0 gewinnen wir im Paragraphen 3 die berühmten Eulerschen Identitäten

$$\sum_1 \frac{1}{v^{2n}} = (-1)^{n-1} \frac{(2\pi)^{2n}}{2(2n)!} B_{2n}, \quad n=1,2,\ldots.$$

Im Paragraphen 4 skizzieren wir den Eisensteinschen Zugang zu den trigono-metrischen Funktionen.

§ 1. Allgemeine Konvergenztheorie

Bei der Definition der Konvergenz von Reihen meromorpher Funktionen ma-chen naturgemäß die Pole der Summanden Schwierigkeiten. Da die Grenz-funktion der Reihe jedenfalls wieder meromorph in D sein soll, ist es nahelie-gend zu fordern, daß in kompakten Mengen von D jeweils nur endlich viele Summanden wirklich Pole haben. Diese „Polverschiebungsbedingung", die in allen späteren Anwendungen erfüllt ist, stellt das eigentlich Neue dar; alles weitere verläuft dann wie in der Konvergenztheorie von Reihen holomorpher Funktionen.

1. Kompakte und normale Konvergenz. Eine Reihe $\sum\limits_{0} f_\nu$ von in D meromorphen Funktionen f_ν heißt *kompakt konvergent in D*, wenn es zu jedem Kompaktum $K \subset D$ einen Index $m = m(K) \in \mathbb{N}$ gibt, so daß gilt:

1) *Jede Polstellenmenge* $P(f_\nu)$, $\nu \geq m$, *ist punktfremd zu K.*

2) *Die Reihe* $\sum\limits_{m} f_\nu | K$ *konvergiert gleichmäßig auf K.*

Man nennt $\sum\limits_{0} f_\nu$ *normal konvergent in D*, wenn 1) erfüllt ist und wenn anstelle von 2) gilt:

2') $\sum\limits_{m} |f_\nu|_K < \infty$.

Die Bedingungen 2) bzw. 2') sind sinnvoll, da alle Funktionen f_ν, $\nu \geq m$, auf Grund der „*Polstellenverschiebungsbedingung*" 1) polstellenfrei in K und also stetig in K sind. Wegen 1) ist $\bigcup\limits_{0}^{\infty} P(f_\nu)$ diskret und abgeschlossen in D. – Es ist klar, daß die Bedingungen 1) und 2) bzw. 1) und 2') für alle Kompakta in D gelten, wenn sie für alle kompakten Kreisscheiben in D erfüllt sind.

Normale Konvergenz impliziert (wieder) kompakte Konvergenz. Sind alle Funktionen f_ν holomorph in D, so ist die Forderung 1) inhaltsleer, und es handelt sich um eine kompakt bzw. normal konvergente Reihe holomorpher Funktionen.

Kompakt konvergente Reihen meromorpher Funktionen haben meromorphe Grenzfunktionen, genauer gilt:

Konvergenzsatz. *Es sei* $\sum\limits_{0} f_\nu$, $f_\nu \in \mathcal{M}(D)$, *kompakt bzw. normal konvergent in D.*

Dann gibt es genau eine in D meromorphe Funktion f mit folgender Eigenschaft:

Ist $U \subset D$ *offen und m so beschaffen, daß keine Funktion* f_ν, $\nu \geq m$, *einen Pol in U hat, so konvergiert die Reihe* $\sum\limits_{m} f_\nu | U$ *von in U holomorphen Funktionen in U kompakt bzw. normal gegen eine Funktion* $F \in \mathcal{O}(U)$, *so daß gilt*

(1) $$f|U = f_0|U + f_1|U + \ldots + f_{m-1}|U + F.$$

Speziell ist f holomorph in $D \smallsetminus \bigcup\limits_{0}^{\infty} P(f_\nu)$, *d.h.* $P(f) \subset \bigcup\limits_{0}^{\infty} P(f_\nu)$.

Der Beweis ist eine einfache Übungsaufgabe. Wie nennen (natürlich) die Funktion f die Summe der Reihe $\sum\limits_{0} f_\nu$ und schreiben $f = \sum\limits_{0} f_\nu$. Man beachte, daß auf Grund der Polverschiebungsbedingung für jeden *relativ-kompakten*[*] Teilbereich $U \subset D$ die Gleichung (1) für geeignetes m und $F \in \mathcal{O}(U)$ gilt. Für das Rechnen mit Reihen meromorpher Funktionen gewinnt man schnell ein gesundes Empfinden, wenn man folgende simplifizierende Leitregel beherzigt:

In jedem relativ-kompakten Teilbereich U von D verbleibt nach Subtraktion endlich vieler Anfangsglieder eine Reihe von in U holomorphen Funktionen, die in U kompakt bzw. normal gegen eine in U holomorphe Funktion konvergiert.

---

[*] Eine Teilmenge M eines metrischen Raumes X heißt *relativ-kompakt* in X, wenn ihre abgeschlossene Hülle $\overline{M}$ in X kompakt ist.

2. Rechenregeln. Man zeigt sofort:

Sind $f=\sum_0 f_\nu$, $g=\sum_0 g_\nu$ in D kompakt bzw. normal konvergente Reihen meromorpher Funktionen, so konvergiert jede Reihe $\sum_0 (a f_\nu + b g_\nu)$, $a, b \in \mathbb{C}$, kompakt bzw. normal in D gegen $af + bg$.

Jede Teilreihe einer in D normal konvergenten Reihe $\sum_0 f_\nu, f_\nu \in \mathcal{M}(D)$, konvergiert in D normal; ebenso gilt (vgl. 3.3.1):

Umordnungssatz. *Konvergiert $\sum_0 f_\nu, f_\nu \in \mathcal{M}(D)$, in D normal gegen f, so konvergiert für jede Bijektion $\tau: \mathbb{N} \to \mathbb{N}$ die umgeordnete Reihe $\sum_0 f_{\tau(\nu)}$ in D normal gegen f.*

Analog zum holomorphen Fall (vgl. 8.4.2) hat man den

Reihenproduktsatz für normal konvergente Reihen meromorpher Funktionen. *Sind $f=\sum_0 f_\mu$, $g=\sum_0 g_\nu$ in D normal konvergente Reihen von in D meromorphen Funktionen, so konvergiert jede Produktreihe $\sum_0 h_\lambda$, wo $h_0, h_1, \ldots$ irgendwie genau einmal alle Produkte $f_\mu g_\nu$ durchlaufen, in D normal gegen $fg \in \mathcal{M}(D)$. Insbesondere gilt $fg = \sum_0 p_\lambda$ mit $p_\lambda = \sum_{\mu+\nu=\lambda} f_\mu g_\nu \in \mathcal{M}(D)$ (Cauchyprodukt).*

Weiter gilt der

Differentiationssatz. *Ist $f=\sum_0 f_\nu, f_\nu \in \mathcal{M}(D)$, in D kompakt bzw. normal konvergent, so konvergiert für jedes $k \geq 1$ die k-fach gliedweise differenzierte Reihe $\sum f_\nu^{(k)}, f_\nu^{(k)} \in \mathcal{M}(D)$, in D kompakt bzw. normal gegen $f^{(k)}$.*

Beweis. Es genügt, den Fall $k=1$ zu betrachten. Ist $U \subset D$ offen und relativkompakt, so wähle man m so groß, daß alle f_ν, $\nu \geq m$, in U holomorph sind. Dann konvergiert $\sum_m f_\nu | U$ kompakt bzw. normal in U gegen eine Funktion $F \in \mathcal{O}(U)$, wobei 1.(1) gilt. Nach 8.4.2 konvergiert die Reihe $\sum_m f_\nu' | U$ mit $f_\nu' | U \in \mathcal{O}(U)$ in U kompakt bzw. normal gegen $F' \in \mathcal{O}(U)$. Damit ist gezeigt, daß $\sum_0 f_\nu'$ in D kompakt bzw. normal konvergiert, für ihre Summe $g \in \mathcal{M}(D)$ gilt wegen 1.(1):

$$g|U = f_0'|U + \ldots + f_{m-1}'|U + F' = (f_0|U + \ldots + f_{m-1}|U + F)' = (f|U)'.$$

Dies beweist $g = f'$.

3. Beispiele. Ist $r > 0$ beliebig, so gelten folgende Ungleichungen:

$$|z \pm n|^k \geq (n-r)^k \quad \text{für } k \geq 1, \ n \in \mathbb{N} \text{ mit } n > r, \ |z| \leq r.$$

Hieraus folgen mit $K := B_r(0)$ die Abschätzungen

$$\left|\frac{1}{z+n} - \frac{1}{n}\right|_K \leq \frac{r}{n(n-r)} \quad \text{für } |n| > r; \qquad \left|\frac{1}{(z \pm n)^k}\right|_K \leq \frac{1}{(n-r)^k} \quad \text{für } k \geq 1, \ n > r.$$

Da die Reihen $\sum \frac{1}{n^k}, k > 1$, und $\sum \frac{1}{n(n-r)}$ konvergieren, und da jedes Kompaktum von $\mathbb{C}$ in einer Kreisscheibe $B_r(0)$ liegt, so sieht man (vgl. 3.3.2):

Die Reihen von in $\mathbb{C}$ meromorphen Funktionen

$$\sum_1 \left(\frac{1}{z+\nu} - \frac{1}{\nu}\right), \ \sum_1 \left(\frac{1}{z-\nu} + \frac{1}{\nu}\right), \ \sum_0 \frac{1}{(z+\nu)^k}, \sum_0 \frac{1}{(z-\nu)^k}, \qquad k \geq 2,$$

sind normal konvergent in $\mathbb{C}$.

Addition der ersten beiden Reihen zeigt, daß auch $\sum_1 \frac{2z}{z^2 - \nu^2}$ in $\mathbb{C}$ normal konvergiert.

Neben Reihen $\sum_0^\infty f_\nu$ betrachtet man allgemeiner Reihen der Form

$$\sum_{-\infty}^\infty f_\nu := \sum_{-\infty}^{-1} f_\nu + \sum_0^\infty f_\nu, \qquad \text{wobei} \ \sum_{-\infty}^{-1} f_\nu := \lim_{n \to \infty} \sum_{-n}^{-1} f_\nu.$$

Eine solche Funktionenreihe heißt (absolut) konvergent in $c \in \mathbb{C}$, wenn die Reihen $\sum_{-\infty}^{-1} f_\nu$ und $\sum_0^\infty f_\nu$ in c (absolut) konvergieren. Kompakte bzw. normale Konvergenz von $\sum_{-\infty}^\infty f_\nu$ soll kompakte bzw. normale Konvergenz von $\sum_{-\infty}^{-1} f_\nu$ und $\sum_0^\infty f_\nu$ bedeuten. Solche verallgemeinerten Reihen spielen auch später in der Theorie der Laurentreihen eine große Rolle (vgl. 12.1.3).

Nach dem Vorangehenden ist dann klar:

Die Reihen von in $\mathbb{C}$ meromorphen Funktionen

$$\sum_{-\infty}^\infty {}' \left(\frac{1}{z+\nu} - \frac{1}{\nu}\right) = \sum_1^\infty \frac{2z}{z^2 - \nu^2}, \qquad \sum_{-\infty}^\infty \frac{1}{(z+\nu)^k}, \qquad k \geq 2,$$

sind normal konvergent in $\mathbb{C}$ $\left(\text{dabei ist gesetzt } \sum_{-\infty}^\infty {}' := \sum_{-\infty}^{-1} + \sum_1^\infty\right).$

Aufgabe. Man zeige, daß die Reihe $\sum_1 \frac{(-1)^{\nu-1}}{z+\nu}$ in $\mathbb{C}$ kompakt, aber nicht normal konvergiert.

§ 2. Die Partialbruchentwicklung von $\pi \cot \pi z$

Auf Grund von 1.3 wird durch

$$\varepsilon_1(z) := \lim_{n \to \infty} \sum_{-n}^{n} \frac{1}{z+v} = \frac{1}{z} + \sum_{1}^{\infty} \left(\frac{1}{z+v} + \frac{1}{z-v} \right) = \frac{1}{z} + \sum_{1}^{\infty} \frac{2z}{z^2 - v^2}$$

eine in $\mathbb{C}$ normal konvergente Reihe meromorpher Funktionen definiert. Nach dem Konvergenzsatz 1.1 ist ε_1 meromorph in $\mathbb{C}$, wir schreiben ästhetisch und suggestiv

$$\varepsilon_1(z) = \sum_{-\infty}^{\infty} {}_e \frac{1}{z+v},$$

wo $\sum\limits_{-\infty}^{\infty} {}_e := \lim\limits_{n \to \infty} \sum\limits_{-n}^{n}$ die sog. „Eisensteinsummation" bedeutet $\Big($man bemerke, daß $\sum\limits_{-\infty}^{\infty} \frac{1}{z+v}$ nicht existiert!$\Big)$. Es gilt

$$\varepsilon_1(z) = \frac{1}{z} + \sum_{-\infty}^{\infty} {}' \left(\frac{1}{z+v} - \frac{1}{v} \right).$$

Das Studium der Funktion $\varepsilon_1(z)$ steht im Mittelpunkt dieses Paragraphen. Wir charakterisieren zunächst die Cotangensfunktion.

1. Cotangens und Verdopplungsformel. Die Identität $\pi \cot \pi z = \varepsilon_1(z)$. Die Funktion $\pi \cot \pi z$ ist in $\mathbb{C} \setminus \mathbb{Z}$ holomorph, jeder Punkt $m \in \mathbb{Z}$ ist ein Pol erster Ordnung mit dem Hauptteil $(z-m)^{-1}$, vgl. 10.3.1(1). Weiter ist diese Funktion ungerade, und es gilt die

Verdopplungsformel:

$$2\pi \cot 2\pi z = \pi \cot \pi z + \pi \cot \pi (z + \tfrac{1}{2}) \quad \text{(vgl. 5.2.5)}.$$

Wir zeigen, daß diese Eigenschaften den Cotangens charakterisieren.

Lemma. *Es sei g eine in $\mathbb{C} \setminus \mathbb{Z}$ holomorphe Funktion, die in $m \in \mathbb{Z}$ jeweils den Hauptteil $(z-m)^{-1}$ hat. Weiter sei $g(z)$ ungerade, und es gelte*

$$2g(2z) = g(z) + g(z + \tfrac{1}{2}) \quad \text{(Verdopplungsformel)}.$$

Dann gilt $g(z) = \pi \cot \pi z$.

Beweis. Die Funktion $h(z) := g(z) - \pi \cot \pi z$ ist ganz, weiter folgt:

(∗) $2h(2z) = h(z) + h(z + \tfrac{1}{2}), \quad h(0) = 0.$

Wäre h nicht identisch null, so gäbe es nach dem Maximumprinzip 8.5.2 ein $c \in \overline{B_2(0)}$, so daß $|h(z)| < |h(c)|$ für alle $z \in B_2(0)$. Da $\tfrac{1}{2}c, \tfrac{1}{2}(c+1) \in B_2(0)$, so folgt

$$|h(\tfrac{1}{2}c) + h(\tfrac{1}{2}(c+1))| \leq |h(\tfrac{1}{2}c)| + |h(\tfrac{1}{2}(c+1))| < 2|h(c)|$$

im Widerspruch zu (∗). Also gilt $h(z) \equiv 0$. □

Es folgt nun schnell

Satz. *Die Cotangensfunktion besitzt in* $\mathbb{C} \setminus \mathbb{Z}$ *die Reihendarstellung*

$$(1) \qquad \pi \cot \pi z = \varepsilon_1(z) = \sum_{-\infty}^{\infty}{}_e \frac{1}{z+\nu} = \frac{1}{z} + \sum_{-\infty}^{\infty}{}' \left(\frac{1}{z+\nu} - \frac{1}{\nu} \right) = \frac{1}{z} + \sum_{1}^{\infty} \frac{2z}{z^2 - \nu^2}.$$

Beweis. Der Definition von ε_1 entnimmt man unmittelbar, daß ε_1 in $\mathbb{C} \setminus \mathbb{Z}$ holomorph ist und in $m \in \mathbb{Z}$ den Hauptteil $(z-m)^{-1}$ hat; weiter folgt direkt $\varepsilon_1(-z) = -\varepsilon_1(z)$. Für die Partialsumme $s_n(z) = \frac{1}{z} + \sum_{1}^{n} \left(\frac{1}{z+\nu} + \frac{1}{z-\nu} \right)$ verifiziert man sofort

$$s_n(z) + s_n(z + \tfrac{1}{2}) = 2s_{2n}(2z) + \frac{2}{2z + 2n + 1};$$

hieraus entsteht im Limes die Verdopplungsformel $2\varepsilon_1(2z) = \varepsilon_1(z) + \varepsilon_1(z + \tfrac{1}{2})$. Damit folgt $\varepsilon_1(z) = \pi \cot \pi z$ auf Grund des Lemmas. □

Die Gleichung (1) heißt die *Partialbruchdarstellung* von $\pi \cot \pi z$. Einen weiteren, ganz anderen Beweis der Gleichung (1), der auf EISENSTEIN zurückgeht, geben wir im Paragraphen 4.3.

2. Historisches zur Cotangensreihe und zu ihrem Beweis. Die Partialbruchreihe für $\pi \cot \pi z$ war EULER wohlvertraut; bereits 1740 kannte er die allgemeinere Formel (*De Seriebus Quibusdam Considerationes*, Opera Omnia 14, 1. Ser., 407–462)

$$\frac{\pi}{n} \frac{\cos[\pi(w-z)/2n]}{\sin[\pi(w+z)/2n] - \sin[\pi(w-z)/2n]} = \frac{1}{z} + \sum_{1} \left[\frac{2w}{(2\nu-1)^2 n^2 - w^2} - \frac{2z}{(2\nu)^2 n^2 - z^2} \right],$$

die für $n := 1$, $w := -z$ in die Cotangensreihe übergeht. EULER hat 1748 die Cotangensreihe in seine *Introductio* aufgenommen (vgl. [E], § 178 unten).

Die Verdopplungsformel für den Cotangens wurde bereits 1868 von H. SCHRÖTER benutzt, um die Partialbruchreihe „in der elementarsten Weise" zu gewinnen, vgl. *Ableitung der Partialbruch- und Produkt-Entwickelungen für die trigonometrischen Funktionen*, Zeitschr. Math. Phys. 13, 254–259. Den im Abschnitt 1 wiedergegebenen eleganten Beweis der Gleichung $\pi \cot \pi z = \varepsilon_1(z)$ publizierte 1892 Friedrich Hermann SCHOTTKY (deutscher Mathematiker, 1851–1935, o. Professor in Marburg und seit 1902 in Berlin) in seiner vergessenen Arbeit *Über das Additionstheorem der Cotangente...*, Crelles Journ. 110, 324–337, vgl. insb. S. 325. Von Gustav HERGLOTZ (deutscher Mathematiker, 1881–1953, von 1909–1925 o. Professor in Leipzig, danach in Göttingen; Lehrer von Emil ARTIN) wurde bemerkt, daß man im Schottkyschen Beweis das Maximumprinzip gar nicht zu bemühen braucht. Es läßt sich nämlich ganz elementar zeigen:

Lemma (HERGLOTZ). *Jede in einem Kreis* $B_r(0)$, $r > 1$, *holomorphe Funktion* h, *die der Verdopplungsformel genügt*

$$(*) \qquad 2h(2z) = h(z) + h(z + \tfrac{1}{2}), \qquad \text{falls } z, z + \tfrac{1}{2}, 2z \in B_r(0),$$

ist konstant.

Beweis. Aus (∗) folgt $4h'(2z)=h'(z)+h'(z+\frac{1}{2})$. Ist nun M das Maximum von $|h'(z)|$ in einem Kreis um 0 vom Radius t, $1<t<r$, so folgt, da mit z auch immer $\frac{1}{2}z$ und $\frac{1}{2}(z+1)$ in $B_t(0)$ liegen:

$$4|h'(z)|\leq 2M, \quad \text{also } 4M\leq 2M, \quad \text{also } M=0,$$

d.h. $h'=0$, d.h. $h=$ const. ☐

Diesen Beweis, der aus 2 den Faktor 4 macht, nennt man den HERGLOTZ-Trick; man hat damit einen besonders bequemen Zugang zur Partialbruchdarstellung des Cotangens im Komplexen. HERGLOTZ hat seinen Trick zwar in seinen Vorlesungen vorgetragen, aber nie publiziert. Gedruckt findet man seinen Schluß m.W. erst 1950 bei CARATHÉODORY, [5], S. 258/259; indessen steht er schon 1932 in einer mimeographierten Vorlesungsnachschrift von S. BOCHNER über Fouriersche Integrale (Leipzig). Im Zusammenhang mit der Gammafunktion hat E. ARTIN den HERGLOTZ-Trick bereits 1931 in seinem Büchlein *Einführung in die Theorie der Gammafunktion*, Teubner-Verlag Leipzig Berlin, benutzt (S. 25).

Es sei bemerkt, daß sich die Gleichung 1(1) für *reelle z* unmittelbar verifizieren läßt: die der Verdopplungsformel (∗) genügende Funktion h ist dann nämlich auf $\mathbb{R}$ *reell* und *stetig*, überdies ist h als Differenz ungerader Funktionen *ungerade*. Sei M das Maximum von $|h(x)|$ in einem Intervall $[-r,r]$, $r\geq 1$. Wäre $M>0$, so gäbe es wegen $h(-x)=-h(x)$ und $h(0)=0$ eine *kleinste* positive reelle Zahl $2t\leq r$ mit $|h(2t)|=M$. Nach (∗) gilt $2M\leq|h(t)|+|h(t+\frac{1}{2})|$. Da $|h(t)|\leq M$ und $|h(t+\frac{1}{2})|\leq M$ wegen $t,t+\frac{1}{2}\in[-r,r]$, so folgt $|h(t)|=M$ im Widerspruch zur Minimalität von t. Also gilt $M=0$ und somit, da $r\geq 1$ beliebig sein darf: $h(x)\equiv 0$ in $\mathbb{R}$. Damit ist 1(1) für reelle z verifiziert. Um hieraus die Formel im Komplexen zu erhalten, muß man allerdings den Identitätssatz bemühen.

3. Partialbruchreihen für $\dfrac{\pi^2}{\sin^2\pi z}$ **und** $\dfrac{\pi}{\sin\pi z}$. Aus der Gleichung $\varepsilon_1(z)=\pi\cot\pi z$ gewinnt man, wenn man auf die normal konvergente Reihe $\dfrac{1}{z}+\sum_{-\infty}^{\infty}{}'\left(\dfrac{1}{z+v}-\dfrac{1}{v}\right)$ den Differentiationssatz 1.2 anwendet und $(\cot z)'=-(\sin z)^{-2}$ beachtet, die klassische Partialbruchentwicklung

(1)
$$\frac{\pi^2}{\sin^2\pi z}=\sum_{-\infty}^{\infty}\frac{1}{(z+v)^2};$$

nochmalige Differentiation ergibt:

(2)
$$\pi^3\frac{\cot\pi z}{\sin^2\pi z}=\sum_{-\infty}^{\infty}\frac{1}{(z+v)^3}.$$

Wegen $\pi\tan\frac{1}{2}\pi z=\pi\cot\frac{1}{2}\pi z-2\pi\cot\pi z$ (vgl. 5.2.5) folgt aus $\pi\cot\pi z=\varepsilon_1(z)$ direkt

(3)
$$\pi\tan\frac{1}{2}\pi z=\sum_{0}\frac{4z}{(2v+1)^2-z^2}.$$

Die Formel $\dfrac{\pi}{\sin \pi z} = \pi \cot \pi z + \pi \tan \tfrac{1}{2}\pi z$ (vgl. 5.2.5) liefert weiter

(4)
$$\frac{\pi}{\sin \pi z} = \frac{1}{z} + \sum_1 (-1)^\nu \frac{2z}{z^2 - \nu^2}.$$

Dies ergibt wegen $\dfrac{2z}{z^2 - \nu^2} = \dfrac{1}{z+\nu} + \dfrac{1}{z-\nu}$ die klassische Partialbruchentwicklung

(5)
$$\frac{\pi}{\sin \pi z} = \sum_{-\infty}^{\infty} \frac{(-1)^\nu}{z+\nu}.$$

Wegen $\cos \pi z = \sin \pi(z + \tfrac{1}{2})$ gewinnt man durch Einsetzen in (5) weiter (wenn man jeweils die Summanden mit den Indices ν und $-(\nu+1)$, $\nu \in \mathbb{N}$, addiert):

(6)
$$\frac{\pi}{\cos \pi z} = 2 \sum_0 (-1)^\nu \frac{(\nu + \tfrac{1}{2})}{(\nu + \tfrac{1}{2})^2 - z^2},$$

für $z := 0$ hat man hier die Leibnizsche Reihe $\dfrac{\pi}{4} = 1 - \tfrac{1}{3} + \tfrac{1}{5} - + \dots$ vor sich; für $z := \tfrac{1}{4}$ erhält man aus (4) bzw. (6) amüsante Reihen für $\pi \sqrt{2}$.

Aufgabe. Man leite aus den vorangehenden Formeln durch Differentiation bzw. Verwendung einfacher Identitäten zwischen trigonometrischen Funktionen folgende Partialbruchentwicklungen her:

$$\pi^2 \frac{\sin \pi z}{\cos^2 \pi z} = \sum_{-\infty}^{\infty} \frac{(-1)^\nu}{(z+\nu-\tfrac{1}{2})^2},$$

$$\pi \frac{\cos \tfrac{\pi}{2}(w-z)}{\sin \tfrac{\pi}{2}(w+z) - \sin \tfrac{\pi}{2}(w-z)} = \frac{1}{z} + \sum_1 \left[\frac{2w}{(2\nu-1)^2 - w^2} - \frac{2z}{(2\nu)^2 - z^2} \right] \quad \text{(EULER 1740)}.$$

4*. Charakterisierung des Cotangens durch sein Additionstheorem bzw. seine Differentialgleichung. Nach 5.2.5 gilt

$$\cot z = i\frac{e^{2iz}+1}{e^{2iz}-1}, \quad \cot(w+z) = \frac{\cot w \cot z - 1}{\cot w + \cot z}, \quad (\cot z)' + (\cot z)^2 + 1 = 0.$$

Wir zeigen, daß $\cot z$ sowohl durch das Additionstheorem als auch durch die Differentialgleichung charakterisiert ist. Dazu benötigen wir folgenden

Hilfssatz. *Es sei g meromorph im Gebiet G. Dann besteht die Gleichung $g' + g^2 + 1 = 0$ genau für die folgenden Funktionen:*

$$g(z) \equiv i, \qquad g(z) = i\frac{ae^{2iz}+1}{ae^{2iz}-1}, \qquad a \in \mathbb{C} \text{ beliebig.}$$

Beweis. Man verifiziert direkt, daß die angeschriebenen Funktionen die Gleichung $g' + g^2 + 1 = 0$ erfüllen. Genügt umgekehrt $g \in \mathcal{M}(G)$ dieser Gleichung und gilt $g(z) \not\equiv i$, so besteht für die „Cayley-Transformierte" $f := \dfrac{g+i}{g-i} \in \mathcal{M}(G)$ die Gleichung $f'(z) = 2if(z)$. Nach Satz 5.1.1 folgt $f(z) = a \exp(2iz)$, zunächst in $G \smallsetminus P(f)$ und dann überall in G (z.B. nach dem Identitätssatz 10.3.4). Wegen $g = i \dfrac{f+1}{f-1}$ folgt die Behauptung.

Bemerkung. Der Trick im vorangehenden Beweis ist der Übergang zur „Cayley-Transformierten": dadurch wird die „Riccatische" Differentialgleichung $y' + y^2 + 1 = 0$ linearisiert.

Satz. *Folgende Aussagen über eine in einer Umgebung U des Nullpunktes meromorphe Funktion g sind äquivalent:*

i) *g hat in 0 den Hauptteil $\dfrac{1}{z}$, und es gilt*

$$g(w+z) = \frac{g(w)\,g(z) - 1}{g(w) + g(z)} \quad \text{für } w, z, w+z \in U \smallsetminus P(g) \quad (\text{Additionstheorem}).$$

ii) *g hat einen Pol in 0, und es gilt $g' + g^2 + 1 = 0$.*
iii) *$g(z) = \cot z$.*

Beweis. i) $\Rightarrow$ ii): Aus dem Additionstheorem folgt

$$g'(z) = \lim_{h \to 0} \frac{g(z+h) - g(z)}{h} = -\lim_{h \to 0} \frac{g(z)^2 + 1}{hg(z) + hg(h)} = -g(z)^2 - 1,$$

da $\lim\limits_{h \to 0} hg(h) = 1$ und $\lim\limits_{h \to 0} hg(z) = 0$ für alle $z \in U \smallsetminus P(g)$.

ii) $\Rightarrow$ iii): Da $g(z) \not\equiv i$, so gilt $g(z) = i\,\dfrac{ae^{2iz} + 1}{ae^{2iz} - 1}$, $a \in \mathbb{C}$, nach dem Hilfssatz. Da g in 0 einen Pol hat, verschwindet der Nenner in 0, d.h. $a = 1$ und also $g(z) = \cot z$.

iii) $\Rightarrow$ i): Klar.

§ 3. Die Eulerschen Formeln für $\displaystyle\sum_{1} \frac{1}{\nu^{2n}}$

In diesem Paragraphen bestimmen wir zunächst die Zahlen $\zeta(2n)$, $n \geq 1$; weiter leiten wir eine interessante Identität zwischen Bernoullischen Zahlen her. Schließlich besprechen wir kurz die Eisensteinreihen $\varepsilon_k(z)$, $k \geq 2$.

1. Entwicklung von $\varepsilon_1(z)$ um 0 und Eulersche Formeln für $\zeta(2n)$. Die Funktion $\varepsilon_1(z) - z^{-1}$ ist im Einheitskreis $\mathbb{E}$ holomorph und hat Pole in ± 1. Ihre Taylorreihe um 0, die also den Konvergenzradius 1 hat, läßt sich explizit angeben:

(1) $\varepsilon_1(z)=\dfrac{1}{z}-\sum\limits_1 q_{2n}z^{2n-1}$ für $z\in\mathbb{E}^\times$,   wobei $q_{2n}:=2\zeta(2n)=2\sum\limits_1\dfrac{1}{v^{2n}}$.

Beweis. Wegen $-\dfrac{2}{v^2}\sum\limits_{\mu=0}\left(\dfrac{z}{v}\right)^{2\mu}=\dfrac{2}{z^2-v^2}$ ist $-\dfrac{2}{v^{2n}}$ der $(2n-2)$-te Taylorkoeffizient

von $2(z^2-v^2)^{-1}$ und also $-q_{2n}$ der entsprechende Taylorkoeffizient von $\sum\limits_1 2(z^2-v^2)^{-1}$ in 0. Da diese Reihe gerade ist, folgt $\sum\limits_1 2(z^2-v^2)^{-1}=\sum\limits_1-q_{2n}z^{2n-2}$,

$z\in\mathbb{E}$. Hieraus ergibt sich wegen $\varepsilon_1(z)=\dfrac{1}{z}+z\sum\limits_1 2(z^2-v^2)^{-1}$, $z\in\mathbb{E}^\times$, die Behauptung.   □

In 7.5.1 wurden die Bernoullischen Zahlen B_{2n} eingeführt. Wir gewinnen nun in drei Zeilen die berühmten

Formeln von EULER:

$$\zeta(2n)=(-1)^{n-1}\dfrac{(2\pi)^{2n}}{2(2n)!}B_{2n},\qquad n=1,2,\dots.$$

Beweis. Nach (1) und 7.5.2(1) gilt um 0:

$$z^{-1}-\sum\limits_1 q_{2n}z^{2n-1}=\varepsilon_1(z)=\pi\cot\pi z=z^{-1}+\sum\limits_1(-1)^n\dfrac{2^{2n}}{(2n)!}B_{2n}\pi^{2n}z^{2n-1}.$$

Durch Koeffizientenvergleich folgt wegen $q_{2n}=2\zeta(2n)$ die Behauptung.   □

Den Formeln von EULER entnimmt man nebenbei, daß die Bernoullischen Zahlen $B_2,B_4,\dots,B_{2n},\dots$ abwechselnde Vorzeichen haben (wie es die Gleichungen (2) in 7.5.1 bereits andeuten). Ferner läßt sich jetzt die Unbeschränktheitsaussage über die Folge B_{2n} aus 7.5.1 präzisieren: da stets $1<\sum v^{-2n}<2$, so folgt:

$$2\dfrac{(2n)!}{(2\pi)^{2n}}<|B_{2n}|<4\dfrac{(2n)!}{(2\pi)^{2n}},\qquad\text{speziell: }\lim\left|\dfrac{B_{2n+2}}{B_{2n}}\right|=\infty.$$

Weiter folgt aus $\dfrac{|B_{2n}|}{(2n)!}=\dfrac{2\zeta(2n)}{(2\pi)^{2n}}$ auf Grund der Cauchy-Hadamardschen Formel wegen $1<\zeta(2n)<2$, daß die Taylorreihe von $\dfrac{z}{e^z-1}$ um 0 den Konvergenzradius 2π hat, dies ist die in 7.4.5 angedeutete direkte Bestimmung des Konvergenzradius.
Die Eulerschen Formeln werden in 14.3.4 verallgemeinert.

2. Historisches zu den Eulerschen $\zeta(2n)$-Formeln. Bereits 1673 hatte J. PELL, ein Experte der Reihensummierung, LEIBNIZ bei seinem ersten Besuch in London das Problem der Summation der reziproken Quadratzahlen vorgelegt. LEIBNIZ hatte in jugendlichem Überschwang behauptet, *alle* Reihen summieren zu können, durch die Pellsche Fragestellung wurden ihm seine Grenzen deutlich. Auch die Brüder Jakob und Johann BERNOULLI (letzterer war der Lehrer von EULER) hatten sich lange vergeblich bemüht, den Wert der Summe $1+\frac14+\frac19+\frac{1}{16}+\dots$ zu finden.

EULER bewies schließlich im Jahre 1734 in seiner Arbeit *De Summis Serierum Reciprocarum* (Opera Omnia 14, 1. Ser., 73–86) mit Hilfe der von ihm entdeckten Produktformel für die Sinusfunktion seine berühmten Identitäten

$$\sum_1 \frac{1}{\nu^2} = \frac{\pi^2}{6}, \quad \sum_1 \frac{1}{\nu^4} = \frac{\pi^4}{90}, \quad \sum_1 \frac{1}{\nu^6} = \frac{\pi^6}{945}, \quad \sum_1 \frac{1}{\nu^8} = \frac{\pi^8}{9450}, \dots,$$

es wird häufig gesagt, daß die erste Identität zu den schönsten Formeln Eulers gehört.

Die Bemühungen Eulers um die Summation der Reihen $\sum \nu^{-2n}$ hat P. STÄCKEL in einer Note *Eine vergessene Abhandlung Leonhard Eulers über die Summe der reziproken Quadrate der natürlichen Zahlen*, Bibl. Math. 8, 3. Ser., 37–54 (1907/08) (auch in Eulers Opera Omnia 14, 1. Ser., 156–176) ausführlich beschrieben. Interessant zu lesen ist auch der Artikel *Die Summe der reziproken Quadratzahlen* von O. SPIESS in der Festschrift zum 60. Geburtstag von Prof. Dr. Andreas Speiser, Orell Füssli Verlag, Zürich 1945, 66–86.

3. Differentialgleichung für ε_1 und eine Identität für Bernoullische Zahlen. Da $(\cot z)' = -1 - (\cot z)^2$ (vgl. 5.2.5), so folgt

$$(1) \qquad\qquad \varepsilon_1' = -\varepsilon_1^2 - \pi^2;$$

die Funktion ε_1 löst also die Differentialgleichung $y' = -y^2 - \pi^2$. Mit Hilfe von (1) gewinnt man eine nicht durchweg bekannte, elegante Rekursionsformel für die Zahlen $\zeta(2n)$, nämlich

$$(2) \qquad (n + \tfrac{1}{2})\,\zeta(2n) = \sum_{\substack{k+l=n \\ k \geq 1,\, l \geq 1}} \zeta(2k)\,\zeta(2l) \quad \text{für } n > 1, \qquad \zeta(2) = \frac{\pi^2}{6}.$$

Beweis. Aus 1(1) folgt auf Grund des Differentiationssatzes 1.2 und des Reihenproduktsatzes 1.2

$$\varepsilon_1'(z) = -\frac{1}{z^2} - 2\sum_1 (2n-1)\,\zeta(2n)\,z^{2n-2},$$

$$\varepsilon_1^2(z) = \frac{1}{z^2} - 4\sum_1 \zeta(2n)\,z^{2n-2} + 4\sum_{n=2}\ \sum_{\substack{k+l=n \\ k \geq 1,\, l \geq 1}} \zeta(2k)\,\zeta(2l)\,z^{2n-2}, \qquad z \in \mathbb{E}^\times.$$

Einsetzen in (1) und Koeffizientenvergleich ergibt (2). □

Benutzt man die Eulerschen Formeln für $\zeta(2n)$, so ergibt sich aus (2):

$$(3) \qquad (2n+1)\,B_{2n} + (2n)! \sum_{\substack{k+l=n \\ k \geq 1,\, l \geq 1}} \frac{1}{(2k)!\,(2l)!}\,B_{2k}\,B_{2l} = 0, \qquad n \geq 2.$$

Auf die Gleichungen (2), (3) und ihre Ableitung aus der Differentialgleichung des Cotangens hat mich Herr M. KOECHER aufmerksam gemacht.

4. Die Eisensteinreihen $\varepsilon_k(z) := \sum_{-\infty}^{\infty} \dfrac{1}{(z+\nu)^k}$ sind nach 1.3 für alle Zahlen $k \geq 2$ in $\mathbb{C}$ normal konvergent und stellen also nach dem Konvergenzsatz 1.1 in $\mathbb{C}$ meromorphe Funktionen dar. Aus der Definition folgt unmittelbar, daß ε_k in $\mathbb{C} \setminus \mathbb{Z}$ holomorph ist und in $n \in \mathbb{Z}$ einen Pol k-ter Ordnung mit dem Hauptteil $\frac{1}{(z-n)^k}$ hat. Die Funktionen ε_{2l} bzw. ε_{2l+1} sind *gerade* bzw. *ungerade*. Die Reihe $\varepsilon_1(z)$ ordnet sich diesen Reihen unter, wenn man für $k=1$ die Eisenstein-summation verabredet. Wir haben in 2.3 gesehen

$$\varepsilon_2(z) = \frac{\pi^2}{\sin^2 \pi z}, \qquad \varepsilon_3(z) = \pi^3 \frac{\cot \pi z}{\sin^2 \pi z}.$$

Es gilt somit $\varepsilon_3 = \varepsilon_2 \varepsilon_1$, was man den Reihendarstellungen keineswegs direkt ansieht (vgl. hierzu auch 4.3).

Periodizitätssatz. *Sei $k \geq 1$ und $\omega \in \mathbb{C}$. Dann gilt:*

$$\varepsilon_k(z+\omega) = \varepsilon_k(z) \quad \textit{für alle } z \in \mathbb{C} \setminus \mathbb{Z} \quad \Leftrightarrow \quad \omega \in \mathbb{Z}.$$

Beweis. Falls $\varepsilon_k(z+\omega) = \varepsilon_k(z)$, so ist mit 0 auch ω ein Pol von ε_k, d.h. $\omega \in \mathbb{Z}$. Da man die Reihen wegen ihrer normalen Konvergenz beliebig umordnen darf, so gilt stets $\varepsilon_k(z+1) = \varepsilon_k(z)$. Hieraus folgt $\varepsilon_k(z+n) = \varepsilon_k(z)$ für alle $n \in \mathbb{Z}$. $\qquad \square$

Aus dem Differentiationssatz 1.2 folgt (für ε_1 benutze man die normal konvergente Reihe $\frac{1}{z} + \sum\limits_{-\infty}^{\infty}{}' \left(\frac{1}{z+\nu} - \frac{1}{\nu}\right)$):

(1) $$\varepsilon_k' = -k \varepsilon_{k+1} \quad \text{für } k \geq 1.$$

Hieraus erhält man durch Induktion nach k:

(2) $$\varepsilon_k = \frac{(-1)^{k-1}}{(k-1)!} \varepsilon_1^{(k-1)} \quad \text{für } k \geq 2.$$

Aus der Entwicklung 1.(1) für ε_1 folgt nun (wieder induktiv):

(3) $$\varepsilon_k(z) = \frac{1}{z^k} + (-1)^k \sum_{2n \geq k} \binom{2n-1}{k-1} q_{2n} z^{2n-k} \quad \text{für } k \geq 2,$$

speziell:

(4) $$\varepsilon_2(z) = \frac{1}{z^2} + q_2 + 3q_4 z^2 + \dots, \qquad \varepsilon_3(z) = \frac{1}{z^3} - 3q_4 z - 10q_6 z^3 - \dots.$$

§ 4*. Eisenstein-Theorie trigonometrischer Funktionen

Die Theorie der trigonometrischen Funktionen, die man heute durchweg mittels der Exponentialfunktion begründet, läßt sich auch ab ovo mittels der Eisensteinfunktionen ε_k und einfachen nichtlinearen Relationen zwischen ihnen entwickeln. Dieser Aufbau der Theorie der Kreisfunktionen wurde 1847 von Eisenstein in seiner heute berühmten Arbeit [Ei], in der z.B. die Weierstraßsche $\wp$-Funktion und ihre Differentialgleichung vorkommen, nebenbei skizziert. EISENSTEIN schreibt (S. 396):

„Die Fundamental-Eigenschaften dieser einfach-periodischen Functionen ergeben sich aus der Betrachtung einer einzigen identischen Gleichung, nämlich der folgenden:

(a.)
$$\frac{1}{p^2 q^2} = \frac{1}{(p+q)^2}\left(\frac{1}{p^2}+\frac{1}{q^2}\right) + \frac{2}{(p+q)^3}\left(\frac{1}{p}+\frac{1}{q}\right)."$$

Man verifiziert (a.), worin p, q Unbestimmte sind, durch Nachrechnen oder (einfacher) durch Differentiation der evidenten Identität $p^{-1}q^{-1} = (p+q)^{-1}(p^{-1} + q^{-1})$ nach p und q. EISENSTEIN gewinnt alle wichtigen Aussagen über seine Reihen durch virtuoses Manipulieren mit der Identität (a.).

EISENSTEIN wurde als Schüler von Karl Heinrich SCHELLBACH (deutscher Mathematiker, 1805–1892, Professor für Mathematik und Physik am Friedrich-Wilhelms Gymnasium Berlin, seit 1843 zugleich Lehrer für Mathematik an der allgemeinen Kriegsschule Berlin) unterrichtet. SCHELLBACH veröffentlichte 1845 im Schulprogramm seines Gymnasiums eine Abhandlung *Die einfachsten periodischen Functionen*, in der zur Konstruktion periodischer Funktionen erstmals Formeln wie

$$\sum_{-\infty}^{\infty} f(x+s) \quad \text{und} \quad \prod_{-\infty}^{\infty} f(x+\lambda)$$

verwendet werden. Diese Abhandlung Schellbachs hat großen Einfluß auf EISENSTEIN ausgeübt (vgl. [Ei], S. 401).

André WEIL hat 1976 im zweiten Kapitel seines Ergebnisberichtes [We] die Theorie von EISENSTEIN knapp dargestellt und dabei dessen Rechnungen ergänzt und erläutert. „Man wird bei diesen Ausführungen an ein musikalisches Analogon, die Diabelli-Variationen von Beethoven erinnert" (E. HLAWKA in Monatsh. Math. 83, S. 225 (1977)). WEIL wählte zu Ehren Eisensteins die Notation ε_k; EISENSTEIN selbst schreibt (k, z) anstelle von $\varepsilon_k(z)$ ([Ei], S. 395).

Wir stellen im folgenden die Anfänge der Eisensteinschen Theorie im Anschluß an [We] dar. Wir werden nur mit den vier ersten Funktionen $\varepsilon_1, \varepsilon_2, \varepsilon_3, \varepsilon_4$ arbeiten. Die Identität $\varepsilon_1(z) = \pi \cot \pi z$ wird unabhängig von den Überlegungen des vorangehenden Paragraphen mit Hilfe des Satzes 2.4 über die Lösungen der Differentialgleichung $g' + g^2 + 1 = 0$ aufs neue bewiesen.

1. Additionstheorem.

$$\varepsilon_2(w)\varepsilon_2(z) - \varepsilon_2(w)\varepsilon_2(w+z) - \varepsilon_2(z)\varepsilon_2(w+z) = 2\varepsilon_3(w+z)[\varepsilon_1(w)+\varepsilon_1(z)].$$

Beweis (nach [We], S. 8). Wir setzen $p := z+\mu$, $q := w+v-\mu$ in (a.) und erhalten

$$\frac{1}{(z+\mu)^2(w+v-\mu)^2} - \frac{1}{(w+z+v)^2}\left(\frac{1}{(z+\mu)^2}+\frac{1}{(w+v-\mu)^2}\right)$$
$$= \frac{2}{(w+z+v)^3}\left(\frac{1}{z+\mu}+\frac{1}{w+v-\mu}\right).$$

Eisensteinsummation bezüglich μ bei festem $v \in \mathbb{Z}$ liefert

$$\sum_{\mu}{}^{e} \frac{1}{(z+\mu)^2(w+v-\mu)^2} - \frac{1}{(w+z+v)^2}(\varepsilon_2(z)+\varepsilon_2(w+v))$$

$$= \frac{2}{(w+z+v)^3}[\varepsilon_1(z)+\varepsilon_1(w+v)].$$

Da v Periode von ε_k ist (vgl. Periodizitätssatz 3.4), darf man $\varepsilon_2(w)$ bzw. $\varepsilon_1(w)$ statt $\varepsilon_2(w+v)$ bzw. $\varepsilon_1(w+v)$ schreiben, ferner steht ganz links wegen der normalen Konvergenz eine gewöhnliche Summe $\sum_{-\infty}^{\infty}$. Summation bezüglich v gibt nun

$$\sum_{v=-\infty}^{\infty} \sum_{\mu=-\infty}^{\infty} \frac{1}{(z+\mu)^2(w+v-\mu)^2} - \varepsilon_2(w+z)[\varepsilon_2(z)+\varepsilon_2(w)]$$

$$= 2\varepsilon_3(w+z)[\varepsilon_1(z)+\varepsilon_1(w)].$$

Vertauscht man links die Reihenfolge der Summation (dies ist wegen der normalen Konvergenz legitim), so erhält man wegen $\varepsilon_2(w-\mu)=\varepsilon_2(w)$ die Formel

$$\sum_{\mu=-\infty}^{\infty} \frac{1}{(z+\mu)^2} \sum_{v=-\infty}^{\infty} \frac{1}{((w-\mu)+v)^2} = \sum_{\mu=-\infty}^{\infty} \frac{\varepsilon_2(w-\mu)}{(z+\mu)^2} = \varepsilon_2(w)\,\varepsilon_2(z).$$

Damit ist das Additionstheorem verifiziert.

2. Eisensteins Grundformeln. Das Additionstheorem 1 kommt bei Eisenstein nicht explizit vor. Er leitet vielmehr die Identitäten

(1) $$3\varepsilon_4(z)=\varepsilon_2(z)^2+2\varepsilon_1(z)\,\varepsilon_3(z)$$

(2) $$\varepsilon_2(z)^2=\varepsilon_4(z)+2q_2\,\varepsilon_2(z)$$

direkt aus (a.) her ([Ei], 396–398). Wir gewinnen jetzt diese Eisensteinschen Grundformeln aus dem Additionstheorem ([We], S. 8); dazu benötigen wir folgende trivial zu verifizierende Aussage (zur Herleitung von (+) benutze man 3.4 (1)):

Für jedes $z \in \mathbb{C} \setminus \mathbb{Z}$ und für alle $k \geq 1$ gilt in einer Umgebung von $w=0$:
$$\varepsilon_k(w+z)=\sum_0 \frac{1}{v!}\varepsilon_k^{(v)}(z)\,w^v;\ speziell:$$

$$\varepsilon_1(w+z)=\varepsilon_1(z)-\varepsilon_2(z)\,w+\varepsilon_3(z)\,w^2-\varepsilon_4(z)\,w^3+-\ldots$$

(+) $$\varepsilon_2(w+z)=\varepsilon_2(z)-2\varepsilon_3(z)\,w+3\varepsilon_4(z)\,w^2-+\ldots$$

$$\varepsilon_3(w+z)=\varepsilon_3(z)-3\varepsilon_4(z)\,w+6\varepsilon_5(z)\,w^2-+\ldots. \qquad \square$$

Wir beweisen nun Gleichung (1): Bei festem $z \in \mathbb{C} \setminus \mathbb{Z}$ stehen im Additionstheorem meromorphe Funktionen in w. Wir entwickeln sie um $w=0$ und vergleichen die (in w) konstanten Glieder*). Die Entwicklung 3.4 (4) für ε_2 sowie

---

*) Vergleich der Koeffizienten von w^{-2} und w^{-1} liefert triviale Identitäten!

obige Gleichung $(+)$ für $\varepsilon_2(w+z)$ ergeben für die Funktion links im Additionstheorem, da sich $\varepsilon_2(w)\varepsilon_2(z)$ heraushebt und $\varepsilon_2(z)\varepsilon_2(w+z)$ das konstante Glied $\varepsilon_2(z)^2$ hat:

$$-\left(\frac{1}{w^2}+q_2+\ldots\right)(-2\varepsilon_3(z)w+3\varepsilon_4(z)w^2+\ldots)-\varepsilon_2(z)^2+\ldots$$

$$=-3\varepsilon_4(z)-\varepsilon_2(z)^2+\ldots,$$

wobei die letzten Punkte Glieder in $w^{-2}, w^{-1}, w, w^2, \ldots$ andeuten. Für die Funktion rechts im Additionstheorem erhält man unter Verwendung der Entwicklung 3.1 (1) für ε_1 und der Gleichung $(+)$ für $\varepsilon_3(w+z)$:

$$2(\varepsilon_3(z)-3\varepsilon_4(z)w+\ldots)\left(\frac{1}{w}-q_2 w+\ldots\right)+2\varepsilon_3(z)\varepsilon_1(z)+\ldots$$

$$=-6\varepsilon_4(z)+2\varepsilon_3(z)\varepsilon_1(z)+\ldots.$$

Damit folgt $-3\varepsilon_4(z)-\varepsilon_2(z)^2=-6\varepsilon_4(z)+2\varepsilon_3(z)\varepsilon_1(z)$, also (1).

Der Beweis von (2) wird ähnlich geführt: Wir fixieren wieder $z\in\mathbb{C}\setminus\mathbb{Z}$, betrachten diesmal aber $\zeta:=w+z$ als Variable im Additionstheorem. Wir entwickeln um $\zeta=0$, setzen $w=\zeta-z$ und vergleichen die (in ζ) konstanten Glieder. Unter Benutzung der Entwicklung 3.4 (4) für $\varepsilon_2(\zeta)$ sowie der Gleichung $(+)$ für $\varepsilon_2(\zeta-z)$ (man beachte, daß ε_{2l} bzw. ε_{2l+1} gerade bzw. ungerade ist) sieht man, daß links im Additionstheorem der konstante Term $\varepsilon_2(z)^2-2q_2\varepsilon_2(z)$ $-3\varepsilon_4(z)$ steht. Da $\varepsilon_3(\zeta)\varepsilon_1(\zeta-z)$ auf Grund von 3.4 (4) und $(+)$ das konstante Glied $-\varepsilon_4(z)$ hat und $\varepsilon_3(\zeta)\varepsilon_1(z)$ als ungerade Funktion in ζ kein konstantes Glied hat, so steht rechts im Additionstheorem das konstante Glied $-2\varepsilon_4(z)$. Damit folgt (2).

3. Weitere Eisensteinsche Formeln und die Identität $\varepsilon_1(z)=\pi\cot\pi z$. Aus 2 (1) und (2) folgt, wenn man $\varepsilon_4(z)$ eliminiert:

(1) $$\varepsilon_1(z)\varepsilon_3(z)=\varepsilon_2(z)^2-q_2\varepsilon_2(z).$$

Differentiation von (1) gibt $\varepsilon_2\varepsilon_3=\varepsilon_1\varepsilon_4+2q_2\varepsilon_3$ wegen 3.4 (1). Eliminiert man hier ε_4 mittels 2 (2), so gewinnt man nach Division durch ε_2-2q_2:

(2) $$\varepsilon_3(z)=\varepsilon_1(z)\varepsilon_2(z).$$

Trägt man dies in (1) ein, so folgt nach Division durch ε_2:

(3) $$\varepsilon_1(z)^2=\varepsilon_2(z)-3q_2.$$

Der Leser ziehe aus den gewonnenen Relationen die

Folgerung ([Ei], S. 400). *Jede Funktion ε_k ist ein reelles Polynom in ε_1.*

Gleichung (3) läßt sich wegen $\varepsilon_2=-\varepsilon_1'$ auch als Differentialgleichung

(4) $$\varepsilon_1'(z)=-\varepsilon_1(z)^2-3q_2$$

für die Funktion ε_1 interpretieren. Mittels (4) allein erhält man nun (aufs neue)

(*) $$\varepsilon_1(z)=\pi\cot\pi z \quad\text{und}\quad \tfrac{1}{6}\pi^2=\sum_1 \frac{1}{v^2} \quad (\text{also } q_2=\tfrac{1}{3}\pi^2).$$

Beweis. Man wähle $a > 0$ mit $a^2 := 3q_2 = 6 \sum_1 \dfrac{1}{v^2}$. Für $g(z) := a^{-1} \varepsilon_1 (a^{-1} z) \in \mathcal{M}(\mathbb{C})$

gilt dann $g' + g^2 + 1 = 0$. Da g im Nullpunkt einen Pol hat, so folgt $g(z) = \cot z$

nach Satz 2.4, also $\varepsilon_1(z) = a \cot az$. Da $\mathbb{Z}$ bzw. $\dfrac{\pi}{a} \mathbb{Z}$ die Periodenmengen von

$\varepsilon_1(z)$ bzw. $\cot az$ sind (man beachte, daß $\operatorname{Per}(\cot) = \pi \mathbb{Z}$ nach 5.2.5), so folgt $\mathbb{Z}$

$= \dfrac{\pi}{a} \mathbb{Z}$, also $a = \pi$ wegen $a > 0$.

Das Additionstheorem des Cotangens (vgl. 5.2.5) besagt

$$\varepsilon_1(w+z) = \frac{\varepsilon_1(w)\,\varepsilon_1(z) - \pi^2}{\varepsilon_1(w) + \varepsilon_1(z)}.$$

EISENSTEIN beweist auch diese Formel direkt durch Reihenmanipulation ([Ei], S. 408/409); interessierte Leser seien auf [We], S. 8/9 verwiesen.

4. Skizze der Theorie der Kreisfunktionen nach EISENSTEIN. Die vorangehenden Überlegungen zeigen, daß sich die Theorie der trigonometrischen Funktionen grundsätzlich allein aus der einen Eisensteinfunktion $\varepsilon_1(z)$ entwickeln läßt. Man definiert zunächst π als $\sqrt{3q_2}$ und macht die Gleichung $\pi \cot \pi z = \varepsilon_1(z)$ zur *Definition des Cotangens*. Alle weiteren Kreisfunktionen lassen sich nun auf $\varepsilon_1(z)$ zurückführen. Wenn man die Formel

$$\frac{1}{\sin z} = \frac{1}{2}\left(\cot \frac{z}{2} - \cot \frac{z+\pi}{2} \right)$$

benutzt (die in [Ei] auf S. 409 nebenbei erwähnt wird), so ist klar, daß man in einer Eisensteinschen Theorie die Gleichung

$$\frac{\pi}{\sin \pi z} = \frac{1}{2}\left[\varepsilon_1\left(\frac{z}{2} \right) - \varepsilon_1\left(\frac{z+1}{2} \right) \right]$$

zur Definition des Sinus erhoben wird, die Partialbruchreihe

$$\frac{\pi}{\sin \pi z} = \frac{1}{2} \sum_{-\infty}^{\infty} {}^e \frac{2}{z+2v} - \frac{1}{2} \sum_{-\infty}^{\infty} {}^e \frac{2}{z+1+2v} = \sum_{-\infty}^{\infty} \frac{(-1)^v}{z+v}$$

fällt dann nebenbei ab. Wegen $\cos \pi z = \sin \pi(z + \tfrac{1}{2})$ kann man

$$\frac{\pi}{\cos \pi z} = \frac{1}{2}\left[\varepsilon_1\left(\frac{2z+1}{4} \right) - \varepsilon_1\left(\frac{2z+3}{4} \right) \right]$$

als Definition des Cosinus ansehen.

Auch die Exponentialfunktion läßt sich allein mittels $\varepsilon_1(z)$ definieren: für

$$e(z) := \frac{\varepsilon_1(z) + \pi i}{\varepsilon_1(z) - \pi i} = \frac{1 + \pi i z + \ldots}{1 - \pi i z + \ldots} \in \mathcal{M}(\mathbb{C})$$

folgt wegen $-\varepsilon_1' = \varepsilon_1^2 + \pi^2$ sofort

$$e'(z) = -2\pi i \frac{\varepsilon_1'(z)}{(\varepsilon_1(z) - \pi i)^2} = 2\pi i \frac{\varepsilon_1(z)^2 + \pi^2}{(\varepsilon_1(z) - \pi i)^2} = 2\pi i\, e(z).$$

Da $e(0)=1$, so hat man (auf Grund von Satz 5.1.1 und des Identitätssatzes) gerade die Funktion $\exp(2\pi i z)$ eingeführt.

Der hier skizzierte Aufbau der Theorie der Kreisfunktionen scheint nirgendwo konsequent ausgeführt, wir müssen aus Platzgründen ebenfalls darauf verzichten. Der Eisensteinsche Zugang hat den Vorteil, daß die Periodizität aller Kreisfunktionen auf Grund der expliziten Form der Reihe für ε_1 evident ist.

Aufgabe. Zeigen Sie (unter Benutzung der Verdopplungsformel $2\varepsilon_1(2z)=\varepsilon_1(z)+\varepsilon_1(z+\tfrac{1}{2})$):

$$\varepsilon_1(z)\,\varepsilon_1(z+\tfrac{1}{2})+\pi^2=0.$$

Was besagt diese Formel für die klassischen trigonometrischen Funktionen?

N.H. Abel 1802–1829

F.G.M. Eisenstein 1823–1852

J. Liouville 1809–1882

H.A. Schwarz 1843–1921

Federzeichnungen von Martina Koecher

Kapitel 12. Laurentreihen und Fourierreihen

> At quantopere doctrina de seriebus
> infinitis Analysin sublimiorem
> amplificaveret, nemo est, qui ignoret[*]
> (L. EULER 1748, *Introductio*).

In diesem Kapitel diskutieren wir zwei Typen von Reihen, die nach den Potenzreihen zu den wichtigsten Reihen der Funktionentheorie gehören: *Laurentreihen* $\sum_{-\infty}^{\infty} a_v (z-c)^v$ und *Fourierreihen* $\sum_{-\infty}^{\infty} c_v e^{2\pi i v z}$. Die Theorie der Laurentreihen ist eine Theorie der Potenzreihen für Kreisringe; WEIERSTRASS hat übrigens Laurentreihen auch Potenzreihen genannt (vgl. [W_2], S. 67). Fourierreihen sind Laurentreihen um $c := 0$ mit $e^{2\pi i z}$ anstelle von z, die große Bedeutung dieser Reihen liegt darin, daß sich holomorphe periodische Funktionen in solche Reihen entwickeln lassen. Eine besonders wichtige Fourierreihe ist die *Thetareihe* $\sum_{-\infty}^{\infty} e^{-v^2 \pi \tau} e^{2\pi i v z}$, die der Mathematik des 19. Jahrhunderts ganz entscheidende Impulse gegeben hat.

§ 1. Holomorphe Funktionen in Kreisringen und Laurentreihen

Es seien $r, s \in \mathbb{R} \cup \{\infty\}$ mit $0 \le r < s$. Die in $\mathbb{C}$ offene Menge

$$A_{r,s}(c) := \{z \in \mathbb{C} : r < |z-c| < s\}$$

heißt der *Kreisring um* c mit *innerem Radius* r und *äußerem Radius* s. Für $s < \infty$ ist $A_{0,s}(c) = B_s(c) \smallsetminus c$ eine punktierte Kreisscheibe, weiter gilt $A_{0,\infty}(0) = \mathbb{C}^\times$. Wenn Mißverständnisse ausgeschlossen sind, schreiben wir kurz A anstelle von $A_{r,s}(c)$.

Der Kreisring A mit Radien r, s ist in natürlicher Weise der Durchschnitt

$$A = A^+ \cap A^- \quad mit \quad A^+ := B_s(c) \quad und \quad A^- := \{z \in \mathbb{C} : |z-c| > r\};$$

diese Schreibweise wird im folgenden durchweg benutzt. Mit S_ρ bezeichnen wir wie in früheren Kapiteln den Kreisrand $\partial B_\rho(c)$.

1. Cauchytheorie für Kreisringe. Ausgangspunkt der Theorie der holomorphen Funktionen in Kreisringen ist

---

[*] Bekanntlich hat gerade durch die Lehre von den unendlichen Reihen die höhere Analysis sehr bedeutende Erweiterungen erfahren (Übersetzung H. MASER).

Cauchyscher Integralsatz für Kreisringe. *Es sei f holomorph im Kreisring A um c mit Radien r und s. Dann gilt*

(1) $$\int_{S_\rho} f\,d\zeta = \int_{S_\sigma} f\,d\zeta \quad \textit{für alle } \rho,\sigma \in \mathbb{R} \quad \textit{mit } r < \rho \leq \sigma < s.$$

Wir geben für diesen grundlegenden Satz drei Beweise, dabei nehmen wir $c=0$ an.

1. Beweis (durch Reduktion auf Satz 7.1.2 mittels Zerlegung in konvexe Gebiete). Sei ρ vorgegeben. Wir wählen ρ' mit $r<\rho'<\rho$ und bestimmen auf $S_{\rho'}$ ein reguläres n-Eck, das ganz im Kreisring mit den Radien r und ρ' liegt; dies ist für große n stets der Fall (Figur mit $n:=6$). Für alle σ mit $\rho \leq \sigma < s$ gilt nun $\int_{\tilde{\gamma}_1} f\,d\zeta = 0$, denn $\tilde{\gamma}_1 := \gamma_1 + \gamma_2 + \gamma_3 + \gamma_4$ ist ein geschlossener Weg in einem konve-

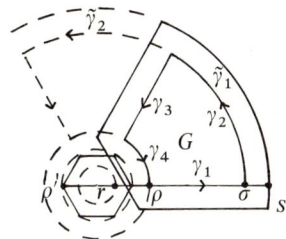

xen Gebiet G, wo f holomorph ist (in der Figur ist G schraffiert). Analog gilt $\int_{\tilde{\gamma}_2} f\,d\zeta = 0$, wo der Weg $\tilde{\gamma}_2$ (siehe Figur) mit dem Teilweg $-\gamma_3$ beginnt. So fortfahrend definiert man die Wege $\tilde{\gamma}_\nu$, wobei in $\tilde{\gamma}_n$ der Weg $-\gamma_1$ als Teilweg vorkommt. Es folgt nun

$$0 = \sum_{\nu=1}^{n} \int_{\tilde{\gamma}_\nu} f\,d\zeta = \int_{S_\sigma} f\,d\zeta - \int_{S_\rho} f\,d\zeta,$$

da sich die Teilintegrale über γ_1, γ_3 usw. aufheben.

2. Beweis (durch Reduktion auf Satz 7.1.2 mittels der Exponentialabbildung). Wir wählen $a,\alpha,\beta,b \in \mathbb{R} \cup \{\infty\}$ mit $e^a = r$, $e^\alpha = \rho$, $e^\beta = \sigma$, $e^b = s$. Vermöge $z \mapsto \exp z$ wird der Rand ∂R des Rechtecks $R := \{z \in \mathbb{C} : \alpha < \mathrm{Re}\,z < \beta,\ |\mathrm{Im}\,z| < \pi\}$ auf den Weg $\Gamma := \sum_1^4 \exp(\gamma_\nu) = S_\sigma + \gamma - S_\rho - \gamma$ abgebildet (vgl. Figur und 5.2.3).

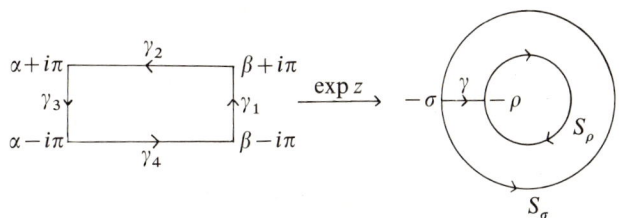

Nach der Transformationsregel 6.2.1 folgt

$$\int_\Gamma f(z)\,dz = \int_{\partial R} f(\exp\zeta)\exp\zeta\,d\zeta.$$

Da das ∂R umfassende konvexe Gebiet $G:=\{z\in\mathbb{C}: a<\operatorname{Re}z<b\}$ vermöge $\exp z$ in A abgebildet wird, so ist der Integrand rechts in G holomorph und das Integral also null nach Satz 7.1.2. Hieraus folgt die Behauptung.

3. *Beweis* (durch Vertauschung von Integration und Differentiation). Da mit $f(z)$ auch $z^{-1}f(z)$ alle in A holomorphen Funktionen durchläuft, genügt es zu zeigen, daß bei vorgegebenem $f\in\mathcal{O}(A)$ die Funktion

$$J(t):=\int_{S_t}\frac{f(\zeta)}{\zeta}\,d\zeta=i\int_0^{2\pi}f(t\,e^{i\varphi})\,d\varphi, \qquad t\in(r,s),$$

konstant ist. Nach Sätzen der reellen Analysis ist $J(t)$ differenzierbar, es gilt

$$J'(t)=i\int_0^{2\pi}\frac{d}{dt}f(t\,e^{i\varphi})\,d\varphi=i\int_0^{2\pi}f'(t\,e^{i\varphi})\,e^{i\varphi}\,d\varphi$$

$$=t^{-1}\int_{S_t}f'(\zeta)\,d\zeta \qquad \text{für } t\neq0.$$

Da f' eine Stammfunktion hat, folgt $J'(t)\equiv0$, d.h. $J(t)\equiv\text{const}$. ☐

Bemerkung. Vom „höheren Standpunkt" sind die Integrale über S_ρ, S_σ gleich, weil diese Wege in A ineinander deformierbar sind. Auf die allgemeine Integrationstheorie für solche „homotopen" Wege werden wir erst im zweiten Band näher eingehen. ☐

Aus dem Integralsatz folgt (analog wie in 7.2.2 für Kreisscheiben) die

Cauchysche Integralformel für Kreisringe. *Es sei f holomorph im Bereich D; es sei $A=A^+\cap A^-$ ein Kreisring um $c\in D$, der nebst Rand in D liegt. Dann gilt*

$$f(z)=\frac{1}{2\pi i}\int_{\partial A}\frac{f(\zeta)}{\zeta-z}\,d\zeta=\frac{1}{2\pi i}\int_{\partial A^+}\frac{f(\zeta)}{\zeta-z}\,d\zeta-\frac{1}{2\pi i}\int_{\partial A^-}\frac{f(\zeta)}{\zeta-z}\,d\zeta \qquad \text{für alle } z\in A.$$

Beweis. Bei festem $z\in A$ ist die Funktion

$$g(\zeta):=\begin{cases}\dfrac{f(\zeta)-f(z)}{\zeta-z} & \text{für } \zeta\in D\smallsetminus z,\\[2mm] f'(z) & \text{für } \zeta=z\end{cases}$$

stetig in D und holomorph in $D\smallsetminus z$. Es folgt $g\in\mathcal{O}(D)$ auf Grund von Satz 7.3.3. Nach dem Integralsatz für Kreisringe gilt daher $\int_{\partial A^+}g\,d\zeta=\int_{\partial A^-}g\,d\zeta$; d.h.

$$\int_{\partial A^-}\frac{f(\zeta)}{\zeta-z}\,d\zeta-f(z)\int_{\partial A^-}\frac{d\zeta}{\zeta-z}=\int_{\partial A^+}\frac{f(\zeta)}{\zeta-z}\,d\zeta-f(z)\int_{\partial A^+}\frac{d\zeta}{\zeta-z}.$$

In der letzten Gleichung verschwindet das zweite Integral links, da $|z|>r$; das zweite Integral rechts hat wegen $|z|<s$ den Wert $2\pi i$. ☐

Mittels der Integralformel gelangt man nun zur

2. Laurentdarstellung in Kreisringen. Wir führen zunächst eine bequeme Schreibweise ein: ist h eine komplexe Funktion in einem *unbeschränkten* Bereich W, so schreiben wir $\lim\limits_{z \to \infty} h(z) = b$, wenn es zu jeder Umgebung V von $b \in \mathbb{C}$ ein $R > 0$ gibt, so daß $h(z) \in V$ für alle $z \in W$ mit $|z| \geq R$. Man bemerke, daß diese Definition von W abhängt. Im folgenden ist W das Äußere einer Kreisscheibe, also eine Menge A^-.

Satz. *Es sei f holomorph im Kreisring $A = A^+ \cap A^-$ um c mit Radien r, s. Dann gibt es zwei Funktionen $f^+ \in \mathcal{O}(A^+)$, $f^- \in \mathcal{O}(A^-)$, so daß gilt:*

$$f = f^+ + f^- \quad \text{in } A \quad \text{und} \quad \lim_{z \to \infty} f^-(z) = 0.$$

Die Funktionen f^+, f^- sind hierdurch eindeutig bestimmt; für jedes $\rho \in (r, s)$ gilt:

$$f^+(z) = \frac{1}{2\pi i} \int_{S_\rho} \frac{f(\zeta)}{\zeta - z} d\zeta, \quad z \in B_\rho(c);$$

$$f^-(z) = \frac{-1}{2\pi i} \int_{S_\rho} \frac{f(\zeta)}{\zeta - z} d\zeta, \quad z \in \mathbb{C} \setminus \overline{B_\rho(c)}.$$

Beweis. a) Existenz: Die Funktion

$$f_\rho^+(z) := \frac{1}{2\pi i} \int_{S_\rho} \frac{f(\zeta)}{\zeta - z} d\zeta, \quad z \in B_\rho(c),$$

ist holomorph in $B_\rho(c)$. Für $\sigma \in (\rho, s)$ gilt $f_\rho^+ = f_\sigma^+ | B_\rho(c)$ nach dem Integralsatz. Es gibt also eine Funktion $f^+ \in \mathcal{O}(A^+)$, die in $B_\rho(c)$ mit f_ρ^+ übereinstimmt. Ebenso ist

$$f^-(z) := f_\sigma^-(z) := \frac{-1}{2\pi i} \int_{S_\sigma} \frac{f(\zeta)}{\zeta - z} d\zeta, \quad z \in A^-, \ r < \sigma < \min\{s, |z - c|\},$$

holomorph in A^-. Die Integralformel, angewendet auf alle Kreisringe A' um c mit $\overline{A'} \subset A$, liefert in A die Darstellung $f = f^+ + f^-$. Die Standardabschätzung für Integrale gibt

$$|f^-(z)| \leq \sigma \max_{\zeta \in S_\sigma} |f(\zeta)(\zeta - z)^{-1}| \leq \frac{\sigma}{|z - c| - \sigma} |f|_{S_\sigma}, \quad \text{also} \lim_{z \to \infty} f^-(z) = 0.$$

b) Eindeutigkeit: Es seien $g^+ \in \mathcal{O}(A^+)$, $g^- \in \mathcal{O}(A^-)$ weitere Funktionen mit $f = g^+ + g^-$ in A und $\lim\limits_{z \to \infty} g^-(z) = 0$. Dann gilt $f^+ - g^+ = g^- - f^-$ auf A; daher wird durch $h := f^+ - g^+$ auf A^+ und $h := g^- - f^-$ auf A^- eine ganze Funktion $h: \mathbb{C} \to \mathbb{C}$ mit $\lim\limits_{z \to \infty} h(z) = 0$ gegeben. Nach dem Liouvilleschen Satz folgt $h \equiv 0$, also $f^+ = g^+$, $f^- = g^-$. □

Man nennt die Darstellung von f als Summe $f^+ + f^-$ die *Laurentdarstellung* (bzw. die *Laurenttrennung* bzw. die *Laurentheftung*) *von f in A.* Die Funktion f^- heißt der *Hauptteil*, die Funktion f^+ der *Nebenteil* von f.

Ist f meromorph in $D \smallsetminus c$, so ist die im Entwicklungssatz 10.1.2 beschriebene Darstellung von f nichts anderes als die Laurentdarstellung von f in $B \smallsetminus c$ (mit $B \subset D$, $r=0$), insbesondere verallgemeinert also der hier für Laurentdarstellungen eingeführte Begriff des Hauptteils den in 10.3.1 für meromorphe Funktionen erklärten Begriff des Hauptteils in einem Pol.

3. Laurententwicklungen. Reihen der Form $\sum\limits_{-\infty}^{\infty} a_\nu(z-c)^\nu$ heißen *Laurentreihen um c;* die Reihen

$$\sum_{-\infty}^{-1} a_\nu(z-c)^\nu = \sum_1^\infty a_{-\nu}(z-c)^{-\nu} \quad \text{bzw.} \quad \sum_0^\infty a_\nu(z-c)^\nu$$

heißen *Hauptteil* bzw. *Nebenteil.* Laurentreihen sind also spezielle Funktionenreihen der Form $\sum\limits_{-\infty}^{\infty} f_\nu(z)$, die in 11.1.3 eingeführt wurden. Insbesondere sind die Begriffe der absoluten, kompakten und normalen Konvergenz für Laurentreihen in Kreisringen erklärt.

Laurentreihen sind verallgemeinerte Potenzreihen. Die Verallgemeinerung des Entwicklungssatzes von Cauchy-Taylor ist der

Entwicklungssatz von Laurent. *Jede im Kreisring A um c mit den Radien r, s holomorphe Funktion f ist in A eindeutig in eine Laurentreihe*

$$(1) \qquad\qquad f(z) = \sum_{-\infty}^{\infty} a_\nu(z-c)^\nu$$

entwickelbar, die in A normal gegen f konvergiert. Es gilt:

$$(2) \qquad\qquad a_\nu = \frac{1}{2\pi i} \int_{S_\rho} \frac{f(\zeta)}{(\zeta-c)^{\nu+1}} d\zeta \quad \text{für } r<\rho<s, \ \nu\in\mathbb{Z}.$$

Beweis. Sei $f = f^+ + f^-$ die Laurentdarstellung von f in $A = A^+ \cap A^-$ gemäß Satz 2. Dann hat der Nebenteil $f^+ \in \mathcal{O}(A^+)$ von f nach dem Satz von Cauchy-Taylor in $A^+ = B_s(c)$ eine Taylorentwicklung $\sum\limits_0 a_\nu(z-c)^\nu$. Doch auch der Hauptteil $f^- \in \mathcal{O}(A^-)$ von f gestattet eine einfache Reihenentwicklung in $A^- = \{z \in \mathbb{C}: |z-c| > r\}$: Da die Abbildung

$$B_{r^{-1}}(0) \smallsetminus 0 \to A^-, \quad w \mapsto z := c + w^{-1}$$

biholomorph ist mit $z \mapsto w = (z-c)^{-1}$ als Umkehrabbildung, so gilt

$$g(w) := f^-(c+w^{-1}) \in \mathcal{O}(B_{r^{-1}}(0) \smallsetminus 0).$$

Wegen $\lim\limits_{z\to\infty} f^-(z) = 0$ folgt $\lim\limits_{w\to 0} g(w) = 0$, daher wird g nach dem Riemannschen Fortsetzungssatz vermöge $g(0) := 0$ nach 0 holomorph fortgesetzt. Man hat somit eine Taylorentwicklung $g(w) = \sum\limits_1 b_\nu w^\nu \in \mathcal{O}(B_{r^{-1}}(0))$, die in $B_{r^{-1}}(0)$ normal konvergiert. Wegen $f^-(z) = g((z-c)^{-1})$, $z \in A^-$, erhält man hieraus die Darstellung $f^-(z) = \sum\limits_1 b_\nu(z-c)^{-\nu}$, die in A^- normal gegen f^- konvergiert. Mit der

Festsetzung $a_{-\nu} := b_\nu$, $\nu \geq 1$, schreibt sich diese Reihe als $f^-(z) = \sum_{-\infty}^{-1} a_\nu (z-c)^\nu$. Insgesamt hat man so eine Laurentreihe $\sum_{-\infty}^{\infty} a_\nu (z-c)^\nu$ gefunden, die in A normal gegen f konvergiert. Die Eindeutigkeit folgt, sobald die Gleichungen (2) verifiziert sind. Dazu betrachte man für jedes $n \in \mathbb{Z}$ die Gleichung

$$(z-c)^{-n-1} f(z) = \sum_{-\infty}^{-1} a_{\nu+n+1} (z-c)^\nu + \sum_{\nu=0}^{\infty} a_{\nu+n+1} (z-c)^\nu,$$

die man wegen der normalen Konvergenz gliedweise integrieren darf; dabei bleibt nur der Summand mit $\nu = -1$ übrig:

$$\int_{S_\rho} (\zeta-c)^{-n-1} f(\zeta)\, d\zeta = a_n \int_{S_\rho} (\zeta-c)^{-1}\, d\zeta = 2\pi i\, a_n, \qquad n \in \mathbb{Z}. \qquad \square$$

Wir nennen die Reihenentwicklung (1) *die Laurententwicklung von f um c in A*.

4. Beispiele. Die Bestimmung der Laurentkoeffizienten mittels der Integralformeln 3.(2) ist nur in seltenen Fällen möglich. Man zieht vielmehr, um f in eine Laurentreihe zu entwickeln, nach Möglichkeit bekannte Taylorreihen heran; in Klausuraufgaben reicht vorwiegend die geometrische Reihe aus.

1) Die Funktion $f(z) = \dfrac{1}{1+z^2}$ ist holomorph in $\mathbb{C} \setminus \{i, -i\}$. Sei $c \in \mathbb{H}$ irgendein Punkt der oberen Halbebene. Dann gilt (vgl. Figur) $|c-i| < |c+i|$ wegen $\operatorname{Im} c > 0$, und f hat im Kreisring A um c mit innerem Radius $r := |c-i|$ und

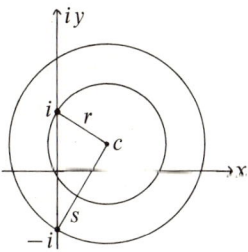

äußerem Radius $s := |c+i|$ eine Laurententwicklung, die man schnell mit Hilfe der Partialbruchzerlegung

$$\frac{1}{1+z^2} = \frac{1}{2i} \frac{1}{z-i} + \frac{(-1)}{2i} \frac{1}{z+i}, \qquad z \in \mathbb{C} \setminus \{i, -i\},$$

findet. Man setze

$$f^+(z) := \frac{-1}{2i} \frac{1}{z+i}, \qquad f^-(z) := \frac{1}{2i} \frac{1}{z-i}.$$

Dann ist ersichtlich $f = f^+|A + f^-|A$ die Laurentdarstellung von f in A. Die zugehörigen Reihen sind:

$$f^+(z) = \frac{-1}{2i(i+c)} \frac{1}{1 + \dfrac{z-c}{i+c}} = \sum_0 \frac{1}{2i} \frac{(-1)^{\nu+1}}{(i+c)^{\nu+1}} (z-c)^\nu, \quad |z-c| < s.$$

$$f^-(z) = \frac{1}{2i(z-c)} \frac{1}{1 - \dfrac{i-c}{z-c}} = \sum_{-\infty}^{-1} \frac{1}{2i} \frac{1}{(i-c)^{\nu+1}} (z-c)^\nu, \quad |z-c| > r.$$

Man beachte, daß der Fall $c = i$ zugelassen ist. Welche Gestalt haben dann $f^+(z)$ und $f^-(z)$? Man bemerke weiter, daß $(1 + z^2)^{-1}$ auch im Kreisäußeren $\{z \in \mathbb{C}: |z-c| > s\}$ eine Laurententwicklung hat. Wie sieht diese Reihe aus?

2) Die Funktion $f(z) = \dfrac{6}{z(z+1)(z-2)}$ ist in $\mathbb{C} \smallsetminus \{0, -1, 2\}$ holomorph und besitzt daher um den Nullpunkt *drei* Laurententwicklungen: im punktierten Einheitskreis $\mathbb{E}^\times$, im Kreisring $\{z \in \mathbb{C}: 1 < |z| < 2\}$ und im Kreisäußeren $\{z \in \mathbb{C}: |z| > 2\}$. Man bestimme die zugehörigen Laurententwicklungen durch Partialbruchzerlegung von f.

3) Die Funktion $\exp(z^{-k}) \in \mathcal{O}(\mathbb{C}^\times)$ hat um 0 die Laurententwicklung

$$\exp(z^{-k}) = 1 + \frac{1}{1!} \frac{1}{z^k} + \frac{1}{2!} \frac{1}{z^{2k}} + \ldots + \frac{1}{n!} \frac{1}{z^{nk}} + \ldots, \quad k = 1, 2, \ldots.$$

5. Historisches zum Satz von LAURENT. Im Jahre 1843 berichtete CAUCHY (C.R. 17, S. 938; auch Œuvres 8, 1. Ser., 115–117) in der französischen Akademie über eine Arbeit von P.A. LAURENT (1813–1854, Ingenieur in der Armee und am Ausbau des Hafens von Le Havre tätig) mit dem Titel *Extension du théorème de M. Cauchy relatif à la convergence du développement d'une fonction suivant les puissances ascendantes de la variable x.* LAURENT zeigt hier, daß Cauchys Satz von der Darstellbarkeit holomorpher Funktionen in Kreisscheiben durch Potenzreihen sogar für Kreisringe gilt, wenn man Reihen zuläßt, in denen auch negative Potenzen von $z - c$ vorkommen. Die Originalarbeit von LAURENT wurde nie veröffentlicht; erst 1863 wurde durch das Engagement seiner Witwe im Journ. de l'École Polytechn. 23, 75–204, ein *Mémoire sur la théorie des imaginaires, sur l'équilibre des températures et sur l'équilibre d'élasticité* publiziert, das Laurents Beweis wiedergibt; die Darstellung (insb. S. 106, 145) ist leider sehr schwerfällig.

CAUCHY spricht 1843 in seinem Referat mehr über sich selbst als über Laurents Ergebnis; er betont, daß LAURENT zu seinem Satz durch eine sorgfältige Analyse seines eigenen Beweises für Potenzreihenentwicklungen gelangt sei. Immerhin erklärt er: „L'extension donnée par M. Laurent … nous paraît digne de remarque". LAURENT beweist seinen Satz mit der von ihm verallgemeinerten Cauchyschen Integralmethode, die auch wir benutzten. Bis heute gibt es keinen Beweis, der nicht irgendwie – wenn auch in verkappter Form – komplexe Integrale benutzt.

Bei CAUCHY findet sich der Integralsatz für Kreisringe 1840 in den *Exercices d'Analyse* (Œuvres 11, 2. Ser., S. 337); er formuliert ihn allerdings ohne Integrale für Mittelwerte; in seinem Referat zur Laurentschen Arbeit sagt er, daß dessen Satz hieraus unmittelbar folge („Le théorème de M. Laurent peut se déduire immédiatement..." S. 116).

WEIERSTRASS bewies den in Rede stehenden Satz bereits 1841 in seiner Abhandlung [W₁], die aber erst 1894 gedruckt wurde. Manche Autoren nennen den Satz daher auch den Satz von LAURENT-WEIERSTRASS. Zum Namendisput sagt KRONECKER 1894 beißend (vgl. [Kr], S. 177): „Diese Entwicklung wird manchmal als Laurent'scher Satz bezeichnet; aber da sie eine unmittelbare Folge des Cauchy'schen Integrals ist, so ist es unnütz, einen besonderen Urheber zu nennen" (über seinen Kollegen WEIERSTRASS verliert KRONECKER kein Wort).

Die Unabhängigkeit der Integrale 1.(1) vom Radius ist das Herzstück der Weierstraßschen Arbeit [W₁]; es heißt dort (S. 57): „..., d.h. der Werth des Integrals ist für alle Werthe von x_0, deren absoluter Betrag zwischen den Grenzen $A, B [= r, s]$ enthalten ist, derselbe."

WEIERSTRASS hat zeitlebens seinen Satz nicht herausgestellt – wohl ob der unvermeidlichen Integrale im Beweis (vgl. hierzu auch 6.1.3 und 8.2.3). Es wundert sich z.B. 1896 PRINGSHEIM in seiner Arbeit *Über Vereinfachungen in der elementaren Theorie der analytischen Funktionen*, Math. Ann. 47, 121–154, daß WEIERSTRASS den Satz in seinen Vorlesungen „weder explicite bewiesen noch direkt angewendet" habe[*]. PRINGSHEIM beklagt, daß dieser Satz in der *elementaren Funktionentheorie* – und darunter versteht er die lediglich auf die Lehre von den Potenzreihen gegründete Theorie der holomorphen Funktionen ohne Verwendung von Integralen – noch nicht „den ihm eigentlich zukommenden Platz erhalten hat"; er weist mit Recht darauf hin, daß „die elementare Functionentheorie *ohne* den Laurent'schen Satz keinerlei Hilfsmittel zu besitzen" scheint, um z.B. den Riemannschen Fortsetzungssatz zu erschließen, selbst dann nicht, wenn man bereits die Funktion f in die isolierte Singularität c stetig fortgesetzt hat und wenn überdies die in der Nähe von c zur Darstellung von f dienenden Potenzreihen in c sämtlich absolut konvergieren (vgl. auch 2.2).

PRINGSHEIM hält es 1896 für „dringend wünschenswert", den Satz von LAURENT auf „möglichst elementarem Wege" zu begründen. Er glaubt, dieses Ziel zu erreichen durch „Einführung gewisser Mittelwerthe an Stelle der sonst benutzten Integrale"; sein elementarer direkter Beweis des Laurentschen Satzes wirkt aber sehr gekünstelt. Da sich – wie er selbst sagt (S. 125) – seine Mittelwerte „stets als Specialfälle bestimmter Integrale ansehen" lassen, setzte sich sein nur nach außen hin integralfreier Beweis nicht durch. PRINGSHEIM hat seine „reine Lehre" in dem 1223 Seiten umfassenden Werk [P] niedergelegt. Darauf läßt sich ein Wort anwenden, mit dem PRINGSHEIM selbst einen von MITTAG-LEFFLER geführten sog. elementaren Beweis des Laurentschen Satzes wertet (S. 124): „Die Consequenz der Methode [wird] auf Kosten der Einfachheit allzu theuer erkauft."

---

[*] PRINGSHEIM scheint erst während des Druckes seiner Arbeit von der Existenz der Weierstraßschen Jugendarbeit erfahren zu haben (vgl. Fußnote S. 123).

§ 2. Eigenschaften von Laurentreihen

In diesem Paragraphen übertragen wir elementare Aussagen von Potenzreihen auf Laurentreihen. Außerdem zeigen wir, daß die Entwicklung holomorpher Funktionen in Laurentreihen um isolierte Singularitäten eine einfache Charakterisierung der Singularitätentypen durch die Laurentkoeffizienten ermöglicht.

1. Konvergenzsatz und Identitätssatz. Auf Grund von Satz 1.3 ist jede in einem Kreisring A holomorphe Funktion f um den Mittelpunkt c von A in eine Laurentreihe entwickelbar, die in A normal gegen f konvergiert. Um diese Aussage umzukehren, ordnen wir jeder Laurentreihe $\sum_{-\infty}^{\infty} a_\nu(z-c)^\nu$ den Konvergenzradius s ihres Nebenteils und den Konvergenzradius $\hat{r}$ der Potenzreihe $\sum_{\nu=1} a_{-\nu} w^\nu$ zu. Wir setzen $r := \hat{r}^{-1}$, also $r = 0$ bzw. $r = \infty$ im Fall $\hat{r} = \infty$ bzw. $\hat{r} = 0$, und zeigen

Konvergenzsatz für Laurentreihen. *Ist $r < s$, so konvergiert die Laurentreihe $\sum_{-\infty}^{\infty} a_\nu(z-c)^\nu$ im offenen Kreisring $A := A_{r,s}(c)$ normal gegen eine in A holomorphe Funktion; die Laurentreihe konvergiert in keinem Punkt von $\mathbb{C} \smallsetminus \bar{A}$.*

Ist $r \geq s$, so konvergiert die Laurentreihe in keiner offenen Menge $\neq \emptyset$ von $\mathbb{C}$.

Beweis. Wir setzen

$$f^+(z) := \sum_0 a_\nu(z-c)^\nu \in \mathcal{O}(B_s(c)), \qquad g(w) := \sum_1 a_{-\nu} w^\nu \in \mathcal{O}(B_{\hat{r}}(0)).$$

Dann konvergiert $\sum_{-\infty}^{-1} a_\nu(z-c)^\nu$ in $\mathbb{C} \smallsetminus \overline{B_r(c)}$ normal gegen $f^-(z) := g((z-c)^{-1})$ $\in \mathcal{O}(A^-)$. Falls $r < s$, so konvergiert die Laurentreihe in A also normal gegen $f^+ + f^- \in \mathcal{O}(A)$.

Die übrigen Aussagen des Satzes folgen aus dem Konvergenzverhalten der Potenzreihen f^+, g in ihren Konvergenzkreisen (man benutze Satz 4.1.2). □

In der Funktionentheorie kommen nur Laurentreihen mit $r < s$ vor. Laurentreihen mit $r \geq s$ sind uninteressant, für sie gibt es *keinen sinnvollen Rechenkalkül.* Für $L := \sum_{-\infty}^{\infty} z^\nu$ mit $r = s = 1$ führt z.B. formales Ausrechnen von $z \cdot L$ zu $\sum_{-\infty}^{\infty} z^{\nu+1}$, also wieder zu L, so daß man $(z-1)L = 0$ erhält, was in der Funktionentheorie nicht sein darf.

Für Laurentreihen gilt ein einfacher

Identitätssatz. *Sind $\sum_{-\infty}^{\infty} a_\nu(z-c)^\nu$, $\sum_{-\infty}^{\infty} b_\nu(z-c)^\nu$ Laurentreihen, die beide auf einer Kreislinie S_ρ, $\rho > 0$, um c gleichmäßig gegen dieselbe Grenzfunktion f konvergieren,* *so gilt:*

(1) $$a_\nu = b_\nu = \frac{1}{2\pi\rho^\nu} \int_0^{2\pi} f(c + \rho\, e^{i\varphi})\, e^{-i\nu\varphi}\, d\varphi, \qquad \nu \in \mathbb{Z}.$$

Beweis. Zunächst existieren die Integrale, da f auf S_ρ stetig ist. Setzt man nun für f die Laurentreihe ein, so folgen, da Summation und Integration vertauschbar sind, wegen der „Orthonormalitätsrelationen" die Gleichungen (1) (vgl. hierzu auch 8.3.2). $\qquad\square$

Natürlich sind die Gleichungen (1) nichts anderes als die Formeln (2) aus 1.3. Die Annahme, daß eine Laurentreihe um c auf einer Kreislinie S_ρ um c kompakt konvergiert, ist stets dann erfüllt, wenn die Laurentreihe in einem S_ρ umfassenden Kreisring A um c konvergiert. Auf Grund des Identitätssatzes und des Satzes von LAURENT ist insgesamt bewiesen, wenn wir mit $L(A)$ die Menge der im Kreisring A (normal) konvergenten Laurentreihen bezeichnen:

Die Abbildung $\mathcal{O}(A) \to L(A)$, die jeder in A holomorphen Funktion ihre Laurentreihe in A um c zuordnet, ist bijektiv.

Die in A holomorphen Funktionen und die in A konvergenten Laurentreihen entsprechen sich also *eineindeutig.*

Historische Bemerkung. CAUCHY hat obigen Identitätssatz für Laurentreihen 1841 bewiesen (Œuvres 6, 1. Ser., S. 361). Er setzt aber nur voraus, daß die Reihen auf S_ρ punktweise gegen dieselbe Grenzfunktion konvergieren und integriert dann munter gliedweise (was unzulässig ist). Daraufhin hat LAURENT der Pariser Akademie seine Untersuchungen mitgeteilt und im Begleitschreiben bemerkt (C.R. 17, Paris 1843, S. 348), er sei im Besitze der Konvergenzbedingungen „für alle bisher von den Mathematikern benutzten Reihenentwicklungen".

2. Gutzmersche Formel und Cauchysche Ungleichungen. *Konvergiert die Laurentreihe $\sum\limits_{-\infty}^{\infty} a_\nu(z-c)^\nu$ auf der Kreislinie S_ρ um c gleichmäßig gegen $f : S_\rho \to \mathbb{C}$, so gilt die Gutzmersche Formel*

(1) $$\sum_{-\infty}^{\infty} |a_\nu|^2\, \rho^{2\nu} = \frac{1}{2\pi} \int_0^{2\pi} |f(c + \rho\, e^{i\varphi})|^2\, d\varphi \le M(\rho)^2 \qquad \text{mit } M(\rho) := |f|_{S_\rho};$$

insbesondere bestehen die Cauchyschen Ungleichungen

(2) $$|a_\nu| \le \frac{M(\rho)}{\rho^\nu} \qquad \text{für alle } \nu \in \mathbb{Z}.$$

Der Beweis von (1) verläuft analog wie der Beweis in 8.3.2. $\qquad\square$

Ist die Laurentreihe in einem Kreisring $A_{r,s}(c)$ mit $r < \rho < s$ holomorph, so erhält man die Ungleichungen (2) natürlich sofort direkt aus 1.3.(2);

Weierstrass hat übrigens seinen in 8.3.5 wiedergegebenen Beweis in [W_2], S. 68/69, schon für Laurentreihen geführt.

Mit Hilfe der Ungleichungen (2) versteht man unmittelbar und besser als bisher, warum der Riemannsche Fortsetzungssatz richtig ist: Ist nämlich $f = \sum\limits_{-\infty}^{\infty} a_\nu (z-c)^\nu$ die Laurententwicklung von f in einer Umgebung einer isolierten Singularität c und ist M eine Schranke von f um c, so hat man für alle hinreichend kleinen Radien $\rho > 0$ die Abschätzung $\rho^\nu |a_\nu| \leq M$, $\nu \in \mathbb{Z}$. Da $\lim\limits_{\rho \to 0} \rho^\nu = \infty$ für jedes $\nu \leq -1$, so ist $a_\nu = 0$ für $\nu \leq -1$ der einzige Ausweg, d.h. die Laurentreihe ist eine Potenzreihe und f folglich vermöge $f(c) := a_0$ holomorph nach c fortsetzbar. Auf diese Weise hat Weierstrass bereits 1841 den Fortsetzungssatz bewiesen ([W_1], S. 63).

3. Charakterisierung isolierter Singularitäten. Der Satz von Laurent ermöglicht einen neuen Zugang zur Klassifizierung isolierter Singularitäten holomorpher Funktionen. Ist f holomorph in $D \smallsetminus c$, $c \in D$, so gibt es eine eindeutig bestimmte Laurentreihe $\sum\limits_{-\infty}^{\infty} a_\nu (z-c)^\nu$, die f in jedem punktierten Kreis $B_r(c) \smallsetminus c \subset D \smallsetminus c$ darstellt. Wir nennen diese Laurentreihe *die Laurententwicklung von f um c* und zeigen

Satz (Klassifizierung isolierter Singularitäten). *Es sei $c \in D$ eine isolierte Singularität von $f \in \mathcal{O}(D \smallsetminus c)$, und es sei*

$$f(z) = \sum_{-\infty}^{\infty} a_\nu (z-c)^\nu$$

die Laurententwicklung von f um c. Dann ist c

1) *hebbare Singularität* $\Leftrightarrow a_\nu = 0$ *für $\nu < 0$,*
2) *Pol der Ordnung $m \geq 1$* $\Leftrightarrow a_\nu = 0$ *für $\nu < -m$ und $a_{-m} \neq 0$,*
3) *wesentliche Singularität* $\Leftrightarrow a_\nu \neq 0$ *für unendlich viele $\nu < 0$.*

Beweis. ad 1) Die Singularität c ist genau dann hebbar, wenn es eine Taylorreihe um c gibt, die f um c darstellt. Wegen der Eindeutigkeit der Laurententwicklung trifft dies genau dann zu, wenn $a_\nu = 0$ für $\nu < 0$.

ad 2) Auf Grund von Satz 10.1.2 ist c genau dann ein Pol m-ter Ordnung von f, wenn um c eine Gleichung

$$f(z) = \frac{b_m}{(z-c)^m} + \ldots + \frac{b_1}{z-c} + \tilde{f}(z) \quad \text{mit } b_m \neq 0$$

besteht, wo $\tilde{f}$ eine Potenzreihenentwicklung um c besitzt. Wegen der Eindeutigkeit der Laurententwicklung trifft dies genau dann zu, wenn $a_\nu = 0$ für $\nu < -m$ und $a_{-m} = b_m \neq 0$.

ad 3) Eine wesentliche Singularität liegt in c genau dann vor, wenn weder der Fall 1) noch der Fall 2) vorliegt, d.h. wenn unendlich viele a_ν, $\nu < 0$, nicht verschwinden. $\square$

Es folgt jetzt trivial, daß $\exp z^{-1}$, $\cos z^{-1}$, $\log(1+z^{-1})$ im Nullpunkt wesentlich singulär sind, da ihre Laurentreihen

$$\sum_0^\infty \frac{1}{v!}\frac{1}{z^v}, \quad \sum_0^\infty \frac{(-1)^v}{(2v)!}\frac{1}{z^{2v}}, \quad \sum_1^\infty \frac{(-1)^{v-1}}{v}\frac{1}{z^v}$$

alle einen unendlichen Hauptteil haben. Weiter folgt Lemma 10.1.3 direkt.   □

Wir heben noch hervor:

Ist c eine isolierte Singularität von f, so ist der Hauptteil der Laurententwicklung von f um c holomorph in $\mathbb{C}\setminus c$.

Dies folgt sofort aus Satz 1.2, da jetzt $A^- = \mathbb{C}\setminus c$.   □

Eine Laurentreihe in einer punktierten Kreisscheibe $B\setminus c$ um c ist als Reihe der in B meromorphen Funktionen $f_v := a_v(z-c)^v$ genau dann normal konvergent in B im Sinne von 11.1.1, wenn ihr Hauptteil endlich ist (denn nur dann ist die Polverschiebungsbedingung erfüllt).

§ 3. Periodische holomorphe Funktionen und Fourierreihen

Die einfachsten holomorphen Funktionen mit komplexer Periode $\omega \neq 0$ sind die ganzen Funktionen $\cos\frac{2\pi}{\omega}z$, $\sin\frac{2\pi}{\omega}z$, $\exp\frac{2\pi i}{\omega}z$. Reihen der Gestalt

$$(1) \qquad \sum_{-\infty}^\infty c_v \exp\left(\frac{2\pi i}{\omega}vz\right), \quad c_v \in \mathbb{C},$$

heißen komplexe Fourierreihen zur Periode ω. Ziel dieses Paragraphen ist zu zeigen, daß sich jede holomorphe Funktion mit der Periode ω in eine normal konvergente Fourierreihe (1) entwickeln läßt. Der Nachweis gelingt, indem man jede solche Funktion f in der Form $f(z) = F\left(\exp\frac{2\pi i}{\omega}z\right)$ darstellt, wo F in einem Kreisring holomorph ist (vgl. Abschnitt 3), die Laurententwicklung von F gibt dann automatisch die Fourierentwicklung von f. Zum Beweis der Holomorphie von F zeigen wir zunächst vorbereitend folgende

1. Variante des Riemannschen Fortsetzungssatzes. *Es sei $f: D \to \mathbb{C}$ stetig; es gebe eine Gerade L in $\mathbb{C}$, so daß f in $D\setminus L$ holomorph ist. Dann ist f in D holomorph.*

Beweis. Da die Behauptung lokaler Natur ist, darf man annehmen, daß D eine Kreisscheibe $B(c)$ ist. Auf Grund von Theorem 8.2.1, ii) ist nur zu zeigen, daß für jedes Dreieck $\Delta \subset B(c)$ gilt $\int_{\partial\Delta} f\,d\zeta = 0$. Für Dreiecke Δ mit $\Delta \cap L = \emptyset$ ist das klar. Den Fall $\Delta \cap L \neq \emptyset$ führt man durch Unterteilung auf den Fall zurück, daß

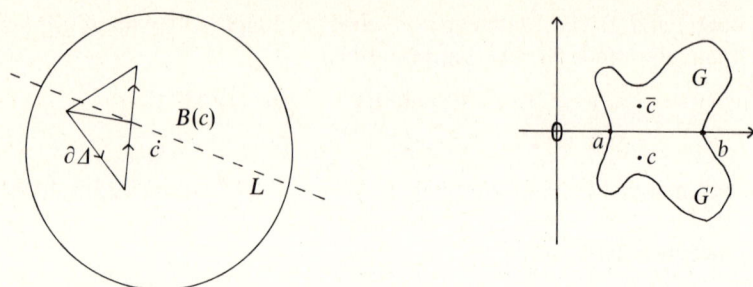

$\Delta \cap L$ ein Punkt oder eine Dreiecksseite ist (vgl. Figur links). Den Punktfall erledigt man analog wie im Beweis von Satz 7.2.1, den Seitenfall beweist man, indem man die Seite in Richtung des 3. Eckpunktes etwas verschiebt und dann ein Stetigkeitsargument benutzt. ◻

Als einfache Folgerung ergibt sich:

Kleiner Schwarzscher Spiegelungssatz. *Es sei G ein Gebiet in der oberen Halbebene, so daß $\partial G \cap \mathbb{R}$ ein reelles Intervall $[a,b]$ ist. Es sei $G':=\{z\in\mathbb{C}:\bar{z}\in G\}$ das „durch Spiegelung an der reellen Achse aus G entstehende Gebiet" (Figur rechts). Es sei $f:G\cup[a,b]\to\mathbb{C}$ stetig und holomorph in G, auf $[a,b]$ sei f reell-wertig. Dann ist*

$$F(z):=\begin{cases} f(z) & \text{für } z\in G\cup[a,b], \\ \overline{f(\bar{z})} & \text{für } z\in G', \end{cases}$$

holomorph im Gebiet $G\cup G'\cup[a,b]$.

Beweis. Sei $c\in G'$ und sei $\sum a_\nu(z-\bar{c})^\nu$ die Potenzreihenentwicklung von $f(z)$ um $\bar{c}\in G$. Dann ist $\sum \bar{a}_\nu(z-c)^\nu$ die Entwicklung von $\overline{f(\bar{z})}$ um c. Mithin ist F holomorph in $G\cup G'$. Da f in $G\cup[a,b]$ stetig und reell-wertig ist, so ist F stetig in $G\cup G'\cup[a,b]$. Aus obigem Satz folgt $F\in\mathcal{O}(G\cup G'\cup[a,b])$.

2. Streifengebiete und Kreisringe. Im folgenden bezeichne ω stets eine komplexe Zahl $\neq 0$. Ein Gebiet G heißt ω-*invariant*, wenn für alle $z\in G$ gilt: $z\pm\omega\in G$; dies trifft genau dann zu, wenn jede Translation $z\mapsto z+n\omega$, $n\in\mathbb{Z}$, einen Automorphismus von G induziert. Für jedes Paar $a,b\in\mathbb{R}$ mit $a<b$ nennen wir

$$T_\omega:=T_\omega(a,b):=\left\{z\in\mathbb{C}:a<\mathrm{Im}\left(\frac{2\pi}{\omega}z\right)<b\right\}$$

das „*Streifengebiet*" zu ω,a,b; Streifengebiete T_ω sind ω-invariant; mit d liegt stets die Strecke $[d,d+\omega]$ in T_ω. Wir lassen auch $a=-\infty$ bzw. $b=\infty$ zu;

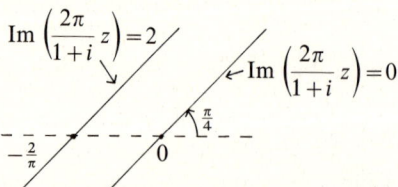

ersichtlich ist $T_\omega(-\infty, b)$, $b \in \mathbb{R}$, eine Halbebene, während $T_\omega(-\infty, \infty) = \mathbb{C}$. Die Figur zeigt das Streifengebiet $T_{1+i}(0, 2)$.

Durch $z \mapsto \dfrac{z}{\omega}$ wird $T_\omega(a, b)$ biholomorph auf $T_1(a, b)$ abgebildet. Man darf sich daher auf den Fall $\omega = 1$ beschränken. Vermöge $z \mapsto w := \exp 2\pi i z$ wird die durch $\{z \in \mathbb{C} : \operatorname{Im}(2\pi z) = s\}$ gegebene reelle Gerade L_s auf die Kreislinie $\{w \in \mathbb{C} : |w| = e^{-s}\}$ abgebildet, $s \in \mathbb{R}$. Hieraus folgt unmittelbar:

Das Streifengebiet $T_1(a, b)$ wird vermöge

$$h: T_1(a, b) \to A_{e^{-b}, e^{-a}}(0), \qquad z \mapsto w := \exp 2\pi i z$$

holomorph auf den Kreisring $A_{e^{-b}, e^{-a}}(0)$ um 0 mit innerem Radius e^{-b} und äußerem Radius e^{-a} abgebildet.

Speziell ist $h(T_1(a, \infty))$ die *punktierte* Kreisscheibe $\{w \in \mathbb{C} : 0 < |w| < e^{-a}\}$, weiter gilt $h(\mathbb{C}) = \mathbb{C}^\times$.

Wir schreiben im folgenden durchweg A statt $A_{e^{-b}, e^{-a}}(0)$. Die Abbildung $h: T_1 \to A$ ist *nicht* biholomorph. Es gilt aber, wenn log wie stets den Hauptzweig des Logarithmus bezeichnet:

Vermöge $g: \mathbb{C}^- \to \mathbb{C}$, $w \mapsto z := \dfrac{1}{2\pi i} \log w$, wird der längs der negativen reellen Achse „aufgeschnittene" Kreisring $\hat{A} := A \cap \mathbb{C}^-$ biholomorph auf ein Teilgebiet G_1 von T_1 abgebildet; es gilt $g^{-1} = h | G_1$.

Beweis. Es gilt $\operatorname{Im}(2\pi g(w)) = -\log|w|$; für w mit $e^{-b} < |w| < e^{-a}$ folgt daher $a < \operatorname{Im}(2\pi g(w)) < b$. Dies beweist $g(\hat{A}) \subset T_1$. Da g injektiv ist, so wird $\hat{A}$ vermöge g biholomorph auf ein Teilgebiet G_1 von T_1 abgebildet. Da $h \circ g = \operatorname{id}$, so folgt $g^{-1} = h | G_1$. $\qquad \square$

3. Periodische holomorphe Funktionen in Streifengebieten. Ist f holomorph in einem ω-invarianten Gebiet G, so ist für alle $z \in G$, $n \in \mathbb{Z}$, die Zahl $f(z + n\omega)$ wohldefiniert. Die Funktion f heißt *periodisch* in G mit der *Periode* ω, wenn gilt

$$f(z + \omega) = f(z) \quad \text{für alle } z \in G,$$

dann folgt von selbst: $f(z + n\omega) = f(z)$ für $z \in G$, $n \in \mathbb{Z}$.

Die Menge $\mathcal{O}_\omega(G)$ aller in einem ω-invarianten Gebiet G holomorphen Funktionen mit der Periode ω ist eine *bezüglich kompakter Konvergenz abgeschlossene $\mathbb{C}$-Unteralgebra von $\mathcal{O}(G)$*.

Es sei nun wieder $\omega = 1$ und G ein Streifengebiet T_1. Die im Abschnitt 2 betrachtete holomorphe Abbildung $h: G \to A$ von G auf den Kreisring A induziert einen Algebramonomorphismus $h^*: \mathcal{O}(A) \to \mathcal{O}(G)$, $F \mapsto f := F \circ h$, der jeder in A holomorphen Funktion F die nach G geliftete holomorphe Funktion $f(z) := F(\exp 2\pi i z)$ mit der Periode 1 zuordnet. Die Bildalgebra $h^*(\mathcal{O}(A))$ ist also in der Algebra $\mathcal{O}_1(G)$ enthalten.

Satz. *Zu jeder in G holomorphen Funktion f mit Periode 1 gibt es (genau) eine in A holomorphe Funktion F mit* $f(z) = F(\exp 2\pi i z)$.

Beweis. Im aufgeschnittenen Kreisring $\hat{A}$ ist die Funktion

$$\hat{F}(w) := (f \circ g)(w) := f\left(\frac{1}{2\pi i} \log w\right), \quad w \in \hat{A},$$

holomorph. Bei Annäherung an einen Punkt x_0 auf der negativen reellen Achse aus der oberen bzw. unteren Halbebene konvergiert $\frac{1}{2\pi i} \log w$ gegen

$$\frac{1}{2\pi i} \log |x_0| + \frac{1}{2} \quad \text{bzw.} \quad \frac{1}{2\pi i} \log |x_0| - \frac{1}{2}.$$

Da f die Periode 1 hat, so ist $\hat{F}$ also zu einer in ganz A stetigen Funktion $F: A \to \mathbb{C}$ fortsetzbar. Nach Satz 1 ist F holomorph in A. Im Teilgebiet $G_1 = g(\hat{A})$ von G gilt (vgl. Abschnitt 2): $F \circ (h | G_1) = f$, d.h.

$$f(z) = F(\exp 2\pi i z) \quad \text{für } z \in G_1.$$

Nach dem Identitätssatz 8.1.1 gilt diese Gleichung dann in ganz G. □

Wir sehen insgesamt, daß die Abbildung $h^* : \mathcal{O}(A) \to \mathcal{O}_1(G)$ ein $\mathbb{C}$-Algebraisomorphismus ist.

4. Fourierentwicklung in Streifengebieten. In Streifengebieten T_ω sind alle dort normal konvergenten (komplexen) Fourierreihen $\sum\limits_{-\infty}^{\infty} c_\nu \exp\left(\frac{2\pi i}{\omega} \nu z\right)$, $c_\nu \in \mathbb{C}$, holomorph und periodisch mit der Periode ω. Es ist eine fundamentale Einsicht, daß man so bereits alle Funktionen $f \in \mathcal{O}(T_\omega)$ mit der Periode ω erhält.

Theorem. *Es sei f holomorph im Streifengebiet* $G = T_\omega$ *und dort periodisch mit der Periode* ω. *Dann ist f in G eindeutig in eine Fourierreihe*

(1)
$$f(z) = \sum_{-\infty}^{\infty} c_\nu \exp\left(\frac{2\pi i}{\omega} \nu z\right)$$

entwickelbar, die in G normal gegen f konvergiert (die Konvergenz ist in jedem Teilstreifen $T_\omega(a', b')$ *von* T_ω *mit* $a < a' < b' < b$ *gleichmäßig).*
Für jeden Punkt $d \in G$ *gilt:*

(2)
$$c_\nu = \frac{1}{\omega} \int\limits_{[d, d+\omega]} f(\zeta) \exp\left(-\frac{2\pi i}{\omega} \nu \zeta\right) d\zeta, \quad \nu \in \mathbb{Z}.$$

Beweis. Wir beschränken uns wieder auf den Fall $\omega = 1$. Nach Satz 3 existiert im Kreisring $A := \{w \in \mathbb{C} : e^{-b} < |w| < e^{-a}\}$ genau eine holomorphe Funktion F, so daß gilt $f(z) = F(\exp 2\pi i z)$. Die Funktion F hat in A eine eindeutige Laurententwicklung

$$F(w) = \sum_{-\infty}^{\infty} c_\nu w^\nu \quad \text{mit } c_\nu = \frac{1}{2\pi i} \int\limits_S F(\xi) \xi^{-\nu-1} d\xi,$$

wobei S irgendeine Kreislinie in A um 0 ist. Damit ist die Existenz der Darstellung (1) klar; die Eindeutigkeit und die Konvergenzaussagen folgen aus den entsprechenden Aussagen über Laurentreihen.

Die Strecke $[d, d+1]$ wird durch $\zeta(t):= d + \dfrac{1}{2\pi} t$, $t \in [0, 2\pi]$, gegeben. Setzt man $q := \exp(2\pi i d) \in A$ und wählt man für S die Kreislinie $\xi(t) = q e^{it}$, $t \in [0, 2\pi]$, durch q, so gilt $\xi(t) = \exp(2\pi i \zeta(t))$, und es folgt

$$\frac{1}{2\pi i} \int_S F(\xi)\, \xi^{-v-1}\, d\xi = \frac{1}{2\pi} \int_0^{2\pi} f(\zeta(t))(q e^{it})^{-v}\, dt$$

$$= \int_{[d,\,d+1]} f(\zeta) \exp(-2\pi i v \zeta)\, d\zeta,$$

d.h. für den Koeffizienten c_v gilt (2). $\qquad\qquad\qquad\qquad\qquad\qquad\square$

In einfachen Fällen läßt sich, wie bei Laurentreihen, die Fourierreihe einer Funktion direkt – ohne Rückgriff auf die Integralformeln (2) für die Fourierkoeffizienten – angeben. Wir diskutieren einige

5. Beispiele. 1) Die Eulerschen Formeln

$$\cos z = \tfrac{1}{2} e^{-iz} + \tfrac{1}{2} e^{iz}, \qquad \sin z = -\tfrac{1}{2i} e^{-iz} + \tfrac{1}{2i} e^{iz}$$

sind die komplexen Fourierreihen von $\cos z$ und $\sin z$ in $\mathbb{C}$.

2) Die Funktion $\dfrac{1}{\cos z}$ ist in der oberen und unteren Halbebene holomorph mit der Periode $\omega := 2\pi$; wegen $\dfrac{1}{\cos z} = 2 e^{iz} \dfrac{1}{1 + e^{2iz}}$ sind

$$\frac{1}{\cos z} = \begin{cases} \displaystyle\sum_0^\infty 2 e^{i\pi v} e^{(2v+1)iz} & \text{für } \operatorname{Im} z > 0, \\[2mm] \displaystyle\sum_{-\infty}^0 2 e^{i\pi v} e^{(2v-1)iz} & \text{für } \operatorname{Im} z < 0 \end{cases}$$

die entsprechenden Fourierentwicklungen.

3) Die Funktion $\cot z$ ist in der oberen und der unteren Halbebene holomorph mit der Periode π; wegen $\cot z = i\left(1 - \dfrac{2}{1 - e^{2iz}}\right)$ sind

$$\cot z = \begin{cases} \displaystyle -i - \sum_1^\infty 2 i e^{2ivz} & \text{für } \operatorname{Im} z > 0, \\[2mm] \displaystyle i + \sum_{-\infty}^{-1} 2 i e^{2ivz} & \text{für } \operatorname{Im} z < 0 \end{cases}$$

die Fourierdarstellungen.

4) Da $\varepsilon_1(z) = \pi \cot \pi z$ und $(k-1)!\, \varepsilon_k = (-1)^{k-1} \varepsilon_1^{(k-1)}$ nach 11.3.4(2), so erhält man aus 3) durch Differentiation die Fourierentwicklungen aller Eisenstein-

funktionen für $k \geq 2$:

$$\varepsilon_k(z) = \begin{cases} \dfrac{(-2\pi i)^k}{(k-1)!} \sum_1^\infty v^{k-1} e^{2\pi i v z} & \text{für } \operatorname{Im} z > 0, \\[3mm] -\dfrac{(-2\pi i)^k}{(k-1)!} \sum_{-\infty}^{-1} v^{k-1} e^{2\pi i v z} & \text{für } \operatorname{Im} z < 0. \end{cases}$$

Der Leser leite die Fourierreihen von $\tan z$, $(\sin z)^{-1}$ und $(\cos z)^{-2}$ her.

6. Historisches zu Fourierreihen. Bereits D. BERNOULLI und L. EULER haben 1753 trigonometrische Reihen

$$\tfrac{1}{2} a_0 + \sum_1^\infty (a_v \cos vx + b_v \sin vx), \qquad a_v, b_v \in \mathbb{R},$$

zur Lösung der Differentialgleichung $\dfrac{\partial^2 y}{\partial t^2} = \alpha^2 \dfrac{\partial^2 y}{\partial x^2}$ der schwingenden Saite benutzt. Der eigentliche Schöpfer der Theorie der trigonometrischen Reihen ist aber der französische Physiker und Mathematiker Jean Baptiste Joseph de FOURIER (geb. 1768, nahm am Ägypten-Feldzug Napoléons teil; später Politiker von Beruf, langjähriger enger Mitarbeiter Napoléons, u.a. als Präfekt des Département Isère, machte Physik und Mathematik nur in seiner knappen Freizeit, gest. 1830 in Paris); ihm zu Ehren heißen solche Reihen Fourierreihen. FOURIER hat die Theorie seiner Reihen ab 1807 entwickelt. Ausgangspunkt war das Problem der Wärmeleitung in festen Körpern, das zur „Wärmeleitungsgleichung" führt, vgl. 4.1. Obwohl die physikalischen Anwendungen für FOURIER wichtiger waren als die neuen mathematischen Erkenntnisse (vgl. die berühmten Sätze von JACOBI über seine und Fouriers Auffassung in 4.5), hat er sofort die große Bedeutung der trigonometrischen Reihen innerhalb der sog. reinen Mathematik gesehen und sich auch damit intensiv beschäftigt. Seine Untersuchungen veröffentlichte er 1822 in Paris in dem grundlegenden und auch heute noch spannend zu lesenden Buch *La Théorie Analytique de la Chaleur* (Œuvres 1; deutsche Übersetzung 1884 von R. WEINSTEIN bei Julius Springer); eine sehr gute historische Darstellung der Entwicklung der Theorie in der ersten Hälfte des 19. Jahrhunderts gibt RIEMANN 1854 in seiner Göttinger Habilitationsschrift *Ueber die Darstellbarkeit einer Function durch eine trigonometrische Reihe* (Werke, 227–264).

§ 4. Die Thetafunktion

Im Mittelpunkt dieses Paragraphen steht die Thetafunktion

$$\vartheta(z, \tau) := \sum_{-\infty}^\infty e^{-v^2 \pi \tau} e^{2\pi i v z},$$

die ersichtlich eine Fourierreihe ist. „Die Eigenschaften dieser Transcendenten lassen sich durch Rechnung leicht erhalten, weil sie durch unendliche Reihen mit einem Bildungsgesetz von elementarer Einfachheit dargestellt werden können", so sagt FROBENIUS 1893 in seiner Antrittsrede bei der Berliner Akademie (Ges. Abhandl. 2, S. 575).

Nach dem notwendigen Konvergenzbeweis (Abschnitt 1) konstruieren wir im Abschnitt 2 zunächst *doppelt-periodische* meromorphe Funktionen mittels der Thetafunktion. Durch Fourierentwicklung von $e^{-z^2\pi\tau}\vartheta(i\tau z,\tau)$ erhalten wir im Abschnitt 4 die klassische

Transformationsformel:

$$\vartheta\left(z,\frac{1}{\tau}\right)=\sqrt{\tau}\,e^{-z^2\pi\tau}\vartheta(i\tau z,\tau),$$

dabei fällt als Nebenprodukt die berühmte Gleichung

$$\int_{-\infty}^{\infty}e^{-x^2}dx=\sqrt{\pi}$$

für das Fehlerintegral ab, wobei wir allerdings (mit Hilfe des Cauchyschen Integralsatzes) vorher eine „Translationsinvarianz" dieses Integrals herleiten müssen (Abschnitt 3).

Historische Bemerkungen zur Thetafunktion und zum Fehlerintegral findet man in den Abschnitten 5 und 6.

1. Konvergenzsatz. *Die Thetareihe* $\vartheta(z,\tau)=\sum_{-\infty}^{\infty}e^{-v^2\pi\tau}e^{2\pi ivz}$ *ist normal konvergent im Gebiet* $\{(z,\tau)\in\mathbb{C}^2:\operatorname{Re}\tau>0\}$.

Beweis. Seien $r,s>0$ vorgegeben. Für alle $z=x+iy$ mit $|x|\leq r$ und alle $\tau=u+iv$ mit $u\geq s$ gilt: $|e^{-v^2\pi\tau}e^{\pm 2\pi ivz}|\leq e^{-v^2\pi s}e^{2\pi vr}$ für $v\geq 0$. Die „Majorante" $2\sum_{0}^{\infty}e^{-v^2\pi s}e^{2\pi vr}$ konvergiert wegen $s>0$ nach dem Quotientenkriterium 4.1.4; daher ist $\sum_{-\infty}^{\infty}e^{-v^2\pi\tau}e^{2\pi ivz}$ in $\mathbb{C}\times\{\tau\in\mathbb{C}:\operatorname{Re}\tau>0\}$ normal konvergent. □

Wir bezeichnen mit T die „rechte" Halbebene $\{\tau\in\mathbb{C}:\operatorname{Re}\tau>0\}$. Nach allgemeiner Theorie ist $\vartheta(z,\tau)$ stetig in $\mathbb{C}\times T$ und bei festem $\tau\in T$ bzw. z jeweils holomorph in der anderen Variablen. Wir fassen τ vorwiegend als Parameter auf; dann ist $\vartheta(z,\tau)$ jeweils eine nicht konstante ganze Funktion in z. Es gilt

$$\vartheta(z,\tau)=1+2\sum_{1}^{\infty}e^{-v^2\pi\tau}\cos 2\pi vz,\qquad (z,\tau)\in\mathbb{C}\times T.$$

Wegen der normalen Konvergenz darf man die Thetareihe beliebig oft gliedweise nach z und τ differenzieren. Man erhält

$$\frac{\partial^2\vartheta}{\partial z^2}=4\pi\frac{\partial\vartheta}{\partial\tau}\quad\text{in }\mathbb{C}\times T.$$

Die Thetafunktion löst also die partielle Differentialgleichung $\dfrac{\partial^2 y}{\partial x^2}=4\pi\dfrac{\partial y}{\partial\tau}$, die in der Theorie der Wärmeleitung (mit τ als Zeitparameter) zentral ist.

2. Konstruktion doppelt-periodischer Funktionen. Zunächst ist trivial

(1) $$\vartheta(z+1,\tau)=\vartheta(z,\tau).$$

Weiter gilt

$$\vartheta(z+i\tau,\tau)=\sum_{-\infty}^{\infty} e^{-\nu^2\pi\tau-2\pi\nu\tau}\,e^{2\pi i\nu z}=e^{\pi\tau-2\pi iz}\sum_{-\infty}^{\infty} e^{-(\nu+1)^2\pi\tau}\,e^{2\pi i(\nu+1)z},$$

d.h., wenn man wieder ν statt $\nu+1$ schreibt:

(2) $$\vartheta(z+i\tau,\tau)=e^{\pi\tau}e^{-2\pi iz}\vartheta(z,\tau).$$

Die Thetafunktion hat also in z die Periode 1 und „die Quasiperiode $i\tau$ mit dem Periodizitätsfaktor $e^{\pi\tau}e^{-2\pi iz}$". Dieses Verhalten ermöglicht die Konstruktion doppelt-periodischer Funktionen.

Satz. *Für jedes $\tau\in T$ ist die Funktion*

$$E_\tau(z):=\frac{\vartheta(z+\frac{1}{2},\tau)}{\vartheta(z,\tau)}$$

meromorph und nicht konstant in $\mathbb{C}$; es gilt:

(3) $$E_\tau(z+1)=E_\tau(z) \quad und \quad E_\tau(z+i\tau)=-E_\tau(z).$$

Beweis. Offensichtlich ist $E_\tau(z)$ in $\mathbb{C}$ meromorph, und wegen (1) und (2) gelten die Gleichungen (3). Gäbe es ein $\sigma\in T$, so daß $E_\sigma(z)$ konstant wäre, so gäbe es eine Konstante $a\in\mathbb{C}$, so daß gilt: $\vartheta(z+\frac{1}{2},\sigma)=a\vartheta(z,\sigma)$. Nun ist

$$\vartheta(z+\tfrac{1}{2},\sigma)=\sum_{-\infty}^{\infty}(-1)^\nu e^{-\nu^2\pi\sigma}\,e^{2\pi i\nu z}$$

die Fourierentwicklung von $\vartheta(z+\frac{1}{2},\sigma)$; wegen der Eindeutigkeit dieser Entwicklung hätte man also den Widerspruch $a=(-1)^\nu$, $\nu\in\mathbb{Z}$. $\qquad\square$

Eine in $\mathbb{C}$ meromorphe Funktion heißt *doppelt-periodisch* oder auch *elliptisch*, wenn sie zwei reell linear unabhängige Perioden hat. Die allgemeine Theorie dieser Funktionen entwickeln wir im zweiten Band. Auf Grund des vorangehenden Satzes ist wegen $\mathrm{Re}\,\tau\neq 0$ klar:

Die Funktionen $E_\tau(z)$ bzw. $E_\tau(z)^2$, $\tau\in T$, sind nicht konstante doppelt-periodische Funktionen mit den beiden Perioden 1 und $2i\tau$ bzw. 1 und $i\tau$.

3. Die Fourierreihe von $e^{-z^2\pi\tau}\vartheta(i\tau z,\tau)$. Zur Diskussion der angeschriebenen Funktion benötigen wir folgende „Translationsinvarianz" des Fehlerintegrals:

(1) $$\int_{-\infty}^{\infty} e^{-b(x+a)^2}dx=\sqrt{b^{-1}}\int_{-\infty}^{\infty} e^{-x^2}dx \quad \text{für alle } a\in\mathbb{C},\ b\in\mathbb{R}^+=\{x\in\mathbb{R}:x>0\}.$$

Beweis. Für alle $b>0$ ist $\lim\limits_{x\to\infty} x^2 e^{-bx^2}=0$. Daher existiert das Integral $\int\limits_{-\infty}^{\infty} e^{-bx^2}dx$*). Wir betrachten die ganze Funktion $g(z):=e^{-bz^2}$. Nach dem Cauchyschen Integralsatz gilt für alle $r,s>0$ (Figur)

$$(*)\qquad \int\limits_{-r}^{s} g\,dx + \int\limits_{\gamma_1+\gamma_3} g\,d\zeta = \int\limits_{\gamma_2} g\,d\zeta.$$

Mit $\gamma_1(t)=s+it$, $0\le t\le q$, folgt

$$\left|\int\limits_{\gamma_1} g\,d\zeta\right|\le q\max\limits_{0\le t\le q}|e^{-b(s+it)^2}|=M\cdot e^{-bs^2},$$

wobei $M:=qe^{bq^2}$ unabhängig von s ist. Wegen $b>0$ gilt

$$\lim\limits_{s\to\infty}\int\limits_{\gamma_1} g\,d\zeta=0 \qquad\text{und analog}\qquad \lim\limits_{r\to\infty}\int\limits_{\gamma_3} g\,d\zeta=0.$$

Da $\gamma_2(t)=t+a$, $t\in[-r-p,s-p]$, so gilt $\int\limits_{\gamma_2} g\,d\zeta = \int\limits_{-r-p}^{s-p} e^{-b(t+a)^2}dt$. Da in $(*)$ links der Grenzübergang $r,s\to\infty$ erlaubt ist, folgt die Existenz des uneigentlichen Integrals von $e^{-b(t+a)^2}$ und weiter

$$\int\limits_{-\infty}^{\infty} e^{-b(t+a)^2}dt = \int\limits_{-\infty}^{\infty} e^{-bt^2}dt.$$

Substituiert man rechts noch $x:=\sqrt{b}\,t$, so erhält man (1). $\square$

Wer keine Angst vor Vertauschung von Differentiation und uneigentlicher Integration hat, mag (1) wie folgt herleiten: die Funktion $h(a):=\int\limits_{-\infty}^{\infty} e^{-b(x+a)^2}dx$ hat in ganz $\mathbb{C}$ die Ableitung

$$h'(a)=-\int\limits_{-\infty}^{\infty} 2b(x+a)e^{-b(x+a)^2}dx = e^{-b(x+a)^2}\big|_{-\infty}^{\infty}=0.$$

Also ist h konstant, d.h. $h(a)=h(0)$. Um diesen Schluß sauber zu begründen, bedarf es indessen einiger Arbeit. $\square$

Mit Hilfe von Gleichung (1) läßt sich nun zeigen (wir bezeichnen mit $\sqrt{\tau}$ die gemäß 9.3.2 in T existierende und durch $\sqrt{1}:=1$ eindeutig bestimmte holomorphe Quadratwurzelfunktion zu τ):

Theorem. *Die Funktion* $e^{-z^2\pi\tau}\vartheta(i\tau z,\tau)$ *ist für jedes* $\tau\in T$ *eine ganze Funktion in* z *mit der Periode* 1 *und der Fourierentwicklung*

$$(2)\qquad e^{-z^2\pi\tau}\vartheta(i\tau z,\tau)=(\sqrt{\tau})^{-1}\sum\limits_{-\infty}^{\infty} e^{-n^2\pi/\tau}e^{2\pi inz}.$$

---

*) Zur Existenz uneigentlicher Integrale vergleiche auch die Bemerkungen in 14.1.0. In den nächsten Abschnitten schreiben wir übrigens wie bereits in 5.4.4 häufiger $\mathbb{R}^+$ für die Menge der positiven reellen Zahlen.

Beweis. Auf Grund der Definition von $\vartheta(z, \tau)$ gilt:

$$(3) \qquad e^{-z^2\pi\tau}\vartheta(i\tau z, \tau) = \sum_{-\infty}^{\infty} e^{-(z+\nu)^2\pi\tau}, \qquad (z, \tau)\in\mathbb{C}\times T.$$

Für jedes $\tau\in T$ hat diese in z ganze Funktion die Periode 1. Nach Theorem 3.4 gilt daher für alle $(z, \tau)\in\mathbb{C}\times T$ die Gleichung

$$e^{-z^2\pi\tau}\vartheta(i\tau z, \tau) = \sum_{n=-\infty}^{\infty} c_n(\tau)e^{2\pi inz} \quad \text{mit} \quad c_n(\tau):=\int_0^1 e^{-t^2\pi\tau}\vartheta(i\tau t, \tau)e^{-2\pi int}\,dt.$$

Wegen $(t+\nu)^2 + 2itn/\tau = (t+\nu+in/\tau)^2 - 2\nu in/\tau + n^2/\tau$ und wegen der normalen Konvergenz der Thetafunktion folgt auf Grund von (3)

$$c_n(\tau) = \sum_{\nu=-\infty}^{\infty}\int_0^1 e^{-(t+\nu)^2\pi\tau}e^{-2\pi int}\,dt = \sum_{\nu=-\infty}^{\infty}\int_0^1 e^{-\pi\tau(t+\nu+in/\tau)^2 - \pi n^2/\tau}\,dt.$$

Da $\int_0^1 e^{-\pi\tau(t+\nu+in/\tau)^2}\,dt = \int_\nu^{\nu+1} e^{-\pi\tau(t+in/\tau)^2}\,dt$, so gilt wegen (1)

$$c_n(\tau) = e^{-n^2\pi/\tau}\int_{-\infty}^{\infty} e^{-\pi\tau(t+in/\tau)^2}\,dt = \frac{1}{\sqrt{\pi\tau}}e^{-n^2\pi/\tau}\int_{-\infty}^{\infty} e^{-t^2}\,dt, \qquad \text{falls } \tau\in\mathbb{R}^+.$$

Damit folgt für alle $(z, \tau)\in\mathbb{C}\times\mathbb{R}^+$:

$$(*) \qquad e^{-z^2\pi\tau}\vartheta(i\tau z, \tau) = \frac{1}{\sqrt{\pi\tau}}\int_{-\infty}^{\infty} e^{-t^2}\,dt \sum_{-\infty}^{\infty} e^{-n^2\pi/\tau}e^{2\pi inz}.$$

Setzt man $z:=0$, $\tau:=1$, so steht hier

$$\vartheta(0, 1) = \left(\frac{1}{\sqrt{\pi}}\int_{-\infty}^{\infty} e^{-t^2}\,dt\right)\vartheta(0, 1), \qquad \text{also} \quad \int_{-\infty}^{\infty} e^{-t^2}\,dt = \sqrt{\pi}$$

wegen $\vartheta(0, 1) = \sum_{-\infty}^{\infty} e^{-\nu^2\pi} > 0$. Damit geht $(*)$ für $(z, \tau)\in\mathbb{C}\times\mathbb{R}^+$ in (2) über. Auf Grund des Identitätssatzes 8.1.1 (man halte z fest) gilt (2) dann in ganz $\mathbb{C}\times T$. $\qquad\square$

4. Transformationsformel der Thetafunktion. Der Fourierdarstellung 3.(2) entnimmt man unmittelbar die

Transformationsformel:

$$\vartheta\left(z, \frac{1}{\tau}\right) = \sqrt{\tau}\,e^{-z^2\pi\tau}\vartheta(i\tau z, \tau), \qquad (z, \tau)\in\mathbb{C}\times T;$$

diese Gleichung läßt sich auch in der reellen Gestalt schreiben

$$\sum_{-\infty}^{\infty} e^{-n^2\pi\tau - 2n\pi\tau z} = \frac{e^{z^2\pi\tau}}{\sqrt{\tau}}\left(1 + 2\sum_1^{\infty} e^{-n^2\pi/\tau}\cos 2n\pi z\right).$$

Die Funktion

$$\vartheta(\tau):=\vartheta(0, \tau) = \sum_{-\infty}^{\infty} e^{-\nu^2\pi\tau}, \qquad \tau\in T,$$

ist die klassische Thetafunktion („Theta-Nullwert"); für sie gilt die

Transformationsformel:

$$\vartheta\left(\frac{1}{\tau}\right) = \sqrt{\tau}\,\vartheta(\tau).$$

In dieser Identität steckt eine starke numerische Kraft: Setzt man etwa $q := e^{-\pi\tau}$ und $r := e^{-\pi/\tau}$, so steht hier

$$1 + 2q + 2q^4 + 2q^9 + \ldots = \sqrt{1/\tau}\,(1 + 2r + 2r^4 + 2r^9 + \ldots).$$

Ist q nur sehr wenig kleiner als 1 (d.h. ist τ sehr klein), so konvergiert die Reihe links sehr langsam: dann ist aber r sehr klein und rechts ergeben schon ganz wenige Summanden hohe Genauigkeit.

Die Transformationsformel für $\vartheta(z, \tau)$ ist nur die Spitze eines Eisbergs von interessanten Gleichungen für die Thetafunktion. FROBENIUS sagt 1893 (loc. cit., S. 575/6): „In der Theorie der Thetafunctionen ist es leicht, eine beliebig grosse Menge von Relationen aufzustellen, aber die Schwierigkeit beginnt da, wo es sich darum handelt, aus diesem Labyrinth von Formeln einen Ausweg zu finden. Die Beschäftigung mit jenen Formelmassen scheint auf die mathematische Phantasie eine verdorrende Wirkung auszuüben."

5. Historisches zur Thetafunktion. Im Jahre 1823 hat POISSON die Thetafunktion $\vartheta(\tau)$ für reelle Argumente $\tau > 0$ betrachtet und die Transformationsformel $\vartheta(\tau^{-1}) = \sqrt{\tau}\,\vartheta(\tau)$ hergeleitet (Journ. de l'École Polytechn., 12 Cahier 19, S. 420). RIEMANN benutzte diese Formel 1859 in seiner revolutionierenden, kurzen Arbeit *Über die Anzahl der Primzahlen unter einer gegebenen Grösse* (Werke, 145–153) für die Funktion $\psi(\tau) := \sum_{1}^{\infty} e^{-v^2\pi\tau} = \frac{1}{2}(\vartheta(\tau) - 1)$, um „einen sehr bequemen Ausdruck der Function $\zeta(s)$" zu erhalten (S. 147).

Carl Gustav Jacob JACOBI (geb. 1804 in Potsdam, 1826–1844 Professor in Königsberg, Gründer der Königsberger Schule; ab 1844 Akademiker an der Preußischen Akademie der Wissenschaften in Berlin; gest. 1851 an Blattern; einer der bedeutendsten Mathematiker des 19. Jahrhunderts; sehr informativ ist die JACOBI-Biographie von I. KOENIGSBERGER, Leipzig, Teubner-Verlag 1904) hat ϑ-Reihen ab 1825 systematisch studiert und mit ihnen seine Theorie der elliptischen Funktionen begründet; grundlegend wurden seine 1829 in Königsberg veröffentlichten *Fundamenta Nova Theoriae Functionum Ellipticarum* (Ges. Werke 1, 49–239); dieses an Inhalt überreiche Werk schließt mit dem analytischen Beweis des Satzes von LAGRANGE, daß jede natürliche Zahl Summe von vier Quadraten ist. Unsere Transformationsformel ist bei JACOBI ein Spezialfall allgemeinerer Transformationsgleichungen (vgl. etwa loc. cit. S. 235).

JACOBI hat die Eigenschaften der ϑ-Funktionen rein algebraisch gewonnen. Seit den Vorlesungen von LIOUVILLE benutzt man vorwiegend Methoden der Cauchyschen Funktionentheorie, so z.B. bereits im Buch [BB].

Man spricht von der Thetafunktion, weil JACOBI die Funktion $\vartheta(z, \tau)$ zufällig so bezeichnet hat (mit Θ statt ϑ). In seiner Gedächtnisrede auf JACOBI sagt DIRICHLET (Werke 2, S. 239): „… die Mathematiker würden nur eine Pflicht der Dankbarkeit erfüllen, wenn sie sich vereinigten, [dieser Funktion] JACOBI's Namen beizulegen, um das Andenken des Mannes zu ehren, zu dessen schönsten Entdeckungen es gehört, die innere Natur und die hohe Bedeutung dieser Transcendente zuerst erkannt zu haben."

Die Funktion $\vartheta(z,\tau)$ genügt nach Abschnitt 1 der Wärmeleitungsgleichung. So ist es nicht verwunderlich, daß Thetafunktionen bereits 1822 – sieben Jahre vor Erscheinen von Jacobis *Fundamenta Nova* – in Fouriers *La Théorie Analytique de la Chaleur* vorkommen (vgl. z.B. Œuvres 1, S. 295 und 298), allerdings hat FOURIER die große mathematische Bedeutung dieser Funktionen nicht gesehen.*) Für ihn liegt überhaupt der Wert der Mathematik in ihren Anwendungen; JACOBI erkennt solche Kriterien nicht an. In einem Brief an LEGENDRE vom 2. Juli 1830 hat er seine Ansicht wunderbar ausgedrückt (Ges. Werke 1, S. 454/5): „Il est vrai que M. Fourier avait l'opinion que le but principal des mathématiques était l'utilité publique et l'explication des phénomènes naturels: mais un philosophe comme lui aurait dû savoir que le but unique de la science, c'est l'honneur de l'esprit humain...".

6. Über das Fehlerintegral. Im Beweis von Theorem 3 fiel die Gleichung

$$(1) \qquad \int_{-\infty}^{\infty} e^{-x^2}\,dx = \sqrt{\pi}$$

nebenbei ab. Das Integral links wird häufig das Gaußsche Fehlerintegral genannt. Implizit kommt es schon bei Abraham DE MOIVRE (1667–1754, Hugenotte; emigrierte nach Aufhebung des Ediktes von Nantes 1685 nach London; 1697 Mitglied der Royal Society und später der Akademien in Paris und Berlin; entdeckte vor STIRLING die „Stirlingsche Formel" $n! \approx \sqrt{2\pi n}\,(n/e)^n$; 1712 von der Royal Society bestellter Bevollmächtigter im Streit zwischen NEWTON und LEIBNIZ über die Entdeckung der Infinitesimalrechnung; NEWTON soll im fortgeschrittenen Alter gesagt haben, wenn man ihn etwas Mathematisches fragte: „Go to Mr. De Moivre; he knows these things better than I do.") vor in seinem berühmten Werk *Doctrines of Chances* zur Wahrscheinlichkeitsrechnung (Erstaufl. 1718, Nachdruck der 3. Aufl. 1967 bei der Chelsea Company mit einer Biographie De Moivres, vgl. insb. 243–259). GAUSS hat das Integral nie für sich beansprucht, so gibt er 1809 in seiner *Theoria Motus Corporum Coelestium* (Werke 7, S. 244) LAPLACE als Inventor an; später korrigiert er sich (Werke 7, S. 302) und sagt, daß (1) in der Form

$$\int_0^1 \sqrt{\ln\frac{1}{x}}\,dx = \tfrac{1}{2}\sqrt{\pi}$$

schon 1771 bei EULER steht (*Evolutio formulae integralis* $\int x^{f-1}\,dx\,(lx)^{\frac{m}{n}}$ *integratione a valore* $x=0$ *ad* $x=1$ *extensa*, Opera Omnia 17, 1. Ser., 316–357). Bei

---

*) WEIERSTRASS sagt 1857 in seiner ersten Vorlesung über die Theorie der elliptischen Funktionen zur Wärmeleitungsgleichung (vgl. L. KOENIGSBERGER, Jahr. Ber. DMV 25, 394–424 (1917), insb. S. 400): „..., die schon Fourier für die Temperatur eines Drahtes aufgestellt, in der er jedoch diese wichtige Transcendente nicht erkannt hat."

EULER findet sich sogar allgemeiner (S. 333):

$$(2) \qquad \int_0^1 \left(\ln\frac{1}{x}\right)^{\frac{2n-1}{2}} dx = \frac{1}{2}\cdot\frac{3}{2}\cdot\frac{5}{2}\cdot\ldots\cdot\frac{2n-1}{2}\sqrt{\pi}, \qquad n=1,2,\ldots;$$

diese Formel geht durch die Substitution $x:=e^{-t^2}$, d.h. $t=\sqrt{\ln\frac{1}{x}}$, direkt über in die Formel

$$(3) \qquad \int_{-\infty}^{\infty} x^{2n} e^{-x^2} dx = \frac{(2n)!}{4^n n!}\sqrt{\pi}, \qquad n\in\mathbb{N},$$

die sich 1785 bei LAPLACE in seinem *Mémoire sur les approximations des formules qui sont fonctions de très grands nombres* (Œuvres 10, 209–291) auf S. 269 findet. Die Gleichungen (3) folgen übrigens sofort induktiv aus (1) durch partielle Integration (mit $f':=x^{2n}$, $g:=e^{-x^2}$), wenn man $\lim\limits_{x\to\pm\infty} x^{2n+1} e^{-x^2}=0$ beachtet.

EULER hat die Formel (2) in den Fällen $n=1,2$ schon 1729 gekannt (Opera Omnia 14, 1. Ser., 1–24, insb. S. 10, 11), die Gleichung (1) scheint indessen explizit bei EULER nicht vorzukommen.

In der Theorie der Gammafunktion (die wir erst im zweiten Band entwickeln werden), ist die Gleichung (1) als Trivialfall in der Formel $\Gamma(z)=\int_0^\infty t^{z-1} e^{-t} dt$ und der Eulerschen Funktionalgleichung $\Gamma(z)\,\Gamma(1-z)=\dfrac{\pi}{\sin\pi z}$ enthalten, da $\Gamma(\frac{1}{2})=\int_0^\infty \dfrac{e^{-t}}{\sqrt{t}} dt=2\int_0^\infty e^{-x^2} dx$ $(x:=\sqrt{t})$. EULER kannte die Gleichung $\Gamma(\frac{1}{2})=\sqrt{\pi}$; den einfachen Beweis, daß man vermöge Substitution wie oben die Gleichung $\Gamma(\frac{1}{2})=2\int_0^\infty e^{-x^2} dx$ erhält, hat er aber nirgends angegeben (vgl. Opera Omnia 19, 1. Ser., S. LXI). In Kapitel 14 werden wir mittels des Residuenkalküls weitere Beweise für die Formel $\int_{-\infty}^{\infty} e^{-x^2} dx=\sqrt{\pi}$ geben.

Am schnellsten gelangt man zum Wert I des Fehlerintegrals durch Rückführung auf ein mehrfaches Integral, das sich durch Vertauschung der Integrationsreihenfolge elementar angeben läßt (auf diese Weise hat EULER bereits Integrale ausgewertet, vgl. z.B. Opera Omnia 18, 1. Ser., S. 70/71). In Polarkoordinaten $x=r\cos\varphi$, $y=r\sin\varphi$ gilt

$$I^2 = \int_{-\infty}^{\infty} e^{-x^2} dx \int_{-\infty}^{\infty} e^{-y^2} dy = \iint_{\mathbb{R}^2} e^{-x^2-y^2} dx\, dy$$

$$= \int_0^{2\pi}\int_0^\infty e^{-r^2} r\, dr\, d\varphi = \pi\int_0^\infty e^{-t} dt = \pi;$$

diesen von POISSON stammenden Beweis nahm E. PICARD bereits 1891 in seinen *Traité d'analyse* Bd. 1, 102–104, auf.

Es ist auch auf ganz elementare Weise möglich, den Wert I zu bestimmen (vgl. hierzu J. van Yzeren: *Moivre's and Fresnel's Integrals By Simple Integration*, Amer. Math. Monthly 86, 691–693 (1979)): Man setze

$$e(t) := \int_{-\infty}^{\infty} \frac{e^{-t(1+x^2)}}{1+x^2} dx \quad \text{für } t \geq 0.$$

Dann gilt $e(0) = \pi$, also $e(t) \leq \pi e^{-t}$, d.h. $\lim_{t \to \infty} e(t) = 0$. Vertauschung von Differentiation und Integration gibt

(∗) $$e'(t) = -\int_{-\infty}^{\infty} e^{-t(1+x^2)} dx = -e^{-t} \int_{-\infty}^{\infty} e^{-tx^2} dx = -I(\sqrt{t})^{-1} e^{-t},$$

woraus wegen $\lim_{t \to \infty} e(t) = 0$ folgt

$$e(t) = -\int_{t}^{\infty} e'(u) du = I \int_{t}^{\infty} \frac{e^{-u}}{\sqrt{u}} du = 2I \int_{\sqrt{t}}^{\infty} e^{-x^2} dx, \quad \text{also } e(0) = \pi = I^2.$$

Die gefährlich aussehende Vertauschung von Differentiation und Integration in (∗) läßt sich sofort streng rechtfertigen: Für $p > 0$, $h \in \mathbb{R}$, $ph \neq 0$, gilt stets $ph < e^{ph} - 1 < p h e^{ph}$. Hieraus folgt

$$h e^{-p(t+h)} < \frac{e^{-pt} - e^{-p(t+h)}}{p} < h e^{-pt} \quad \text{für alle } t \in \mathbb{R}.$$

Sei nun $t > 0$, $t+h > 0$, $p := 1 + x^2$. Integration bez. x von $-\infty$ bis ∞ gibt

$$h(\sqrt{t+h})^{-1} e^{-(t+h)} I \leq e(t) - e(t+h) \leq h(\sqrt{t})^{-1} e^{-t} I, \quad \text{also } e'(t) = -I(\sqrt{t})^{-1} e^{-t}.$$

Abschließend sei hier noch bemerkt, daß die Translationsinvarianzformel 3.(1) auch in allgemeinerer Form gilt:

$$\int_{-\infty}^{\infty} e^{-u(x+a)^2} dx = \int_{-\infty}^{\infty} e^{-ux^2} dx \quad \text{für alle } a \in \mathbb{C}, \ u \in T,$$

der Beweis aus Abschnitt 3, wo $u = b > 0$, überträgt sich wegen $\mathrm{Re}\, u > 0$ fast wörtlich. Damit folgt (mit Aufgabe 7.1.6 bzw. Satz 7.1.6):

Für alle $(u, v, w) \in T \times \mathbb{C} \times \mathbb{C}$ *gilt:*

$$\int_{-\infty}^{\infty} e^{-(ux^2 + 2vx + w)} dx = \frac{\sqrt{\pi}}{\sqrt{u}} e^{v^2/(u-w)}, \quad \text{wobei } \sqrt{u} = \sqrt{|u|}\, e^{i\varphi} \quad \text{mit } |\varphi| < \tfrac{1}{4}\pi.$$

Hieraus erhält man z.B. unmittelbar

(#) $$\int_{0}^{\infty} e^{-ux^2} \cos(v x) dx = \frac{\sqrt{\pi}}{2\sqrt{u}} e^{-v^2/4u};$$

diese letzte Formel findet sich für reelle Parameter u, v im Buch *Théorie analytique des probabilités* von Laplace (1. Aufl. Paris 1812) in der 3. Aufl. 1820 auf S. 96. Der Leser leite aus (#) durch Zerlegung in Real- und Imaginärteil zwei reelle Integralformeln her.

Kapitel 13. Residuenkalkül

Bereits im 18. Jahrhundert wurden viele reelle Integrale durch Übergang vom Reellen ins Komplexe ausgewertet (passage du réel á l'imaginaire). Vor allem EULER (Calcul intégral), LEGENDRE (Exercices de Calcul intégral) und LAPLACE bedienten sich dieser Methode bereits zu einer Zeit, als die Theorie der komplexen Zahlen nicht streng begründet war und „alle Konvergenzfragen noch in dichtem Nebel verhüllt" lagen. Das Bestreben, für jenes Vorgehen eine sichere Grundlage zu schaffen, führte CAUCHY zum Residuenkalkül.

In diesem Kapitel werden die theoretischen Grundlagen des Kalküls entwickelt, im nächsten Kapitel werden mittels des Residuenkalküls klassische reelle Integrale bestimmt. Um bequem und allgemein genug formulieren zu können, arbeiten wir mit Umlaufzahlen und nullhomologen Wegen; der Residuensatz 2.3 ist eine natürliche Verallgemeinerung der Cauchyschen Integralformel. Die klassische Literatur zum Residuenkalkül ist sehr umfangreich; besondere Erwähnung verdient das 1904 von dem finnischen Mathematiker Ernst LINDELÖF (1870-1946) verfaßte und heute noch gut lesbare Büchlein [Lin], das auch viele historische Bemerkungen enthält.

§ 1. Elementare Indextheorie und allgemeine Cauchysche Integralformel

Um den Residuensatz hinreichend allgemein formulieren zu können, verallgemeinern wir zunächst die Cauchysche Integralformel. Dazu benötigen wir für geschlossene Wege die Begriffe der Umlaufzahl und der Nullhomologie.

1. Die Indexfunktion $\mathrm{ind}_\gamma(z)$. Ist γ ein geschlossener Weg in $\mathbb{C}$ und $z \in \mathbb{C}$ ein Punkt, der nicht auf γ liegt, so sucht man ein Maß dafür, wie oft der Weg γ den Punkt z umläuft. Wir wollen zeigen, daß

$$(1) \qquad \mathrm{ind}_\gamma(z) := \frac{1}{2\pi i} \int_\gamma \frac{d\zeta}{\zeta - z} \in \mathbb{C}$$

eine ganze Zahl ist und diese „Umläufe" sehr gut mißt: nach Satz 6.2.4 gilt z.B.

$$\mathrm{ind}_{\partial B}(z) = \begin{cases} 1 & \text{für } z \in B \\ 0 & \text{für } z \in \mathbb{C} \smallsetminus \bar{B} \end{cases}$$

für jede Kreisscheibe B, was dem anschaulich klaren Sachverhalt entspricht, daß alle Punkte im „Innern eines Kreises" beim Durchlaufen des Kreisrandes (im Gegenuhrzeigersinn) genau einmal umlaufen werden, während alle Punkte im „Äußeren eines Kreises" überhaupt nicht umlaufen werden.

Wir nennen die durch die analytische Formel (1) definierte Zahl $\operatorname{ind}_\gamma(z)$ den *Index* (oder auch die *Umlaufzahl*) *von* γ *bezüglich* $z \in \mathbb{C} \smallsetminus \gamma$. Die Überlegungen dieses Paragraphen basieren auf dem Korollar 9.3.3.

Eigenschaften der Indexfunktion. *Es sei* γ *ein fest vorgegebener geschlossener Weg in* $\mathbb{C}$. *Dann gilt:*

1) *Für jedes* $z \in \mathbb{C} \smallsetminus \gamma$ *ist* $\operatorname{ind}_\gamma(z) \in \mathbb{Z}$.
2) *Die Funktion* $\operatorname{ind}_\gamma(z)$, $z \in \mathbb{C} \smallsetminus \gamma$, *ist lokal-konstant in* $\mathbb{C} \smallsetminus \gamma$.
3) *Für jedes* $z \in \mathbb{C} \smallsetminus \gamma$ *gilt die Rechenregel* $\operatorname{ind}_{-\gamma}(z) = -\operatorname{ind}_\gamma(z)$.

Beweis. Die erste Behauptung folgt aus Korollar 9.3.3 mit $f(\zeta) := \zeta - z$. Zum Beweis der zweiten Behauptung hat man nur zu beachten, daß die Indexfunktion stetig in $\mathbb{C} \smallsetminus \gamma$ ist (Beweis!). Die Rechenregel 3) ist trivial. □

Ist γ ein geschlossener Weg in $\mathbb{C}$, so heißen die Mengen

$$\operatorname{Int}\gamma := \{z \in \mathbb{C} \smallsetminus \gamma : \operatorname{ind}_\gamma(z) \neq 0\} \quad \text{bzw.} \quad \operatorname{Ext}\gamma := \{z \in \mathbb{C} \smallsetminus \gamma : \operatorname{ind}_\gamma(z) = 0\}$$

das *Innere* (Interior) bzw. *Äußere* (Exterior) *von* γ. Dann ist

(∗) $$\mathbb{C} = \operatorname{Int}\gamma \ \cup \ \gamma \ \cup \ \operatorname{Ext}\gamma$$

eine disjunkte Zerlegung von $\mathbb{C}$. Da $\operatorname{ind}_\gamma(z)$ lokal-konstant ist, so folgt:

Die Mengen $\operatorname{Int}\gamma$ *und* $\operatorname{Ext}\gamma$ *sind offen in* $\mathbb{C}$; *für den topologischen Rand von* $\operatorname{Int}\gamma$ *und* $\operatorname{Ext}\gamma$ *gilt:* $\partial \operatorname{Int}\gamma \subset \gamma$, $\partial \operatorname{Ext}\gamma \subset \gamma$.

Für jede offene Kreisscheibe B gilt: $\operatorname{Int}\partial B = B$, $\operatorname{Ext}\partial B = \mathbb{C} \smallsetminus \bar{B}$, $\partial \operatorname{Int}\partial B = \partial \operatorname{Ext}\partial B = \partial B$; analoge Gleichungen bestehen für offene Dreiecke, Rechtecke usf. Wir zeigen noch allgemein:

Die Menge $\operatorname{Int}\gamma$ *ist beschränkt; die Menge* $\operatorname{Ext}\gamma$ *ist nicht leer und unbeschränkt, genauer: falls* $\gamma \subset B_r(c)$, *so gilt*

$$\operatorname{Int}\gamma \subset B_r(c), \quad \mathbb{C} \smallsetminus B_r(c) \subset \operatorname{Ext}\gamma.$$

Beweis. Da $V := \mathbb{C} \smallsetminus B_r(c) \neq \emptyset$ zusammenhängend ist, so ist die Indexfunktion konstant in V. Da $\lim\limits_{z \to \infty} \int_\gamma \dfrac{d\zeta}{\zeta - z} = 0$, so folgt $\operatorname{ind}_\gamma(z) = 0$ für $z \in V$, d.h. $V \subset \operatorname{Ext}\gamma$. Die Inklusion $\operatorname{Int}\gamma \subset B_r(c)$ folgt jetzt aus (∗).   □

Für Punktwege ist das Innere leer.

Aufgabe. Man zeige an Beispielen, daß i.allg. weder $\operatorname{Int}\gamma$ noch $\operatorname{Ext}\gamma$ zusammenhängend sind.

2. Einfach geschlossene Wege. Ein geschlossener Weg γ heißt *einfach geschlossen*, wenn

$$\operatorname{Int}\gamma \neq \emptyset \quad \text{und} \quad \operatorname{ind}_\gamma(z) = 1 \quad \text{für alle } z \in \operatorname{Int}\gamma.$$

Solche Wege sind besonders angenehm, nach 1 ist jeder Kreisrand einfach geschlossen. Wir geben im folgenden weitere Beispiele an, die für die Anwendungen des Residuenkalküls im nächsten Kapitel ausreichen.

0) *Kreisabschnitt-, Dreieck-* und *Rechteckränder* sind *einfach geschlossen*.

Beweis. Sei zunächst A ein (offener) Kreisabschnitt (vgl. Figur). Es ist $\partial A = \partial B - \partial A'$, wobei $\partial B = \gamma + \gamma''$ ein Kreisrand und $\partial A' = \gamma'' - \gamma'$ der Rand des zu A

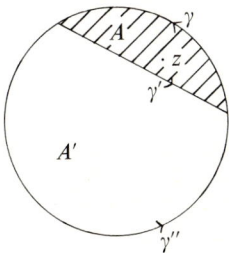

komplementären Kreisabschnittes ist (Figur). Es folgt $\mathrm{ind}_{\partial A}(z) = 1 - \mathrm{ind}_{\partial A'}(z)$ für $z \in A$. Nun gilt $\mathrm{ind}_{\partial A'}(z) = 0$ für jeden Punkt $z \in A$, denn dann liegt z im Äußeren von A' (man lasse etwa z radial gegen ∞ laufen). Also ist ∂A einfach geschlossen.

Der soeben durchgeführte Schluß ist wiederholbar, wenn man von A erneut mittels Geraden Segmente abschneidet. Da jedes Dreieck bzw. Rechteck einen Umkreis besitzt, ergibt sich so, daß auch jeder Dreieck- und Rechteckrand einfach geschlossen ist. – (Man vergleiche die Aussage $\mathrm{ind}_{\partial R}(z) = 1$, $z \in R$, für Rechteckränder ∂R mit Aufgabe 6.1.3).

1) Der Rand jedes offenen *Kreissektors* A (Figur links) ist *einfach geschlossen*.

Beweis. Es gilt $\partial A = \gamma + \gamma_1 + \gamma_2$ und $\partial A = \partial B - \partial A'$, wenn A' den zu A komplementären Kreissektor im Gesamtkreis B bezeichnet (Figur links). Nach 1 folgt

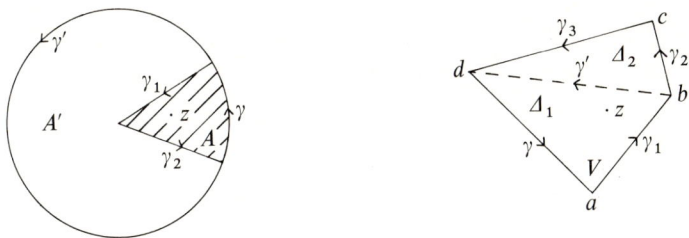

$\mathrm{ind}_{\partial A}(z) = 1 - \mathrm{ind}_{\partial A'}(z)$ für $z \in A$. Der letzte Term ist null, da z im Äußeren von A' liegt (man lasse etwa z radial gegen ∞ laufen).

2) Der Rand jedes offenen *konvexen n-Ecks* V ist *einfach geschlossen*.

Beweis. Konvexe n-Ecke sind in Dreiecke zerlegbar, z.B. $\partial V = \partial \Delta_1 + \partial \Delta_2$ (vgl. Figur S. 269 rechts). Für $z \in \Delta_1$ folgt $\mathrm{ind}_{\partial V}(z) = 1$ nach 0), da z im Äußeren von Δ_2 liegt und also $\mathrm{ind}_{\partial \Delta_2}(z) = 0$ gilt. Da V ein Gebiet und der Index lokal-konstant ist, folgt $\mathrm{ind}_{\partial V}(z) = 1$ für alle $z \in V$.

3) Der Rand jedes offenen *eingerundeten Vierecks* $\widehat{V}$ vom Typ wie in der Figur links, wo γ' z.B. ein Kreisbogen ist, ist *einfach geschlossen*.

Beweis. Das Viereck $V = a\,b\,c\,d$ ist konvex, daher folgt die Behauptung wegen $\partial \widehat{V} = \partial V - \partial A$ aus Beispiel 2), da $z \in \widehat{V}$ im Äußeren von A liegt.

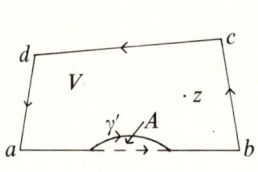 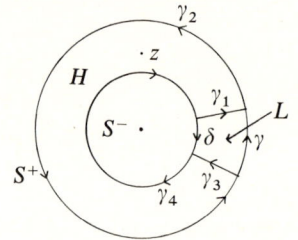

4) Der Rand jedes offenen *Kreishufeisens* H ist *einfach geschlossen*.

Beweis. Es gilt (vgl. Figur rechts)

$$\partial H = \gamma_1 + \gamma_2 + \gamma_3 + \gamma_4 = \gamma_1 + S^+ - \gamma + \gamma_3 - S^- - \delta,$$

wobei S^+ bzw. S^- der äußere bzw. innere Kreisrand ist. Da $\mathrm{ind}_{S^+}(z) = 1$ für $z \in H$, und da jedes $z \in H$ im Äußeren von S^- und des von $\gamma - \gamma_1 + \delta - \gamma_3$ berandeten Kreisringausschnittes L liegt, folgt $\mathrm{ind}_{\partial H}(z) = 1$ für $z \in H$.

Die vorangehenden Beispiele lassen sich beliebig vermehren. Sie sind sämtlich Spezialfälle des folgenden Satzes:

Ein geschlossener Weg $\gamma : [a, b] \to \mathbb{C}$ *ist einfach geschlossen, wenn gilt:*

1) γ *ist zur Kreislinie* S^1 *homöomorph (d.h.* $\gamma : [a, b) \to \mathbb{C}$ *ist injektiv).*
2) *Int* $\gamma \neq \emptyset$ *liegt „links von* γ" *(d.h. ist* $\gamma(u) + \gamma'(u)\,t$, $t \in \mathbb{R}$, *die Tangente an* γ *in irgendeinem Punkt von* γ *mit* $\gamma'(u) \neq 0$, *so hat die „um* $\frac{1}{2}\pi$ *gedrehte" Gerade* $\gamma(u) + i\,\gamma'(u)\,t$ *für beliebig kleine* $t > 0$ *Punkte mit Int* γ *gemeinsam).*

Den Beweis stützt man in der Regel auf den Integralsatz von STOKES.

3. Cauchysche Integralformel für nullhomologe Wege.

Ein geschlossener Weg $\gamma \subset D$ heißt *nullhomolog in* D, wenn für jede in D holomorphe Funktion der Cauchysche Integralsatz gilt:

$$\int_\gamma f\,d\zeta = 0 \qquad \text{für alle } f \in \mathcal{O}(D).$$

Mit Hilfe des Index erhalten wir dann sofort die

Allgemeine Cauchysche Integralformel. *Ist γ nullhomolog in D, so gilt für jede in D holomorphe Funktion f die Integralformel*

$$\operatorname{ind}_\gamma(z)f(z) = \frac{1}{2\pi i}\int_\gamma \frac{f(\zeta)}{\zeta - z}\,d\zeta \quad \text{für alle } z \in D \setminus \gamma.$$

Zum Beweis führt man wie in 7.2.2 bei festem $z \in D$ die in D holomorphe Hilfsfunktion $g(\zeta) := [f(\zeta) - f(z)](\zeta - z)^{-1}$, $\zeta \in D \setminus z$, ein, deren Wert in z durch $g(z) := f'(z)$ erklärt wird. Wegen $\int_\gamma g(\zeta)\,d\zeta = 0$ gilt dann

$$\frac{1}{2\pi i}\int_\gamma \frac{f(\zeta)}{\zeta - z}\,d\zeta = f(z)\frac{1}{2\pi i}\int_\gamma \frac{d\zeta}{\zeta - z} = \operatorname{ind}_\gamma(z)f(z). \qquad \square$$

Speziell gilt für einfach geschlossene und in D nullhomologe Wege γ stets

$$f(z) = \frac{1}{2\pi i}\int_\gamma \frac{f(\zeta)}{\zeta - z}\,d\zeta \quad \text{für alle } z \in \operatorname{Int}\gamma.$$

Die allgemeine Cauchysche Integralformel ist so lange nur von akademischem Wert, wie man kein Kriterium für die Nullhomologie eines Weges $\gamma \subset D$ kennt. Nach dem Integrabilitätskriterium 6.3.3 sind in Sterngebieten alle geschlossenen Wege nullhomolog. Im zweiten Band werden wir nullhomologe Wege rein topologisch charakterisieren.

§ 2. Residuensatz

In diesem Paragraphen wird zunächst der Begriff des Residuums ausführlich diskutiert und an Beispielen erläutert. Der Residuensatz selbst ist die natürliche Verallgemeinerung des Cauchyschen Integralsatzes auf holomorphe Funktionen mit isolierten Singularitäten; der Beweis wird mit Hilfe des Laurentschen Entwicklungssatzes auf den Integralsatz zurückgeführt.

1. Das Residuum. Ist f holomorph in $D \setminus c$, und ist $\sum\limits_{-\infty}^{\infty} a_\nu(z-c)^\nu$ die Laurententwicklung von f in einer punktierten Kreisscheibe $B^\times$ um c, so gilt nach 12.1.3 (2):

$$a_{-1} = \frac{1}{2\pi i}\int_S f(\zeta)\,d\zeta$$

für jede Kreislinie $S \subset B^\times$ um c. Von allen Laurentkoeffizienten bleibt also bei Integration von f um c nur a_{-1} übrig; dieses „Überbleibsel" heißt *das Residuum von f im Punkte c;* wir schreiben

$$\operatorname{res}_c f := a_{-1}.$$

Das Residuum von f ist in allen isolierten Singularitäten von f definiert.

Satz. *Das Residuum von* $f \in \mathcal{O}(D \smallsetminus c)$ *in* c *ist die eindeutig bestimmte komplexe Zahl* a, *so daß* $f(z) - \dfrac{a}{z-c}$ *in einer in* c *punktierten Umgebung von* c *eine Stammfunktion hat.*

Beweis. Ist $\sum\limits_{-\infty}^{\infty} a_\nu(z-c)^\nu$ die Laurentreihe von f in $B^\times = B_r(c) \smallsetminus c$, so hat die Funktion $F := \sum\limits_{\nu \neq -1} \dfrac{1}{\nu+1} a_\nu(z-c)^{\nu+1} \in \mathcal{O}(B^\times)$ die Ableitung $F' = f - a_{-1}(z-c)^{-1}$. In einer in c punktierten Umgebung von c ist daher H genau dann Stammfunktion von $f - a(z-c)^{-1}$, wenn dort gilt $(F-H)' = (a - a_{-1})(z-c)^{-1}$. Da $(z-c)^{-1}$ nach 6.3.1 keine Stammfunktion um c hat, so existiert H mit $H := F + \text{const}$ genau dann, wenn $a = a_{-1}$. $\qquad \square$

Ist f holomorph in c, so gilt $\operatorname{res}_c f = 0$; diese Gleichung kann aber auch sonst gelten, z.B.

$$\operatorname{res}_c \left(\frac{1}{(z-c)^n} \right) = 0 \quad \text{für } n \geq 2.$$

Für jedes $f \in \mathcal{O}(D \smallsetminus c)$ gilt $\operatorname{res}_c f' = 0$, denn die Laurententwicklung von f' um c hat die Form $\sum\limits_{-\infty}^{\infty} \nu a_\nu(z-c)^{\nu-1}$ und enthält keinen Term $a(z-c)^{-1}$. $\qquad \square$

Wir besprechen nun einige Regeln für das Rechnen mit Residuen. Unmittelbar klar ist die $\mathbb{C}$-*Linearität*

$$\operatorname{res}_c(af + bg) = a \operatorname{res}_c f + b \operatorname{res}_c g \quad \text{für } f, g \in \mathcal{O}(D \smallsetminus c); \quad a, b \in \mathbb{C}.$$

Für Anwendungen ist entscheidend, daß Residuen, die als Integrale definiert sind, häufig algebraisch berechenbar sind. Besonders einfach ist die Situation bei Polen 1. Ordnung:

Regel 1). *Ist* c *ein einfacher Pol von* f, *so gilt:*

$$\operatorname{res}_c f = \lim_{z \to c} (z-c)f(z).$$

Beweis. Trivial, da $f = a_{-1}(z-c)^{-1} + h$, wobei h holomorph um c ist. $\qquad \square$

Aus dieser Regel erhalten wir ein für die Praxis äußerst nützliches

Lemma. *Es seien* g *und* h *holomorph in einer Umgebung von* c, *wobei* $g(c) \neq 0$, $h(c) = 0$ *und* $h'(c) \neq 0$. *Dann hat* $f := g/h$ *in* c *einen einfachen Pol, und es gilt:*

$$\operatorname{res}_c f = \frac{g(c)}{h'(c)}.$$

Beweis. Da h um c die Taylorentwicklung $h(z) = h'(c)(z-c) + \dots$ besitzt, so folgt

$$\lim_{z \to c} (z-c)f(z) = \lim_{z \to c} (z-c)\frac{g(z)}{h(z)} = \frac{g(c)}{h'(c)} \neq 0.$$

Mithin ist c ein Pol 1. Ordnung von f mit dem Residuum $g(c)/h'(c)$. $\qquad \square$

Für Pole höherer Ordnung gibt es kein so handliches Kriterium zur Residuen-bestimmung:

Regel 2). *Hat* $f \in \mathcal{M}(D)$ *in* c *einen Pol höchstens m-ter Ordnung, und ist* g *die holomorphe Fortsetzung von* $(z-c)^m f(z)$ *nach* c, *so gilt:*

$$\operatorname{res}_c f = \frac{1}{(m-1)!} g^{(m-1)}(c).$$

Beweis. Um c gilt $f = \dfrac{b_m}{(z-c)^m} + \ldots + \dfrac{b_1}{z-c} + h$, wobei h in c holomorph ist. Dann ist $g(z) = b_m + b_{m-1}(z-c) + \ldots + b_1(z-c)^{m-1} + \ldots$ die Taylorreihe von g um c, so daß folgt $\operatorname{res}_c f = b_1 = \dfrac{1}{(m-1)!} g^{(m-1)}(c).$ $\qquad\qquad\square$

Zur Berechnung von Residuen in wesentlichen Singularitäten gibt es kein einfaches Verfahren.

2. Beispiele. 1) Für $f(z) = \dfrac{z^2}{1+z^4}$ ist $c := \exp\left(\dfrac{\pi i}{4}\right) = \dfrac{1}{\sqrt{2}}(1+i)$ ein einfacher Pol von f; wegen $c^{-1} = \bar{c}$ gilt daher nach Lemma 1

$$\operatorname{res}_c f = \frac{c^2}{4c^3} = \frac{1}{4}\bar{c} = \frac{1}{4\sqrt{2}}(1-i).$$

Die Punkte $ic, -c, -ic$ sind ebenfalls Pole 1. Ordnung von f, man findet:

$$\operatorname{res}_{ic} f = -\frac{i}{4}\bar{c}, \quad \operatorname{res}_{-c} f = -\frac{1}{4}\bar{c}, \quad \operatorname{res}_{-ic} f = \frac{i}{4}\bar{c}.$$

2) Sei $g \in \mathcal{O}(\mathbb{C})$; es gelte $g(c) \neq 0$ für $c \in \mathbb{C}$ mit $c^n = -1$, $n \in \mathbb{N} \setminus \{0\}$. Dann hat $f(z) := \dfrac{g(z)}{1+z^n}$ in c einen einfachen Pol, und es gilt:

$$\operatorname{res}_c f = \frac{g(c)}{nc^{n-1}} = -\frac{c}{n} g(c).$$

3) Es sei $p \in \mathbb{R}$ und $p > 1$. Die rationale Funktion $\tilde{R}(z) = \dfrac{4z}{(z^2+2pz+1)^2}$ hat in $c := -p + \sqrt{p^2-1} \in \mathbb{E}$, $d := -p - \sqrt{p^2-1} \notin \mathbb{E}$ Pole 2. Ordnung. Da $z^2 + 2pz + 1 = (z-c)(z-d)$, so ist $g(z) := 4z(z-d)^{-2}$ die holomorphe Fortsetzung von $(z-c)^2 \tilde{R}(z)$ nach c. Es gilt $g'(c) = -4(c+d)(c-d)^{-3}$, also nach Regel 1,2)

$$\operatorname{res}_c \tilde{R} = \frac{p}{(\sqrt{p^2-1})^3}.$$

4) Es seien g, h holomorph um c, es sei c eine a-Stelle der Vielfachheit $v(g, c)$ von g. Dann gilt:

$$\operatorname{res}_c \left(h(z) \frac{g'(z)}{g(z)-a} \right) = h(c) v(g, c).$$

Beweis. Mit $n:=v(g,c)$ gilt $g(z)=a+(z-c)^n\,\hat{g}(z)$ um c, wobei $\hat{g}$ holomorph um c ist mit $\hat{g}(c)\neq0$ (vgl. 8.1.4). Es folgt:

$$\frac{g'(z)}{g(z)-a}=\frac{n(z-c)^{n-1}\hat{g}(z)+(z-c)^n\hat{g}'(z)}{(z-c)^n\hat{g}(z)}=\frac{n}{z-c}+\text{holomorph}$$

um c. Hieraus folgt die Behauptung. ☐

Als Spezialfall heben wir hervor:

Hat g in c eine Nullstelle der Ordnung $o_c(g)<\infty$, so gilt

$$\operatorname{res}_c\left(\frac{g'}{g}\right)=o_c(g).$$

Analog wie 4) beweist man:

5) *Hat g in c einen Pol und ist h holomorph in c, so gilt*

$$\operatorname{res}_c\left(h(z)\frac{g'(z)}{g(z)-a}\right)=h(c)\,o_c(g)\qquad\text{für alle }a\in\mathbb{C}.$$

Als Anwendung von 4) ergibt sich eine

Transformationsregel für Residuen. *Es sei $g:\hat{D}\to D$, $\tau\mapsto z:=g(\tau)$, holomorph mit $g(\hat{c})=c$, $g'(\hat{c})\neq0$. Dann gilt:*

$$\operatorname{res}_c f=\operatorname{res}_{\hat{c}}((f\circ g)g')\qquad\text{für alle }f\in\mathcal{M}(D).$$

Beweis. Sei $a:=\operatorname{res}_c f$. Nach Satz 1 existiert in einer in c punktierten Umgebung $V^{\times}$ von c eine Funktion $F\in\mathcal{O}(V^{\times})$ mit $F'(z)=f(z)-\dfrac{a}{z-c}$. In der in $\hat{c}$ punktierten Umgebung $g^{-1}(V^{\times})$ von $\hat{c}$ gilt dann

$$(F\circ g)'(\tau)=F'(g(\tau))\,g'(\tau)=f(g(\tau))\,g'(\tau)-a\,\frac{g'(\tau)}{g(\tau)-c}.$$

Da Ableitungen überall das Residuum 0 haben (Abschnitt 1), so folgt:

$$\operatorname{res}_{\hat{c}}((f\circ g)\,g')=a\,\operatorname{res}_{\hat{c}}\left(\frac{g'(\tau)}{g(\tau)-c}\right).$$

Da g in $\hat{c}$ wegen $g'(\hat{c})\neq0$ eine c-Stelle der Vielfachheit 1 hat, folgt die Behauptung aus 4). ☐

Die Transformationsregel besagt, daß der Begriff des Residuums invariant wird, wenn man ihn für Differentialformen anstatt für Funktionen einführt.

3. Residuensatz. *Es sei γ ein nullhomologer Weg in einem Bereich D, und es sei A eine endliche Menge in D, so daß kein Punkt von A auf γ liegt. Dann gilt*

(1)
$$\boxed{\;\frac{1}{2\pi i}\int_\gamma h\,d\zeta=\sum_{c\in\operatorname{Int}\gamma}\operatorname{ind}_\gamma(c)\cdot\operatorname{res}_c h\;}$$

für jede in $D\smallsetminus A$ holomorphe Funktion h.

Bemerkung. Da $\mathrm{res}_z\, h = 0$, falls $z \notin A$, so wird in (1) rechts in Wahrheit nur über alle $c \in A \cap \mathrm{Int}\, \gamma$ summiert, diese Summe ist endlich.

Beweis. Sei $A = \{c_1, \ldots, c_n\}$. Wir betrachten den Hauptteil $h_\nu = b_\nu (z - c_\nu)^{-1} + \tilde{h}_\nu$ der Laurententwicklung von h um c_ν, wobei $\tilde{h}_\nu$ alle Summanden mit Potenzen $(z - c_\nu)^k$, $k \le -2$, enthält. Nach 12.2.3 ist h_ν holomorph in $\mathbb{C} \setminus c_\nu$. Da $\tilde{h}_\nu$ in $\mathbb{C} \setminus c_\nu$ eine Stammfunktion hat, so folgt wegen $c_\nu \notin \gamma$ auf Grund der Definition des Index:

(*)
$$\int_\gamma h_\nu \, d\zeta = b_\nu \int_\gamma \frac{d\zeta}{\zeta - c_\nu} = 2\pi i b_\nu \, \mathrm{ind}_\gamma(c_\nu), \quad 1 \le \nu \le n.$$

Da $h - (h_1 + \ldots + h_n)$ holomorph in D ist, so gilt $\int_\gamma (h - h_1 - \ldots - h_n) \, d\zeta = 0$, denn γ ist nullhomolog in D. Wegen (*) und $b_\nu = \mathrm{res}_{c_\nu} h$ folgt

$$\frac{1}{2\pi i} \int_\gamma h \, d\zeta = \frac{1}{2\pi i} \sum_1^n \int_\gamma h_\nu \, d\zeta = \sum_1^n \mathrm{ind}_\gamma(c_\nu) \cdot \mathrm{res}_{c_\nu} h.$$

Da $\mathrm{ind}_\gamma(c_\nu) = 0$, falls $c_\nu \in \mathrm{Ext}\, \gamma$, so ist dies die Gleichung (1). $\qquad\square$

In der *Residuenformel* (1) stehen rechts Residuen, die von der Funktion $h \in \mathcal{O}(D \setminus A)$ abhängen und analytisch ermittelbar sind, sowie Umlaufzahlen, die vom Weg γ abhängen und keiner direkten Berechnung zugänglich sind. Für einfach geschlossene Wege wird der Residuensatz besonders elegant:

Ist $\gamma \subset D$ einfach geschlossen und nullhomolog in D, so gilt unter den Voraussetzungen des Residuensatzes die

Residuenformel:

$$\frac{1}{2\pi i} \int_\gamma h \, d\zeta = \sum_{c \in \mathrm{Int}\, \gamma} \mathrm{res}_c\, h. \qquad\qquad\square$$

In den späteren Anwendungen ist D stets ein Sterngebiet; dann ist die Voraussetzung der Nullhomologie von γ von selbst erfüllt.

Die allgemeine Cauchysche Integralformel 1.3 ist ein Spezialfall des Residuensatz: Ist nämlich f holomorph in D und $z \in D$ ein Punkt, so ist $f(\zeta)(\zeta - z)^{-1}$ als Funktion in ζ holomorph in $D \setminus z$ mit $f(z)$ als Residuum in z; daher gilt für jeden in D nullhomologen Weg γ die Gleichung

$$\frac{1}{2\pi i} \int_\gamma \frac{f(\zeta)}{\zeta - z} \, d\zeta = \mathrm{ind}_\gamma(z) f(z) \quad \text{für } z \in D \setminus \gamma.$$

4. Historisches zum Residuensatz. Cauchys erste Untersuchungen zur Funktionentheorie sind zugleich die Anfänge des Residuenkalküls. Das bereits mehrfach zitierte Mémoire $[C_1]$ aus dem Jahre 1814 hat vorrangig zum Ziel, allgemeine Methoden zur Berechnung bestimmter Integrale durch Übergang vom Reellen ins Komplexe zu entwickeln; die damals von CAUCHY eingeführten „singulären Integrale" ($[C_1]$, S. 394) sind letzten Endes bereits erste Residuenintegrale. „Der Sache nach kommt das Residuum bereits in der Jacobi'schen Doctor-Dissertation [aus dem Jahre 1825] vor" (Zitat nach [Kr], S. 170). Das Wort „Residuum" wird von CAUCHY erstmals 1826 benutzt (Œuvres 6, 2. Ser., S. 23), allerdings ist jene Definition noch recht kompliziert. Wegen Einzelheiten verweisen wir auf das Lindelöfsche Buch [Lin], insb. S. 12 ff.

Als Anwendungen seiner Theorie leitet CAUCHY nahezu alle bekannten Integralformeln her, z.B. „la belle formule d'Euler, relative à l'intégrale"

$$\int_0^\infty \frac{x^{a-1}\,dx}{1+x^b} \quad ([C_1], \text{ S. } 432),$$

darüber hinaus entdeckt CAUCHY viele neue Integralformeln (vgl. hierzu auch das nächste Kapitel).

POISSON war allerdings von der Abhandlung [C_1] nicht sonderlich beeindruckt, so schreibt er (vgl. Cauchys Œuvres 2, 2. Ser., 194–198): „…je n'ai remarqué aucune intégrale qui ne fût pas déjà connue, …".

Natürlich kommen bei CAUCHY nirgends nullhomologe Wege vor. Auch arbeitet CAUCHY, da er keine wesentlichen isolierten Singularitäten kannte, ausschließlich mit Funktionen, die höchstens Pole haben.

§ 3. Folgerungen aus dem Residuensatz

Die wohl berühmteste Anwendung des Residuensatzes ist eine Anzahlformel für Null- und Polstellen meromorpher Funktionen. Wir leiten diese Formel aus einer allgemeineren Gleichung her. Als besondere Anwendung diskutieren wir den Satz von ROUCHÉ.

1. Das Integral $\dfrac{1}{2\pi i}\int_\gamma F(\zeta)\dfrac{f'(\zeta)}{f(\zeta)-a}\,d\zeta.$ *Es sei f meromorph in D mit höchstens endlich vielen Polen; es sei γ ein in D nullhomologer Weg, auf dem keine Pole von f liegen. Ist dann a∈ℂ irgendeine Zahl, deren Faser $f^{-1}(a)$ endlich ist und den Weg γ nicht trifft, so gilt für jede in D holomorphe Funktion F:*

$$\frac{1}{2\pi i}\int_\gamma F(\zeta)\frac{f'(\zeta)}{f(\zeta)-a}\,d\zeta = \sum_{c\in f^{-1}(a)} \mathrm{ind}_\gamma(c)\cdot v(f,c)\cdot F(c) + \sum_{d\in P(f)} \mathrm{ind}_\gamma(c)\cdot o_d(f)\cdot F(c).$$

Bemerkung. Die rechts stehenden Summen sind endlich; es spielen nur die a-Stellen und Pole eine Rolle, die im Innern von γ liegen.

Beweis. Nach dem Residuensatz 2.3 gilt

$$\frac{1}{2\pi i}\int_\gamma F(\zeta)\frac{f'(\zeta)}{f(\zeta)-a}\,d\zeta = \sum_{z\in D} \mathrm{ind}_\gamma(z)\,\mathrm{res}_z\left(F(\zeta)\frac{f'(\zeta)}{f(\zeta)-a}\right).$$

Die Funktion $F(z)\dfrac{f'(z)}{f(z)-a}$ besitzt höchstens in den Punkten der Polstellenmenge $P(f)$ oder der Faser $f^{-1}(a)$ Residuen $\neq 0$. Ist f holomorph in $c \in D$ und hat f in c eine a-Stelle der Vielfachheit $v(f, c)$, so gilt nach 2.2, 4)

$$\operatorname{res}_c\left(F(z)\frac{f'(z)}{f(z)-a}\right) = F(c)\,v(f, c).$$

Ist hingegen c ein Pol von f der Ordnung $o_c(f)$, so gilt nach 2.2, 5)

$$\operatorname{res}_c\left(F(z)\frac{f'(z)}{f(z)-a}\right) = F(c)\,o_c(f).$$

Hieraus folgt die Behauptung. □

In Anwendungen ist γ in der Regel einfach geschlossen; dann gilt z.B. (unter den Voraussetzungen des Satzes):

$$\frac{1}{2\pi i}\int_\gamma \zeta^n \frac{f'(\zeta)}{f(\zeta)}\,d\zeta = \sum c^n \cdot v(f, c) + \sum d^n \cdot o_d(f),$$

wobei über alle Nullstellen c und Polstellen d von f aus dem Innern von γ summiert wird.

Vermöge des eben bewiesenen Satzes lassen sich Umkehrabbildungen biholomorpher Abbildungen lokal explizit durch Integrale beschreiben.

Es sei $f: D \xrightarrow{\sim} D'$, $z \mapsto w := f(z)$, biholomorph mit der Umkehrabbildung $f^{-1}: D' \xrightarrow{\sim} D$, $w \mapsto z := f^{-1}(w)$. Ist dann $\bar B$ irgendeine kompakte Kreisscheibe in D, so wird die Abbildung $f^{-1}|f(B): f(B) \to \mathbb{C}$ gegeben durch die Formel

$$f^{-1}(w) = \frac{1}{2\pi i}\int_{\partial B} \zeta\,\frac{f'(\zeta)}{f(\zeta)-w}\,d\zeta, \qquad w \in f(B).$$

Beweis. Das Integral rechts hat, da ∂B einfach geschlossen und nullhomolog in D ist, wegen $P(f) = \emptyset$ den Wert

$$\frac{1}{2\pi i}\int_{\partial B} \zeta\,\frac{f'(\zeta)}{f(\zeta)-w}\,d\zeta = \sum_{c \in f^{-1}(w)} v(f, c)\,c.$$

Wegen der Biholomorphie von f ist $f^{-1}(w)$ einpunktig, und es gilt stets $v(f, f^{-1}(w)) = 1$. Daher steht rechts die Zahl $f^{-1}(w)$.

2. Anzahlformel für Null- und Polstellen. Ist f meromorph in D und ist M eine Teilmenge von D, so daß f nur endlich viele a-Stellen und Polstellen in M hat, so sind die Zahlen

$$\operatorname{Anz}_f(a, M) := \sum_{c \in f^{-1}(a) \cap M} v(f, c), \quad a \in \mathbb{C}; \qquad \operatorname{Anz}_f(\infty, M) := \sum_{c \in P(f) \cap M} |o_c(f)|$$

endlich; wir nennen $\operatorname{Anz}_f(a, M)$ bzw. $\operatorname{Anz}_f(\infty, M)$ die in ihrer Vielfachheit gezählte *Anzahl* der a-Stellen bzw. Polstellen von f in M. Aus Satz 1 folgt unmittelbar:

Satz. *Es sei* f *meromorph in* D *mit höchstens endlich vielen Polen; es sei* $\gamma \subset D \smallsetminus P(f)$ *ein einfach geschlossener und in* D *nullhomologer Weg. Ist dann* $a \in \mathbb{C}$ *irgendeine Zahl, deren Faser* $f^{-1}(a)$ *endlich ist und den Weg* γ *nicht trifft, so gilt:*

(1)
$$\frac{1}{2\pi i} \int_\gamma \frac{f'(\zeta)}{f(\zeta) - a} \, d\zeta = \operatorname{Anz}_f(a, \operatorname{Int}\gamma) - \operatorname{Anz}_f(\infty, \operatorname{Int}\gamma).$$

Als Spezialfall der Gleichung (1) erhalten wir die berühmte

Anzahlformel für Null- und Polstellen. *Es sei* f *meromorph in* D *mit nur endlich vielen Null- und Polstellen in* D. *Es sei* γ *ein einfach geschlossener und in* D *nullhomologer Weg, so daß* f *null- und polstellenfrei auf* γ *ist. Dann gilt*

(1')
$$\frac{1}{2\pi i} \int_\gamma \frac{f'(\zeta)}{f(\zeta)} \, d\zeta = N - P,$$

wobei $N := \operatorname{Anz}_f(0, \operatorname{Int}\gamma)$ *und* $P := \operatorname{Anz}_f(\infty, \operatorname{Int}\gamma)$.

Aus (1') ergibt sich beiläufig ein weiterer Beweis für den Fundamentalsatz der Algebra. Ist nämlich $p(z) = z^n + a_1 z^{n-1} + \ldots + a_n \in \mathbb{C}[z]$, $n \geq 1$, und ist r so groß gewählt, daß $|p(z)| \geq 1$ für $|z| \geq r$, so gilt für $|z| \geq r$:

$$\frac{p'(z)}{p(z)} = \frac{nz^{n-1} + \ldots}{z^n + \ldots} = \frac{n}{z} + \text{Glieder in } \frac{1}{z^\nu}, \qquad \nu \geq 2.$$

Integriert man nun über $\partial B_r(0)$, so folgt $N = n$ nach (1'), da p in $\mathbb{C}$ keine Pole hat. Wegen $n \geq 1$ folgt die Behauptung.

3. Satz von ROUCHÉ. *Es seien* f *und* g *holomorph in* D *mit nur endlich vielen Nullstellen in* D. *Es sei* γ *ein einfach geschlossener, in* D *nullhomologer Weg, so daß gilt:*

(∗)
$$|f(\zeta) - g(\zeta)| < |g(\zeta)| \qquad \text{für alle } \zeta \in \gamma.$$

Dann haben f *und* g *gleich viele Nullstellen im Innern von* γ:

$$\operatorname{Anz}_f(0, \operatorname{Int}\gamma) = \operatorname{Anz}_g(0, \operatorname{Int}\gamma).$$

Beweis. Zur in D meromorphen Funktion $h := f/g$ gibt es wegen (∗) eine Umgebung $U \subset D$ von γ, so daß h in U holomorph ist und gilt:

$$|h(z) - 1| < 1 \qquad \text{für } z \in U, \qquad \text{d.h. } h(U) \subset B_1(1) \subset \mathbb{C}^-.$$

Damit ist $\log h$ wohldefiniert in U und dort eine Stammfunktion von h'/h. Da $h'/h = f'/f - g'/g$, und da f und g wegen (∗) nullstellenfrei auf γ sind, so folgt:

$$0 = \frac{1}{2\pi i} \int_\gamma \frac{f'(\zeta)}{f(\zeta)} \, d\zeta - \frac{1}{2\pi i} \int_\gamma \frac{g'(\zeta)}{g(\zeta)} \, d\zeta$$

und also die Behauptung nach Formel (1') des vorangehenden Abschnitts. □

Wir geben einen zweiten Beweis: Die Funktionen $h_t := g + t(f - g)$, $0 \leq t \leq 1$, sind holomorph in D; wegen (∗) gilt: $|h_t(\zeta)| \geq |g(\zeta)| - |f(\zeta) - g(\zeta)| > 0$ für jedes $\zeta \in \gamma$.

Alle Funktionen h_t sind also nullstellenfrei auf γ, daher gilt nach Satz 2

$$\operatorname{Anz}_{h_t}(0, \operatorname{Int} \gamma) = \frac{1}{2\pi i} \int_\gamma \frac{h_t'(\zeta)}{h_t(\zeta)}\, d\zeta, \qquad 0 \leq t \leq 1.$$

Da die rechte Seite stetig von t abhängt und nach 9.3.3 ganzzahlig ist, so ist sie unabhängig von t. Speziell gilt $\operatorname{Anz}_{h_0}(0, \operatorname{Int} \gamma) = \operatorname{Anz}_{h_1}(0, \operatorname{Int} \gamma)$. Wegen $h_0 = g$ und $h_1 = f$ folgt die Behauptung. – Welche Einwände lassen sich gegen diesen Beweis machen, wenn γ ein „komplizierter" Weg ist? ☐

Wir geben vier typische Anwendungen des Rouchéschen Satzes. Es kommt jeweils darauf an, bei vorgegebener Funktion f eine Vergleichsfunktion g mit bekannter Nullstellenanzahl so zu finden, daß die Ungleichung $(*)$ erfüllt ist.

1) *Weiterer Beweis des Fundamentalsatzes der Algebra:* Für $f(z) = z^n + a_{n-1}z^{n-1} + \ldots + a_0$, wobei $n \geq 1$, setze man $g(z) := z^n$. Für hinreichend großes r gilt dann $|f(\zeta) - g(\zeta)| < |g(\zeta)|$ für $|\zeta| = r$ (Wachstumslemma), also folgt: $\operatorname{Anz}_f(0, B_r(0)) = \operatorname{Anz}_g(0, B_r(0)) = n$.

2) Man kann Informationen über die Nullstellen einer Funktion aus der Kenntnis der Nullstellen der Taylorpolynome gewinnen, genauer:

Ist g ein Polynom vom Grad $\leq n-1$ und $f(z) = g(z) + z^n h(z)$ die Taylorentwicklung von f in einer Umgebung von $B := B_r(0)$ und gilt $r^n |h(\zeta)| < |g(\zeta)|$ für alle $\zeta \in \partial B$, so haben f und g gleich viele Nullstellen in B. – Das ist klar nach Rouché. – Für das Polynom $f(z) = 3 + az + 2z^4$, wo $a \in \mathbb{R}$, $a > 5$, gilt z.B. $2 < |3 + a\zeta|$, falls $\zeta \in \partial \mathbb{E}$; da $3 + az$ in $\mathbb{E}$ genau eine Nullstelle hat, so besitzt also auch $3 + az + 2z^4$ in $\mathbb{E}$ genau eine Nullstelle.

3) *Ist h holomorph in einer Umgebung von $\overline{\mathbb{E}}$ und gilt $h(\partial \mathbb{E}) \subset \mathbb{E}$, so hat h in $\mathbb{E}$ genau einen Fixpunkt.* – Mit $f(z) := h(z) - z$, $g(z) := -z$ gilt:

$$|f(\zeta) - g(\zeta)| = |h(\zeta)| < 1 = |g(\zeta)| \qquad \text{für alle } \zeta \in \partial \mathbb{E};$$

daher haben $h(z) - z$ und $-z$ in $\mathbb{E}$ gleich viele Nullstellen, d.h. es gibt genau ein $c \in \mathbb{E}$ mit $h(c) = c$.

4) *Für jede reelle Zahl $\lambda > 1$ hat die Funktion $f(z) := ze^{\lambda - z} - 1$ in $\mathbb{E}$ genau eine positive reelle Nullstelle.* – Mit $g(z) := ze^{\lambda - z}$ gilt $1 = |f(\zeta) - g(\zeta)| < |g(\zeta)|$ für alle $\zeta \in \partial \mathbb{E}$ wegen $\lambda > 1$; daher haben f und g in $\mathbb{E}$ gleich viele Nullstellen, und zwar also genau eine. Diese ist reell, denn im Intervall $[0, 1]$ hat $f(x)$ nach dem Zwischenwertsatz eine Nullstelle, da $f(0) = -1$, $f(1) = e^{\lambda - 1} > 0$.

Aufgabe. Es sei λ reell, $\lambda > 1$. Zeigen Sie, daß die Funktion $f(z) := \lambda - z - e^{-z}$ in der abgeschlossenen rechten Halbebene $\{z \in \mathbb{C} : \operatorname{Re} z \geq 0\}$ genau eine reelle Nullstelle hat. (Man setze $g(z) := \lambda - z$ und wähle für γ genügend große Halbkreisbögen um 0 in der rechten Halbebene.)

4. Satz von Hurwitz. *Es sei f_n eine Folge von in einem Gebiet G holomorphen Funktionen, die in G kompakt gegen $f \in \mathcal{O}(G)$ konvergiert, dabei sei f nicht die Nullfunktion. Dann sind folgende Aussagen über einen Punkt $c \in G$ äquivalent:*

i) *Die Funktion f hat in c eine Nullstelle der Ordnung $m < \infty$.*

ii) *Es gibt eine Umgebung $V \subset G$ von c, so daß in jeder Kreisscheibe $B \subset V$ um c fast alle Funktionen f_n genau m Nullstellen haben.*

Beweis. Da $f \not\equiv 0$, so liegen die Nullstellen von f isoliert (Identitätssatz). Es gibt also eine kompakte Umgebung $V \subset G$ von c, so daß $f|V$ höchstens in c verschwindet. Für jede Kreisscheibe $B \subset V$ um c gilt nun $\varepsilon_B := \min_{\zeta \in \partial B} |f(\zeta)| > 0$. Wir wählen n_B so groß, daß $|f_n - f|_{\partial B} < \varepsilon_B$ für alle $n \geq n_B$. Dann gilt $|f_n(\zeta) - f(\zeta)| < |f(\zeta)|$ für alle $\zeta \in \partial B$, falls $n \geq n_B$; die Äquivalenz i) $\Leftrightarrow$ ii) folgt nun aus dem Satz von ROUCHÉ (mit f statt g und f_n statt f). $\qquad\square$

Es ist evident, daß der Satz von HURWITZ auch für a-Stellen gilt; man führt diesen Fall durch Übergang zur Folge $f_n - a$ auf obigen Satz zurück. Der Satz von HURWITZ besagt speziell:

Ist f_n eine Folge von in G holomorphen und nullstellenfreien Funktionen, die in G kompakt gegen $f \in \mathcal{O}(G)$ konvergiert, so ist f entweder identisch null oder nullstellenfrei in G.

Diese Bemerkung hat zur Konsequenz:

Lemma. *Es sei f_n eine Folge von in G injektiven holomorphen Funktionen $f_n : G \to \mathbb{C}$, die in G kompakt gegen eine holomorphe Funktion $f : G \to \mathbb{C}$ konvergiert. Dann ist f entweder konstant oder injektiv.*

Beweis. Sei f nicht konstant, sei $c \in G$ ein Punkt. Dann ist jede Funktion $f_n - f_n(c)$ wegen der Injektivität von f_n nullstellenfrei in $G \smallsetminus c$. Auf Grund der Bemerkung – angewendet auf die Folge $f_n - f_n(c)$ in $G \smallsetminus c$ – ist dann $f - f(c)$ nullstellenfrei in $G \smallsetminus c$, d.h. $f(z) \neq f(c)$ für alle $z \in G \smallsetminus c$. Da c beliebig in G gewählt wurde, folgt die Injektivität von f in G. $\qquad\square$

Das eben gewonnene Lemma wird im zweiten Band beim Beweis des Riemannschen Abbildungssatzes eine wichtige Rolle spielen.

5. Historisches zu den Sätzen von ROUCHÉ und HURWITZ. Der französische Mathematiker Eugène ROUCHÉ (1832–1910) hat seinen Satz 1862 in dem *Mémoire Sur la Série De Lagrange* (Journ. l'École Imp. Polytechn. 22 (39. Heft), 193–224) bewiesen, er formuliert ihn wie folgt (S. 217/218; wir benutzen unsere Notationen):

Es sei α eine Konstante, so daß auf dem Rand ∂B von $B := B_r(0)$ gilt

$$\left| \alpha \frac{f(z)}{g(z)} \right| < 1$$

mit Funktionen f, g, die in einer Umgebung von $\bar{B}$ holomorph sind. Dann haben die Gleichungen $g(z) - \alpha \cdot f(z) = 0$ und $g(z) = 0$ gleich viele Wurzeln in B.

Rouché benutzt zum Beweis Logarithmusfunktionen. Hurwitz hat 1889 in seiner Arbeit *Über die Nullstellen der Bessel'schen Funktion* (Math. Werke 1, S. 268) den Satz von Rouché als Hilfssatz wie oben formuliert und zum Beweis seines Satzes über die Nullstellen holomorpher Grenzfunktionen benutzt (S. 269), der Name Rouché kommt in der Hurwitzschen Arbeit nicht vor. Hurwitz beschreibt sein Resultat suggestiv wie folgt (S. 269, wir behalten unsere Notationen bei):

Die Nullstellen von f in G sind identisch mit denjenigen Stellen, an welchen sich die Wurzeln der Gleichungen $f_1(z) = 0$, $f_2(z) = 0$, ..., $f_\nu(z) = 0$, ... „verdichten".

Kapitel 14. Bestimmte Integrale und Residuenkalkül

> Le calcul des résidus constitue
> la source naturelle des intégrales
> définies (E. Lindelöf).

Der Residuenkalkül ist hervorragend geeignet, reelle Integrale zu berechnen, für deren Integranden sich keine Stammfunktionen explizit angeben lassen. Die Grundidee ist einfach: das reelle Integrationsintervall wird zu einem geschlossenen Integrationsweg γ in der komplexen Ebene erweitert und der Integrand zu einer Funktion im von γ berandeten Gebiet fortgesetzt, die dort bis auf isolierte Singularitäten holomorph ist; das Integral über γ wird dann mittels des Residuensatzes bestimmt, wobei die Residuen algebraisch berechnet werden. Euler, Laplace und Poisson benötigten noch analytischen Erfindergeist, um ihre Integrale zu finden. Heute gehört dazu vor allem Geläufigkeit in der Benutzung der Cauchyschen Formeln. Allerdings gibt es keine kanonische Methode, bei vorgegebenem Integranden und Integrationsintervall den besten Weg γ in $\mathbb{C}$ zu finden.

Wir erläutern in den Paragraphen 1 und 2 die Techniken an ausgewählten typischen Beispielen, „but even complete mastery does not guarantee success" (Ahlfors [1], S. 154). Der Leser möge sich in allen Fällen überzeugen, daß die herangezogenen Integrationswege jeweils einfach geschlossen sind. Im Paragraphen 3 werden Gaußsche Summen residuentheoretisch ausgewertet.

§ 1. Berechnung von Integralen

Die in diesem Paragraphen zusammengestellten Beispiele sind noch sehr einfach. Jeder Studierende sollte die Technik zur Bestimmung solcher Typen von Integralen beherrschen, in Klausuren sind Aufgaben aus diesem Themenkreis sehr beliebt. Wir erinnern zunächst an einfache Dinge aus der Theorie der uneigentlichen Integrale; wegen Einzelheiten verweisen wir auf den Band *Analysis 2* dieser Lehrbuchreihe.

0. Uneigentliche Integrale. Ist $f: [a, \infty) \to \mathbb{C}$ stetig, so setzt man bekanntlich

$$\int_a^\infty f(x)\,dx := \lim_{s \to \infty} \int_a^s f(x)\,dx,$$

falls der Limes rechts existiert; man nennt $\int_a^\infty f(x)\,dx$ ein *uneigentliches* Integral. Es gelten naheliegende Rechenregeln, z.B.

$$\int_a^\infty f(x)\,dx = \int_a^b f(x)\,dx + \int_b^\infty f(x)\,dx \qquad \text{für alle } b > a.$$

Nach gleichem Vorbild definiert man uneigentliche Integrale $\int_{-\infty}^{a} f(x)\,dx$ und schließlich

$$\int_{-\infty}^{\infty} f(x)\,dx := \int_{-\infty}^{a} f(x)\,dx + \int_{a}^{\infty} f(x)\,dx = \lim_{r,s \to \infty} \int_{-r}^{s} f(x)\,dx.$$

Hier ist wichtig, daß *r, s unabhängig voneinander* gegen ∞ laufen; aus der Existenz von $\lim\limits_{r \to \infty} \int_{-r}^{r} f(x)\,dx$ folgt keineswegs die Existenz von $\int_{-\infty}^{\infty} f(x)\,dx$, z.B. gilt $\lim\limits_{r \to \infty} \int_{-r}^{r} x\,dx = 0$, aber das Integral $\int_{-\infty}^{\infty} x\,dx$ existiert natürlich nicht.

Grundlegend für die Theorie der uneigentlichen Integrale ist folgendes

Existenzkriterium. *Ist* $f: [a, \infty) \to \mathbb{C}$ *stetig und gibt es ein* $k > 1$, *so daß* $x^k f(x)$ *beschränkt ist, so existiert* $\int_{a}^{\infty} f(x)\,dx$.

Im Reellen ist dies das Cauchysche Konvergenzkriterium für uneigentliche Integrale; der komplexe Fall wird auf den reellen Fall durch Übergang zu den Funktionen $\mathrm{Re}\,f$ und $\mathrm{Im}\,f$ zurückgespielt. Die Voraussetzung $k > 1$ ist wesentlich, z.B. existiert $\int_{2}^{\infty} \dfrac{dx}{x \log x}$ nicht, wenngleich $x(x \log x)^{-1} = (\log x)^{-1}$ für $x \to \infty$ gegen 0 strebt. Die Beschränktheit von $x^k f(x)$, $k > 1$, ist eine hinreichende, aber keine notwendige Bedingung für die Existenz von $\int_{a}^{\infty} f(x)\,dx$, z.B. existieren die Integrale

$$\int_{0}^{\infty} \frac{\sin x}{x}\,dx, \qquad \int_{0}^{\infty} \sin x^2\,dx,$$

es gibt jedoch kein $k > 1$, so daß $x^k \dfrac{\sin x}{x}$ bzw. $x^k \sin x^2$ beschränkt ist. Im letzten Beispiel strebt nicht einmal der Integrand mit wachsendem x gegen null; auf dieses Phänomen hat wohl erstmals DIRICHLET 1837 hingewiesen (Crelles Journal 17, S. 60, in: Werke I, S. 263).

Das Existenzkriterium gilt mutatis mutandis auch für Integrale $\int_{-\infty}^{a} f(x)\,dx$.

Bei CAUCHY finden sich 1825 in $[C_2]$ wohl beinahe alle damals bekannten uneigentlichen Integrale. Aus der umfangreichen weiteren klassischen Literatur über (uneigentliche) Integrale erwähnen wir Dirichlets *Vorlesungen über die Lehre von den einfachen und mehrfachen bestimmten Integralen* (gehalten im Sommer 1854; gedruckt 1904 vom Vieweg Verlag in Braunschweig) und Kroneckers *Vorlesungen über die Theorie der einfachen und der vielfachen Integrale* (gehalten im Winter 1883/84 und in den Sommern 1885, 1887, 1889 und 1891, zuletzt als sechsstündige Vorlesung; vgl. [Kr]).

1. Trigonometrische Integrale $\int_{0}^{2\pi} R(\cos \varphi, \sin \varphi)\,d\varphi$. *Es sei* $R(x, y)$ *eine komplexe rationale Funktion in* $(x, y) \in \mathbb{R}^2$, *die auf der Kreislinie* $\partial \mathbb{E}$ *endlich ist. Dann gilt:*

$$(1) \qquad \int_{0}^{2\pi} R(\cos \varphi, \sin \varphi)\,d\varphi = 2\pi \sum_{w \in \mathbb{E}} \mathrm{res}_w \tilde{R}(z)$$

mit

$$\tilde{R}(z) := \frac{1}{z} R\left(\frac{1}{2}\left(z + \frac{1}{z}\right), \frac{1}{2i}\left(z - \frac{1}{z}\right)\right).$$

Beweis. Mit $\zeta := e^{i\varphi}$, $0 \leq \varphi \leq 2\pi$, gilt $\cos\varphi = \frac{1}{2}(\zeta + \zeta^{-1})$, $\sin\varphi = \frac{1}{2i}(\zeta - \zeta^{-1})$, also

$$\int_0^{2\pi} R(\cos\varphi, \sin\varphi)\,d\varphi = \frac{1}{i} \int_{\partial\mathbb{E}} R\left(\frac{1}{2}(\zeta + \zeta^{-1}), \frac{1}{2i}(\zeta - \zeta^{-1})\right) \cdot \zeta^{-1}\,d\zeta.$$

Hieraus folgt (1) nach dem Residuensatz.   □

Beispiele. 1) Für $\int_0^{2\pi} \dfrac{d\varphi}{1 - 2p\cos\varphi + p^2}$, $p \in \mathbb{C}$ und $|p| \neq 1$, gilt $R(x, y) = (1 - 2px + p^2)^{-1}$, also

$$\tilde{R}(z) = \frac{1}{z} \frac{1}{1 - pz - pz^{-1} + p^2} = \frac{1}{(z - p)(1 - pz)}.$$

$\tilde{R}$ hat genau einen Pol 1. Ordnung in $\mathbb{E}$, nämlich in p, falls $|p| < 1$, und in p^{-1}, falls $|p| > 1$. Daher folgt:

$$\int_0^{2\pi} \frac{d\varphi}{1 - 2p\cos\varphi + p^2} = \begin{cases} \dfrac{2\pi}{1 - p^2}, & \text{falls } |p| < 1, \\[2mm] \dfrac{2\pi}{p^2 - 1}, & \text{falls } |p| > 1. \end{cases}$$

2) Im Fall $\int_0^{2\pi} \dfrac{d\varphi}{(p + \cos\varphi)^2}$, $p \in \mathbb{R}$ und $p > 1$, gilt $R(x, y) = (p + x)^{-2}$, also

$$\tilde{R}(z) = \frac{1}{z}(p + \tfrac{1}{2}(z + z^{-1}))^{-2} = \frac{4z}{(z^2 + 2pz + 1)^2}.$$

Diese Funktion hat nach 13.2.2, 3) in $\mathbb{E}$ genau einen Pol 2. Ordnung in $c := -p + \sqrt{p^2 - 1}$ mit dem Residuum $p(\sqrt{p^2 - 1})^{-3}$. Damit erhält man

$$\int_0^{2\pi} \frac{d\varphi}{(p + \cos\varphi)^2} = \frac{2\pi p}{(\sqrt{p^2 - 1})^3} \quad \text{für } p > 1.$$

Aufgabe. Man zeige: $\int_0^{2\pi} \dfrac{d\varphi}{p + \sin\varphi} = \dfrac{2\pi}{\sqrt{p^2 - 1}}$ für $p > 1$.

Bemerkung. Die Methode des Satzes läßt sich auch auf Integrale der Form

$$\int_0^{2\pi} R(\cos\varphi, \sin\varphi) \cdot \cos m\varphi \cdot \sin n\varphi\,d\varphi, \quad m, n \in \mathbb{Z},$$

anwenden, da $\cos m\varphi = \frac{1}{2}(\zeta^m + \zeta^{-m})$, $\sin n\varphi = \frac{1}{2i}(\zeta^n - \zeta^{-n})$.

2. Uneigentliche Integrale $\int\limits_{-\infty}^{\infty} f(x)\,dx$. Mit D bezeichnen wir einen Bereich, der die abgeschlossene obere Halbebene $\overline{\mathbb{H}} = \mathbb{H} \cup \mathbb{R}$ umfaßt; ferner bezeichne $\Gamma(r)\colon [0,\pi] \to \overline{\mathbb{H}}$, $\varphi \mapsto r\,e^{i\varphi}$, die Peripherie des Kreises $B_r(0)$ in $\overline{\mathbb{H}}$ (vgl. Figur).

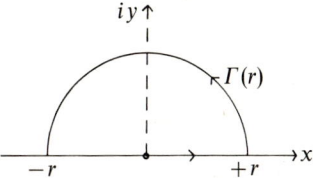

Satz. *Es sei f bis auf höchstens endlich viele Punkte, von denen keiner reell ist, holomorph in D. Es existiere $\int\limits_{-\infty}^{\infty} f(x)\,dx$, und es sei $\lim\limits_{z \to \infty} z\,f(z) = 0$. Dann gilt:*

$$(1) \qquad \int\limits_{-\infty}^{\infty} f(x)\,dx = 2\pi i \sum_{w \in \mathbb{H}} \operatorname{res}_w f.$$

Beweis. Für große r liegen alle Singularitäten von f in $B_r(0)$; daher folgt nach dem Residuensatz

$$(*) \qquad \int\limits_{-r}^{r} f(x)\,dx + \int\limits_{\Gamma(r)} f(\zeta)\,d\zeta = 2\pi i \sum_{w \in \mathbb{H}} \operatorname{res}_w f.$$

Die Standardabschätzung für Integrale gibt $|\int\limits_{\Gamma(r)} f(\zeta)\,d\zeta| \leq \pi r\,|f|_{\Gamma(r)}$. Da $\lim\limits_{r \to \infty} r\,|f|_{\Gamma(r)} = 0$ wegen $\lim\limits_{z \to \infty} z\,f(z) = 0$, so folgt (1) aus $(*)$. $\square$

Es ist leicht, Funktionen f anzugeben, für welche die Voraussetzungen des Satzes erfüllt sind. Wir benutzen ein

Wachstumslemma für rationale Funktionen. *Es seien $p,q \in \mathbb{C}[z]$ Polynome vom Grad n,m. Dann gibt es reelle Zahlen $K,L,R > 0$, so daß gilt*

$$K \cdot |z|^{n-m} \leq \left| \frac{p(z)}{q(z)} \right| \leq L \cdot |z|^{n-m} \qquad \text{für alle } z \in \mathbb{C} \quad \text{mit } |z| \geq R.$$

Beweis. Nach 9.1.1 gibt es ein $R > 0$ und Zahlen $K_1, K_2, L_1, L_2 > 0$, so daß $K_1 |z|^n \leq |p(z)| \leq L_1 |z|^n$ und $K_2 |z|^m \leq |q(z)| \leq L_2 |z|^m$ für $|z| \geq R$. Daher leisten $K := K_1 L_2^{-1}$ und $L := L_1 K_2^{-1}$ das Verlangte.

Korollar. *Ist $f(z) = \dfrac{p(z)}{q(z)} \in \mathbb{C}(z)$ und ist der Nennergrad um l größer als der Zählergrad, so gilt $\lim\limits_{z \to \infty} z^k f(z) = 0$ für alle $k \in \mathbb{R}$ mit $0 \leq k < l$.*

Insbesondere sind die Voraussetzungen des Satzes für $f = p/q$ erfüllt, wenn q keine Nullstellen in $\mathbb{R}$ hat und wenn der Grad von q um mindestens 2 größer ist als der Grad von p.

Zum Beweis ziehe man das Existenzkriterium für uneigentliche Integrale aus Abschnitt 0 heran.

Beispiel. Sei $f(z) := \dfrac{z^2}{1+z^4}$. In $\mathbb{H}$ hat f genau zwei Pole 1. Ordnung, nämlich $c := \exp(\frac{1}{4} i\pi)$ und ic. Nach 13.2.2, 1) gilt $\operatorname{res}_c f = \frac{1}{4} \bar{c}$, $\operatorname{res}_{ic} f = -\frac{i}{4} \bar{c}$. Da $\bar{c} - i\bar{c} = (1-i)\bar{c}$ und $\bar{c} = \dfrac{1}{\sqrt{2}}(1-i)$, so sehen wir:

$$\int\limits_{-\infty}^{\infty} \frac{x^2}{1+x^4}\, dx = 2\pi i\, \frac{(1-i)^2}{4\sqrt{2}} = \frac{\pi}{\sqrt{2}}.$$

Mit Hilfe von (1) lassen sich unzählige Integrale ausrechnen, der Leser beweise etwa

a) $\displaystyle\int\limits_{-\infty}^{\infty} \frac{x^2 - x + 2}{x^4 + 10x^2 + 9}\, dx = \frac{5}{12}\,\pi,$

b) $\displaystyle\int\limits_{-\infty}^{\infty} \frac{dx}{(1+x^2)^{n+1}} = \frac{\pi}{2^{2n}} \cdot \frac{(2n)!}{(n!)^2}, \quad n \in \mathbb{N}.$

3. Das Integral $\displaystyle\int\limits_0^{\infty} \frac{x^{m-1}}{1+x^n}\, dx$ **für** $m, n \in \mathbb{N}$, $0 < m < n$. Der Integrand $f(z) := \dfrac{z^{m-1}}{1+z^n}$ hat in $c := \exp\left(\dfrac{1}{n} i\pi\right)$ einen Pol erster Ordnung, nach 13.2.2, 2) gilt: $\operatorname{res}_c f = -\dfrac{1}{n} c^m$. Zur Auswertung des Integrals ziehen wir keinen Halbkreis als Hilfsweg heran, vielmehr integrieren wir längs des Randes $\gamma_1 + \gamma_2 + \gamma_3$ des Kreissektors S, wobei $r > 1$ (vgl. Figur).

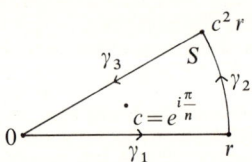

Da f in $S \smallsetminus c$ holomorph ist (!), folgt (Residuensatz!)

(∗) $$\int\limits_0^r f(x)\, dx + \int\limits_{\gamma_2} f(\zeta)\, d\zeta + \int\limits_{\gamma_3} f(\zeta)\, d\zeta = -\frac{2\pi i}{n}\, c^m.$$

Der Weg $-\gamma_3$ wird durch $\zeta(t) = t c^2$, $t \in [0, r]$, gegeben; daher gilt, wenn man noch $c^{2n} = 1$ beachtet:

$$\int\limits_{\gamma_3} f(\zeta)\, d\zeta = -\int\limits_0^r \frac{t^{m-1} c^{2m-2}}{1+t^n c^{2n}}\, c^2\, dt = -c^{2m} \int\limits_0^r \frac{t^{m-1}}{1+t^n}\, dt = -c^{2m} \int\limits_0^r f(x)\, dx.$$

Da $|\int_{\gamma_2} f(\zeta)\,d\zeta| \leq |f|_{\gamma_2} \dfrac{2\pi}{n} r$ und da $\lim_{r\to\infty} |f|_{\gamma_2} \dfrac{2\pi}{n} r = 0$ wegen $m < n$, so geht $(*)$ über in

$$(c^{2m}-1)\int_0^\infty f(x)\,dx = \frac{2\pi i}{n}\,c^m.$$

Nun gilt $c^m(c^{2m}-1)^{-1} = (c^m - c^{-m})^{-1} = \left(2i\sin\dfrac{m}{n}\pi\right)^{-1}$ wegen $c = e^{i\frac{\pi}{n}}$. Es folgt:

$$(1) \qquad \int_0^\infty \frac{x^{m-1}}{1+x^n}\,dx = \frac{\pi}{n}\left(\sin\frac{m}{n}\pi\right)^{-1} \quad \text{für alle } m,n\in\mathbb{N},\ 0<m<n.$$

Diese Formel war EULER bereits 1743 bekannt (Opera Omnia 17, 1. Ser., S. 54).

Falls m ungerade und $n = 2q$ gerade ist, so gilt $\int_0^\infty \dfrac{x^{m-1}}{1+x^n}\,dx = \dfrac{1}{2}\int_{-\infty}^\infty \dfrac{x^{m-1}}{1+x^n}\,dx$. Das Integral rechts läßt sich auch mit Hilfe von Satz 2 auswerten: es sind nämlich $c_\nu := c^{2\nu+1}$, $0\leq\nu\leq q-1$, alle Pole (1. Ordnung) von f in $\mathbb{H}$ mit jeweiligem Residuum $-n^{-1}c_\nu^m$; wegen

$$\sum_0^{q-1} c_\nu^m = c^m \sum_0^{q-1} c^{2m\nu} = c^m \frac{c^{mn}-1}{c^{2m}-1} = \frac{(-1)^m - 1}{c^m - c^{-m}}$$

und $c^m - c^{-m} = 2i\sin\dfrac{m}{n}\pi$ folgt damit in diesem Fall nach Satz 2

$$\frac{1}{2}\int_{-\infty}^\infty \frac{x^{m-1}}{1+x^n}\,dx = \pi i \sum_{w\in\mathbb{H}} \mathrm{res}_w f = -\frac{\pi i}{n}\sum_0^{q-1} c_\nu^m = \frac{\pi}{n}\left(\sin\frac{m}{n}\pi\right)^{-1}.$$

§ 2. Weitere Integralauswertungen

In diesem Paragraphen diskutieren wir uneigentliche Integrale, die komplizierter sind als die bisher betrachteten. Am Beispiel $\int_0^\infty \dfrac{\sin x}{x}\,dx$ zeigen wir, daß die Residuenmethode nicht um jeden Preis angewendet werden sollte.

1. Uneigentliche Integrale $\int_{-\infty}^\infty g(x)\,e^{iax}\,dx$**.** Die Voraussetzungen von Satz 1.2 lassen sich abschwächen, wenn $f(z)$ die Form $g(z)e^{iaz}$, $a\in\mathbb{R}$, hat. Als Integra-

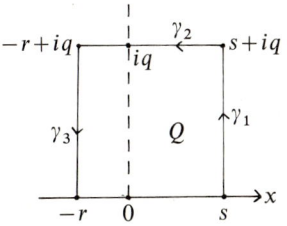

tionsweg wählen wir jetzt anstelle der Halbkreisperipherie $\Gamma(r)$ den Randstreckenzug $\gamma_1 + \gamma_2 + \gamma_3$ eines Quadrates Q in $\overline{\text{IH}}$ mit Eckpunkten $-r, s, s+iq$, $-r+iq$, wobei $q := r+s$ (Figur S. 287).

Satz. *Es sei g bis auf höchstens endlich viele Punkte, von denen keiner reell ist, holomorph in $\mathbb{C}$. Es sei $\lim\limits_{z \to \infty} g(z) = 0$. Dann gilt:*

(1)
$$\int_{-\infty}^{\infty} g(x)\, e^{iax}\, dx = \begin{cases} 2\pi i \sum\limits_{w \in \text{IH}} \text{res}_w(g(z)\, e^{iaz}), & \text{falls } a > 0, \\[2mm] -2\pi i \sum\limits_{-w \in \text{IH}} \text{res}_w(g(z)\, e^{iaz}), & \text{falls } a < 0. \end{cases}$$

Beweis. Sei $a > 0$. Wir wählen r, s so groß, daß alle Singularitäten von g in IH im Quadrat Q liegen. Wir behaupten, daß für $r, s \to \infty$ gilt:

(*)
$$\lim I_\nu = 0 \quad \text{mit } I_\nu := \int_{\gamma_\nu} g(\zeta)\, e^{ia\zeta}\, d\zeta, \quad \nu = 1, 2, 3;$$

alsdann folgt die Behauptung aus dem Residuensatz.

Da $(-\gamma_2)(t) = t + iq, t \in [-r, s]$, und $|e^{ia\zeta}| = e^{-a\,\text{Im}\,\zeta}$, so gilt

$$|I_2| \leq |g(\zeta)\, e^{ia\zeta}|_{\gamma_2}(r+s) \leq |g|_{\gamma_2}\, e^{-aq}\, q \leq |g|_{\gamma_2}, \quad \text{sobald } e^{aq} > q.$$

Da $\gamma_1(t) = s + it,\ t \in [0, q]$, so folgt weiter*[)]:

$$|I_1| \leq \int_0^q |g(s+it)|\, e^{-at}\, dt \leq |g|_{\gamma_1} \int_0^q e^{-at}\, dt = |g|_{\gamma_1}\, a^{-1}(1 - e^{-aq}) \leq |g|_{\gamma_1}\, a^{-1};$$

ebenso sieht man $|I_3| \leq |g|_{\gamma_3}\, a^{-1}$. Da $\lim\limits_{r,s \to \infty} |g|_{\gamma_\nu} = 0$ für $\nu = 1, 2, 3$ wegen $\lim\limits_{z \to \infty} g(z) = 0$, so folgt (*).

Falls $a < 0$, so betrachtet man ein Quadrat in der unteren Halbebene und schätzt analog ab (beachte, daß wieder $aq > 0$ wegen $q < 0$). □

Bemerkung. Integrale vom Typ (1) heißen FOURIER-*Transformationen* (wenn man sie als Funktionen von a auffaßt). Im eben geführten Beweis ist es nicht zweckmäßig, wie in 1.2 über Halbkreisbögen zu integrieren. Die Abschätzungen werden mühsamer, und überdies erhielte man so nur die Existenz von

$$\lim_{r \to \infty} \int_{-r}^{r} g(x)\, e^{iax}\, dx, \quad \text{was nicht die Existenz von } \int_{-\infty}^{\infty} g(x)\, e^{iax}\, dx \text{ impliziert.} \quad □$$

Die Limesbedingung $\lim\limits_{z \to \infty} g(z) = 0$ des Satzes ist für jede rationale Funktion g erfüllt, *deren Nennergrad größer als ihr Zählergrad* ist (vgl. Korollar 1.2). So

---

*[)] Hier wird anstelle der Standardabschätzung die für alle im Intervall $I = [a, b] \subset \mathbb{R}$ positiven stetigen Funktionen $u(t),\ v(t)$ geltende schärfere Ungleichung $\int_a^b u(t)\, v(t)\, dt \leq |u|_I \int_a^b v(t)\, dt$ benutzt.

folgt z. B.

$$(2) \qquad \int_{-\infty}^{\infty} \frac{e^{iax}}{x-ib} \, dx = 2\pi i \, e^{-ab}, \qquad \int_{-\infty}^{\infty} \frac{e^{iax}}{x+ib} \, dx = 0$$

für $a > 0$, $b \in \mathbb{C}$ mit $\operatorname{Re} b > 0$.

Da $x \cos a x$ und $\sin a x$ ungerade Funktionen sind, und da $\lim\limits_{r \to \infty} \int_{-r}^{r} f(x) \, dx = 0$ für jede ungerade stetige Funktion $f : \mathbb{R} \to \mathbb{C}$ gilt, so folgen aus (2) durch Addition bzw. Subtraktion die Formeln von LAPLACE (1810)

$$(3) \qquad \int_{0}^{\infty} \frac{b \cos a x}{x^2 + b^2} \, dx = \int_{0}^{\infty} \frac{x \sin a x}{x^2 + b^2} \, dx = \frac{\pi}{2} e^{-ab}$$

für $a > 0$, $b \in \mathbb{C}$ mit $\operatorname{Re} b > 0$.

CAUCHY hat hieraus, indem er den verbotenen Wert $b = 0$ einsetzt, bedenkenlos

$$\int_{0}^{\infty} \frac{\sin x}{x} \, dx = \frac{\pi}{2}$$

gefolgert (siehe [C$_2$], Ostwald's Klassiker, S. 60); wir werden diese richtige Gleichung im übernächsten Abschnitt herleiten.

Setzt man im Satz zusätzlich voraus, daß $g(x)$ reelle Werte auf $\mathbb{R}$ hat, so folgt aus (1) wegen $\cos a x = \operatorname{Re} . e^{iax}$, $\sin a x = \operatorname{Im} e^{iax}$ sofort:

$$(4) \qquad \int_{-\infty}^{\infty} g(x) \cos a x \, dx = -2\pi \operatorname{Im} \Big(\sum_{w \in \mathbb{H}} \operatorname{res}_{w}(g(z) e^{iaz}) \Big), \qquad a > 0,$$

$$(5) \qquad \int_{-\infty}^{\infty} g(x) \sin a x \, dx = 2\pi \operatorname{Re} \Big(\sum_{w \in \mathbb{H}} \operatorname{res}_{w}(g(z) e^{iaz}) \Big), \qquad a > 0;$$

entsprechend erhält man Gleichungen für den Fall $a < 0$.

Aufgaben. 1) Man leite die Formeln (3) direkt aus (4) und (5) her.

2) Man zeige: $\int_{0}^{\infty} \frac{\cos x}{(1 + x^2)^3} \, dx = \frac{7\pi}{16 e}$.

2. Uneigentliche Integrale $\int_{0}^{\infty} q(x) x^{a-1} \, dx$. Für $a \in \mathbb{C}$ und $z = |z| e^{i\varphi} \in \mathbb{C}^{\times}$, $0 \leq \varphi < 2\pi$, setzen wir

$$\ln z := \log|z| + i\varphi, \qquad z^a := \exp(a \ln z);$$

diese Funktionen sind in der längs der *positiven reellen Achse geschlitzten* Ebene

$$\tilde{\mathbb{C}} := \mathbb{C} \setminus \{t \in \mathbb{R} : t \geq 0\}$$

holomorph. Man beachte, daß $\ln z$ nicht der Hauptzweig des Logarithmus und entsprechend z^a nicht die übliche Potenzfunktion ist; für reelle $z = x > 0$ gilt indessen $x^a = e^{a \log x}$. Wir benötigen folgende Aussage:

Ist I ein kompaktes Intervall auf der positiven reellen Achse und ist $\varepsilon > 0$, so gilt:

$$(*) \qquad \lim_{\varepsilon \to 0} (x + i\varepsilon)^a = x^a, \qquad \lim_{\varepsilon \to 0} (x - i\varepsilon)^a = x^a e^{2\pi i a} \qquad \text{für alle } a \in \mathbb{C},$$

wobei diese Konvergenz gleichmäßig in I ist.

Dies ist klar wegen $\lim\limits_{\varepsilon\to 0}\ln(x+i\varepsilon)=\log x$ und $\lim\limits_{\varepsilon\to 0}\ln(x-i\varepsilon)=\log x+2\pi i$.

Satz. *Es sei q meromorph in $\mathbb{C}$ mit höchstens endlich vielen Polen in $\widetilde{\mathbb{C}}$, ferner mögen folgende Limesgleichungen gelten:*

(L) $$\lim_{z\to 0} q(z)\,z^a = 0 \quad und \quad \lim_{z\to\infty} q(z)\,z^a = 0.$$

Dann gilt:

(1) $$\int_0^\infty q(x)\,x^{a-1}\,dx = \frac{2\pi i}{1-e^{2\pi ia}}\sum_{w\in\mathbb{C}}\operatorname{res}_w(q(z)\,z^{a-1}).$$

Beweis. Seien $\varepsilon, r, s > 0$. Wir betrachten den Weg $\gamma := \gamma_1 + \gamma_2 + \gamma_3 + \gamma_4$, wobei γ_1 bzw. γ_3 Strecken auf den Geraden $\operatorname{Im} z = \varepsilon$ bzw. $\operatorname{Im} z = -\varepsilon$ und γ_2 bzw. γ_4

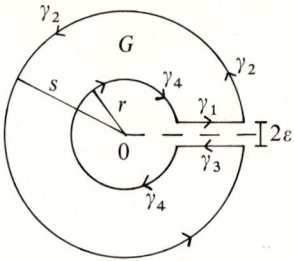

Kreisbögen um 0 vom Radius s bzw. r sind. Wir wählen ε, r so klein und s so groß, daß alle Pole von q im von γ berandeten Gebiet G liegen (Figur). Der Residuensatz liefert dann, da γ nach 13.1.2, 4) einfach geschlossen ist:

$$\int_\gamma q(\zeta)\,\zeta^{a-1}\,d\zeta = 2\pi i \sum_{w\in\mathbb{C}}\operatorname{res}_w(q(z)\,z^{a-1})$$

unabhängig von ε, r, s. Wir diskutieren die Teilintegrale längs $\gamma_1,\dots,\gamma_4$. Da $s = |\zeta|$ für $\zeta\in\gamma_2$, so gilt

$$\left|\int_{\gamma_2} q(\zeta)\,\zeta^{a-1}\,d\zeta\right| \le |q(\zeta)\,\zeta^{a-1}|_{\gamma_2}\cdot 2\pi s = 2\pi|\zeta^a\,q(\zeta)|_{\gamma_2},$$

eine analoge Abschätzung folgt für den Weg γ_4. Daher gilt nach (L):

$$\lim_{r\to 0}\lim_{\varepsilon\to 0}\int_{\gamma_4} q(\zeta)\,\zeta^{a-1}\,d\zeta = 0, \quad \lim_{s\to\infty}\lim_{\varepsilon\to 0}\int_{\gamma_2} q(\zeta)\,\zeta^{a-1}\,d\zeta = 0.$$

Da γ_1 bzw. $-\gamma_3$ durch $x\mapsto x+i\varepsilon$ bzw. $x\mapsto x-i\varepsilon$ mit gleichem Definitionsintervall $I\subset\mathbb{R}$ gegeben werden, so folgt wegen (*):

$$\lim_{\varepsilon\to 0}\int_{\gamma_1} q(\zeta)\,\zeta^{a-1}\,d\zeta = \int_r^s q(x)\,x^{a-1}\,dx,$$

$$\lim_{\varepsilon\to 0}\int_{\gamma_3} q(\zeta)\,\zeta^{a-1}\,d\zeta = -e^{2\pi ia}\int_r^s q(x)\,x^{a-1}\,dx.$$

Insgesamt erhalten wir für $\varepsilon\to 0$, $r\to 0$, $s\to\infty$, daß $\int_\gamma q(\zeta)\,\zeta^{a-1}\,d\zeta$ gegen $(1-e^{2\pi ia})\int_0^\infty q(x)\,x^{a-1}\,dx$ konvergiert. $\square$

Integrale vom Typ (1) heißen MELLIN-*Transformationen* (als Funktionen in *a*). Wir beachten $2\pi i(1-e^{2\pi ia})^{-1}=-\pi e^{-\pi ia}(\sin\pi a)^{-1}$ und gewinnen das

Korollar. *Es sei q eine rationale Funktion, die keine Pole auf der positiven reellen Achse (einschließlich des Nullpunktes) hat; der Nennergrad von q sei größer als der Zählergrad von q. Dann gilt*

(2)
$$\int_0^\infty q(x)x^{a-1}\,dx=-\frac{\pi e^{-\pi ia}}{\sin\pi a}\sum_{w\in\mathbb{C}}\mathrm{res}_w(q(z)z^{a-1})$$

für alle $a\in\mathbb{C}$ *mit* $0<\mathrm{Re}\,a<1$.

Beweis. Es gilt $|z^a q(z)|\le e^{2\pi|\mathrm{Im}\,a|}|z|^{\mathrm{Re}\,a}|q(z)|$. Da *q* in 0 holomorph ist, folgt wegen $\mathrm{Re}\,a>0$ die erste Limesgleichung (L). Da für große *z* eine Abschätzung $|q(z)|\le M|z|^{-1}$ mit festem $M>0$ gilt, folgt wegen $\mathrm{Re}\,a<1$ auch die zweite Limesgleichung (L). $\qquad\square$

Beispiel. Wir bestimmen $\int_0^\infty\dfrac{x^{a-1}}{x+e^{i\varphi}}\,dx$, wo $a\in\mathbb{R}$, $0<a<1$, $-\pi<\varphi<\pi$. Die Funktion $q(z):=\dfrac{1}{z+e^{i\varphi}}$ hat in $-e^{i\varphi}$ einen Pol 1. Ordnung. Wegen $-e^{i\varphi}=e^{i(\varphi+\pi)}$ gilt

$$\mathrm{res}_{-e^{i\varphi}}(q(z)z^{a-1})=e^{i(\varphi+\pi)(a-1)}=-e^{i(a-1)\varphi}e^{\pi ia},$$

also nach (2):

(3)
$$\int_0^\infty\frac{x^{a-1}}{x+e^{i\varphi}}\,dx=\frac{\pi}{\sin\pi a}\cdot e^{i(a-1)\varphi},\qquad a\in\mathbb{R},\ 0<a<1,\ -\pi<\varphi<\pi.$$

Das Integral (3) mit $\varphi=0$ spielt in der Theorie der Gamma- und Betafunktion eine Rolle; es reflektiert die Gleichung

$$B(a,1-a)=\int_0^\infty\frac{x^{a-1}}{1+x}\,dx=\Gamma(a)\,\Gamma(1-a)=\frac{\pi}{\sin\pi a}.$$

Mit Hilfe von (3) läßt sich $\int_0^\infty\dfrac{x^{m-1}}{x^n+e^{i\varphi}}\,dx$, $m,n\in\mathbb{N}$, $0<m<n$, $-\pi<\varphi<\pi$, elegant bestimmen. Man substituiert $t:=x^n$ und findet

(4)
$$\int_0^\infty\frac{x^{m-1}}{x^n+e^{i\varphi}}\,dx=\frac{1}{n}\int_0^\infty\frac{t^{m/n-1}}{t+e^{i\varphi}}\,dt$$
$$=\frac{\pi}{n}\left(\sin\frac{m}{n}\pi\right)^{-1}e^{i(m/n-1)\varphi},\qquad 0<m<n,\ -\pi<\varphi<\pi,$$

speziell also 1.3(1), falls $\varphi=0$. Übergang zum Imaginärteil liefert (Erweiterung des Integranden mit $x^n+e^{-i\varphi}$):

(5)
$$\int_0^\infty\frac{x^{m-1}}{x^{2n}+2x^n\cos\varphi+1}\,dx=\frac{\pi}{n}\frac{\sin(1-m/n)\varphi}{\sin\frac{m}{n}\pi\cdot\sin\varphi},\qquad 0<m<n,\ -\pi<\varphi<\pi.$$

Die Formel (5) findet sich 1785 bei EULER (Opera Omnia 18, 1. Ser., S. 202).

3. Die Integrale $\int\limits_0^\infty \dfrac{\sin^n x}{x^n}\,dx$**.** Spätestens 1781 kannte Euler die Gleichung $\int\limits_0^\infty \dfrac{\sin x}{x}\,dx = \tfrac{1}{2}\pi$ (vgl. Opera Omnia 19, 1. Ser., S. 226/227). Der Versuch, diese Formel mittels Satz 1 aufgrund der naheliegenden Gleichung $\int\limits_0^\infty \dfrac{\sin x}{x}\,dx$ $= \mathrm{Im} \int\limits_0^\infty \dfrac{e^{ix}}{x}\,dx$ zu gewinnen, gelingt nicht ohne weiteres, denn $z^{-1}e^{iz}$ hat im Nullpunkt einen Pol (während $z^{-1}\sin z$ in ganz $\mathbb{C}$ holomorph ist). Hier werden Grenzen des Residuenkalküls deutlich. Man kann Satz 1 zwar auf solche Situationen erweitern und dann in der Tat das Integral bestimmen (vgl. hierzu etwa [7], 110–112, oder [10], 155–156), doch ist folgendes in der Literatur weniger bekannte Vorgehen weitaus bequemer. Mit Hilfe der Partialbruchentwicklung $\dfrac{\pi^2}{\sin^2 \pi z} = \sum\limits_{-\infty}^{\infty} \dfrac{1}{(z+v)^2}$, vgl. 11.2.3 (1), gewinnt man zunächst auf amüsante Weise:

$$(1) \qquad \int\limits_0^\infty \frac{\sin^2 x}{x^2}\,dx = \frac{1}{2}\pi.$$

Beweis. Die Existenz des Integrals ist klar nach dem Cauchyschen Kriterium für uneigentliche Integrale. Schreibt man $\pi^{-1}z$ statt z in obiger Formel und beachtet man $\sin^2(z+v\pi) = \sin^2 z$, so hat man die Identität

$$\sum\limits_{-\infty}^{\infty} \frac{\sin^2(z+v\pi)}{(z+v\pi)^2} = 1.$$

Hier darf man über $[0,\pi]$ gliedweise integrieren. Man erhält

$$\pi = \sum\limits_{-\infty}^{\infty} \int\limits_0^\pi \frac{\sin^2(x+v\pi)}{(x+v\pi)^2}\,dx = \sum\limits_{-\infty}^{\infty} \int\limits_{v\pi}^{(v+1)\pi} \frac{\sin^2 x}{x^2}\,dx = \int\limits_{-\infty}^{\infty} \frac{\sin^2 x}{x^2}\,dx. \qquad \square$$

Durch partielles Integrieren entsteht nun für alle $s > 0$ die Formel

$$\int\limits_0^s \frac{\sin^2 x}{x^2}\,dx = -\frac{\sin^2 x}{x}\bigg|_0^s + \int\limits_0^s \frac{\sin 2x}{x}\,dx = -\frac{\sin^2 s}{s} + \int\limits_0^{2s} \frac{\sin x}{x}\,dx.$$

Wegen (1) und $\lim\limits_{s\to\infty} \dfrac{\sin^2 s}{s} = 0$ folgt die Existenz von $\int\limits_0^\infty \dfrac{\sin x}{x}\,dx$ und

$$(2) \qquad \int\limits_0^\infty \frac{\sin x}{x}\,dx = \frac{1}{2}\pi.$$

Die Herleitung der Gleichungen (1) und (2) zeigt, daß zur Berechnung uneigentlicher Integrale nicht stets der Weg durchs Komplexe zu empfehlen ist (man beachte, daß die verwendete Formel $\varepsilon_2(x) = \pi^2(\sin \pi x)^{-2}$ auch in der reellen Analysis einfach zu gewinnen ist, vgl. 11.2.2)[*]. Kronecker (vgl. [Kr], S. 84) schreibt in einer ähnlichen Situation etwas spöttisch: „Wir brauchen hier übrigens zum Zwecke dieser Beweise das Gebiet der reellen Größen nicht zu ver-

---

[*]) Weitere Beweise von (2) findet man bei G.H. Hardy: *The Integral* $\int\limits_0^\infty \dfrac{\sin x}{x}\,dx$, The Math. Gazette 55, 152–158 (1971).

lassen. *Der Glaube an die Unwirksamkeit des Imaginären* trägt auch hier wie anderweitig gute Früchte."

Das Integral (1) kommt in der Literatur an prominenter Stelle vor, man braucht es z.B. beim Beweis des Satzes von WIENER und IKEHARA, der die Grundlage bildet für den wohl kürzesten Beweis des Primzahlsatzes, vgl. hierzu K. CHANDRASEKHARAN, *Introduction to Analytic Number Theory*, Grdl. Math. Wiss. 148, Springer-Verlag 1968, S. 124 und 126.

Aus (1) folgt weiter, wenn man $2x$ statt x schreibt und $\sin^2 2x = 4(\sin^2 x - \sin^4 x)$ beachtet

$$\int_0^\infty \frac{\sin^2 x - \sin^4 x}{x^2}\, dx = \frac{1}{4}\pi, \quad \text{also} \int_0^\infty \frac{\sin^4 x}{x^2}\, dx = \frac{1}{4}\pi.$$

Leiten Sie hieraus (durch partielle Integration) her:

$$\int_0^\infty \frac{\sin^4 x}{x^4}\, dx = \frac{1}{3}\pi.$$

Für jede natürliche Zahl $n \geq 1$ existiert das Integral $I_n := \int_0^\infty \frac{\sin^n x}{x^n}\, dx$. Partielle Integration gibt sofort

$$I_n = \frac{n}{n-1} \int_0^\infty \frac{\sin^{n-1} x}{x^{n-1}} \cos x\, dx \quad \text{für } n > 1.$$

Alle Zahlen I_n sind rationale Vielfache von π, z.B. gilt:

$$I_3 = \frac{3}{8}\pi, \quad I_5 = \frac{115}{384}\pi, \quad I_6 = \frac{11}{40}\pi.$$

Die expliziten Formeln sind allerdings nicht faszinierend, nach den *Tabellen zur Fourier-Transformation*, Grdl. Math. Wiss. 40, Springer-Verlag 1957 von F. OBERHETTINGER gilt (S. 19) für alle $m \geq 0$:

$$I_{2m+1} = (-1)^m \frac{2m+1}{2^{2m+1}} \pi \left[\frac{1}{(m!)^2} + \sum_{\mu=1}^m (-1)^\mu \frac{(2\mu+1)^{2m-1} + (2\mu-1)^{2m-1}}{(m+\mu)!\,(m-\mu)!} \right]$$

$$I_{2m+2} = (-1)^m \frac{2m+2}{2^{2m+2}} \pi \sum_{\mu=0}^m (-1)^\mu \frac{(2\mu+2)^{2m} + (2\mu)^{2m}}{(m+1+\mu)!\,(m-\mu)!}.$$

§ 3. Gaußsche Summen

GAUSS notierte Mitte Mai 1801 in seinem Tagebuch (Notiz 118) Formeln, die man heute in der einen Summenformel

(1)
$$\sum_0^{n-1} e^{\frac{2\pi i}{n} v^2} = \frac{1+(-i)^n}{1-i} \sqrt{n}$$

zusammenfaßt und als *Gaußsche Summen* bezeichnet. GAUSS leitete 1801 mit Hilfe seiner Summenformel, ohne das genaue Vorzeichen der Quadratwurzel zu kennen, in seinen *Disquisitiones Arithmeticae* (Werke 1, S. 442/443) das quadratische Reziprozitätsgesetz her. Die Bestimmung des Vorzeichens erwies sich als äußerst schwierig und gelang GAUSS erst nach mehrjährigem Bemühen am 30. August 1805. In einem Brief vom 3. September 1805 an OLBERS (Werke 10, 1, S. 24/25) schildert er bewegt, wie er mit dem Problem gerungen hat: „Die

Bestimmung des Wurzelzeichens ist es gerade, was mich immer gequält hat. Dieser Mangel hat mir alles Übrige, was ich fand, verleidet; und seit 4 Jahren wird selten eine Woche hingegangen sein, wo ich nicht einen oder den andern vergeblichen Versuch, diesen Knoten zu lösen, gemacht hätte.... Endlich vor ein paar Tagen ist's gelungen – aber nicht meinem mühsamen Suchen, sondern bloss durch die Gnade Gottes möchte ich sagen. Wie der Blitz einschlägt, hat sich das Räthsel gelöst."

Wir geben im Abschnitt 2 einen Beweis für (1) mittels des Residuenkalküls, der noch einmal den Wert für das Fehlerintegral mitliefert. Dieser „diabolic proof" stammt von L.J. MORDELL *On a simple summation of the series* $\sum_{s=0}^{n-1} e^{2s^2\pi i/n}$, Mess. Math. 48, 54–56 (1918). Die erste Berechnung der Gaußschen Summen (1) durch Anwendung des Residuensatzes auf das Integral $\int e^{2\pi i z^2/n}(e^{2\pi i z}-1)^{-1} dz$ stammt von L. KRONECKER *Summirung der Gauss'schen Reihen* $\sum_{h=0}^{h=n-1} e^{\frac{2h^2\pi i}{n}}$, Crelles Journ. 105, 267–268 (1889), vgl. auch Werke 4, 295–300.

Zur Bestimmung der Gaußschen Summen (1) benötigen wir eine Beschränktheitsaussage für die Funktion $e^{uz}(e^z-1)^{-1}$, $0 \leq u \leq 1$, die wir vorweg im Abschnitt 1 herleiten. Diese Abschätzung ermöglicht auch eine einfache Bestimmung der reellen Fourierreihen der Bernoullischen Polynome, die als Spezialfall die Eulerschen Formeln aus 11.3.1 enthalten (Abschnitt 4).

1. Abschätzung von $\dfrac{e^{uz}}{e^z-1}$ **für** $0 \leq u \leq 1$**.** Die Funktion $\varphi(z) := (e^z-1)^{-1}$ hat in den Punkten $2\pi i v$, $v \in \mathbb{Z}$, Pole 1. Ordnung. Um jeden dieser Pole legen wir einen abgeschlossenen Kreis $\bar{B}_v$ vom Radius $r < 1$. Dann gilt, wenn wir mit $Z := \mathbb{C} \smallsetminus \bigcup_{v \in \mathbb{Z}} B_v$ die unendlich oft gelochte Ebene bezeichnen:

Lemma. *Die Funktion* $e^{uz} \varphi(z)$ *ist beschränkt in der Menge*

$$\{(u,z) \in \mathbb{R} \times \mathbb{C} : 0 \leq u \leq 1, z \in Z\}.$$

Beweis. Da $|e^{uz} \varphi(z)|$ für $u \in \mathbb{R}$ die Periode $2\pi i$ hat, genügt es zu zeigen, daß diese Funktion in $[0,1] \times S$ beschränkt ist, wobei $S := \{z \in \mathbb{C} : |\operatorname{Im} z| \leq \pi, |z| \geq r\}$ ein gelochter Streifen ist (Figur). Im Kompaktum $[0,1] \times \{z \in S : |\operatorname{Re} z| \leq 1\}$ ist die Funktion stetig und also beschränkt. Sei $z := x + iy$. Im Falle $x \geq 1$ gilt

$$|\varphi(z)| \leq \frac{1}{|e^z|-1} = \frac{1}{e^x-1} \leq 2e^{-x},$$

während für $x \leq -1$ ganz trivial folgt $|\varphi(z)| \leq \dfrac{1}{1-e^{-1}}$. Damit sieht man

$$|e^{uz} \varphi(z)| \leq \begin{cases} 2e^{(u-1)x} & \text{für } x \geq 1, \\ (1-e^{-1})^{-1} e^{ux} & \text{für } x \leq -1. \end{cases}$$

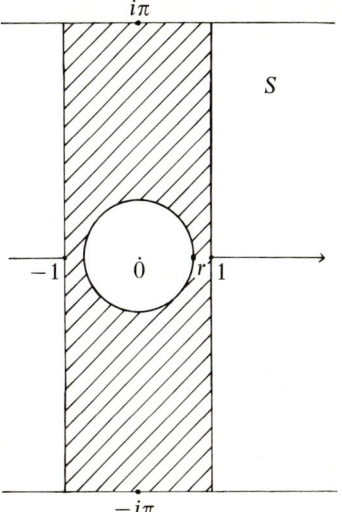

Da $0 \leq u \leq 1$, so folgt $e^{(u-1)x} \leq 1$ für $x \geq 1$ und $e^{ux} \leq 1$ für $x \leq -1$, womit die Beschränktheit von $e^{uz} \varphi(z)$ in $[0,1] \times S$ bewiesen ist.

2. Berechnung der Gaußschen Summen $G_n := \sum\limits_{0}^{n-1} e^{\frac{2\pi i}{n} v^2}$, $n \geq 1$. Es gilt

$$G_1 = 1, \quad G_2 = 0, \quad G_3 = 1 + e^{\frac{2\pi i}{3}} + e^{\frac{2\pi i}{3} \cdot 4} = i\sqrt{3}.$$

Um G_n allgemein zu bestimmen, führen wir die ganzen Funktionen

$$G_n(z) := \sum_{0}^{n-1} \exp \frac{2\pi i}{n}(z+v)^2, \quad n \geq 1,$$

ein, dann gilt $G_n = G_n(0)$. Um den Residuensatz anwenden zu können, zerstören wir die Holomorphie und betrachten mit MORDELL die in $\mathbb{C}$ meromorphen Funktionen $M_n(z) := \dfrac{G_n(z)}{e^{2\pi i z} - 1}$. Wir wählen $r > 0$ groß und diskutieren M_n im Parallelogramm P mit den Eckpunkten $-\frac{1}{2} - cr$, $\frac{1}{2} - cr$, $\frac{1}{2} + cr$, $-\frac{1}{2} + cr$, wobei

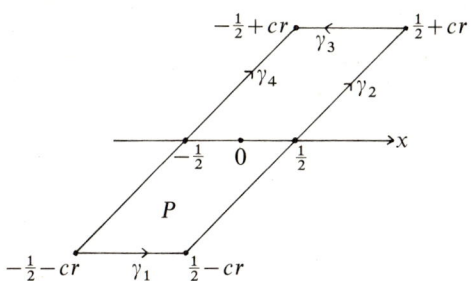

$c := e^{\frac{i\pi}{4}} = \dfrac{1}{\sqrt{2}}(1+i)$, also $c^2 = i$. In P hat M_n nur im Nullpunkt einen Pol erster

Ordnung mit dem Residuum $(2\pi i)^{-1} G_n(0)$; daher liefert der Residuensatz:

(a) $\qquad \int\limits_{\partial P} M_n(\zeta)\,d\zeta = G_n(0)$ mit $\partial P := \gamma_1 + \gamma_2 + \gamma_3 - \gamma_4$ (vgl. Figur).

Wir setzen abkürzend $I(r) := \int\limits_{\gamma_2} M_n(\zeta)\,d\zeta - \int\limits_{\gamma_4} M_n(\zeta)\,d\zeta$ und zeigen als erstes:

(b) $\qquad\qquad \lim\limits_{r\to\infty} I(r) = (1 + (-i)^n)\, c\, \sqrt{\dfrac{n}{2\pi}} \int\limits_{-\infty}^{\infty} e^{-t^2}\,dt.$

Beweis. Es gilt $G_n(z+1) - G_n(z) = e^{\frac{2\pi i}{n} z^2}(e^{4\pi i z} - 1)$, also

$$M_n(z+1) - M_n(z) = e^{\frac{2\pi i}{n} z^2}(e^{2\pi i z} + 1).$$

Da $\int\limits_{\gamma_2} M_n(\zeta)\,d\zeta = \int\limits_{\gamma_4} M_n(\zeta+1)\,d\zeta$, so folgt $I(r) = \int\limits_{\gamma_4} e^{\frac{2\pi i}{n}\zeta^2}(e^{2\pi i\zeta} + 1)\,d\zeta$. Wegen $\dfrac{2\pi i}{n}\zeta^2$
$+ 2\pi i\zeta = \dfrac{2\pi i}{n}(\zeta + \tfrac{1}{2}n)^2 - \tfrac{1}{2}\pi in$ und $e^{-\frac{1}{2}\pi in} = (-i)^n$ folgt weiter

$$I(r) = \int\limits_{\gamma_4} e^{\frac{2\pi i}{n}\zeta^2}\,d\zeta + (-i)^n \int\limits_{\gamma_4} e^{\frac{2\pi i}{n}(\zeta + \frac{1}{2}n)^2}\,d\zeta.$$

Da γ_4 durch $\zeta(t) = -\tfrac{1}{2} + ct$, $t \in [-r, r]$, gegeben wird, so steht hier ($c^2 = i$):

$$I(r) = c\int\limits_{-r}^{r} e^{-\frac{2\pi}{n}\left(t - \frac{1}{2c}\right)^2}\,dt + (-i)^n c\int\limits_{-r}^{r} e^{-\frac{2\pi}{n}\left(t + \frac{1}{2c}(n-1)\right)^2}\,dt.$$

Damit folgt die Gleichung (b), da beide Integrale rechts denselben Limes haben (Translationsinvarianz, vgl. 12.4.3 (1)).   □

Wir zeigen weiter

(c) $\qquad\qquad \lim\limits_{r\to\infty} \int\limits_{\gamma_1} M_n(\zeta)\,d\zeta = \lim\limits_{r\to\infty} \int\limits_{\gamma_3} M_n(\zeta)\,d\zeta = 0.$

Beweis. Da γ_1 bzw. $-\gamma_3$ durch $t \mapsto t - cr$ bzw. $t \mapsto t + cr$, $t \in I := [-\tfrac{1}{2}, \tfrac{1}{2}]$, gegeben werden, so genügt es zu zeigen: $\lim\limits_{r\to\infty} |M_n(t \pm cr)|_I = 0$. Auf Grund von Lemma 1 ist $\varphi(2\pi i z) := (e^{2\pi i z} - 1)^{-1}$ für große r auf γ_1 und γ_3 beschränkt. Da $M_n(z)$ die Summanden $\exp(a\,i(z+v)^2) \cdot \varphi(2\pi i z)$, $0 \le v < n$, mit $a := \dfrac{2\pi}{n}$ hat, und da $\mathrm{Re}[a\,i(t \pm cr + v)^2] = -ar^2 \pm \sqrt{2}(t+v)\,ar$, so ist also nur zu zeigen, daß

$$|\exp a\,i(t \pm cr + v)^2|_I = e^{-ar^2} \cdot (\max\limits_{t\in I} e^{\pm\sqrt{2}(t+v)\,ar})$$

mit $r\to\infty$ gegen 0 strebt. Das aber ist wegen $a > 0$ klar, da der Exponent des zweiten Faktors rechts linear in r ist.   □

Aus den Gleichungen (a), (b) und (c) folgt nun direkt

$$G_n(0) = (1 + (-i)^n) \cdot \frac{1+i}{\sqrt{2}} \sqrt{\frac{n}{2\pi}} \int\limits_{-\infty}^{\infty} e^{-t^2}\,dt.$$

Wegen $G_1(0) = 1$ ergibt sich erneut $\int_{-\infty}^{\infty} e^{-t^2} dt = \sqrt{\pi}$ und damit die Gleichung (1) der Einleitung

$$\sum_{0}^{n-1} e^{\frac{2\pi i}{n} v^2} = \frac{1 + (-i)^n}{1 - i} \sqrt{n} \quad .$$

Speziell gilt also

$$\sum_{0}^{n-1} e^{\frac{2\pi i}{n} v^2} = \sqrt{(-1)^{\frac{1}{2}(n-1)} n} \qquad \text{für ungerade Zahlen } n.$$

3. Direkter residuentheoretischer Beweis der Formel $\int_{-\infty}^{\infty} e^{-t^2} dt = \sqrt{\pi}$. Es ist verlockend, mittels des Residuensatzes auf möglichst einfache Weise den Wert des Fehlerintegrals zu bestimmen. Ein direkter Ansatz mit e^{-z^2} allein läuft ins Leere, da e^{-z^2} nirgends Residuen $\neq 0$ hat. Anstelle der Mordellschen Hilfsfunktion M_1 betrachten wir die Funktion

$$g(z) := e^{-z^2}/(1 + \exp(-2az)) \in \mathcal{M}(\mathbb{C}) \quad \text{mit} \quad a := (1+i)\sqrt{\tfrac{1}{2}\pi}.$$

Wegen $a^2 = i\pi$ ist a Periode von $\exp(-2az)$, daraus folgt

$$(*) \qquad\qquad g(z) - g(z+a) = e^{-z^2}.$$

Genau an den Stellen $-\frac{1}{2}a + na$, $n \in \mathbb{Z}$, hat g einfache Pole. Von diesen liegt jedoch nur der Punkt $\frac{1}{2}a$ im von der reellen Achse und der Waagerechten durch a bestimmten Streifen (Figur). Es gilt

$$\operatorname{res}_{\frac{1}{2}a} g(z) = \frac{\exp(-\frac{1}{4}a^2)}{-2a \exp(-a^2)} = -\frac{i}{2\sqrt{\pi}}.$$

Wegen (*) und auf Grund des Residuensatzes folgt nun

$$\int_{-r}^{s} e^{-x^2} dx + \int_{\gamma_1} g(\zeta) d\zeta + \int_{\gamma_2} g(\zeta) d\zeta = 2\pi i \operatorname{res}_{\frac{1}{2}a} g(z) = \sqrt{\pi}.$$

Die Integrale längs γ_1 und γ_2 konvergieren mit wachsendem s, r gegen 0 (Beweis!), so daß die Behauptung folgt.

Der hier wiedergegebene Beweis findet sich so bei H. KNESER [14], S. 121.

4. Fourierreihen der Bernoullischen Polynome. Es sei $w_0, w_1, w_2, \ldots$ eine Folge in $\mathbb{C}$ *ohne Häufungspunkte*, es sei f holomorph in $\mathbb{C} \setminus \{w_0, w_1, \ldots\}$, es gebe eine Folge γ_n einfach geschlossener Wege und eine streng monotone Folge k_n aus $\mathbb{N}$, so daß von den w_ν genau $w_0, w_1, \ldots, w_{k_n}$ in $\operatorname{Int} \gamma_n$ liegen, $n \in \mathbb{N}$. Ist dann f holomorph auf jedem Weg γ_n, so folgt unmittelbar aus dem Residuensatz

(∗) $$\lim_{n\to\infty}\sum_{0}^{k_n}\operatorname{res}_{w_\nu}f(z)=\frac{1}{2\pi i}\lim_{n\to\infty}\int_{\gamma_n}f(\zeta)\,d\zeta,$$

falls der Limes rechts existiert.   □

Wir wenden die Formel (∗) an auf die in $\mathbb{C}$ meromorphen Funktionen

$$h_k(z):=z^{-k-1}F(w,z)\quad\text{mit}\quad F(w,z):=ze^{wz}(e^z-1)^{-1},\ k\geq1,$$

wobei $w\in\mathbb{C}$ zunächst beliebig ist. In $\mathbb{C}\smallsetminus2\pi i\mathbb{Z}$ ist h_k holomorph, jeder Punkt $2\pi i\nu$, $\nu\neq0$, ist ein einfacher Pol mit dem Residuum $(2\pi i\nu)^{-k}e^{2\pi i\nu w}$. Da

$$F(w,z)=\sum_{0}\frac{B_\mu(w)}{\mu!}z^\mu\quad\text{um }0\ (\text{vgl. }7.5.4),$$

so ist $0\in\mathbb{C}$ ein Pol $(k+1)$-ter Ordnung von h_k mit $\operatorname{res}_0h_k(z)=\dfrac{B_k(w)}{k!}$, wobei $B_k(w)$ das k-te Bernoullische Polynom ist. Im Kreis vom Radius $(2n+1)\pi$ um 0 liegen genau die Pole $0,\pm2\pi i,\dots,\pm2\pi in$. Für $\gamma_n:=\partial B_{(2n+1)\pi}(0)$ gilt daher nach (∗)

$$\frac{B_k(w)}{k!}+\sum_{\nu=1}[(2\pi i\nu)^{-k}e^{2\pi i\nu w}+(-2\pi i\nu)^{-k}e^{-2\pi i\nu w}]=\frac{1}{2\pi i}\lim_{n\to\infty}\int_{\gamma_n}h_k(\zeta)\,d\zeta,$$

falls der Limes rechts existiert. Nun ist

$$|\int_{\gamma_n}h_k(\zeta)\,d\zeta|\leq|h_k|_{\gamma_n}L(\gamma_n)\leq|z^{-k}|_{\gamma_n}|e^{wz}\,\varphi(z)|_{\gamma_n}L(\gamma_n)=\frac{2\pi}{((2n+1)\pi)^{k-1}}|e^{wz}\,\varphi(z)|_{\gamma_n}.$$

Da γ_n in der gelochten Ebene Z liegt, so ist die Folge $|e^{wz}\,\varphi(z)|_{\gamma_n}$ nach Lemma 1 beschränkt für jede reelle Zahl $w=u$ mit $0\leq u\leq1$. Für solche u und alle $k>1$ konvergieren die Integrale also gegen 0. Damit ist bewiesen, wenn wir noch x statt u schreiben:

Für alle $x\in\mathbb{R}$ mit $0\leq x\leq1$ und alle $k\geq2$ gilt:

$$B_k(x)=\frac{-k!}{(2\pi i)^k}\sum_{1}\frac{1}{\nu^k}[e^{2\pi i\nu x}+(-1)^k e^{-2\pi i\nu x}].$$

Für gerade bzw. ungerade Indizes ergeben sich hieraus, wenn man zu cos bzw. sin übergeht, die *reellen Fourierreihen für die Bernoullischen Polynome*:

$$B_{2k}(x)=(-1)^{k-1}\frac{2(2k)!}{(2\pi)^{2k}}\sum_{\nu=1}\frac{\cos2\pi\nu x}{\nu^{2k}}\qquad\text{für }0\leq x\leq1,\ k\geq1$$

$$B_{2k+1}(x)=(-1)^{k-1}\frac{2(2k+1)!}{(2\pi)^{2k+1}}\sum_{\nu=1}\frac{\sin2\pi\nu x}{\nu^{2k+1}}\qquad\text{für }0\leq x\leq1,\ k\geq1.$$

Man kann (z.B. durch feinere Abschätzung von $e^{uz}\varphi(z)$) zeigen, daß die letzte Formel auch noch für $k=0$, d.h. für $B_1(x)=x-\frac12$ gilt, dann allerdings nur für $0<x<1$; vgl. hierzu auch [14], S. 122.

Es gilt $B_n=B_n(0)$. Für ungerade Indizes verschwindet die obige Fourierreihe in 0, daher erhalten wir nur die bereits bekannte Tatsache, daß $B_{2k+1}=0$. Für gerade Indizes hingegen gewinnen wir erneut die Eulerschen Formeln aus 11.3.1.

Kurzbiographien von ABEL, CAUCHY, EISENSTEIN, EULER, RIEMANN und WEIERSTRASS

Niels Henrik ABEL, norwegischer Mathematiker: geb. 1802 in Finhö bei Stavanger; 1822 als völliger Autodidakt Student an der Universität Kristiania; publizierte 1824 einen Beweis für die Nichtauflösbarkeit algebraischer Gleichungen fünften und höheren Grades durch Wurzelausdrücke als Flugblatt auf eigene Kosten; 1825/26 Bekanntschaft mit CRELLE*) in Berlin; 1826/1827 enttäuschender Aufenthalt in Paris; 1827 weltberühmt, aber ohne Anstellung, Rückkehr nach Kristiania als „studiosus Abel"; gest. 1829 in Armut an Tuberkulose in Froland bei Arendal wenige Tage vor dem Eintreffen der Berufung nach Berlin; 1. Nachruf 1829 von CRELLE im 4. Band seines Journals; 1830 posthum Träger des großen Preises der Pariser Akademie, gemeinsam mit JACOBI. – Lesenswert ist das Buch von Ö. ORE: *Niels Henrik Abel; Mathematician Extraordinary*. Chelsea Publ. Comp., New York 1957.

Baron Augustin-Louis CAUCHY, französischer Mathematiker: geb. 1789 in Paris; 1810 mit 21 Jahren unter Napoléon I. Ingénieur des Ponts et Chaussées in Cherbourg; ab 1813 wieder in Paris; 1816 mit 27 Jahren Mitglied der Académie des Sciences, bald darauf Professor an der École Polytechnique, später auch an der Sorbonne und am Collège de France; Ritter der Légion d'honneur. Als Katholik und Anhänger der Bourbonen verweigerte CAUCHY 1830 den Eid auf die neue Regierung; er emigrierte zunächst nach Freiburg (Schweiz), war vorübergehend Professor für mathematische Physik in Turin, von 1833–38 Erzieher des Sohnes Karls X. in Prag; 1838 Rückkehr nach Paris mit dem Titel eines Barons und wieder an der Akademie tätig; ab 1848 nach Abschaffung des Treueides wieder Professor (für Astronomie) an der Sorbonne; 1849 Ritter des Ordens „Pour le Mérite für Wissenschaften und Künste"; gest. 1857 in Sceaux. – Bereits 1868 erschien in Paris eine 2-bändige CAUCHY-Biographie *La vie et les travaux du baron de Cauchy* von C.-A. VALSON mit einem Vorwort von C. HERMITE (Nachdruck Blanchard, Paris 1970).

---

*) August Leopold CRELLE, 1780–1855; Straßenbauingenieur und Amateurmathematiker, 1838 maßgeblich beteiligt am Bau der ersten preußischen Eisenbahnlinie Berlin – Potsdam, Förderer junger Mathematiker, insbesondere Protektor Abels; gründete 1826, ermutigt durch ABEL und den Geometer Jakob STEINER, die erste deutsche mathematische Zeitschrift *Journal für die reine und angewandte Mathematik;* gründete auch das *Journal für Baukunst.*

Ferdinand Gotthold Max EISENSTEIN, deutscher Mathematiker: geb. 1823 in Berlin; 1843 Immatrikulation an der Berliner Universität; 1844 Veröffentlichung von 25 Arbeiten in den Bänden 27, 28 des Crelleschen Journals; 1845 als Student im 3. Semester auf Vorschlag Kummers Ehrendoktor der Universität Breslau, GAUSS erwägt Vorschlag für die Friedensklasse des Ordens „Pour le Mérite"; 1846 Prioritätsquerelen mit JACOBI; 1847 Privatdozent in Berlin, RIEMANN hört *Elliptische Funktionen* bei EISENSTEIN; 1848 Inhaftierung in Spandau; 1849 Kürzung des „Gnadengehalts" von 500 Talern jährlich auf 300 Taler „in Folge von Verläumdungen als Republikaner"; 1850 als „sehr roth" bezeichnet, DIRICHLET, JACOBI und A. VON HUMBOLDT beantragen Verleihung einer Universitäts-Professur (ohne Erfolg); 1851 EISENSTEIN wird gleichzeitig mit KUMMER korresp. Mitglied der Göttinger Sozietät; 1852 ord. Mitglied der Berliner Akad. der Wiss.; gest. 1852 an Tuberkulose, der 83jährige A. VON HUMBOLDT erweist ihm die letzte Ehre. –

Bereits 1847 wurde ein Sammelband von Mathematischen Abhandlungen Eisensteins mit einer Vorrede von GAUSS veröffentlicht (Nachdruck 1967 durch Georg Olms Verlagsbuchhandlung, Hildesheim). Die Mathematischen Werke von EISENSTEIN wurden erst 1975 von der Chelsea Publ. Comp., New York, herausgegeben (2 Bände). Äußerst lesenswert ist deren Besprechung durch A. WEIL im Bull. Amer. Math. Soc. 82, 658–663 (1976); Höhen und Tiefen von Eisensteins Leben und mathematischem Schaffen werden dem Knaben an der Wiege von Feen vorhergesagt.

1895 erschien *Eine Autobiographie von Gotthold Eisenstein*, herausgegeben von F. RUDIO (Zeitschr. Math. Phys. 40, Suppl. 143–168, auch Math. Werke 2, 879–904). Sehr informativ ist der Artikel von Kurt-R. BIERMANN *Gotthold Eisenstein. Die wichtigsten Daten seines Lebens und Wirkens* (Crelles Journ. 214, 19–30 (1964), auch Math. Werke 2, 919–929).

Leonhard EULER, schweizerischer Mathematiker: geb. 1707 in Basel; 1720 Student in Basel; 1727 Übersiedlung nach St. Petersburg, wo 1724 Zar Peter I. eine Akademie gegründet hatte; 1730 Professor für Physik, ab 1733 Professor für Mathematik in St. Petersburg als Nachfolger von Daniel BERNOULLI; 1735 Verlust der Sehkraft des rechten Auges; 1741 Übersiedlung nach Berlin; 1744 Direktor der mathematischen Klasse der Preußischen Akademie der Wissenschaften; 1766 Rückkehr nach St. Petersburg, u.a. wegen seines gespannten Verhältnisses zum preußischen König, der für Eulers mathematisches Schaffen wenig Verständnis hatte; 1771 Erblindung; gest. 1783 in St. Petersburg. –

Nikolaus FUSS, ein mit einer Enkelin Eulers verheirateter Schüler, gab 1786 seine *Lobrede auf Herrn Leonhard Euler* heraus (Opera Omnia 1, 1. Ser., S. XLIII). Empfehlenswert zu lesen ist der Artikel *Analysis Incarnate* in E.T. BELL, [G2]; von Interesse ist auch die Kurzbiographie *Leonhard Euler* von R. FUETER im Beiheft Nr. 3 zur Zeitschrift *Elemente der Mathematik*, Basel 1948. Eine ausführliche Würdigung Eulers gibt der Gedenkband des Kantons Basel-Stadt *Leonhard Euler 1707–1783, Beiträge zu Leben und Werk*, Birkhäuser Verlag, Basel 1983. In der 1783 erschienenen *Éloge de M. Euler par le Marquis de Condorcet* (in Eulers Opera Omnia 12, 3. Ser., 287–310) wird Eulers Tod wie folgt geschildert (S. 309): „la pipe qu'il tenoit à la main lui échappa, et il cessa de calculer et de vivre".

Georg Friedrich Bernhard Riemann, deutscher Mathematiker: geb. 1826 in Breselenz im Landkreis Lüchow-Dannenberg; 1846 Student zu Göttingen, zunächst Theologie; 1847–1849 Student zu Berlin, Hörer bei Dirichlet und Jacobi, Bekanntschaft mit Eisenstein; 1849 Rückkehr nach Göttingen; 1850 Assistent von W. Weber bei physikalischen Übungen; 1851 Promotion mit der epochemachenden Inauguraldissertation *Grundlagen für eine allgemeine Theorie der Functionen einer veränderlichen complexen Grösse;* 1853 Habilitationsschrift *Über die Darstellbarkeit einer Function durch eine trigonometrische Reihe,* wo sich u.a. das Riemann-Integral findet; 1854 Habilitationsvortrag *Über die Hypothesen, welche der Geometrie zu Grunde liegen,* womit die moderne Differentialgeometrie geboren wurde; Privatdozent in Göttingen ohne Gehalt; 1855 jährliche Remuneration von 200 Talern; 1857 Extraordinarius in Göttingen mit 300 Talern Jahresgehalt; 1859 Nachfolger Dirichlets auf dem Gauss-Lehrstuhl, Mitglied der Göttinger Gesellschaft der Wissenschaften und korrespondierendes Mitglied der Berliner Akademie, Publikation der Arbeit *Ueber die Anzahl der Primzahlen unter einer gegebenen Grösse* mit der bis heute unbewiesenen Vermutung über die Nullstellen der Riemannschen ζ-Funktion; gest. 1866 an Tuberkulose in Selasca, Italien; sein nicht mehr vorhandener Grabstein auf dem Friedhof zu Biganzolo (Lago Maggiore) hatte die Inschrift: „Denen, die Gott lieben, müssen alle Dinge zum Besten dienen" (Röm 8, 28). – Lesenswert ist *Bernhard Riemann's Lebenslauf,* geschrieben von seinem Freund Richard Dedekind und abgedruckt in Riemanns Werken, 539–558.

Karls Theodor Wilhelm Weierstrass, deutscher Mathematiker: geb. 1815 in Ostenfelde, Kreis Warendorf, Westf.; 1834–38 (schlagender) Student der Kameralistik in Bonn; 1839–40 Studium der Mathematik an der Akademie Münster, Staatsexamen bei Gudermann; 1842–1848 Lehrer am Progymnasium in Deutsch-Krone, Westpreußen, für Mathematik, Schönschreiben und Turnen; 1848–1855 Lehrer am Gymnasium in Braunsberg, Ostpreußen; 1854 Publikation von bereits 1849 gewonnenen bahnbrechenden Resultaten in der Arbeit *Zur Theorie der Abelschen Functionen* im Crelleschen Journal, Bd. 47, daraufhin Ehrenpromotion durch die Universität Königsberg und Beförderung zum Oberlehrer; 1856 auf Betreiben von A. von Humboldt und L. Crelle Berufung als Professor an das Gewerbeinstitut (spätere Technische Hochschule) in Berlin; 1857 nebenamtlich außerordentlicher Professor an der Universität Berlin; ab 1860 Vorlesungen mit häufig mehr als 200 Hörern; 1861 Zusammenbruch infolge Überarbeitung; 1864, fast 50jährig, Berufung auf eine für ihn geschaffene ordentliche Professur in Berlin; 1873/74 Rektor magnificus der Universität Berlin; Mitglied zahlreicher Akademien des In- und Auslandes, 1875 Ritter deutscher Nation des Ordens „Pour Le Mérite für Wissenschaften und Künste"; 1885 Prägung einer Weierstrass-Gedenkmünze (70. Geburtstag); 1890 Beendigung der Lehrtätigkeit wegen schwerer Erkrankung, Fesselung an

Rollstuhl; 1895 feierliche Enthüllung seines Bildnisses in der Nationalgalerie (80. Geburtstag); gest. 1897 in Berlin. –

Eine erschöpfende WEIERSTRASS-Biographie gibt es bis heute nicht. Überaus lesenswert ist der von P. DUGAC 1973 im Archive for History of Exact Sciences 10, 41–176, veröffentlichte Artikel *Eléments d'analyse de Karl Weierstrass*. Sehr treffend dürften die persönlichen Bemerkungen von A. KNESER in seinem Artikel *Leopold Kronecker* (Jahresber. DMV 33, 210–228 (1925)) sein, wo er u.a. das mathematische Leben in Berlin in den 80er Jahren des 19. Jahrhunderts beschreibt (vgl. S. 211/12): „Der unbestrittene Beherrscher des ganzen Betriebs war zweifellos W e i e r s t r a ß, eine königliche, in jeder Weise imponierende Gestalt. Man kennt den prachtvollen, weiß umlockten Schädel, das leuchtend blaue, etwas schief verhängte Auge des reinrassigen westfälischen Landkindes. Seine Vorlesungen hatten sich damals zu hoher auch äußerer Vollendung entwickelt, und nur selten kamen jene aufregenden Minuten, wo der große Mann stockte, auch der Zuspruch des treuen Gehilfen an der Tafel, etwa meines Freundes Richard Müller, ihm nicht auf den Weg helfen konnte, und nun versank er für einige Minuten in ein majestätisches Schweigen; zweihundert junge Augenpaare ruhten auf dem prachtvollen Schädelrund mit der andächtigen Vorstellung, daß hinter dieser glänzenden Hülle die höchste Wissenschaft arbeitete. Zweihundert Jünglinge waren es in der Tat, die bei Weierstraß die elliptischen Funktionen hörten und durchhörten mit dem vollen Bewußtsein, daß diese Dinge damals in keinem Staatsexamen vorkamen, ein glänzendes Zeugnis für den wissenschaftlichen Geist jener Zeit. Ja auch von den Anwendungen dieser Dinge wußte man wenig, obwohl deren schon sehr schöne vorlagen; die Lehre vom Primat der angewandten Mathematik, von der höheren Würdigkeit der Anwendungen gegenüber der reinen Mathematik, war damals noch nicht entdeckt. Auch an diesem großen Manne übte sich der Humor der Jugend; er galt als guter Weinkenner, und die Berliner, die über die hart westfälische Sprechweise des Meisters lästerten, zitierten als Musterausspruch, den man gehört haben wollte: Ein chutes Chlas Burchunder trink ich chanz chern." (Hinweis: ch wie in Telgte).

WEIERSTRASS hat wie kein anderer durch seine Berliner Vorlesungen die Mathematik in Deutschland beeinflußt. Der Oberlehrer aus Ostpreußen wurde zum „praeceptor mathematicus Germaniae".

Literatur

Ecclesiastes XII, 12.

Klassische Literatur zur Funktionentheorie

Die Lehrbuchliteratur zur Funktionentheorie ist unerschöpflich und in den letzten Jahrzehnten nahezu unüberschaubar geworden. In der Eulerzeit gab es noch kein ausgeprägtes Gefühl für das, was man später „mathematische Strenge" nannte; die damals meist gelesenen Autoren waren BERNOULLI(s), DE L'HOSPITAL, MACLAURIN, LAGRANGE u.a. Ihre Bücher sind heute noch für Historiker interessant, „die Verfasser verfallen mehr oder weniger in den Fehler, die algebraische Allgemeingültigkeit ihrer Formeln stillschweigend vorauszusetzen und daraus oft voreilige Schlüsse zu ziehen."

Im folgenden sind – ohne Anspruch auf Vollständigkeit – besonders wichtige klassische Abhandlungen und Lehrbücher in alphabetischer Folge zusammengestellt (auch wenn sie heute vielfach vergessen sind). Weitere historisch bedeutsame Literaturangaben finden sich im laufenden Text.

[A]   ABEL, N.H.: Untersuchungen über die Reihe $1+\frac{m}{1}x+\frac{m(m-1)}{1\cdot 2}x^2$ $+\frac{m(m-1)(m-2)}{1\cdot 2\cdot 3}x^3+\dots$ usw. Crelles Journ. 1, 311–339 (1826); auch Œuvres 1, 219–250 sowie Ostwald's Klassiker Nr. 71

[BB] BRIOT, Ch. et J-C. BOUQUET: Théorie des fonctions doublement périodiques et, en particulier, des fonctions elliptiques. Paris 1859, 2. Aufl. 1875. Deutsch von H. FISCHER, Halle 1862

[Bu] BURKHARDT, H.: Einführung in die Theorie der analytischen Functionen einer complexen Veränderlichen. Verlag von Veit & Comp., Leipzig 1897

[Ca] CARATHÉODORY, C.: Untersuchungen über die konformen Abbildungen von festen und veränderlichen Gebieten. Math. Ann. 72, 107–144 (1912)

[C]   CAUCHY, A.L.: Cours D'Analyse De L'École Royale Polytechnique (Analyse Algébrique). Paris 1821; auch Œuvres 3, 2. Ser., 1–331. Deutsch von B. HUZLER 1828 im Verlag der Gebrüder Bornträger, Königsberg, mit dem Titel „Lehrbuch der algebraischen Analysis"; 1885 erschien bei Julius Springer, Berlin, eine Übersetzung von C. ITZIGSOHN

[C₁] CAUCHY, A.L.: Mémoire sur les intégrales définies. 1814; Œuvres 1, 1. Ser., 319–506

[C₂] CAUCHY, A.L.: Mémoire sur les intégrales définies, prises entre des limites imaginaires. 1825; Œuvres 15, 2. Ser., 41–89 (dieser Band erschien 1974!), auch Ostwald's Klassiker Nr. 112

[E]   EULER, L.: Introductio in Analysin Infinitorum, 1. Band. Lausanne 1748 bei M.M. Bousquet, auch Opera Omnia 8, 1. Ser. Deutsch von A.C. MICHELSEN, Berlin 1788, und von H. MASER 1885 bei Julius Springer mit dem Titel „Einleitung in die Analysis des Unendlichen". Ein Nachdruck erschien 1983 im Springer-Verlag

[Ei]   EISENSTEIN, F.G.M.: Genaue Untersuchung der unendlichen Doppelproducte, aus welchen die elliptischen Functionen als Quotienten zusammengesetzt sind, und der mit ihnen zusammenhängenden Doppelreihen (als eine neue Begründungsweise der Theorie der elliptischen Functionen, mit besonderer Berücksichtigung ihrer Analogie zu den Kreisfunctionen). Crelles Journ. 35 (1847), auch Math. Werke 1, 357–478

[G₁]   GOURSAT, E.: Sur la définition générale des fonctions analytiques, d'après Cauchy. Trans. Amer. Math. Soc. 1, 14–16 (1900)

[G₂]   GOURSAT, E.: Cours D'Analyse Mathematique, Bd. 2. Gauthier-Villars, Paris 1905, 7. Aufl. 1949

[Kr]   KRONECKER, L.: Theorie der einfachen und der vielfachen Integrale, ed. E. NETTO. Teubner, Leipzig 1894

[Lan]   LANDAU, E.: Darstellung und Begründung einiger neuerer Ergebnisse der Funktionentheorie. Springer, Berlin 1916, 2. Aufl. 1929; Nachdruck 1946 bei Chelsea Publ. Comp., New York

[Lau]   LAURENT, P.A.: Extension du théorème de M. Cauchy relatif à la convergence du développement d'une fonction suivant les puissances ascendantes de la variable x. 1843 unveröffentlicht; vgl. Comptes Rendues 17, S. 938

[Lin]   LINDELÖF, E.: Le Calcul des Résidus et ses Applications à la Théorie des Fonctions. Paris 1905

[Liou] LIOUVILLE, J.: Leçons sur les fonctions doublement périodiques. 1847; veröffentl. in Crelles Journ. 88, 277–310 (1879)

[M]   MORERA, G.: Un teorema fondamentale nella teoria delle funzioni di una variabile complessa. Rend. Reale Ist. Lomb. di science e lettere 19, 2. Reihe (1886)

[Os]   OSGOOD, W.F.: Lehrbuch der Funktionentheorie. 2 Bände, Teubner, Leipzig 1906

[P]   PRINGSHEIM, A.: Vorlesungen über Funktionenlehre. Teubner, Leipzig. Erste Abteilung: Grundlagen der Theorie der Analytischen Funktionen einer komplexen Veränderlichen 1925, 624 Seiten; Zweite Abteilung: Eindeutige Analytische Funktionen 1932, 600 Seiten

[R]   RIEMANN, B.: Grundlagen für eine allgemeine Theorie der Functionen einer veränderlichen complexen Grösse. Inauguraldissertation Göttingen 1851, Werke, 5–43

[W₁]   WEIERSTRASS, K.: Darstellung einer analytischen Function einer complexen Veränderlichen, deren absoluter Betrag zwischen zwei gegebenen Grenzen liegt. Münster 1841; erstmals veröffentlicht 1894 in Math. Werke 1, 51–66

[W₂]   WEIERSTRASS, K.: Zur Theorie der Potenzreihen. Münster 1841; erstmals veröffentlicht 1894 in Math. Werke 1, 67–74

[W₃]   WEIERSTRASS, K.: Zur Theorie der eindeutigen analytischen Functionen. (Aus den Abhandlungen der Königl. Akademie der Wissenschaften vom Jahre 1876); Math. Werke 2, 77–124

[W₄]   WEIERSTRASS, K.: Zur Functionenlehre. (Aus dem Monatsber. Königl. Akad. Wiss., Berlin 1880; nebst Nachtrag 1881); Math. Werke 2, 201–233

[We]   WEIL, A.: Elliptic functions according to Eisenstein and Kronecker. Erg. Math. 88, Springer-Verlag, Heidelberg 1976

[WW]   WHITTAKER, E.T. and G.N. WATSON: A Course of Modern Analysis. Cambridge at the University Press, 1. Aufl. 1902

Wir kommentieren nun einige Werke aus der angegebenen Literatur in chronologischer Folge.

[E] EULER 1748: Dies ist das erste Lehrbuch zur Analysis, das heute noch von Studenten ohne große Anstrengungen gelesen werden kann. Die Redeweisen und Bezeichnungen sind nahezu „modern", ein großer Teil unserer heutigen Terminologie wird hier von EULER erstmals eingeführt. Komplexe Zahlen stehen gleichberechtigt neben reellen Zahlen. Funktionen sind analytische Ausdrücke (§ 4), also holomorph. Im § 28 findet sich (ohne Beweis) der Fundamentalsatz der Algebra. Die binomische Reihe wird im § 71 ohne nähere Erklärung als ein „Theorema universale" angeführt und dann ausgiebig verwendet; merkwürdigerweise sagt EULER nichts zum Beweis. Exponentialfunktion, Logarithmus und Kreisfunktionen werden in der *Introductio* zum ersten Male systematisch behandelt und durch Rechnen mit unendlich kleinen Zahlen in Potenzreihen entwickelt (§§ 115 ff.). Die Eulersche Formel $e^{ix} = \cos x + i \sin x$ steht im § 138; sein Sinusprodukt leitet er im § 158 her; die Partialbruchreihe für $\pi \cot \pi z$ gibt er im § 178 an.

Potenzreihen sind für EULER nicht abbrechende Polynome, in der Einleitung zu seinem Werk schreibt er: „Es hat bekanntlich gerade durch die Lehre von den unendlichen Reihen die höhere Analysis sehr bedeutende Erweiterungen erfahren." EULER beherrscht den Kalkül der unendlich kleinen und unendlich großen Zahlen so souverän, daß man ihn heute ob dieser Kunst beneidet. „He is the great manipulator and pointed the way to thousands of results later established rigorously" (M. KLINE, [G6], S. 453).

Die *Introductio* erlebte mehrere Auflagen und wurde 1922 in Eulers *Opera Omnia* von A. KRAZER und F. RUDIO neu herausgegeben. In ihrem Vorwort schreiben die Herausgeber u.a.: „... (ein) Werk, das auch heute noch verdient, nicht nur gelesen, sondern mit Andacht studiert zu werden. Kein Mathematiker wird es ohne reichen Gewinn aus der Hand legen. Dieses Werk ist nicht nur durch seinen Inhalt, sondern auch durch seine Sprache maßgebend geworden für die ganze Entwicklung der mathematischen Wissenschaft."

[C] CAUCHY 1821: Auf Wunsch von LAPLACE und POISSON legte CAUCHY seine Kursvorlesungen „pour la plus grande utilité des élèves" schriftlich nieder (es dürfte das erste Vorlesungsskriptum für Hörer sein). Der Stoff ist in etwa derselbe wie in [E], aber gerade ein Vergleich macht die neue kritische Betrachtungsweise deutlich. Die Analysis wird *ab ovo konsequent* und im Prinzip einwandfrei entwickelt, das Werk hat richtungweisenden und nachhaltigen Einfluß auf die Entwicklung der Analysis und insbesondere der Funktionentheorie im 19. Jahrhundert ausgeübt. Es wurde recht bald seiner Trefflichkeit wegen in fast allen höheren Schulanstalten Frankreichs eingeführt und auch in Deutschland allgemein bekannt; so erschien bereits 1828 die deutsche Übersetzung von HUZLER (Conrektor an der höheren Stadtschule in Königsberg). CAUCHY beschreibt sein Programm mit den Sätzen (Einleitung, S. i/ij): „Je traite successivement des diverses espèces de fonctions réelles ou imaginaires, des séries convergentes ou divergentes, de la résolution des équations, et de la décomposition des fractions rationelles." So findet sich das Cauchysche Konvergenzkriterium für Reihen im Kapitel VI; in den Kapiteln VII–X werden zum ersten Mal prinzipiell und mit genauer Umgrenzung ihrer Gültigkeit

Funktionen eines komplexen Argumentes eingeführt. Allerdings werden komplex-wertige Funktionen *nicht bewußt* eingeführt, es spielen immer die *beiden* reellen Funktionen u, v und nicht die *eine* komplexe Funktion $u + \sqrt{-1}\, v$ die dominierende Rolle. Der Begriff der Stetigkeit ist sorgfältig herausgestellt, die Konvergenz einer Reihe mit komplexen Gliedern wird auf diejenige der Reihe der Absolutbeträge zurückgeführt (auf S. 240 steht z.B., daß jede komplexe Potenzreihe einen Konvergenzkreis besitzt, dessen Radius durch die bekannte Limes superior-Formel bestimmt ist). Im Kapitel X wird der Fundamentalsatz der Algebra hergeleitet: die Existenz von Nullstellen eines Polynoms $p(z)$ wird nachgewiesen mit Hilfe der Betrachtung der reellen Funktion $|p(z)|^2$ und ihrer Minima.

Mit dem *Cours D'Analyse* beginnt das Zeitalter der Strenge und die *Arithmetisierung* der Analysis. Lediglich der wichtige Begriff der (lokal) gleichmäßigen Konvergenz fehlt noch, um dem Werk den letzten Schliff zu geben; in Unkenntnis dieses Begriffes spricht CAUCHY den unrichtigen Satz aus, daß konvergente Reihen stetiger Funktionen immer stetige Grenzfunktionen haben. Zur Methode seines Buches sagt CAUCHY (Einleitung, S. ij): „Quant aux méthodes, j'ai cherché à leur donner toute la rigueur q'on exige en géometrie, de manière à ne jamais recourir aux raisons tirées da la généralité de l'algèbre."

[A] **ABEL** 1826: Die Arbeit entstand in Berlin, wo ABEL in Crelles Bibliothek Cauchys *Cours D'Analyse* kennenlernte. Dieses Werk nimmt er als Vorbild, er schreibt: „Die vortreffliche Schrift von Cauchy, welche von jedem Analysten gelesen werden sollte, der die Strenge bei mathematischen Untersuchungen liebt, wird uns dabei zum Leitfaden dienen." Abels Arbeit ist selbst ein Muster exakter Schlußweisen, sie enthält u.a. das Abelsche Lemma und den Abelschen Grenzwertsatz. Es finden sich auch bereits kritische Bemerkungen zum *Cours D'Analyse*.

[W$_1$-W$_4$] **WEIERSTRASS** 1841 bis 1880: Seine frühen Publikationen wurden den Mathematikern erst mit dem Erscheinen seiner Mathematischen Werke 1894 bekannt. Ab den 60er Jahren des letzten Jahrhunderts hielt WEIERSTRASS in Berlin mathematische Vorlesungen im Stil, wie sie heute üblich sind. Seine Vorlesung über *Allgemeine Theorie der analytischen Functionen* hat er erstmals im Winter 1863/64, und zwar 6stündig, gehalten (vgl. Math. Werke 3, S. 355/60). Leider hat WEIERSTRASS nicht – wie CAUCHY – seine Vorlesungen in Buchform niedergelegt, indessen gibt es Nachschriften seiner Schüler. So existiert z.B. von H.A. SCHWARZ eine Ausarbeitung einer Vorlesung *Differentialrechnung* vom Sommersemester 1861, die am Königlichen Gewerbeinstitut gehalten wurde; weiter gibt es von A. HURWITZ eine Nachschrift der Vorlesung *Einleitung in die Theorie der analytischen Funktionen* aus dem Sommersemester 1878.

Die Weierstraßschen Vorlesungen wurden bald weltberühmt; als MITTAG-LEFFLER 1873 – zwei Jahre nach dem deutsch-französischen Krieg – zum Studium nach Paris kam, sagte ihm HERMITE: „Vous avez faites erreur, Monsieur, vous auriez dû suivre les cours de Weierstrass à Berlin. C'est notre maître à tous."

Der Name WEIERSTRASS wurde von Laienmathematikern als Gütezeichen für Lehrbücher mißbraucht. So erschien 1887 bei Teubner ein Buch *Theorie der analytischen Funktionen* eines Dr. O. BIERMANN, das in der Vorrede den Passus hat „Der Plan dieses Werkes ist Herrn Weierstrass bekannt." ITZIGSOHN (Übersetzer des *Cours D'Analyse*) schreibt darüber 1888 empört an BURKHARDT: „Herr(n) Biermann (soll) in nächster Zeit gründlich heimgeleuchtet werden, weil er den Glauben erwecken wollte, er habe im Einverständnis mit Herrn Professor Weierstrass dessen Funktionen-Theorie veröffentlicht. Herr Prof. (so!) Biermann hat *niemals* Funktionentheorie bei Herrn Prof. Weierstrass gehört. Das Werk ist alles, nur nicht die Weierstrass'sche Funktionentheorie." WEIERSTRASS äußert sich zu der Angelegenheit 1888 in einem Brief an SCHWARZ wie folgt: „Dr. Biermann, Privatdocent in Prag, besuchte mich am Tage vor oder nach meinem 70sten Geburtstag. Er theilte mir mit, daß er die Absicht habe, eine ‚allgemeine Funktionentheorie' auf der in meinen Vorlesungen gegebenen Grundlage zu schreiben und fragte mich, ob ich ihm die Benutzung meiner Vorlesungen für diesen Zweck gestatte. Ich antwortete ihm, daß er sich wohl eine zu schwierige Aufgabe gestellt habe, die ich selbst zur Zeit noch nicht zu lösen getraute. Da er aber … die angegebene Frage wiederholte, sagte ich ihm zum Abschiede: ‚Wenn Sie aus meinen Vorlesungen etwas gelernt haben, so kann ich Ihnen nicht verbieten, davon in angemessener Weise Gebrauch zu machen.' Er hatte sich mir als früherer Zuhörer vorgestellt und ich nahm selbstverständlich an, daß er meine Vorlesung über Funktionenlehre gehört habe. Dies ist aber nicht der Fall… Er hat also sein Buch nach dem Hefte eines anderen gearbeitet. Eine derartige Buchmacherei kann nicht geduldet werden."

[R] **RIEMANN** 1851: Die Ideen zu diesem bahnbrechenden, in der Darstellung knappen Werk entwickelte RIEMANN bereits in den Herbstferien 1847. Die Arbeit blieb zunächst nach außen hin ohne Wirkung; seine neuen Gedanken haben sich nur langsam und ganz allmählich verbreitet; sie wirkten nicht, wie man heute glauben möchte, als Offenbarungen. Die Dissertation fand eine sehr anerkennende Beurteilung von GAUSS, der RIEMANN allerdings bei dessen Besuch mitteilte, daß er seit Jahren eine Schrift vorbereite, welche denselben Gegenstand behandele, sich aber freilich nicht darauf beschränke. – Charakteristisch für die Aufnahme, die Riemanns Arbeit ursprünglich gefunden hat, ist folgendes Erlebnis, das Arnold SOMMERFELD in seinen *Vorlesungen über theoretische Physik* erzählt (Bd. 2: Mechanik der deformierbaren Medien, Nachdruck der 6. Auflage 1978, Verlag Harri Deutsch, Thun, Frankfurt/M., Kap. IV, § 19.7, S. 124): „Adolf WÜLLNER, der langjährige verdiente Vertreter der Experimentalphysik an der Technischen Hochschule in Aachen traf in den siebziger Jahren auf dem Rigi mit WEIERSTRASS und HELMHOLTZ zusammen. WEIERSTRASS hatte die RIEMANNsche Dissertation zum Ferienstudium mitgenommen und klagte, daß ihm, dem Funktionentheoretiker, die RIEMANNschen Methoden schwer verständlich seien. HELMHOLTZ bat sich die Schrift aus und sagte beim nächsten Zusammentreffen, ihm schienen die RIEMANNschen Gedankengänge völlig naturgemäß und selbstverständlich zu sein."

[BB] **BRIOT** und **BOUQUET** 1859: Auf den ersten 40 Seiten wird zunächst die allgemeine Funktionentheorie unter starker Bezugnahme auf die Arbeiten Cauchys entwickelt. Holomorphe Funktionen heißen noch wie bei CAUCHY „synectisch"; in einer 1875 erschienenen 2. Auflage mit dem kürzeren Titel *Théorie des fonctions elliptiques* ersetzen die Autoren das Wort „synectisch" durch „holomorph". Das Buch von BRIOT und BOUQUET ist das erste Lehrbuch der Funktionentheorie. HERMITE hielt es 1885 für eine der bedeutendsten „publications analytiques de notre époque". Das Werk von BRIOT und BOUQUET ist, wie die Autoren im Vorwort sagen, stark durch die klassischen Vorlesungen [Liou] von LIOUVILLE über elliptische Funktionen inspiriert; WEIERSTRASS war sogar der Meinung, daß alles Wesentliche das Werk von LIOUVILLE ist.

[Os] OSGOOD 1906: Dies ist das erste Lehrbuch der Funktionentheorie in deutscher Sprache, das große Verbreitung fand (das Burkhardtsche Werk [Bu] hatte wenig Erfolg gehabt); trotz der mehr als 600 Seiten erschienen 5 Auflagen. Das Vorwort zur ersten Auflage beginnt mit dem anspruchsvollen Satz „Der erste Band dieses Werkes will eine systematische Entwicklung der Funktionentheorie auf Grundlage der Infinitesimalrechnung und in engster Fühlung mit der Geometrie und der mathematischen Physik geben."
Nebenbei sei bemerkt, daß OSGOOD auch das erste Lehrbuch zur Funktionentheorie mehrerer komplexer Veränderlicher schrieb.

[P] PRINGSHEIM 1925/1932: Als überzeugter Anhänger des Weierstraßschen Potenzreihenkalküls baut PRINGSHEIM die Theorie konsequent auf der Weierstraßschen Definition einer holomorphen Funktion als eines Systems ineinandergreifender Potenzreihen auf. Die komplexe Integration wird erst ab Seite 1108 entwickelt; als Ersatz dient eine *Mittelwertmethode*, die ihren Ursprung in der arithmetischen Mittelbildung hat, die WEIERSTRASS zum Beweis der Cauchyschen Ungleichungen heranzog (vgl. 8.3.5) und die auch schon CAUCHY benutzte. Mittels seiner Mittelwertmethode beweist PRINGSHEIM (vgl. S. 386 ff.), daß komplex differenzierbare Funktionen (mit stetiger Ableitung!) in Potenzreihen entwickelbar sind. Den Vorteil seiner die komplexe Integration nicht heranziehenden Behandlungsweise sieht er darin, „daß grundlegende Erkenntnisse, die dort als sensationelle Ergebnisse eines geheimnisvollen, gleichsam Wunder wirkenden Mechanismus erscheinen, hier ihre natürliche Erklärung durch Zurückführung auf die bescheidenere Wirksamkeit der vier Spezies finden" (Vorwort Band 1). Der Pringsheimsche Aufbau hat sich nicht durchgesetzt; vgl. hierzu auch Kapitel 12.1.5 dieses Buches.

Lehrbuchliteratur zur Funktionentheorie

[1] AHLFORS, L.: Complex Analysis. McGraw-Hill New York; 2. Ausgabe 1966
[2] BEHNKE, H. und F. SOMMER: Theorie der analytischen Funktionen einer komplexen Veränderlichen. Grundlehren, Springer 1955, Studienausgabe der 3. Aufl. 1976.

[3] Bieberbach, L.: Einführung in die konforme Abbildung. Sammlung Göschen, 1. Aufl. 1915, 3. Aufl. 1937, Walter de Gruyter

[4] Bieberbach, L.: Lehrbuch der Funktionentheorie. 2 Bde; Teubner 1922/1930

[5] Carathéodory, C.: Funktionentheorie 1. Birkhäuser 1950

[6] Cartan, H.: Théorie élémentaire des fonctions analytiques d'une ou plusieurs variables complexes. Hermann Paris 1961; deutsche Übersetzung von V. Lindenau als BI Taschenbuch 1966

[7] Conway, J.B.: Functions of One Complex Variable. Graduate Texts in Mathematics 11, Springer; 2. Ausgabe 1978

[8] Dinghas, A.: Vorlesungen über Funktionentheorie. Grundlehren, Springer 1961.

[9] Diederich, K. und R. Remmert: Funktionentheorie I. Heidelberger Taschenbücher Band 103, Springer 1972

[10] Fischer, W. und I. Lieb: Funktionentheorie. Vieweg u. Sohn Braunschweig 1980

[11] Heins, M.: Complex Function Theory. Academic Press 1968

[12] Hurwitz, A. und R. Courant: Allgemeine Funktionentheorie und elliptische Funktionen. Grundlehren, Springer; 4. Ausgabe 1964

[13] Jänich, K.: Einführung in die Funktionentheorie. Hochschultext, Springer 1977

[14] Kneser, H.: Funktionentheorie. Vandenhoeck u. Ruprecht, 2. Aufl. 1966

[15] Knopp, K.: Theorie und Anwendung der Unendlichen Reihen. Julius Springer 1921, letzter Nachdruck 1980

[16] Knopp, K.: Elemente der Funktionentheorie. Funktionentheorie Erster Teil und Zweiter Teil. 3 Bändchen mit vielen Auflagen seit 1913. Sammlung Göschen, Walter de Gruyter

[17] Lang, S.: Complex Analysis. Addison-Wesley Publ. Comp. 1977

[18] Nevanlinna, R.: Eindeutige analytische Funktionen. Grundlehren, Springer, 2. Auflage 1953

[Zahlen] Grundwissen Mathematik 1, Springer 1983

In folgenden Büchern findet man viele Übungsaufgaben (mit Lösungen):

Julia, G.: Exercices D'Analyse, Bd. 2. Erstdruck 1932; Nachdruck 1958 und 1965, Gauthier-Villars, Paris

Knopp, K.: Aufgabensammlung zur Funktionentheorie. 2 Bändchen mit vielen Auflagen. Sammlung Göschen, Walter de Gruyter

Krzyz, J.G.: Problems in Complex Variable Theory. Elsevier New York, London, Amsterdam 1971

Polya, G. und S. Szegö: Aufgaben und Lehrsätze aus der Analysis. 2 Bände, Grundlehren, Springer 1925; mehrere Auflagen, Ausgabe in Englisch 1972/1976

Literatur zur Geschichte der Funktionentheorie und der Mathematik

[G1] Arnold, W. und H. Wussing (Herausgeber): Biographien bedeutender Mathematiker. Aulis Verlag Deubner und Co KG, Köln 1978

[G2] Bell, E.T.: Men of Mathematics. Simon and Schuster, New York 1937

[G3] Boyer, C.B.: A History of Mathematics. John Wiley and Sons, New York London Sidney 1968

[G4] Dieudonné, J. (editor): Abrégé d'histoire des mathématiques 1700–1900, Bd. I. Hermann, Paris 1978

[G5] Klein, F.: Vorlesungen über die Entwicklung der Mathematik im 19. Jahrhundert. Grundlehren 2 Bände. Julius Springer 1926; Nachdruck in einem Band 1979

[G6] KLINE, M.: Mathematical Thought from Ancient to Modern Times. Oxford University Press, New York 1972

[G7] MARKUSCHEWITZ, A.I.: Skizzen zur Geschichte der analytischen Funktionen. Hochschulbücher für Mathematiker Bd. 16, Deutscher Verlag der Wissenschaften, Berlin 1955

[G8] NEUENSCHWANDER, E.: Über die Wechselwirkungen zwischen der französischen Schule, Riemann und Weierstraß. Eine Übersicht mit zwei Quellenstudien. Arch. Hist. Exact Sciences 24, 221–255 (1981); dieser Artikel enthält 142 Literaturangaben

[G9] TEMPLE, G.: 100 Years of Mathematics. Duckworth, London 1981 (ohne Funktionentheorie)

Symbolverzeichnis

Namenverzeichnis

Sachverzeichnis

Grundwissen Mathematik

Band 1

Zahlen

Von **H.-D. Ebbinghaus, H. Hermes,**
F. Hirzebruch, M. Koecher, K. Mainzer, A. Prestel,
R. Remmert
Redaktion: **K. Lamotke**
1983. 31 Abbildungen. XII, 291 Seiten
ISBN 3-540-12666-X

Inhaltsübersicht: *K. Lamotke:* Einleitung. – Von den natürlichen zu den komplexen Zahlen: *K. Mainzer:* Natürliche, ganze und rationale Zahlen. – *K. Mainzer:* Reelle Zahlen. – *R. Remmert:* Komplexe Zahlen. – *R. Remmert:* Fundamentalsatz der Algebra. – *R. Remmert:* Was ist π? – Reelle Divisionsalgebren: *M. Koecher, R. Remmert:* Einleitung. – *M. Koecher, R. Remmert:* Repertorium. Grundbegriffe aus der Theorie der Algebren. – *M. Koecher, R. Remmert:* Hamiltonsche Quaternionen. – *M. Koecher, R. Remmert:* Isomorphiesätze von Frobenius und Hopf. – *M. Koecher, R. Remmert:* Cayley-Zahlen oder alternative Divisionsalgebren. – *M. Koecher, R. Remmert:* Kompositionsalgebren. Satz von Hurwitz. – *F. Hirzebruch:* Divisionsalgebren und Topologie. – Ausblicke: *A. Prestel:* Non-Standard Analysis. – *H. Hermes:* Zahlen und Spiele. – *H.-D. Ebbinghaus:* Mengenlehre und Mathematik. – Namenverzeichnis. – Sachverzeichnis. – Porträts berühmter Mathematiker.

Springer-Verlag
Berlin
Heidelberg
New York
Tokyo

Grundwissen Mathematik

Band 2

M. Koecher

Lineare Algebra und analytische Geometrie

1983. 35 Abbildungen. XI, 286 Seiten
ISBN 3-540-12572-8

Inhaltsübersicht: Lineare Algebra I: Vektorräume. Matrizen. Determinanten. – Analytische Geometrie: Elementar-Geometrie in der Ebene. Euklidische Vektorräume. Der $\mathbb{R}^n$ als Euklidischer Vektorraum. Geometrie im dreidimensionalen Raum. – Lineare Algebra II: Polynome und Matrizen. Homomorphismen von Vektorräumen. – Literatur. – Namenverzeichnis. – Sachverzeichnis.

In Vorbereitung

Band 3: W. Walter, Universität Karlsruhe
Analysis I
ISBN 3-540-12780-1

Band 4: W. Walter, Universität Karlsruhe
Analysis II
ISBN 3-540-12781-X

Band 6: R. Remmert, Universität Münster
Funktionentheorie II
ISBN 3-540-12783-6

Springer-Verlag
Berlin
Heidelberg
New York
Tokyo